Coleção Integralis

BIOLOGIA NOVAS BASES

Nélio Bizzo

2º ano

Ensino Médio – Biologia

Nélio Bizzo

Licenciado, bacharel e pós-graduado (mestrado e doutorado) na área de Ciências Biológicas pela Universidade de São Paulo (USP).

Professor Livre-Docente de Metodologia do Ensino de Ciências (USP).

Professor Titular de Metodologia de Ensino de Ciências Biológicas (USP).

Fellow da Royal Society of Biology (Londres).

Foi professor de Ciências e Biologia em escolas da rede pública e privada de São Paulo, vice-presidente da Câmara de Educação Básica do Conselho Nacional de Educação (MEC), presidente da Sociedade Brasileira de Ensino de Biologia e presidente da International Organization for Science and Technology Education.

1ª edição
São Paulo, 2017

IBEP

Coleção Integralis
Biologia: novas bases – 2º ano

Diretor superintendente
Jorge Yunes

Diretora editorial
Célia de Assis

Gerente editorial
Maria Rocha Rodrigues

Assessora editorial de conteúdos e metodologias
Márcia Cristina Hipólide

Coordenadora editorial
Simone Silva

Editoras assistentes
Adriana Ribas
Bárbara Odria Vieira

Revisão
Beatriz Chaves, Cristiane Mansor, Denise Santos, Fausto Alves Barreira Filho, Luiz Gustavo Bazana, Salvine Maciel

Licenciamento de textos
Carla Cristina Marques

Secretaria editorial e Produção gráfica
Fredson Sampaio

Assistente de secretaria editorial
Mayara Silva

Assistentes de produção gráfica
Elaine Nunes, Marcelo Ribeiro

Coordenadora de arte
Karina Monteiro

Assistentes de arte
Aline Benitez, Gustavo Prado Ramos, Marilia Vilela

Iconografia
Bruna Ishihara, Victoria Lopes, Wilson de Castilho

Ilustrações
Diego Santos, Ricardo Howards, Ricardo Paonessa

Processos editoriais e tecnologia
Elza Mizue Hata Fujihara

Projeto gráfico e capa
Departamento de Arte – IBEP

Imagem da capa
Gudkov Andrey/Shutterstock
André Dib /Shutterstock

Diagramação
N-Public

Coleção Integralis

Biologia
novas bases

Nélio Bizzo

CIP-BRASIL. CATALOGAÇÃO NA PUBLICAÇÃO
SINDICATO NACIONAL DOS EDITORES DE LIVROS, RJ

B554b

Bizzo, Nélio
Biologia : novas bases : 2. ano : livro do professor / Nélio Bizzo. - 1. ed. - São Paulo : IBEP, 2017.
il.

ISBN 978-85-342-4796-2 (estudante)
ISBN 978-85-342-4797-9 (professor)

1. Biologia (Ensino médio) - Estudo e ensino. I. Título. II. Série.

17-45211 CDD: 372.35
CDU: 373.3.016:5

04/10/2017 10/10/2017

1ª edição – São Paulo – 2017

IBEP

ABDR – Associação Brasileira de Direitos Reprográficos – Cópia não autorizada é crime – Respeite o direito autoral – Editora afiliada

Avenida Doutor Antônio João Abdalla, 260 – Bloco 400, Área D, Sala W1
Bairro Empresarial Colina – Cajamar – SP – 07750-020 – Brasil
Tel.: (11) 2799-7799
www.editoraibep.com.br editoras@ibep-nacional.com.br

1ª Impressão e acabamento: Gráfica Cipola - Dez/2017

APRESENTAÇÃO

Caro estudante,

Esta coleção foi escrita tendo em mente o que os jovens precisam saber e procurando mostrar como o conhecimento científico pode ser atraente e estimulante.

Os textos e as imagens buscam proporcionar um entendimento aprofundado que possibilite relacionar o conhecimento de uma área com as demais e com a história do conhecimento científico.

A exposição da lógica dos conceitos foi acompanhada pela preocupação em mostrar como eles foram construídos, situando-se no tempo e no espaço. Além disso, a ciência aparece de maneira realista, em seus acertos e erros, de modo a permitir compreendê-la como um empreendimento humano.

Neste segundo volume, apresentamos a biodiversidade, procurando estudar o planeta e os seres vivos que o habitam, tendo como pano de fundo a história da vida, evidenciando o contexto em que ela surgiu e se desenvolveu.

Ao final deste livro, esperamos que você se sinta mais preparado para entender o mundo à sua volta, exercendo sua cidadania de forma crítica e comprometida com a conservação do meio ambiente, a sustentabilidade das ações humanas e a melhoria das condições de vida da população.

O autor

CONHEÇA SEU LIVRO

ABERTURA DE UNIDADE

Para iniciar seus estudos, apresentamos uma imagem relacionada ao tema da unidade.

ABERTURA DE CAPÍTULO

A página de abertura de capítulo é composta de imagens cuidadosamente selecionadas e um texto estimulante, que visam despertar sua curiosidade acerca do tema que será tratado.

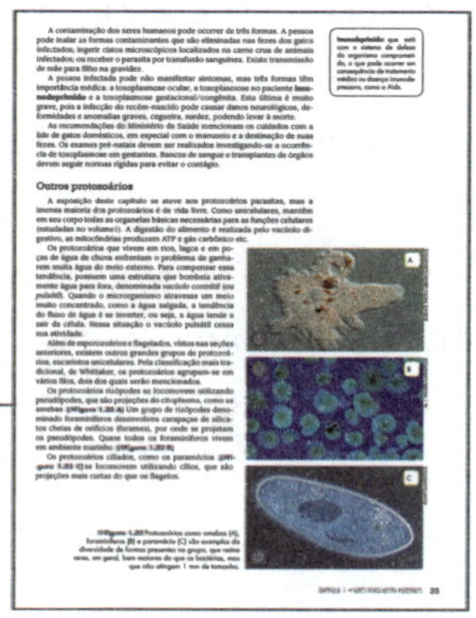

Ao longo do livro é possível encontrar o significado de novas palavras para melhor compreensão do texto.

GLOSSÁRIO

EM POUCAS PALAVRAS

Além de resumir o conteúdo, esta seção possibilita verificar se de fato os objetivos de aprendizado foram atingidos. A numeração e as cores remetem diretamente ao item de interesse do capítulo e podem ser facilmente identificadas pelo elemento localizado na lateral das páginas.

BIO*CHAT*

Nesta seção, são apresentadas, em forma de bate-papo com o autor, perguntas interessantes que poderiam ser dirigidas ao professor.

ATIVIDADES DE APROFUNDAMENTO

Questões mais complexas e diversificadas, que relacionam diferentes seções do capítulo e oferecem a oportunidade de você verificar seu conhecimento de maneira mais integrada.

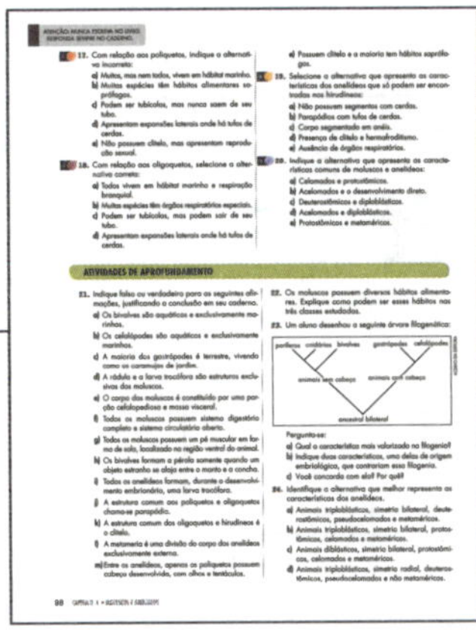

ATIVIDADES DE REVISÃO

As questões desta seção foram especialmente planejadas para que você avalie sua compreensão sobre o conteúdo apresentado. O elemento numerado remete ao item do capítulo abordado na questão e pode ser localizado através da cor do item na lateral das páginas.

BIOLOGIA NO CONTEXTO

Esta seção traz uma oportunidade adicional para você avaliar suas competências e habilidades diante de situações-problema relacionadas não só ao conteúdo do capítulo, mas também a outros tópicos de Biologia.

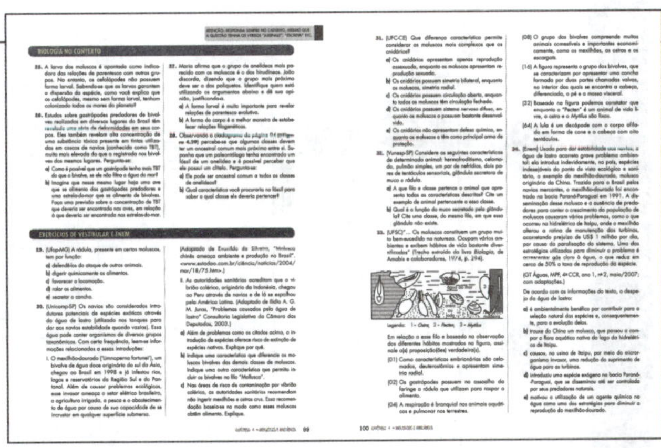

EXERCÍCIOS DE VESTIBULAR E ENEM

A última seção de exercícios traz questões retiradas de diversos exames vestibulares e do Exame Nacional do Ensino Médio (Enem), especialmente selecionadas – e, por vezes, adaptadas – para o capítulo, permitindo que você enfrente situações reais que frequentemente desafiam os jovens do Ensino Médio.

PONTO FINAL

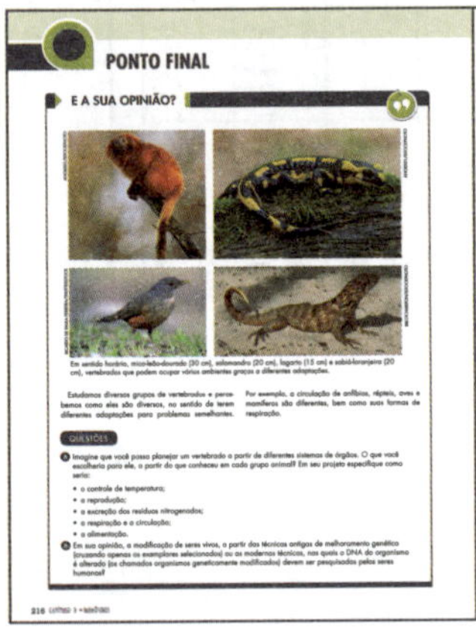

Ao final de cada unidade, há mais uma oportunidade de aproximar diferentes áreas do conhecimento. Esta seção ajudará você a perceber que o conhecimento humano não pode ser dividido em compartimentos estanques. Além disso, os questionamentos finais estimularão você a se situar criticamente em relação ao progresso científico.

Aqui você poderá encontrar dois diferentes contextos, sendo eles **E a sua opinião?** e **Conectando outras áreas**.

ÍCONES DE ESCALA

Algumas imagens deste volume têm referências óbvias de tamanho e escala – por exemplo, quando incluem elementos familiares –, mas outras podem ser de difícil compreensão sem algo a que comparar. Assim, a maioria das imagens recebeu um ícone que identifica, através do sistema de progressão, o tamanho aproximado do objeto representado.

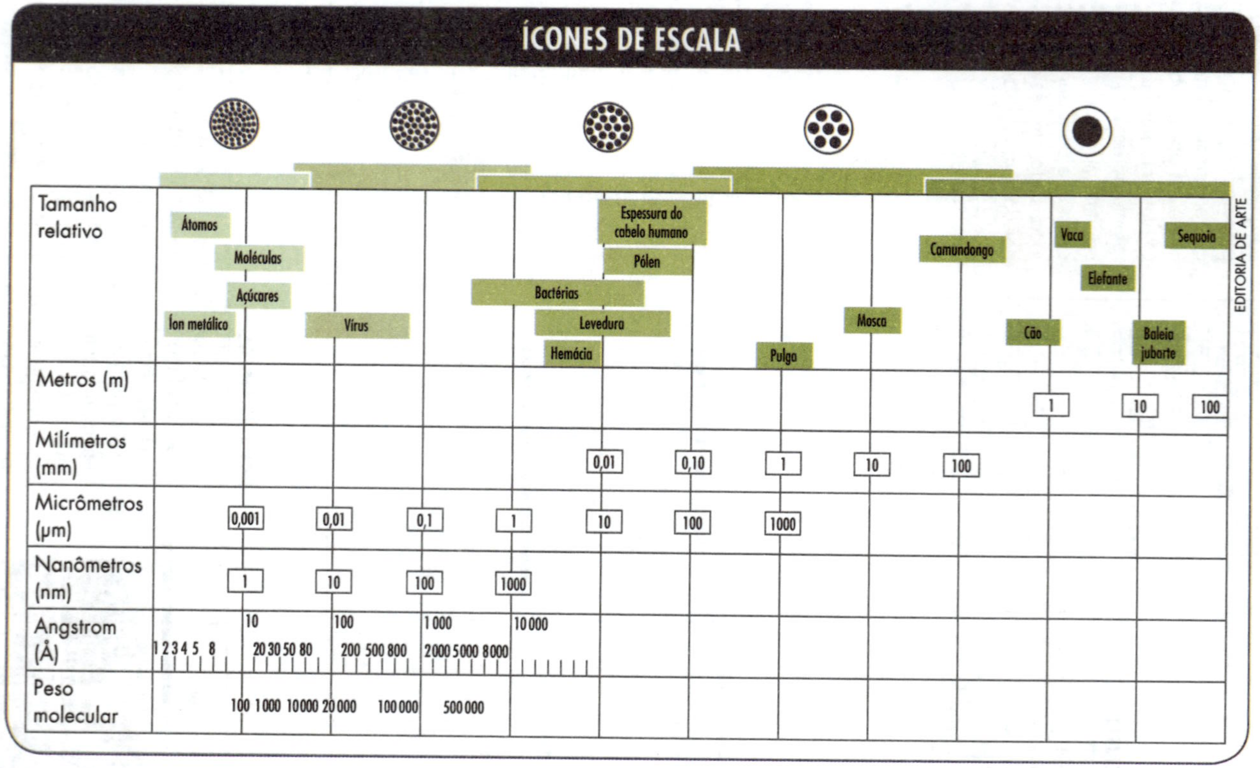

SUMÁRIO

UNIDADE 1

VÍRUS, MICRORGANISMOS E INVERTEBRADOS 10

UNIDADE 2

CORDADOS I 134

UNIDADE 3

CORDADOS E A VIDA TERRESTRE 174

UNIDADE 1

VÍRUS, MICRORGANISMOS E INVERTEBRADOS

ETHAN DANIELS/SHUTTERSTOCK

OS CORAIS FORMAM RECIFES QUE ABRIGAM UMA IMENSA DIVERSIDADE MARINHA.

CAPÍTULO 1

SERES VIVOS MUITO PEQUENOS

A imensa diversidade dos seres vivos em nosso planeta demanda métodos específicos de classificação biológica, que começaram a ser desenvolvidos ainda no século XVIII. No século XX surgiram as chamadas teorias modernas da classificação, que nos ajudam a catalogar os seres vivos e também a entender sua origem. Os antigos três reinos da natureza são insuficientes para acolher toda a diversidade de seres vivos conhecidos hoje, inclusive de seres tão pequenos quanto os vírus, que são visíveis apenas com microscópio eletrônico, mas têm grande interesse médico, pois causam moléstias humanas, entre elas alguns tipos de câncer.

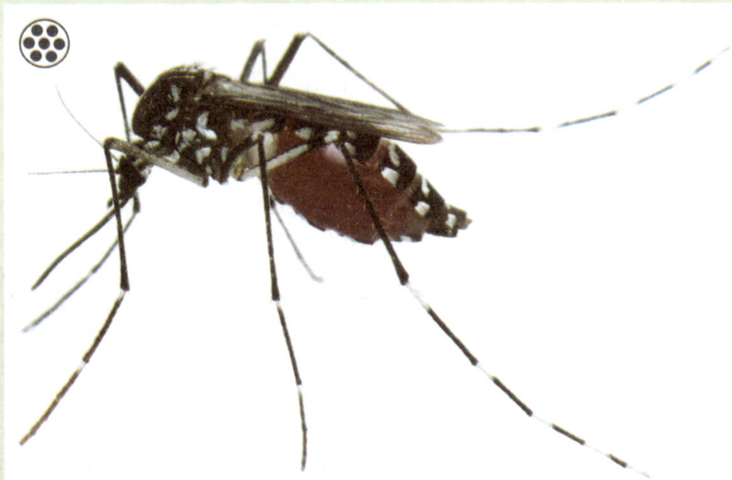

DIMITRIOS STEFANIDIS/ISTOCKPHOTO

Figura 1.1 O repasto de sangue encontra-se visível no abdome desta fêmea do *Aedes aegypti*, um mosquito que está presente na maioria dos municípios brasileiros e transmite graves doenças, que podem requerer internação hospitalar.

PREFEITURA MUNICIPAL DE LAVRAS

Figura 1.2 Campanha para conscientizar a comunidade sobre a importância de prevenir a dengue, Lavras (MG), 2015.

1 A enorme diversidade de seres vivos

Os cientistas já descreveram cerca de 10 milhões de espécies dos mais diferentes seres vivos, e esse número cresce a cada dia. Se pensarmos no número de espécies existentes no planeta, incluindo animais, vegetais, fungos e microrganismos, não será difícil imaginar como é necessário identificar, organizar e saber reconhecer as diferentes formas de seres vivos.

Até o século XV, estudar a natureza era uma tarefa que não envolvia muitos ambientes diferentes. As Américas e a Austrália não faziam parte do mundo conhecido na Europa e, além disso, não existiam aparelhos como os microscópios. O conhecimento dos europeus sobre a vida se resumia a plantas e animais visíveis a olho nu.

A ciência da classificação

O conhecimento sobre as novas formas de vida ocorreu quase ao mesmo tempo em que foram inventados aparelhos como o microscópio.

Havia ainda muitos seres vivos para se conhecer e, ao mesmo tempo, estava sendo estabelecida uma nova forma de estudar a natureza, a *ciência moderna*. Essas novas dimensões foram importantes para que se estabelecesse uma área da ciência chamada *sistemática*, dedicada a classificar os seres vivos, registrando e permitindo o estudo das diferentes espécies existentes.

Os estudos de sistemática são importantes hoje para diferentes finalidades. A mais óbvia tende a ser econômica, pois sabendo-se qual é a espécie de inseto que está se alimentando de uma certa lavoura, será mais fácil encontrar uma forma de limitar o crescimento de sua população. Mas essa identificação deve ser feita com precisão: seres vivos, mesmo se muito parecidos do ponto de vista físico, podem ser de espécies diferentes.

Figura 1.3 Apesar de terem aparência semelhante, estes dois insetos são de espécies diferentes. Na foto superior, uma inofensiva mosca-das-flores. Na inferior, uma abelha europeia.

LARS KASTILAN/SHUTTERSTOCK

CHRISTIAN MUSAT/SHUTTERSTOCK

Sem entender os seres vivos que existem em certo local, é impossível desenvolver atividades de *conservação*, como estimar até que ponto as ações humanas podem desenvolver-se sem interromper ciclos e processos que ocorrem na natureza.

Nossa vida diária é influenciada de maneira muito direta pelo conhecimento das espécies e dos grupos de espécies. Por exemplo, ao tomar um refrigerante em um local aberto, é possível que um inseto se aproxime. Caso pertença a um certo grupo, o das abelhas, o cuidado é necessário, pois as abelhas podem dar uma picada dolorida. No entanto, se o inseto pertence ao grupo das moscas, ele não oferece o mesmo risco. Basta observar o número de asas para diferenciar os dois grupos.

Mas nossas vidas dependem da diversidade de espécies de uma forma mais ampla. Mais da metade dos frutos que consumimos depende de polinização por insetos, como abelhas. Com o declínio das populações de polinizadores a produção agrícola tende a cair.

A identificação das espécies é uma das etapas iniciais da sistemática. Observe na **Figura 1.3** como os animais se assemelham. No entanto, um deles é uma inofensiva mosca-das-flores, enquanto o outro é uma abelha europeia, que possui ferrão e é capaz de picar de maneira muito dolorida.

Bases da sistemática

A partir da identificação das espécies, é possível incluí-las em categorias hierárquicas, ou seja, categorias inseridas em outras, cada vez mais amplas. O médico sueco Carl Linnaeus, mais conhecido entre nós como Carlos Lineu (**Figura 1.4**), desenvolveu uma forma de classificação que estabeleceu as bases da sistemática.

Lineu era grande admirador de Aristóteles e adotou muitos de seus princípios, como o de buscar características gerais e específicas ao nomear seres vivos. Assim, propôs que cada espécie fosse identificada por dois nomes: um deles designaria o *tipo genérico* do ser vivo, e o segundo deveria designar o *tipo específico*. Assim, ao juntar os dois nomes, teríamos uma maneira objetiva de identificar o ser vivo, tendo ao mesmo tempo uma ideia de sua forma, mas não o confundindo com outros. Esta é a base da nomenclatura binomial lineana, em que se designa a espécie por duas palavras: a primeira é sempre escrita com inicial maiúscula, e a segunda, com inicial minúscula. Ambas devem ser latinizadas, isto é, escritas com a grafia que teriam em latim, e receber um destaque gráfico, geralmente itálico ou sublinhado.

NATIONAL MUSEUM, STOCKHOLM

Figura 1.4 Carl Linnaeus (1707-1778).

Além do nome binomial, Lineu criou todo um sistema que considerava ser natural. Ele era constituído de categorias principais, que hoje chamamos *táxons*, cada vez mais inclusivos, com uma organização hierárquica. Diferentes espécies que apresentam características comuns são agrupadas no mesmo gênero. Gêneros semelhantes pertencem a uma mesma família. Diferentes famílias bem parecidas constituem uma *ordem*, e diferentes ordens semelhantes formam uma *classe*. As classes, reunidas, formam um *filo*. Os cientistas sentiram a necessidade de designar outros táxons e utilizam ainda prefixos como *sub, super* etc. em algumas dessas categorias taxonômicas.

O exemplo do filo dos cordados aparece na **Figura 1.5**. A designação internacional dos táxons é dada em forma latinizada. Assim, no exemplo temos o reino Animalia, formado por diferentes filos. O filo Chordata (lê-se "cordata") é formado por dois subfilos, Protochordata e Vertebrata (como veremos adiante, alguns zoólogos preferem Acraniata e Craniata, respectivamente). Cada um dos subfilos é formado por diferentes classes, e assim por diante. Veja o exemplo da classificação do gorila na **Figura 1.6**, na página seguinte.

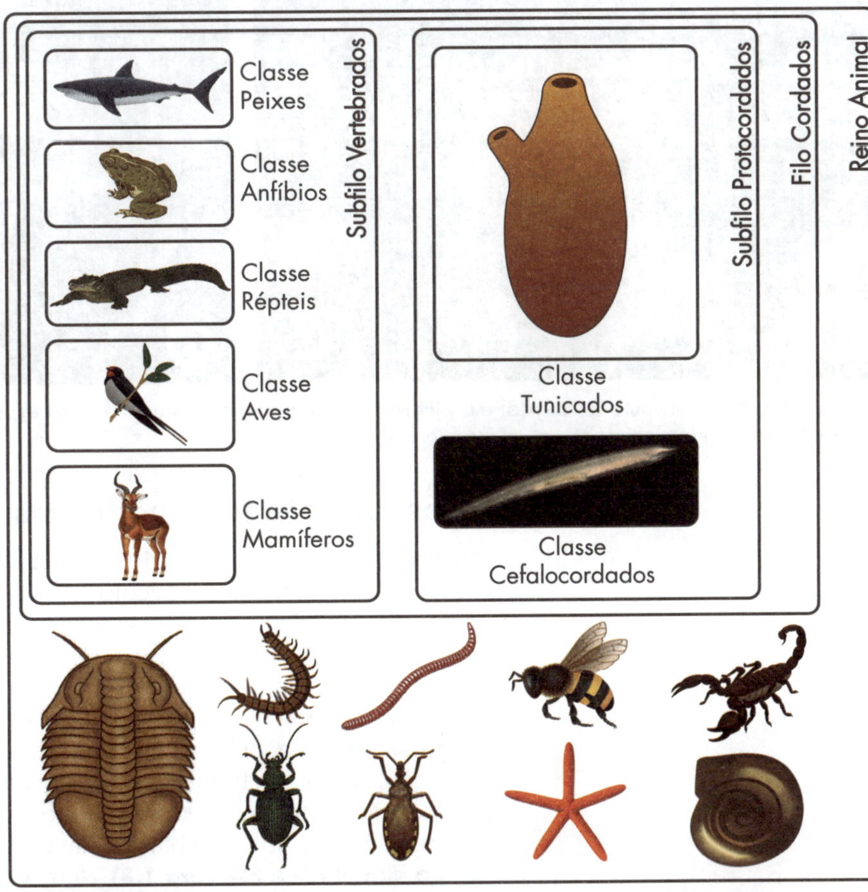

ACERVO DA EDITORA

Elementos representados sem escala. Cores-fantasia.

Figura 1.5 Organização taxonômica baseada no sistema de Lineu, com nomes em português. As várias classes de vertebrados pertencem a um subfilo (Vertebrados), o qual, junto com outro subfilo (Protocordados), forma o filo dos Cordados. Esse filo, junto com outros filos de animais, da fauna atual e extintos, forma o reino Animal.

ROMAN SAMOKHIN/SHUTTERSTOCK

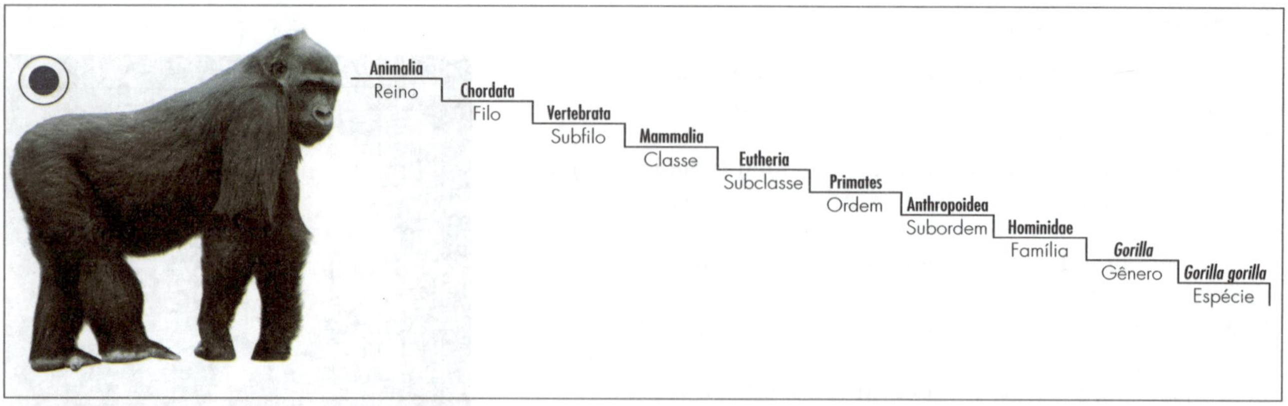

Figura 1.6 Classificação do gorila (foto). Observe o nome binomial escrito com destaque.

Em alguns casos se utiliza ainda a subespécie, e a nomenclatura se torna trinomial. Por exemplo, uma ave muito conhecida no Brasil, o pula-pula (*Basileuterus culicivorus*), ocorre desde o Maranhão até o Rio Grande do Sul. Nas matas mais secas, principalmente no sul e no oeste de Minas Gerais, sul de Goiás, Mato Grosso do Sul e São Paulo, ocorre uma outra forma, conhecida como pichito (*Basileuterus culicivorus hypoleucus*), que tem o peito e o ventre acinzentado, mas de comportamento idêntico, emitindo os mesmos sons. Trata-se, na verdade, de uma subespécie (**Figura 1.7**).

ALAMY/LATINSTOCK

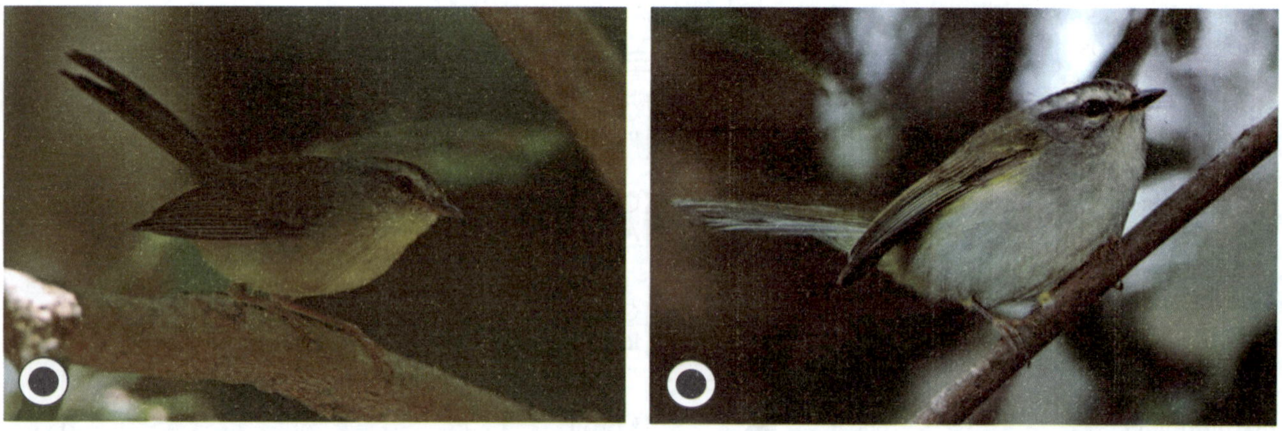

NICK ATHANAS/TROPICAL BIRDING

Figura 1.7 O pula-pula (esquerda) e o pichito (direita) pertencem a uma mesma espécie, mas trata-se de subespécies diferentes que podem conviver em um mesmo ambiente.

Teorias taxonômicas modernas

Observe que a preocupação de Lineu era apenas organizar as classificações e padronizá-las. Vivendo no século XVIII, ele sabia que haveria um número crescente de espécies a catalogar, mas não acreditava que as espécies tivessem relações de parentesco entre si (e, portanto, não contemplou essa relação no seu sistema de classificação).

Algum tempo depois, no século XIX, foi proposta uma forma de entender a diversidade biológica, pela qual os seres vivos seriam considerados pela óptica da evolução. Assim, a classificação dos seres vivos deveria procurar refletir as relações de descendência, reconstruindo as possíveis relações de parentesco dos grupos de seres vivos da biota atual e dos seres extintos, tomando a forma de árvore filogenética (**Figura 1.8**). Nela, é possível representar grupos extintos e da biota do mundo de hoje.

Atualmente, ao reconstruir a história evolutiva dos seres vivos, é possível classificá-los a partir de princípios muito diferentes daqueles criados por Lineu, adicionando a escala temporal e informações sobre organismos fósseis.

A escala temporal, à esquerda na ilustração, serve de referência para os fósseis conhecidos, com base nos quais é possível estabelecer quando surgiram os primeiros membros de um grupo de organismos. Observe que os ancestrais do canguru começaram a divergir dos demais mamíferos no Jurássico, mas a divergência básica entre a linhagem dos mamíferos e a que deu origem aos dinossauros ocorreu bem antes, ainda na era Paleozoica.

Representação fora de escala. Cores-fantasia.

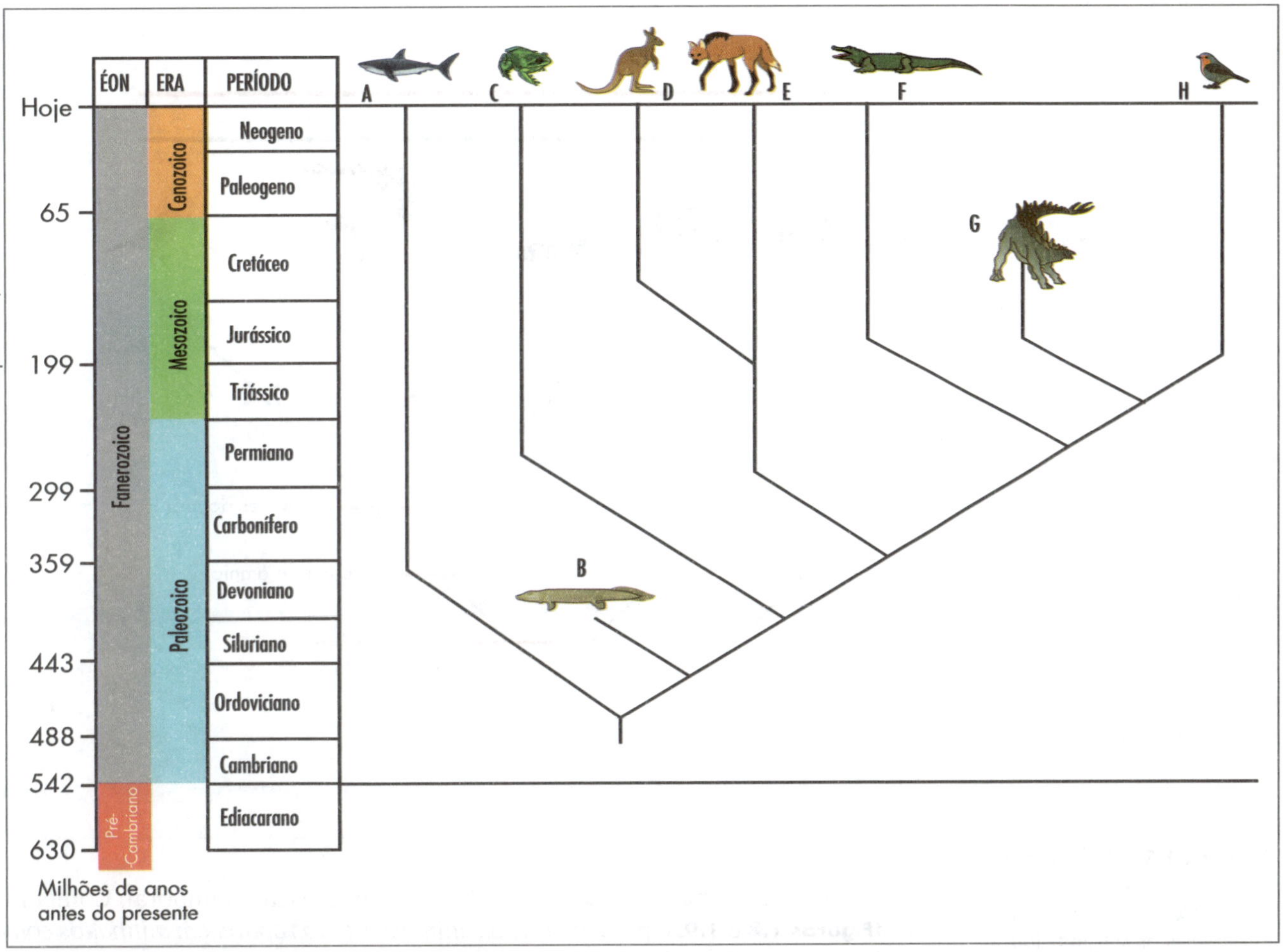

ACERVO DA EDITORA

Figura 1.8 Evolução dos vertebrados. O grupo dos tubarões (A) tem fósseis conhecidos desde o Siluriano, assim como os primeiros peixes que deixaram a água (B). Muitos se extinguiram ao final do Devoniano. No Carbonífero, os anfíbios (C) se diversificaram muito. O estegossauro (G) se extinguiu ao final do Cretáceo. Mamíferos (D e E) começaram a divergir da linhagem que conduziu aos répteis ainda na era Paleozoica, e, em período geológico mais recente, no Jurássico, houve uma divergência entre dois grupos, que têm representantes na fauna atual, como os cangurus (D) e o lobo-guará (E). Crocodilos (F) e aves (H) têm representantes na fauna atual.

A cladística ou sistemática filogenética

Atualmente existem duas *teorias taxonômicas* com base evolutiva: a tradicional e a sistemática filogenética ou cladística. Esta última desenvolveu procedimentos bastante peculiares e não reconhece diversos táxons da taxonomia evolutiva tradicional. O conceito-chave desta teoria é o de *clado*, que significa "ramo".

Clado é um grupo de organismos que evoluíram a partir de um ancestral comum e exclusivo. Isso é deduzido a partir da presença de caracteres comuns compartilhados por espécies semelhantes que não existem em outros grupos. A dedução baseia-se na premissa de que a evolução deixa um "rastro": quando um grupo de espécies se forma a partir de outro, nem todas as características se modificam. A ramificação das espécies é chamada *cladogênese*.

Por exemplo, a presença de pelos e glândulas mamárias nos mamíferos permite deduzir que estes formam um clado. Este clado pertence a outro, o clado dos animais que possuem âmnio (um anexo embrionário que envolve e protege o embrião, os amniotas), que, por sua vez, está no clado dos animais com quatro membros locomotores, os tetrápodes.

A presença de caracteres comuns pode ser representada graficamente por *cladogramas*, uma ferramenta comum na teoria taxonômica cladística (**Figura 1.9**).

ACERVO DA EDITORA

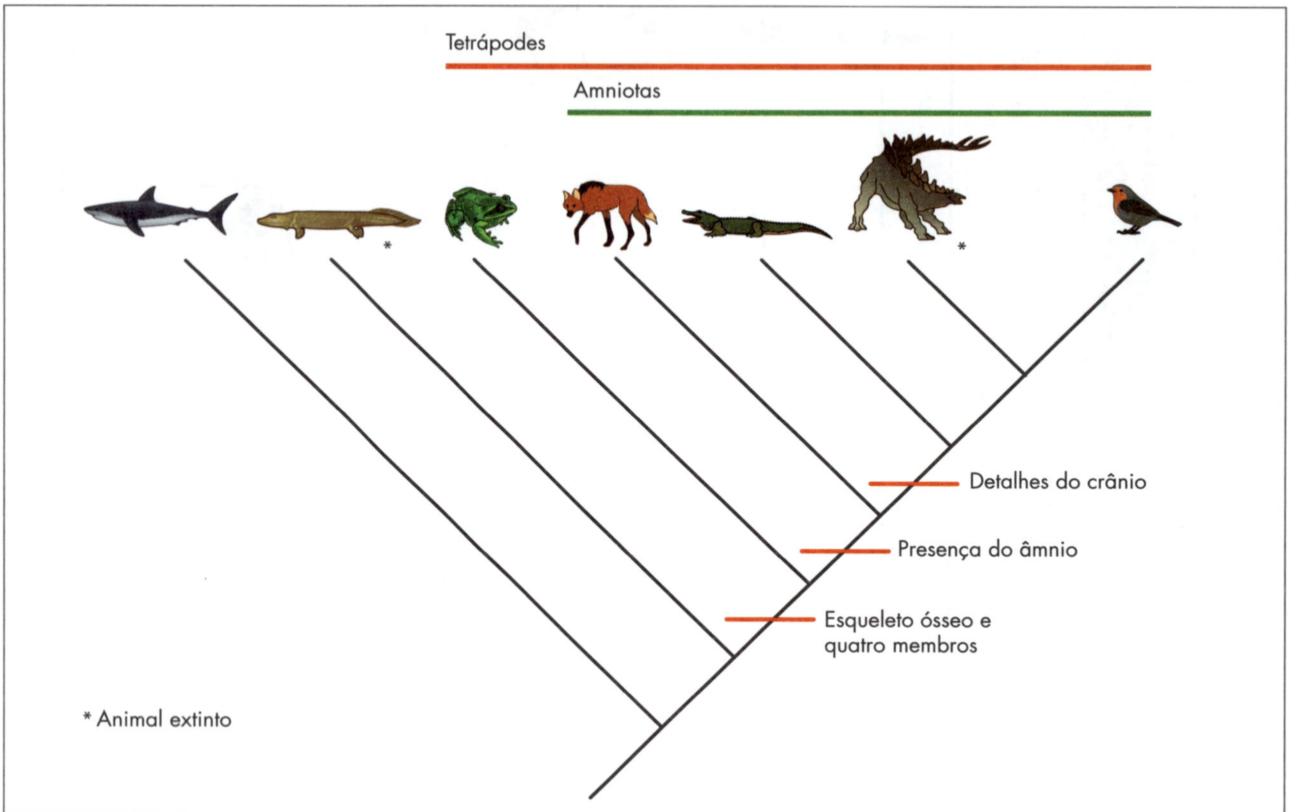

Representação fora de escala. Cores-fantasia.

Figura 1.9 Cladograma resumido dos tetrápodes. Os traços coloridos representam características surgidas (ou perdidas) que foram herdadas por todos os seres que se encontram acima daquele ponto no cladograma.

O cladograma não tem correspondência com a escala temporal. Compare as **Figuras 1.8** e **1.9**, e perceba *que os animais extintos aparecem alinhados com os da fauna atual no cladograma da* **Figura 1.9**.

Os grandes grupos

Quando Lineu propôs o sistema de classificação, em seu célebre livro *Systema Naturae*, de 1753, estabeleceu três reinos: Animal, Vegetal e Mineral. Os microrganismos, já conhecidos à época, eram tidos como pequenos animais. Não se conhecia o processo de fotossíntese.

No século seguinte ao de Lineu, outros grandes grupos foram propostos, como Monera e Protista. Apenas em 1969 uma nova proposta foi amplamente aceita, de autoria do ecólogo norte-americano Robert Whittaker (1920-1980). Ele propôs cinco reinos, resgatando nomes antigos: Monera, Protista, Fungi, Animalia e Plantae.

Os critérios que Whittaker utilizou estavam ligados à teoria taxonômica evolutiva tradicional. Seus cinco reinos (**Figura 1.10**) são vistos como grupos dinâmicos, com eixos que refletem aspectos ecológicos e estratégias adaptativas. Assim, ele propôs três eixos de organização da árvore, ligados à forma pela qual ocorre a nutrição: fotossíntese (plantas), absorção (fungos) e ingestão (animais). Nos outros dois reinos estão seres microscópicos com padrão celular eucariótico (Protista) ou procariótico (Monera).

O **Quadro 1.1**, abaixo, sintetiza a proposta de Whittaker.

Observe que a definição do tipo de célula é objetiva em quatro dos cinco reinos e deixa dúvida apenas no reino Protista. Na verdade, esse reino seria caracterizado pela ausência de tecidos verdadeiros, sendo que a constituição da célula poderia ser muito variada, incluindo algas fotossintetizantes.

Com o avanço das técnicas de biologia molecular, foi possível estudar detalhadamente o material genético dos seres vivos. Uma série de informações permite concluir que o reino Monera na verdade abriga microrganismos muito diversos.

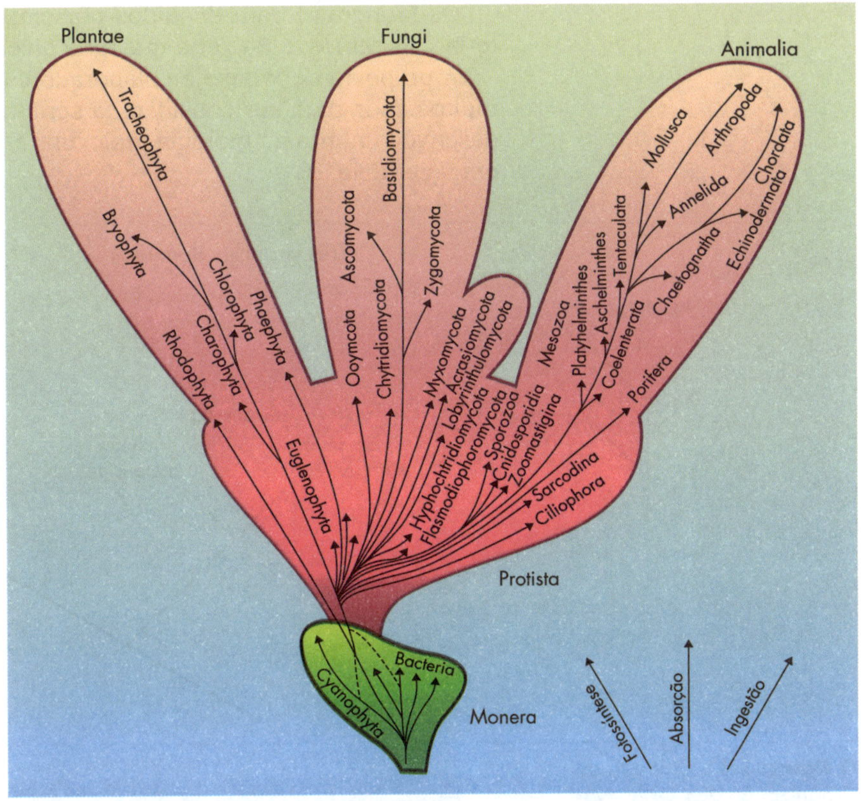

Figura 1.10 Os três eixos de organização dos cinco reinos se referem a critérios ecológicos, ligados à forma de obtenção de energia: a fotossíntese (plantas), a absorção (fungos) e a ingestão (animais).

Daí surgiu a proposta de uma nova forma de organizar os seres vivos, com base em técnicas de análise do RNA ribossômico, de maneira a refletir a filogenia dos seres vivos. O que Whittaker colocava em quatro reinos (Protista, Animalia, Plantae e Fungi), o cientista norte-americano Carl Richard Woese e colegas do Departamento de Microbiologia da Universidade de Illinois, nos Estados Unidos, propuseram colocar em um único grupo, que abrigaria os reinos e constituiria um *Domínio*. Eles propuseram os nomes Eukarya (Eucária ou *Eukariyota*), que abrigaria três reinos tradicionais, mais táxons antes agrupados como Protistas.

	Tipo de célula	Organização celular	Tipo de nutrição
Monera	Procariótico. Parede celular presente na grande maioria.	Unicelulares: solitários ou formando colônias.	Autotrofismo (fotossíntese ou quimiossíntese). Heterotrofismo (absorção).
Protista	Eucariótico. Com ou sem parede celular.	Maioria unicelular. Solitários, coloniais e multicelulares.	Autotrofismo (fotossíntese). Heterotrofismo (absorção ou ingestão).
Fungi	Eucariótico. Parede celular (quando presente) com quitina.	Maioria multicelular. Diferenciação celular reduzida.	Heterotrofismo (absorção).
Plantae	Eucariótico. Parede celular celulósica.	Multicelulares com progressiva diferenciação.	Autotrofismo (fotossíntese).
Animalia	Eucariótico. Sem parede celular.	Multicelulares com progressiva diferenciação.	Heterotrofismo (ingestão).

Quadro 1.1 As características dos cinco reinos de Whittaker.

Os Moneras foram divididos por eles em dois domínios: o Archaea, que teria dois reinos, e Bacteria que teria diversos reinos (**Figura 1.11**).

A proposta de Woese e colaboradores, embora bem fundamentada, levou muitos anos para ser considerada seriamente pelos cientistas. No entanto, o desenvolvimento da biologia molecular tem trazido cada vez mais evidências em favor dela.

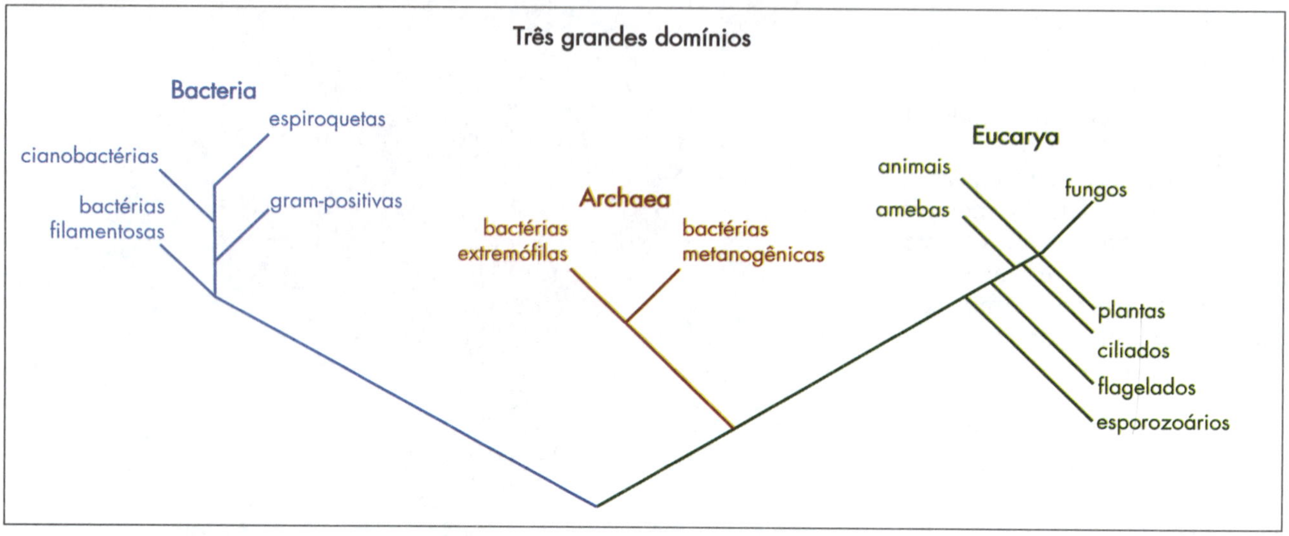

ACERVO DA EDITORA

Figura 1.11 Proposta de organização dos seres vivos em três grandes domínios, ou super-reinos. O que Whittaker reunia como Monera aparece como dois domínios distintos, Bacteria e Archaea. Os protistas não formam um grupo único.

Observe que os vírus não aparecem nem na proposta de Whittaker nem na de Woese. Eles não são considerados seres vivos tal qual as bactérias ou os microrganismos unicelulares porque não são formados por células e são parasitas obrigatórios de seres vivos. Considera-se que tenham surgido muito depois dos primeiros seres vivos, como uma degeneração de algum micróbio, que reteve apenas algumas substâncias para comandar sua replicação nas células parasitadas.

Diversidade e reprodução dos seres vivos

A reprodução dos seres vivos muito pequenos envolve mecanismos diferentes daqueles comuns a plantas e animais. Tanto os procariotos (bactérias e arqueas) como os eucariotos microscópicos desenvolveram basicamente duas estratégias de reprodução: assexual e sexual. Em certas situações, se reproduzem intensamente, gerando cópias exatas de si próprios, resultado típico de processos assexuais. É o caso de células que crescem e se dividem ao meio (*cissiparidade* ou *bipartição*, e *fissão binária* ou *múltipla*), gerando duas cópias idênticas, algo muito comum em bactérias e protozoários (**Figura 1.12**).

BIOPHOTO ASSOCIATES/ PHOTORESEARCHERS/LATINSTOCK

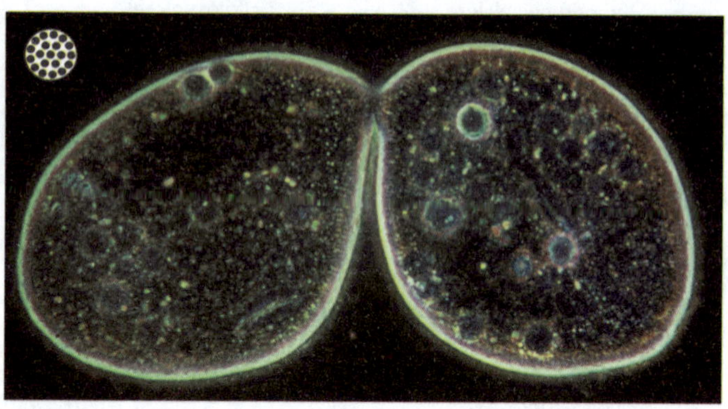

Figura 1.12 Certos microrganismos, como os paramécios, se reproduzem por fissão binária. Aumento de 100 vezes.

O mecanismo de *conjugação* permite que microrganismos troquem material genético, lembrando estratégias de reprodução sexual e gerando maior variabilidade genética na descendência. Por exemplo, bactérias podem trocar segmentos de DNA, transmitindo a informação genética de um indivíduo a outro. A resistência a antibióticos geralmente é transmitida assim. Uma bactéria pode ser resistente graças à informação genética presente em um plasmídeo, que pode ser transferido à outra bactéria, inclusive de outra espécie, por meio de estruturas tubulares, chamadas *pelos sexuais*. A bactéria doadora transmite assim a característica genética à bactéria receptora.

É comum que no mesmo plasmídeo haja a informação genética para a formação de pelos sexuais; assim, a bactéria receptora se torna doadora após a conjugação bacteriana, ampliando a disseminação das novas características recebidas.

Certos protozoários também podem trocar material genético por conjugação, embora não possuam plasmídeos.

Por vezes, um único protozoário produz núcleos gaméticos por meiose e os funde, em um processo denominado *autogamia*. Outra estratégia parecida consiste em produzir gametas e uni-los, gerando um zigoto, que será ligeiramente diferente das formas parentais. Nesses dois casos, a variabilidade genética nos descendentes se amplia e aumenta a chance de sobrevivência da espécie, por exemplo, em um ambiente alterado pela presença de substâncias tóxicas.

2 Os vírus

As partículas virais são compostas de pequena quantidade de material genético (DNA ou RNA), com um envoltório formado por proteínas (*capsídio*), o qual pode ainda estar envolto por uma membrana lipoproteica, originária da célula parasitada (*envelope viral*). Lavar as mãos com álcool é procedimento eficiente para evitar a contaminação por vírus envelopados, pois o envelope lipoproteico é dissolvido.

Os vírus são obrigatoriamente parasitas de células, sejam elas procarióticas, como os fagos T4, sejam eucarióticas, como o vírus da gripe e o da febre amarela, que estudaremos neste capítulo. São extremamente pequenos: 50 namômetros, no caso do vírus da dengue. Nenhum vírus é visível em microscópios ópticos, sendo possível vê-los apenas com microscópios eletrônicos de transmissão.

Diversas viroses são muito comuns na infância, como o sarampo. Entre os sintomas estão o espirro e a tosse, e as partículas de saliva têm muitas partículas virais ativas. Assim, o contágio é muito fácil entre crianças que não foram vacinadas.

Outras viroses não são transmitidas com a mesma facilidade. O HIV, vírus causador da Aids, representa uma das formas de multiplicação viral de grande importância médica e não pode ser transmitido por aperto de mão, abraços etc. mas deve envolver contato de uma ferida com sangue contaminado.

O envelope que protege a partícula viral infectante foi formado a partir da membrana celular de um linfócito. Esse envelope se funde com a membrana celular do linfócito que vai ser parasitado (**Figura 1.13**), a partir das espículas proteicas (chamadas *ligantes*), que se encaixam em receptores dessa membrana. O ácido nucleico do HIV, composto de RNA (em vermelho no esquema), e uma enzima capaz de produzir DNA a partir dele (transcriptase reversa, representada por pontos azuis no esquema) ingressam na célula. O DNA produzido se integra ao genoma da célula, que passa a produzir os componentes da partícula viral, que se agregam levando parte da membrana, formando o envelope viral. Novas partículas de HIV são assim produzidas e estão prontas para parasitar outras células do sistema de defesa do organismo.

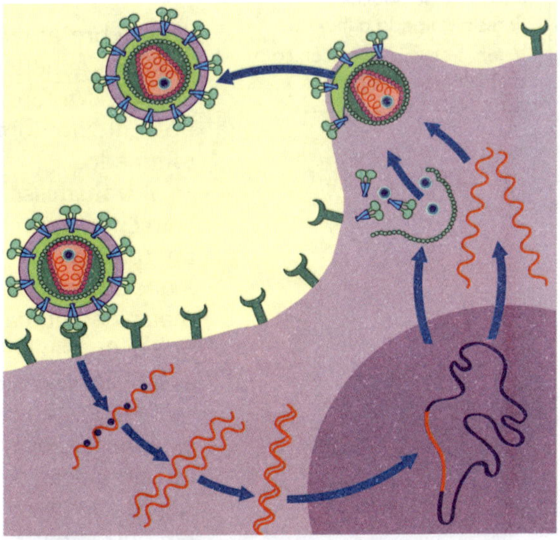

Figura 1.13 Representação esquemática da replicação do vírus causador da Aids (HIV) em um linfócito humano. O RNA de fita simples do vírus está representado em vermelho e a transcriptase reversa (veja texto) está representada por pontos azuis.

Além dessa forma de penetração do vírus, na qual há fusão do envelope viral com a membrana da célula hospedeira, há vírus, como os fagos, que injetam apenas o material genético na célula parasitada, nesse caso, uma bactéria sem que os capsídios penetrem na célula parasitada.

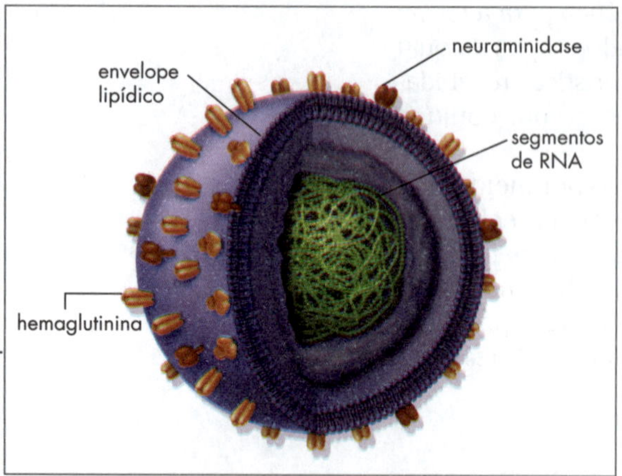

Figura 1.14 Partícula viral, com as duas substâncias de natureza proteica que dão identidade ao vírus da gripe, a hemaglutinina e a neuraminidase. Diâmetro aproximado: 50 nm.

Gripe

O vírus da gripe, chamado *vírus influenza*, faz parte do grupo dos ortomixovírus, que inclui vários tipos. Seu material genético organiza-se na forma de oito diferentes segmentos de RNA, com um total de cerca de 14 000 nucleotídeos, e genes que codificam apenas onze proteínas. Um envoltório lipoproteico, que se origina da membrana das células parasitadas, tem duas substâncias proteicas em sua superfície, a *hemaglutinina* e a *neuraminidase*, ligantes que dão identidade ao vírus (**Figura 1.14**). Elas são codificadas por segmentos distintos de RNA e seus tipos são identificados por letras e números (H1, H2, H3, N1, N2, N3).

O vírus da gripe é transmitido de maneira similar ao do sarampo. Os vírus da gripe capazes de contaminar células humanas são do subtipo A. Os vírus do subtipo B podem contaminar tanto aves (patos, galinhas, gaivotas, perus) como mamíferos (ser humano, cavalo, porco). As infecções de animais por vírus dos subtipos A e B são grande fonte de variações novas de vírus, que misturam seus oito segmentos de material genético e podem tornar disponíveis partículas virais originais, surgidas em qualquer um dos animais.

Com essa multiplicidade de hospedeiros, existem pelo menos 21 diferentes linhagens de vírus da gripe entre os dois subtipos. Em 2009, foram identificadas duas linhagens de vírus influenza A circulando no mundo, o H1N1 e o H3N2, e duas linhagens do subtipo B.

A cada ano surgem variações novas dos vírus, que circulam pelo mundo levadas por pessoas contaminadas e mesmo por aves migratórias. Existem vacinas, mas, por causa da grande capacidade de mudança das proteínas de superfície do vírus, elas precisam ser renovadas a cada ano. Uma vez contaminado por um vírus da gripe, nosso organismo fica imunizado contra ele, pois formam-se anticorpos contra as proteínas ligantes.

Silvestre: de hábitos florestais, ligada a matas.
Vetor: transmissor mecânico ou biológico de doenças.

Febre amarela

A febre amarela é uma doença infecciosa causada por um flavivírus, cujo material genético é o RNA. Existem duas formas distintas de transmissão da doença. Na febre amarela urbana (FAU), a transmissão do vírus pode ocorrer no contexto domiciliar, pela picada de mosquito da espécie *Aedes aegypti* contaminado.

A transmissão da febre amarela **silvestre** (FAS) é feita por mosquitos que vivem em matas e florestas, sendo os dos gêneros *Haemagogus* e *Sabethes* os mais importantes na América Latina. No Brasil, a espécie *Haemagogus janthinomys* é a que se destaca na transmissão do vírus: o mosquito se contamina ao picar primatas não humanos com a doença e a transmite ao picar outros animais no ambiente florestal ou nas proximidades da mata, inclusive humanos. Caracteriza-se, assim, como **vetor** da doença.

Quando são encontrados primatas mortos em parques e beiras de florestas, as autoridades sanitárias devem ser notificadas para que investiguem se ocorreu circulação de vírus da febre amarela ou outras causas da morte. Em diversas regiões do Brasil recomenda-se a vacinação contra a febre amarela, assim como em outros países da América do Sul e da África, onde se acredita que tenha se originado o vírus.

Como o mosquito *Aedes aegypti* está presente em milhares de localidades brasileiras, existe o risco da urbanização da febre amarela. Pessoas infectadas podem se deslocar para uma cidade onde esteja presente o vetor urbano, o que torna possível a transmissão da forma urbana da doença.

Dengue

Causada por um vírus da mesma família do vírus da febre amarela (a família dos flavivírus), a dengue é transmitida em ambientes urbanos pela picada do mesmo inseto, o mosquito *Aedes aegypti* (**Figura 1.15**). Existem quatro tipos de vírus da dengue e duas formas principais de manifestação da doença.

A dengue pode se manifestar, na primeira infecção, com febre, manchas na pele, dores de cabeça e nas articulações, sem apresentar complicações. A outra manifestação ocorre normalmente em uma segunda infecção: os sintomas se repetem e regridem após alguns dias, quando aparece dor no ventre, que pode ser por causa da perda interna de sangue. É a chamada dengue hemorrágica, que pode levar à morte.

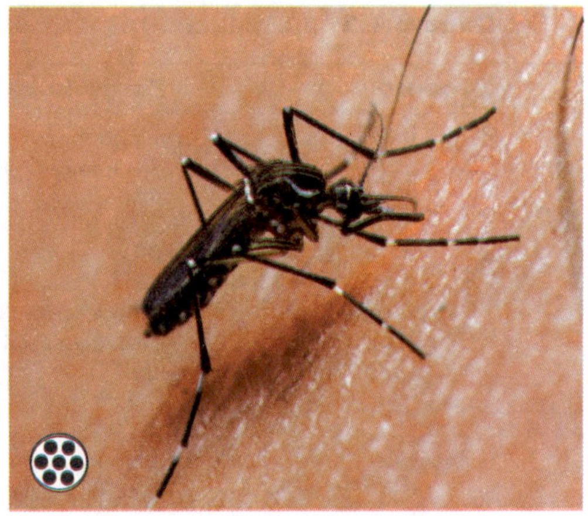

TEPTONG/ISTOCKPHOTO

Figura 1.15 O mosquito *Aedes aegypti* (em média, 0,5 cm de comprimento), transmissor dos vírus da dengue e da febre amarela em ambientes urbanos.

A distribuição da dengue no mundo reflete a presença do vetor nas cidades dos quatro continentes, limitado pela temperatura de inverno. Estima-se que cerca de 100 milhões de pessoas se infectem todos os anos. A linha de 10 °C no inverno parece ser o limite de distribuição do inseto e, portanto, da doença (**Figura 1.16**).

Já há vacinas contra a dengue em fase de testes e solicitação de autorização das autoridades sanitárias para imunização em larga escala, mas o controle do mosquito continua sendo o principal desafio para conter a doença. Deve-se lembrar que o *Aedes aegypti* também transmite outras doenças, contra as quais ainda não há vacina, como a febre zica e a febre chikungunya. Ele tipicamente procria em águas limpas do ambiente domiciliar, como a água de chuva parada em vasos de plantas, poças, pneus velhos, calhas entupidas, material para reciclagem etc.

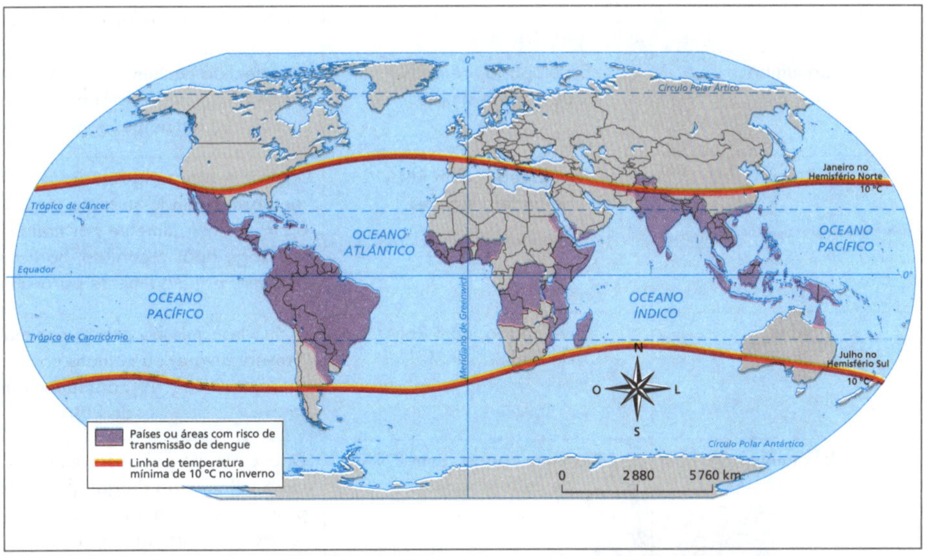

MÁRIO YOSHIDA

Fonte: Organização Mundial da Saúde (2010).

Figura 1.16 Ocorrência da dengue em 2009. A distribuição geográfica do mosquito vetor define a ocorrência da doença. Observe que todas as regiões do Brasil estão incluídas na área de ocorrência da doença.

A grande resistência dos ovos de mosquitos à dessecação, explica, em parte, a dificuldade de erradicá-lo. Mesmo que o recipiente com água seque, os ovos se mantêm vivos por até um ano; com a volta da água, podem eclodir. Ovos de insetos contaminados pelo vírus podem estar contaminados e originar adultos que já nascem com a capacidade de transmitir a dengue (infecção transovariana).

Diversidade de vírus

Os vírus são partículas que não são consideradas seres vivos, pois não são formadas por células e sempre dependem de uma estrutura celular hospedeira. Além disso, como são um conjunto relativamente simples de moléculas, exibem características de minerais, por exemplo, a cristalização. Um vírion cristalizado pode permanecer no ambiente por centenas de anos, mantendo seu potencial patogênico. Cemitérios antigos são potenciais fontes dessas partículas virais, em especial quando possuem sepulturas de vítimas de grandes epidemias de doenças virais, como a varíola.

O **Quadro 1.2** apresenta outras viroses de interesse médico, além das já estudadas neste capítulo.

Doença	Partícula viral	Sintomas e profilaxia
Herpes labial	Envelopado, com DNA de cadeia dupla.	Doença benigna, com manifestações episódicas recorrentes na forma de pequenas erupções nos lábios. A infecção ocorre geralmente na infância, com o vírus se alojando em gânglios linfáticos da face, com manifestação apenas muitos anos após. Não há vacina, mas há antivirais eficientes no controle das manifestações do vírus, que é transmitido por contato.
Catapora	Envelopado, com DNA de cadeia dupla.	Também conhecida como varicela, provoca pústulas muito pruriginosas na pele, acometia frequentemente crianças antes das campanhas de vacinação. Pode reaparecer na idade adulta, na forma de herpes-zoster, uma importante via de infecção de crianças não vacinadas.
Rubéola	Envelopado, com RNA de cadeia simples.	Doença benigna que se manifesta na forma de febre, com manchas avermelhadas na pele. Na gravidez a doença é perigosa, pois o vírus atravessa a barreira placentária e pode provocar sequelas no feto, como surdez. Há vacina.
Sarampo	Envelopado, com RNA de cadeia simples.	Doença perigosa na infância, tem sintomas iniciais parecidos com o resfriado, com tosse, mas também aparecem manchas na pele. A vacinação é eficiente, geralmente aplicada de maneira conjunta com a da caxumba e a da rubéola (tríplice viral).
Caxumba	Envelopado, com RNA de cadeia simples.	A infecção costuma acometer as glândulas salivares parótidas, mas pode afetar outras glândulas, como os testículos (orquite). Há vacina eficiente, compondo a chamada tríplice viral.
Raiva	Envelopado, com RNA de cadeia simples.	Doença muito perigosa. Após alguns dias de infecção ataca o sistema nervoso, quando se torna incurável, levando à morte. A transmissão ocorre principalmente por meio da mordida de mamíferos contaminados. Logo após o contato, há tratamento com soro antiviral. Há vacina eficiente, principalmente para animais domésticos, como cães e gatos.
Aids	Envelopado, com RNA de cadeia simples.	Sua transmissão ocorre por meio de relações sexuais sem uso de preservativo e/ou contato com sangue contaminado. Por se tratar de um retrovírus (HIV), possui enzima capaz de sintetizar DNA a partir de RNA (transcriptase reversa).
Poliomielite	Não envelopado, com RNA de cadeia simples.	Doença muito perigosa, tem uma fase inicial com sintomas benignos, como inflamação de gânglios linfáticos, mas pode eventualmente comprometer o sistema nervoso, razão pela qual é geralmente conhecida como paralisia infantil, uma vez que pode deixar sequelas irreversíveis. Há vacinas eficientes.
Resfriado comum	Não envelopado, com RNA de cadeia simples.	Mais de 300 tipos de vírus causam o resfriado comum, que não deve ser confundido com a gripe. Esta tem sintomas mais agudos, em especial febre e dores pelo corpo, além de ser altamente contagiosa, ao contrário do resfriado. Não há vacina.
Gastrenterite rotaviral	Não envelopado, com RNA de cadeia dupla.	Febre baixa, vômitos e diarreia. Muito comum em crianças, é transmitida por alimentos ou água contaminada por fezes. Há vacina eficiente.
Febre chikungunya	Envelopado, com RNA de cadeia simples.	Transmitida pelo mesmo mosquito que a dengue. Sintomas muito parecidos com a dengue, mas a febre pode ser mais alta, com mais dores nas articulações, e sintomas mais duradouros. Não há vacina.
Febre zica	Envelopado, com RNA de cadeia simples.	Transmitida pelo mesmo mosquito que a dengue. Apenas 18% dos infectados apresentam sintomas, parecidos com a dengue, com dor nas articulações e cansaço, mas a febre pode ser mais baixa ou mesmo inexistente. Há suspeita que a infecção de mulheres grávidas possa trazer prejuízo ao feto (microcefalia).
Hepatite	Diversos tipos de vírus, tanto envelopados como não envelopados, de RNA e DNA.	Há vários tipos, sendo os mais comuns a hepatite A e B, transmitidos geralmente por água contaminada por fezes, para as quais há vacina. A hepatite C é mais rara e perigosa e sua transmissão é feita principalmente por sangue contaminado.

Quadro 1.2 Principais viroses humanas e características dos vírus causadores.

3 Bactérias e arqueas

Já estudamos bactérias e arqueas e vimos que são seres vivos unicelulares ou coloniais, com células nas quais o material nuclear não é delimitado por membrana (**Figura 1.17**). Essa é a razão de serem chamados de procariotas (*pro* = em direção a, e *cárion* = núcleo, cerne).

Ao contrário dos vírus, os procariotas são microrganismos muito importantes para a manutenção da vida na Terra, atuando em um imenso número de processos biológicos, inclusive em seres humanos. É comum pensar que as bactérias sejam todas nocivas à nossa saúde, o que é completamente errado. Na verdade, dependemos das bactérias para nos mantermos saudáveis. Por exemplo, a ingestão de Vitamina K, essencial para a coagulação do sangue, é muitas vezes insuficiente, sendo geralmente complementada pelas bactérias que colonizam nosso intestino. Muitas enzimas da cadeia respiratória das bactérias nos servem de vitaminas, como as do complexo B. Algumas poucas bactérias são patogênicas, e elas são justamente as mais conhecidas, o que acaba por conferir má fama (imerecida) a todo o grupo.

Elementos representados sem escala. Cores-fantasia.

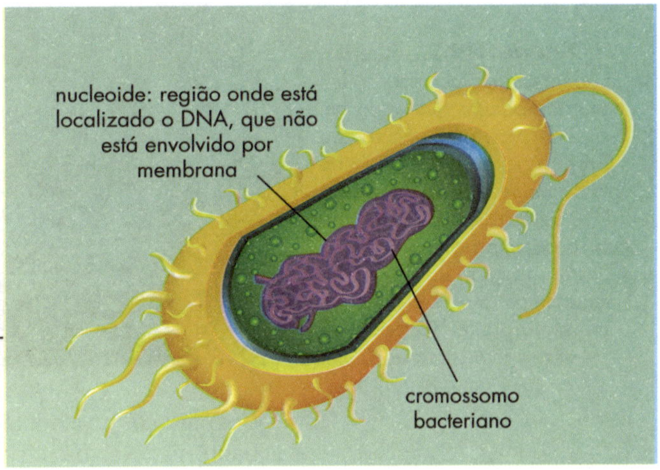

BLUERINGMEDIA/SHUTTERSTOCK

Figura 1.17 As bactérias e as arqueas são seres procariotos, que não possuem núcleo delimitado por membrana.

Uma bactéria como a que aparece na **Figura 1.18** (*Bacillus licheniformis*), prestes a se dividir, alonga-se e duplica seu material genético, representado nas duas manchas vermelhas da imagem. A célula se alonga, atingindo quase 2 μm de comprimento.

As bactérias se reproduzem normalmente por um processo de bipartição, no qual duplicam seu material genético e o repartem igualmente pelas duas células-filhas.

A forma das bactérias é característica de cada grupo, e isso se deve em especial ao envoltório da célula, que é uma parede rígida. A parede bacteriana é muito resistente, capaz de suportar grande pressão interna. Existem grupos de bactérias que têm forma de bastonete, os chamados bacilos; alguns têm forma de vírgula, os vibriões; outros ainda parecem uma pequena espiral, as espiroquetas.

A natureza do material que forma a parede bacteriana define muitas características das bactérias, inclusive as patogênicas. Observe, na **Figura 1.19**, imagens obtidas ao microscópio óptico de culturas de bactérias, após aplicação de uma técnica desenvolvida em 1884 pelo médico dinamarquês Hans Christian Joachim Gram (1853-1938).

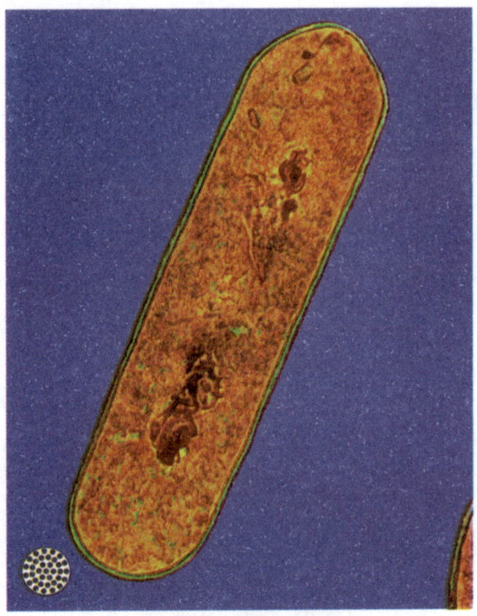

SCIENCE PHOTO LIBRARY/LATINSTOCK

Figura 1.18 Bacilo (tipo de bactéria em forma de bastão) prepara sua divisão. Seu material genético, colorizado de vermelho por computador, aparece em duas regiões da célula. O grande aumento revela ausência de membranas internas, inclusive ao redor do material genético, característica das células procarióticas. A bactéria mede cerca de 2 μm de comprimento.

Note como a coloração final das bactérias é diferente; isso indica que suas paredes celulares têm composição diferente. As bactérias que se coram em roxo são chamadas Gram-positivas, e as que se coram em vermelho, Gram-negativas. O primeiro passo da técnica de Gram consiste em preparar uma lâmina com as bactérias mortas e fixadas à lâmina para posterior observação ao microscópio. Em seguida, aplica-se um corante primário de coloração violeta. Depois é aplicado um composto com iodo (lugol), o que leva à formação de um composto violeta iodo (CVI). O próximo passo é a lavagem com solventes, seguida da aplicação de um corante vermelho. Se o CVI se mantiver na parede da célula após a lavagem com o solvente, a coloração roxa da violeta se destaca facilmente e a bactéria é Gram-positiva. Por outro lado, se os solventes utilizados retirarem o CVI das células bacterianas, elas ficarão coloridas de vermelho e a bactéria é dita Gram-negativa.

Figura 1.19 À esquerda, imagem ao microscópio óptico comum de bacilos que se coram em roxo com a técnica de Gram. À direita, outro tipo de bacilo que se cora em vermelho ao ser submetido à mesma técnica de coloração. É possível ver, na imagem da direita, restos de corante azul que não impregnaram as bactérias. As bactérias têm cerca de 2 µm.

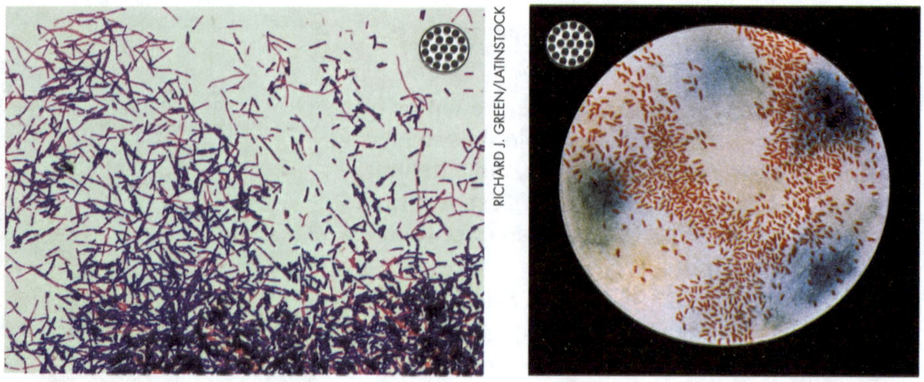

RICHARD J. GREEN/LATINSTOCK

A explicação molecular para essa diferença está na natureza do envoltório das bactérias. Nas bactérias Gram-positivas (**Figura 1.20**, esquema da direita), o envoltório externo de peptidoglicanos é muito espesso e insolúvel em álcool e éter. Como essa camada pode ser tingida facilmente, isso explica a retenção do primeiro corante, que será responsável pela coloração roxa característica. Por outro lado, as bactérias Gram-negativas não adquirem essa tonalidade, pois a membrana inicialmente tingida pelo corante roxo tem natureza lipídica, e é dissolvida pelo álcool e pelo éter usados logo em seguida. Em outras palavras, os solventes levam embora a coloração das bactérias Gram-negativas junto com a membrana lipídica que recobre a camada que ocupa o espaço periplasmático. Assim, o segundo corante encontra camada de peptidoglicanos das bactérias Gram-positivas já tingida, mas essa camada ainda não adquiriu nenhuma cor nas Gram-negativas, e esta é a razão de adquirirem a coloração vermelha (**Figura 1.20**).

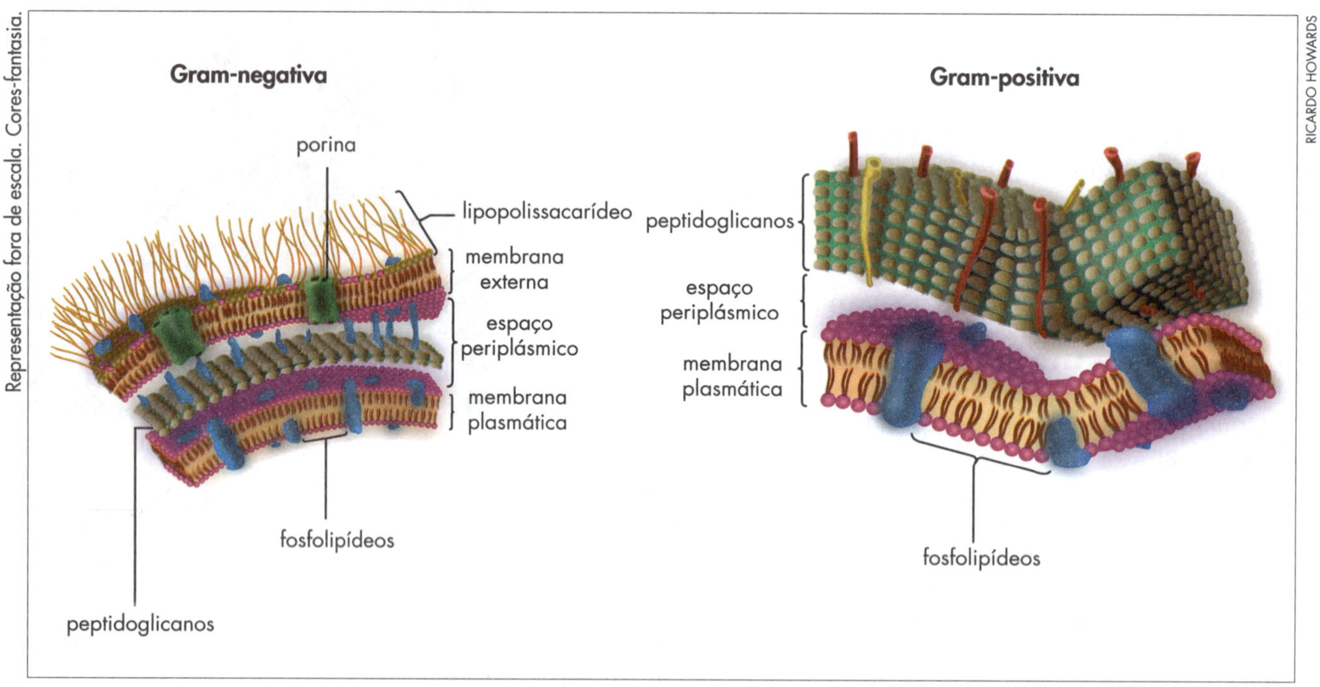

Figura 1.20 Esquemas mostrando a membrana celular de bactérias e seu envoltório. As bactérias Gram-negativas têm duas membranas, uma interna e outra externa, e entre elas há uma rede rígida de proteínas e polissacarídeos, altamente porosa, que constitui a parede celular bacteriana (peptidoglicanos). As bactérias Gram-positivas têm membrana única, análoga à membrana plasmática interna das bactérias Gram-negativas, além de uma camada mais espessa de peptidoglicanos.

As bactérias Gram-positivas resistem à dessecação e incluem os estafilococos e estreptococos. Já as Gram-negativas dependem de meio líquido e entre elas figuram a bactéria causadora da cólera (*Vibrio cholerae*), da peste bubônica (*Yersinia pestis*) e da meningite (*Neisseria meningitidis*).

A penicilina é uma droga que atua impedindo a formação da camada de peptidoglicanos. Por essa razão, as bactérias Gram-positivas são mais sensíveis a ela. As bactérias Gram-negativas têm a camada de peptidoglicanos revestida pela membrana externa e por lipossacarídeos de superfície (**Figura 1.20**). Algumas dessas bactérias têm se tornado resistentes a esse e a outros antibióticos, devido às variações naturais que aparecem no processo reprodutivo. O uso indiscriminado de antibióticos permite selecionar as linhagens de bactérias resistentes, que têm se tornado cada vez mais comuns.

Os eucariotos não possuem peptidoglicanos em seu envoltório celular, razão pela qual a penicilina atua seletivamente em bactérias Gram-positivas e não em células como as humanas e as de fungos, como os que produzem penicilina. As arqueas, procariotos (também responsáveis pela reprodução dos seres vivos muito pequenos), também não possuem peptidoglicanos em seu envoltório celular, o que não as caracteriza como formas patogênicas.

Diversidade de bactérias

Vimos também, no Volume 1, que há bactérias autotróficas e bactérias heterotróficas. As bactérias autotróficas obtêm energia a partir de diversos processos metabólicos. O **Quadro 1.3** traz uma síntese deles.

Grupo nutricional	Fonte de carbono	Fonte de energia	Subproduto
Autotrófico (fotossíntese oxigênica)	Dióxido de carbono	Luz solar	O_2
Autotrófico (fotossíntese anoxigênica)	Dióxido de carbono	Luz solar	H_2
Quimiolitotrófico	Compostos orgânicos	Reações químicas	Compostos de nitrogênio, enxofre ou ferro

Quadro 1.3 Processos metabólicos realizados por bactérias.

Diversidade de arqueas

No século XX foram descobertas bactérias vivendo em locais que não se pensava ser possível a vida. Locais de temperatura muito elevada, com grande salinidade, alta acidez, ou então, ao contrário, ambientes cáusticos, surpreendentemente possuem bactérias. Foi encontrada, por exemplo, uma bactéria que poderia sobreviver à radiação do espaço cósmico, sem prejudicar-se. No estômago de ruminantes e nas profundezas de lagos e mares, bactérias produzem metano, em vez de gás carbônico, como resultado da degradação de matéria orgânica (bactérias metanogênicas).

A análise de muitas dessas bactérias extremófilas (que vivem em ambientes extremos) revelou a grande distância bioquímica com as demais bactérias.

As arqueas têm RNA ribossômico tão diferente que foram colocadas em um domínio à parte.

Procariotos e biorremediação

Como vimos, bactérias e arqueas são organismos envolvidos em um grande número de atividades metabólicas. Por esse motivo, eles estão sendo explorados como agentes ecológicos importantes para contornar desastres ambientais, como derrames de petróleo no mar. Como há procariotos que conseguem metabolizar hidrocarbonetos e substâncias tóxicas presentes no petróleo, como as

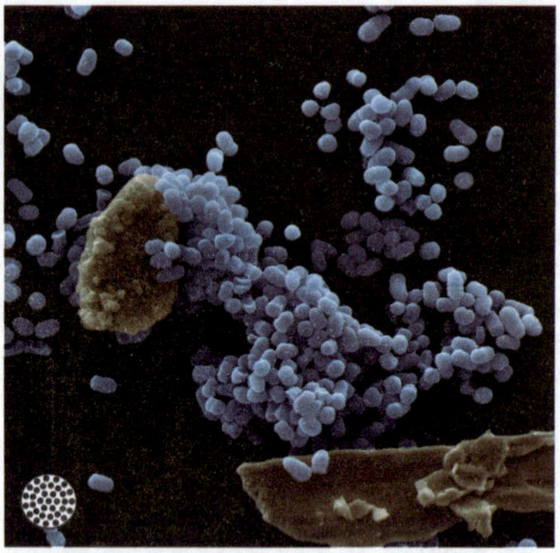

Figura 1.21 *Arthrobacter protophormiae*, bactéria Gram-positiva que consegue degradar certos tipos de pesticidas. Foto tirada ao microscópio eletrônico de varredura e colorizada por computador. Aumento de 3 600 vezes.

bactérias do gênero *Arthrobacter* (**Figura 1.21**), produzindo metabólicos pouco tóxicos ou atóxicos, eles são de grande utilidade em certas ocasiões, compondo uma estratégia chamada biorremediação. Ela consiste em utilizar agentes biológicos para remediar situações que tendem a desequilibrar ecossistemas. Pulverizados com água em manchas de óleo no mar, por exemplo, bactérias conseguem metabolizar o contaminante, produzindo subprodutos que são menos nocivos, ou muitas vezes inofensivos, às populações atingidas pelo desastre.

Procariotos patogênicos

Muitas doenças causadas por bactérias podem ser prevenidas por vacina: a tuberculose, a difteria, o tétano e até mesmo a pneumonia, uma das principais causas de morte de crianças no mundo. Estima-se que a doença vitime 1,2 milhão de crianças menores de cinco anos todos os anos no planeta, sendo responsável por uma morte nessa faixa etária a cada 20 segundos. Esses números são maiores do que os produzidos pela Aids, pela malária e pela tuberculose juntas. Noventa e nove por cento desses óbitos ocorrem em países em desenvolvimento, onde se estima que apenas 30% das crianças recebam tratamento adequado. A pneumonia e a diarreia são duas doenças bacterianas preveníveis responsáveis pela maior parcela de mortes de crianças no mundo.

A pneumonia frequentemente se apresenta como uma complicação de alguma afecção preexistente que debilita o indivíduo, como uma gripe forte, por exemplo. Os sintomas mais frequentes são febre, dor torácica associada à respiração, tosse, dificuldade para respirar e alteração visível da disposição do indivíduo, sendo frequente a prostração (adinamia). É a principal causa de morte por doença infecciosa, incidindo entre 5 e 11 pessoas a cada 1 000 pessoas de todas as idades por ano. A mortalidade depende de diversos fatores, como o estado geral do paciente e seu estado nutricional, mas o risco geral estimado é de 1%, aumentando significativamente para os casos que demandam internação hospitalar e atingindo 50% nos casos de internação em UTI.

As principais bactérias causadoras de pneumonia são frequentemente Gram-positivas, como *Streptococcus pneumoniae* (há cerca de 35 tipos diferentes desta bactéria) e *Staphylococcus aureus* (há cerca de 23 tipos diferentes desta bactéria). Porém, não se excluem como possíveis causadoras as bactérias Gram-negativas, como *Hemophilus influenzae* e *Moraxella catarrhalis*. Embora a vacina contra pneumonia seja recomendada, ela não protege contra todos os tipos de bactérias que podem causar a doença. As bactérias patogênicas frequentemente se desenvolvem em diferentes órgãos do corpo humano. Assim, uma mesma bactéria pode se desenvolver no pulmão, causando pneumonia, e nas meninges, causando meningite. Algumas bactérias podem produzir toxinas que causam reações adversas no organismo, por exemplo, *Staphylococcus aureus*, que produz diversas toxinas entéricas. As próprias bactérias que normalmente colonizam o intestino humano, como *Escherichia coli*, podem adquirir a capacidade de produzir toxinas perigosas, algumas delas potencialmente fatais.

Surtos de diarreia bacteriana (enterite) são mais frequentes em locais onde não há tratamento de esgotos. As fezes de animais como aves e bovinos, frequentemente utilizadas como adubo, são fontes importantes dessas bactérias entéricas e podem ser importantes fontes de contaminação de hortaliças consumidas cruas, inclusive os chamados "produtos orgânicos", em cujo cultivo não se utilizam fertilizantes sintéticos. O cozimento de vegetais praticamente elimina os riscos de contaminação. O ato de lavar as mãos com frequência, ao preparar refeições, é muito mais importante na prevenção de doenças, em especial diarreia bacteriana, do que normalmente se pensa. Animais domésticos e as rações utilizadas em sua alimentação não devem compartilhar os locais de preparação de refeições.

As enchentes em áreas urbanas aumentam o risco de uma série de doenças, principalmente em áreas onde há problemas de abastecimento de água tratada e de destinação adequada de esgotos (**Figura 1.22**). Áreas urbanas sem cuidado com a coleta de lixo e destinação de águas pluviais favorecem a proliferação de ratos, e as enchentes disseminam uma bactéria frequentemente associada à sua urina (*Leptospira interrogans*). A doença pode surgir em surtos após o contato com essas águas, entre dois a trinta dias, provocando sintomas como febre, dor de cabeça, dores musculares, vômito e diarreia, sendo comumente confundida com outras doenças. Por essa razão, as autoridades sanitárias alertam os médicos dos locais de enchentes para esses sintomas. A doença é tratada com antibióticos como a penicilina. Se não tratada, a doença pode levar a complicações renais e hepáticas graves.

Figura 1.22 A vulnerabilidade urbana aumenta em períodos de chuvas, em especial com as enchentes, que propiciam a disseminação de diversas doenças, como a diarreia e a leptospirose.

O **Quadro 1.4** resume algumas das principais doenças causadas por bactérias.

Bactéria	Doença	Principais sintomas	Formas de prevenção e tratamento
Mycobacterium tuberculosis	Tuberculose	Perda de peso repentina, tosse com sangue, febre.	Vacinação (BCG) e tratamento rigoroso e prolongado.
Streptococcus pneumoniae, *Staphylococcus aureus*, *Hemophilus influenzae*, *Moraxella catarrhalis* e outras bactérias	Pneumonia	Febre, dor torácica, tosse e prostração (adinamia).	Há vacinas, mas mesmo indivíduos vacinados podem contrair a doença, tratada com antibióticos.
Staphylococcus aureus, *Escherichia coli* (algumas cepas apenas), *Shigella* sp. e outras bactérias	Enterite	Fezes líquidas (diarreia), vômitos e dores abdominais.	Há risco de desidratação, com complicações, o que exige tratamento imediato. A melhor prevenção é a higiene ambiental e pessoal. O tratamento é feito com antibióticos.
Leptospira interrogans	Leptospirose	Febre, dor de cabeça, dores musculares, vômito e diarreia.	Prevenção deve ser feita com higiene ambiental, controle de enchentes e gestão correta de resíduos sólidos. O tratamento é realizado com antibióticos.
Cornybacterium diphtheriae	Difteria (ou crupe)	Dor de garganta, febre e inchaço no pescoço.	Vacinação na infância e tratamento com antibióticos.
Bordetella pertussis	Coqueluche (ou tosse comprida)	Febre e tosse intensa.	Há vacina específica. O tratamento deve ser feito com antibióticos específicos.
Yersinia pestis	Peste bubônica ou peste negra	Inchaço de gânglios linfáticos ("bubões") e hemorragia em diversos órgãos, inclusive na pele, que se torna escura.	Muito importante na Idade Média, é transmitida pela pulga de roedores, alguns deles da fauna silvestre brasileira. É facilmente tratável com antibióticos.
Vibrio cholerae	Cólera	Vômitos e diarreia muito forte.	O tratamento principal é a rápida reposição de líquido, pois a perda é tão grande que pode ser fatal nas primeiras 24 horas.

Quadro 1.4 Procariotos de interesse médico.

SCIENCE PHOTO LIBRARY/LATINSTOCK

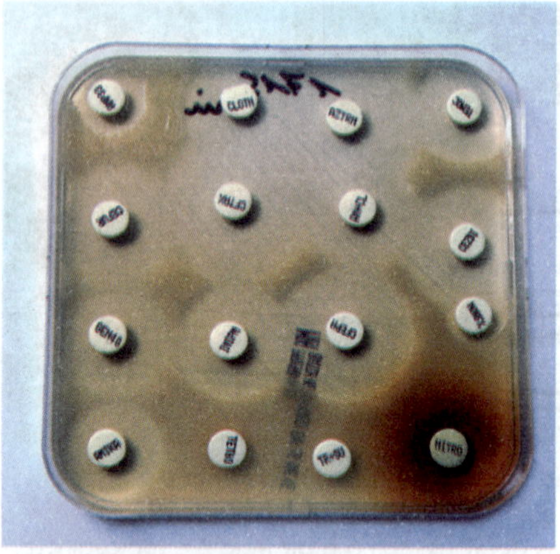

Figura 1.23 Um mesmo tipo de bactéria deixa de crescer ao redor dos discos de antibióticos (pílulas brancas) aos quais é sensível. Esse teste permite detectar o desenvolvimento de diferentes graus de resistência nas bactérias.

SCIENCE PHOTO LIBRARY/LATINSTOCK

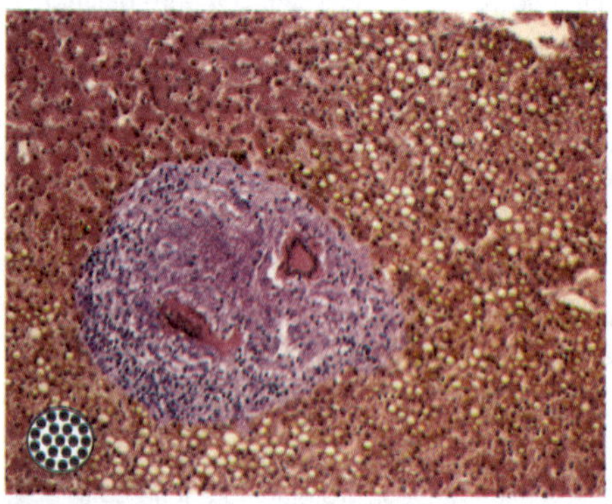

Figura 1.24 Corte histológico de tuberculose no fígado. A bactéria forma nódulos ("tubérculos") em certos órgãos, mais frequentemente nos pulmões, mas podendo atingir outros órgãos, como fígado, ossos etc. Se não tratada, a doença progride lentamente e é potencialmente fatal.

Antibióticos e antivirais

Diversas bactérias têm grande potencial patogênico, isto é, capacidade de provocar doenças. Elas são alvo da indústria farmacêutica, que busca constantemente novas formas de impedir a ação bacteriana em nosso organismo. Os antibióticos são resultado desse esforço (**Figura 1.23**). No entanto, o uso indiscriminado de antibióticos, incluindo a automedicação, pode contribuir para o desenvolvimento de populações de bactérias resistentes.

Várias bactérias produzem substâncias capazes de anular o efeito de antibióticos. No entanto, em ambientes onde o antibiótico esteja presente, as demais linhagens não se reproduzem e grandes populações dessas bactérias resistentes se desenvolvem, aumentando muito o risco de se dispersar no ambiente e transmitir essa característica a bactérias antes sensíveis.

Atualmente a tuberculose é uma doença que muito preocupa os médicos, pois há populações da bactéria causadora (*Mycobacterium tuberculosis*) resistentes à maioria dos antibióticos conhecidos (**Figura 1.24**). O tratamento adequado dos doentes é considerado a principal estratégia de prevenção da disseminação desses tipos resistentes, que potencialmente podem transmitir essa resistência a outras bactérias.

A síntese proteica de procariotos é muito distinta da realizada em eucariotos, razão pela qual diversas drogas buscam bloquear esse processo em bactérias, o que não traria riscos para os seres humanos. Esse é o princípio da atuação de antibióticos como cloranfenicol, estreptomicina, tetraciclina, gentamicina e eritromicina. Como a síntese proteica não varia entre bactérias Gram-positivas e Gram-negativas, esses antibióticos atuam sobre grande número de espécies dos dois tipos, sendo chamados "antibióticos de largo espectro".

De maneira inversa, a bactéria causadora da difteria (*Cornybacterium diphtheriae*) é capaz de produzir uma toxina que bloqueia a síntese de proteínas de nossas células, o que explica a periculosidade da doença que ela provoca.

Os antibióticos são drogas utilizadas em doenças bacterianas, mas a indústria farmacêutica tem produzido um número crescente de drogas que auxiliam no tratamento de viroses. Enzimas específicas de vírus são alvos frequentes nas estratégias de desenvolvimento de drogas antivirais. Esse é o caso da enzima que incorpora timina ao DNA de certos vírus, que é diferente da enzima correspondente humana. Substâncias que essa enzima viral confunde com a timina e formam ligações estáveis com a adenina, impedindo a duplicação do DNA viral, são potentes drogas antivirais, como o aciclovir, ganciclovir e valomaciclovir.

A produção de DNA a partir de RNA viral é realizada por uma enzima chamada transcriptase reversa, específica de retrovírus, como o HIV. A zidovudina (AZT) é uma droga que atua inibindo a ação dessa enzima e foi a primeira droga antiviral utilizada no tratamento da Aids. No **Quadro 1.2**, o HIV é o único retrovírus presente.

4 Os protozoários: eucariotos unicelulares

Quase todos os próximos capítulos deste volume serão dedicados ao estudo de eucariotos pluricelulares. Existe uma grande diversidade de eucariotos unicelulares. Dentre as espécies, há os parasitas e os de vida livre, mas, como seria impossível tratar de todos no espaço e no tempo de que dispomos, escolheremos alguns para estudo. Estes serão microrganismos patogênicos, pelo simples fato de ser importante conhecer as grandes **endemias** brasileiras, inclusive para poder enfrentá-las e ajudar as comunidades a se prevenir delas.

Endemia ou doença endêmica: doença restrita a certa área geográfica, que afeta muitas pessoas de uma população, de maneira constante e por muito tempo.

Destacamos que há microrganismos que não são parasitas nem, de forma nenhuma, "vilões". É graças ao trabalho de microrganimos que podemos coalhar leite para fazer iogurtes e queijos, ou fermentar a massa de pães, pizzas e bolos, entre outras atividades.

Veremos em detalhe alguns eucariotos unicelulares tradicionalmente chamados protozoários, de maior importância médica no Brasil, por meio do estudo de diferentes endemias.

Malária

Trata-se de uma doença que atinge milhões de pessoas em muitos países, em especial na África, na América do Sul e na América Central, na Índia e no Sudeste Asiático. Estima-se em 300 milhões o número de novos casos a cada ano, com cerca de 1 milhão de mortes, a maioria crianças.

A malária é causada por um microrganismo esporozoário (ou **apicomplexos**) do gênero *Plasmodium*. Há quatro espécies de importância médica no mundo, três delas com registro no Brasil: *P. vivax, P. malariae e P. falciparum*. Uma quarta espécie tem ocorrência apenas na África e, mesmo assim, restrita: o *P. ovale*.

Até 2010 pensava-se que o ser humano fosse o único reservatório da doença em todo o mundo, mas ela foi confirmada em gorilas na selva africana. Os resultados foram positivos para o *Plasmodium falciparum*, responsável por 80% dos casos de malária do mundo e cerca de 90% dos óbitos.

No Brasil a situação é menos grave, pois o único reservatório conhecido da doença é o ser humano e, além disso, o parasita mais comum é um protozoário que causa sintomas menos graves (*P. vivax*). A espécie mais perigosa, *P. falciparum*, muito comum na África, foi responsável por pouco mais de 16% dos casos em 2014 no Brasil, embora até 1988 fosse o protozoário mais comum. A região da Amazônia Legal concentrou 99,9% das ocorrências (**Gráfico 1.1**).

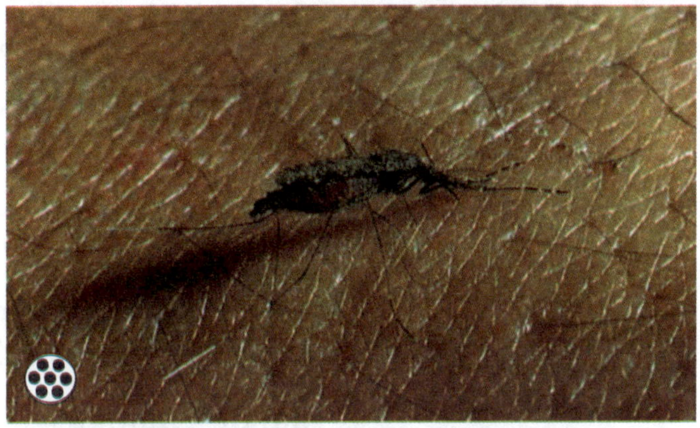

FUNDAÇÃO OSWALDO CRUZ, RIO DE JANEIRO

Figura 1.25 *Anopheles darlingi* é o principal transmissor da malária no Brasil.

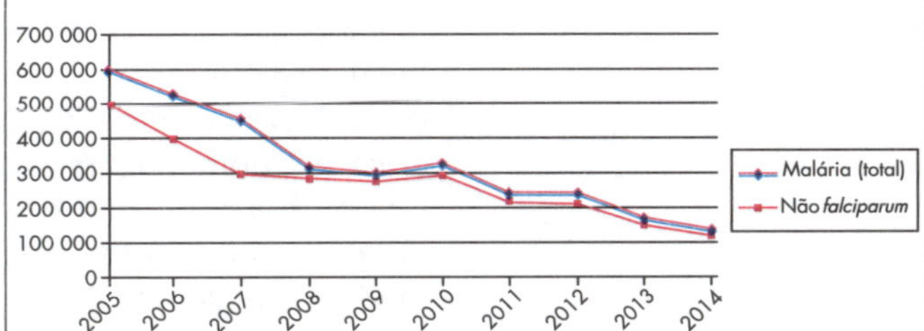

ACERVO DA EDITORA

Gráfico 1.1 Evolução da malária no Brasil (2005-2014), mostrando duas formas da doença. Até 1988, a espécie mais prevalente no Brasil era a *P. falciparum*, muito mais agressiva. Fonte: DATASUS.

A malária é transmitida no Brasil por mosquitos do gênero *Anopheles*, principalmente pelo *A. darlingi*, conhecido popularmente como muriçoca, carapanã, sovela ou mosquito-prego (**Figura 1.25**). A fêmea desse mosquito se alimenta de sangue na época da reprodução. Ao picar uma pessoa, injeta uma pequena fração da saliva, que tem substâncias anticoagulantes, lançando assim o parasita na circulação sanguínea.

Uma vez no sangue humano, o parasita se acumula no fígado, onde se reproduz intensamente, sem causar os sinais da doença. Esse período, que pode durar de 6 a 16 dias, é seguido da fase de liberação da forma contaminante de hemácias. Um único microrganismo, no caso do *P. falciparum*, produz nesse período entre 30 000 e 40 000 formas infectantes de hemácias (denominadas merozoítos) e de outras células do fígado. De cada hemácia (ou eritrócito) contaminada emergem, em períodos regulares de tempo, centenas de novas formas infectantes, junto com toxinas, o que coincide com ataques febris. Essa multiplicação é assexual e, em pouco tempo, grande número de hemácias está contaminada.

Algumas hemácias a cada ciclo, no entanto, não desenvolvem novos merozoítos, mas crescem e formam uma célula geradora de gameta. Os exames laboratoriais podem identificar a espécie de plasmódio ao evidenciar o parasita dentro de hemácias nessa fase.

Apicomplexos: outro nome dos esporozoários, grupo de microrganismos parasitas que possuem um conjunto de organelas na extremidade anterior (complexo apical).

Vetor biológico: quando o agente etiológico sofre processo evolutivo ou de multiplicação no transmissor.

O *P. falciparum* tem o poder de contaminar hemácias de qualquer idade (elas duram em média 90 dias), enquanto as outras formas conseguem penetrar apenas em certo tipo de hemácia, como as mais velhas, que serão destruídas e repostas logo em seguida. Isso explica a razão de as demais formas, além do *P. falciparum*, não serem tão perigosas.

O mosquito se contamina ao ingerir hemácias com gametócitos. Estes, no interior do corpo da fêmea, iniciam o ciclo sexual da doença. Como resultado, zigotos ligeiramente diferentes são produzidos e dão origem às formas contaminantes do parasita. Elas vão localizar-se nas glândulas salivares, onde serão inoculadas em outro ser humano por este **vetor biológico**.

Uma vez diagnosticada adequadamente, a malária tem tratamento mais ou menos simples, principalmente nos casos de diagnóstico precoce. Ao contrário das viroses, como a febre amarela e a dengue, há medicamentos ou associações de medicamentos específicos para cada espécie de parasita, inclusive para o *P. falciparum*. São feitas em dosagens adequadas à situação de cada doente, daí a importância da disponibilidade de exames laboratoriais para confirmar a espécie do parasita e o grau de evolução da doença. O Sistema Único de Saúde (SUS) oferece gratuitamente toda a medicação para o tratamento da malária.

Pessoas que já tiveram malária, mesmo há muitos anos, não podem ser doadores de sangue, pois há risco de transmissão.

Mal de Chagas

Essa doença é causada por um eucarioto unicelular flagelado: ele tem um flagelo, um filamento locomotor e uma membrana ondulante. Foi encontrado pela primeira vez em 1908, em um exame de sangue realizado pelo médico brasileiro Carlos Chagas (1878-1934). Ele estava investigando a ocorrência de malária e tinha experiência no exame de sangue para detectar a doença. Em lugar de glóbulos vermelhos contaminados, encontrou protozoários flagelados se deslocando por entre as hemácias. Ele chamou a espécie de *Trypanosoma cruzi*, em homenagem ao cientista Oswaldo Cruz.

Como a confirmação do mosquito como vetor da febre amarela e da malária fora feita havia poucos anos, é possível que essa descoberta tenha chamado a atenção de Carlos Chagas, que poderia ter se inclinado a procurar por insetos hematófagos para explicar a transmissão da nova doença. Ele logo foi levado a observar o barbeiro (*Triatoma infestans*), um inseto triatomídeo muito comum nas casas de pau a pique. Esse percevejo, também chamado chupança (**Figura 1.26**), chegou ao Brasil no século XIX e se alastrou no século XX; vindo da Bolívia e da Argentina, entrou por São Paulo e pelo Rio Grande do Sul. A proliferação do inseto acompanhou o ciclo do café e a expansão demográfica no Brasil.

Figura 1.26 Abaixo, barbeiro (*Triatoma infestans*) adulto (3 cm) e, à direita, forma juvenil (0,5 cm), quando ainda não tem asas.

N. F. PHOTOGRAPHY/SHUTTERSTOCK

CENTERS FOR DISEASE CONTROL AND PREVENTION, ATLANTA

Carlos Chagas comprovou que o inseto era o vetor da doença e também encontrou o mesmo parasita microscópico no sangue de um gato da região. Hoje são conhecidos diversos reservatórios da doença, como animais domésticos (cães e gatos), tatus, gambás e carnívoros silvestres. Observe os ciclos do mal de Chagas na **Figura 1.27**, na página seguinte.

ACERVO DA EDITORA

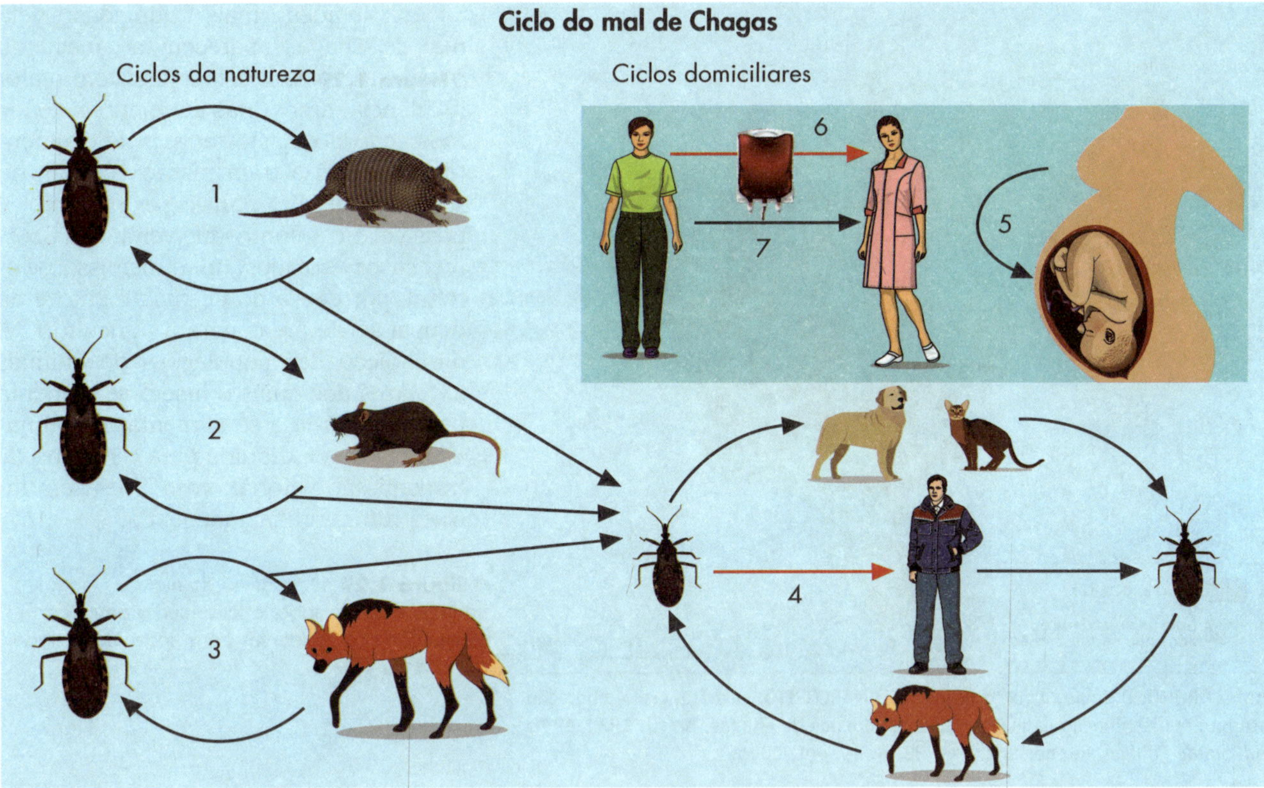

Figura 1.27 Ciclos do mal de Chagas. Na natureza (1, 2 e 3), onde diversos animais são reservatórios naturais do parasita tripanossomo. No ambiente doméstico, animais podem ser reservatórios da doença e pode haver transmissão vetorial (4), oficialmente interrompida no Brasil. A transmissão de uma pessoa para outra pode ser realizada por meio placentário (5) ou por transfusão de sangue (6) sem o devido cuidado obrigatório, havendo ainda o risco de contágio em doações de órgãos (7).

WHO/TDR

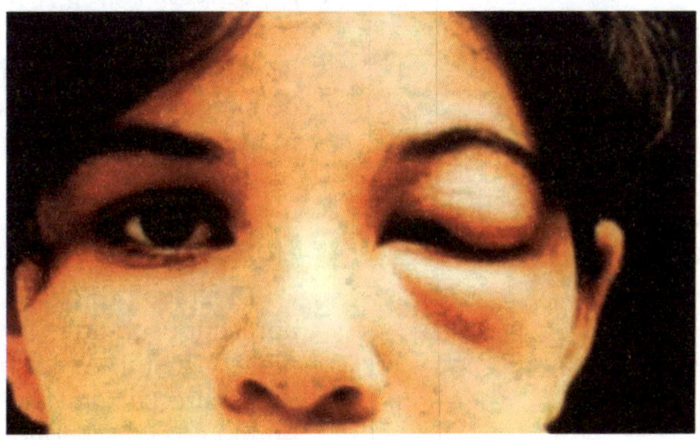

Figura 1.28 Reação típica que ocorre logo após a contaminação pelo *Trypanosoma cruzi*.

A picada do inseto não é necessariamente contaminante: apenas cerca de 1 em 1 000 picadas resulta em infecção. O inseto, ao terminar seu repasto, defeca no local. O parasita se localiza nas fezes, e o contágio depende de uma ação involuntária, como o ato de coçar. A picada é indolor, pois o inseto possui uma substância anestésica na saliva. Geralmente ocorre à noite, quando a pessoa está dormindo, e no rosto, a parte descoberta acessível ao inseto voador. A ferida produz um certo prurido, e quando a pessoa se coça leva as fezes para a ferida.

A infecção é evidenciada por um sinal clínico muito frequente: uma das pálpebras se inflama e incha, o chamado *sinal de Romaña* (**Figura 1.28**). Quando a forma infectante do parasita atinge o tecido conjuntivo, penetra em células. Dentro delas ocorre intensa divisão celular e são liberadas as formas flageladas do parasita.

O *T. cruzi* se reproduz intensamente por fissão binária. Nesse processo, ele duplica o conteúdo da célula e o divide entre duas células-filhas, que são idênticas. O parasita não penetra nas hemácias, e foi nessa fase que foi detectado pela primeira vez por Carlos Chagas.

Essas formas flageladas invadem células da musculatura das vísceras, como dos órgãos do sistema digestório e do coração. Ao morrerem, as células liberam mais parasitas e seu lugar acaba por ser preenchido por colágeno. Com isso, o órgão afetado fica com sua capacidade de contração muscular prejudicada. O coração, o estômago e o intestino grosso (colo) são os principais órgãos afetados.

MÁRIO YOSHIDA

Fonte: DRUMOND, João Augusto Guimarães; MARCOPITO, Luiz Francisco. Migração interna e a distribuição da mortalidade por doença de Chagas. Brasil, 1981/1998. *Cad. Saúde Pública*, Rio de Janeiro, v. 22, n. 10, out. 2006.

As regiões mais atingidas pelo mal de Chagas aparecem no mapa da **Figura 1.29**. O Brasil central tem maior incidência, embora as campanhas de erradicação do inseto tenham oficialmente terminado a transmissão vetorial, ou seja, do barbeiro para o ser humano. É possível, no entanto, que venham a ocorrer casos isolados de transmissão vetorial, por causa do desmatamento e da ocupação de áreas para a agricultura. A diminuição das populações de animais silvestres dos quais o inseto se alimenta poderia levá-lo a se alimentar de humanos, o que contribuiria para o retorno da transmissão vetorial em regiões sem infraestrutura urbana adequada.

Figura 1.29 Ocorrência do mal de Chagas no Brasil. Estudo sobre a taxa média anual de mortalidade de residentes por estado, no período de 1981 a 1998.

Além da transmissão pela picada do inseto, há outras formas de contágio: transfusões de sangue sem o devido controle, a via placentária, doação de órgãos e leite materno. Já foi confirmada a contaminação por meio da ingestão de caldo de cana contaminado pelo esmagamento de barbeiros junto com a cana-de-açúcar. Processo semelhante tem ocorrido na manipulação e no consumo do açaí.

A melhoria das condições de moradia, o controle sanitário de estoques de sangue e o combate aos insetos transmissores figuram entre as medidas mais importantes para controlar a transmissão dessa importante endemia americana.

Leishmaniose

Diversos protozoários do gênero *Leishmania* causam essa doença, que se apresenta sob duas formas distintas: a leishmaniose tegumentar e a leishmaniose visceral. As leishmanias são transmitidas por mosquitos flebotomíneos do gênero *Lutzomyia*. São conhecidos por várias denominações populares, segundo a região geográfica, entre elas, cangalhinha, birigui e mosquito-palha, este por causa de sua coloração amarelada. Eles apresentam numerosas cerdas no corpo e permanecem com as asas semiabertas em posição de repouso (**Figura 1.30**, na página seguinte).

A Organização Mundial da Saúde (OMS) estima que 350 milhões de pessoas estejam expostas ao risco de contrair alguma das formas dessa doença, com registro aproximado de dois milhões de novos casos das diferentes formas clínicas documentados anualmente. No Brasil há registro de cerca de 30 mil novos casos por ano, em todos os estados brasileiros. A doença tem baixa letalidade, e as feridas, de início pequenas, não são reconhecidas como parte de uma doença infecciosa pelo doente.

Leishmaniose Tegumentar Americana (LTA)

É uma doença infecciosa, cuja primeira manifestação geralmente ocorre na forma de feridas na pele, de tamanho variável, com bordas elevadas e fundo granuloso, ou formando lesões tuberosas ou ainda granulomas. Em 5 a 10% dos casos atinge as mucosas da nasofaringe, causando lesões que se agravam se não forem tratadas.

Essa forma de leishmaniose tem ampla distribuição. Há registros da Leishmaniose Tegumentar Americana desde o extremo sul dos Estados Unidos até o norte da Argentina, com exceção do Chile e Uruguai.

A doença é causada por várias espécies de leishmânias. São reconhecidas, nas Américas, onze espécies que ocorrem em seres humanos, das quais sete ocorrem no Brasil.

Figura 1.30 O mosquito flebotomíneo, conhecido popularmente como cangalhinha, birigui e mosquito-palha, por causa da sua coloração amarelada.

No inseto, o protozoário vive no trato digestório e assume a forma flagelada. Nos vertebrados, penetra em diversas células do tecido conjuntivo, inclusive macrófagos, e perde o flagelo. Ainda não se compreende como esse flagelado não é digerido no vacúolo digestivo dessas células, especializadas na digestão de corpos estranhos.

Esses insetos vivem em ambiente silvestre, participando do ciclo natural da doença, que envolve diversos mamíferos silvestres. Esses animais parecem ser os verdadeiros reservatórios naturais da *Leishmania*. Já foram identificados nessa condição ratos silvestres, pacas, macacos, quatis, preguiças e gambás. Os animais domésticos, como cachorros, gatos, ratos domésticos e cavalos são considerados hospedeiros acidentais da doença.

Embora haja transmissão da doença em todos os estados brasileiros, reconhece-se que a doença esteja ligada à proximidade com matas e ambientes silvestres, onde residem os reservatórios naturais da doença e circulam os mosquitos flebotomíneos vetores.

As medidas de controle da Leishmaniose Tegumentar Americana recomendadas pelo Ministério da Saúde advertem para evitar a exposição ao mosquito vetor, em especial no crepúsculo e à noite, com uso de repelentes e redes de dormir. As moradias devem ficar entre 300 e 500 metros distantes da área sombreada de mata. Os animais domésticos devem ser retirados de dentro de casa à noite, para que não atraiam mosquitos. O lixo orgânico deve ser adequadamente encaminhado, evitando atrair mamíferos silvestres, como macacos, quatis e gambás.

Leishmaniose Visceral Americana (LVA)

Também conhecida como *calazar*, é uma doença crônica, sistêmica, caracterizada por febre de longa duração e outras manifestações; quando não tratada, evolui para óbito. Cerca de 50% das vítimas são crianças com menos de 10 anos e muitos casos são fatais.

É causada por protozoários de espécies diferentes, do mesmo gênero *Leishmania*. No Brasil, a principal espécie é a *L. chagasi*.

Tem ampla distribuição mundial, ocorrendo na Ásia, na Europa, no Oriente Médio e nas Américas. A doença é endêmica em 62 países, e estima-se que 200 milhões de pessoas estejam sob risco de contrair a infecção. Noventa por cento dos casos ocorrem na Índia (onde é chamada *cal azar*), em Bangladesh, no Nepal, no Sudão e no Brasil. Até meados de 1980 essa forma de leishmaniose estava restrita a certas regiões rurais do Nordeste brasileiro, mas encontra-se cada vez mais presente em meios urbanos de todo o país.

A transmissão ocorre pela picada de flebotomíneos de diferentes espécies. No Brasil, o principal vetor é a espécie *Lutzomyia longipalpis*. Acredita-se que a doença tenha um ciclo silvestre, com reservatórios naturais como o cachorro-vinagre, o lobo-guará e o gambá (*Didelphis albiventris*). Esses animais têm hábitos noturnos e se aproximam de moradias atraídos por lixo doméstico e galinheiros, o que explicaria a crescente urbanização da doença.

Com a degradação dos hábitats naturais, esses animais têm tido contato crescente com a população rural e da periferia de grandes cidades. A extinção local dos predadores de gambás, como felinos grandes, tem levado a um aumento das populações desse marsupial.

O diagnóstico da leishmaniose visceral não é simples, sendo necessário exame laboratorial especializado. Seu sintoma de inchaço do abdome, em especial do baço, faz com que em crianças seja frequentemente confundida com desnutrição infantil ou esquistossomose. Sem tratamento, a doença geralmente é fatal.

O tratamento é longo, realizado com as mesmas drogas de 60 anos atrás, tóxicas e nem sempre efetivas.

Em grandes cidades tem sido indicado o controle de flebotomíneos, com inseticidas de ação residual, e o controle desta zoonose nos cães, sacrificando-se os animais suspeitos de serem portadores de *L. chagasi*. Já foi comprovado que cães contaminados, mesmo sem apresentar qualquer sintoma, podem transmitir as leishmânias aos flebotomíneos. Os veterinários têm instruções rigorosas de como proceder com os casos suspeitos.

Toxoplasmose

Trata-se de uma zoonose bastante difundida pelo mundo, em todas as regiões: estima-se que um terço da população mundial já tenha tido contato com o parasita. O Brasil deve situar-se acima da média mundial, com índices de infecção que variam entre 37% e 91% em pesquisas de certas regiões.

A doença é causada por um protozoário denominado *Toxoplasma gondii*, um esporozoário, ou seja, do mesmo grupo do *Plasmodium*. Os microrganismos desse grupo não possuem flagelos nem cílios; passam por uma fase de reprodução assexual na qual produzem *esporos*.

Os gatos e outros felinos são considerados os hospedeiros definitivos, por apresentarem todos os estágios reprodutivos do ciclo evolutivo do parasita, enquanto seres humanos, mamíferos não felinos e pássaros são considerados hospedeiros intermediários, por apresentarem apenas uma fase do ciclo do protozoário (**Figura 1.31**).

Representação fora de escala. Cores-fantasia.

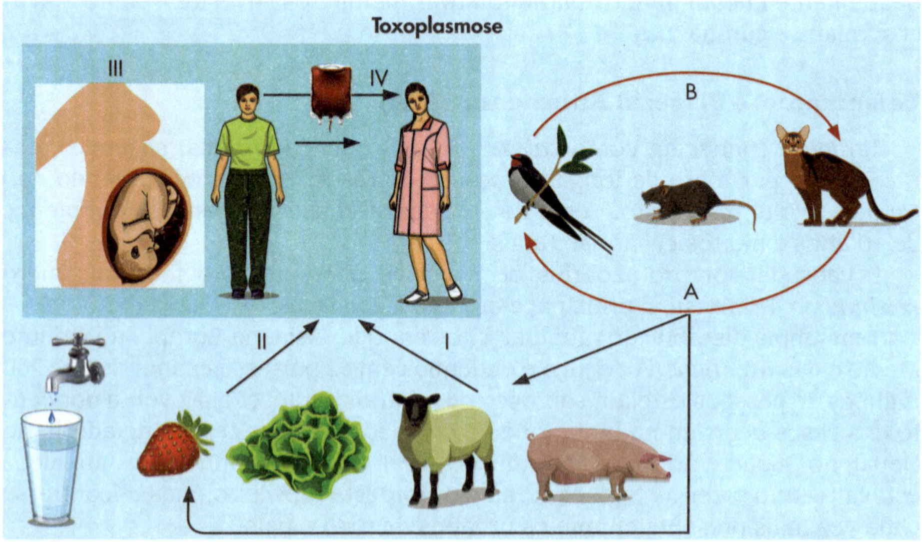

ACERVO DA EDITORA

Figura 1.31 Ciclo da toxoplasmose. O protozoário é eliminado com as fezes do gato (A), que se contamina ao comer animais infectados (B). Eventualmente, o ser humano pode se contaminar ingerindo carne malpassada de porco ou carneiro (I), bem como vegetais ou água contaminada (II). Transfusões de sangue (IV) e a via transplacentária (III) são igualmente possíveis, sendo esta última muito perigosa para o feto.

A contaminação dos seres humanos pode ocorrer de três formas. A pessoa pode inalar as formas contaminantes que são eliminadas nas fezes dos gatos infectados; ingerir cistos microscópicos localizados na carne crua de animais infectados; ou receber o parasita por transfusão sanguínea. Existe transmissão de mãe para filho na gravidez.

A pessoa infectada pode não manifestar sintomas, mas três formas têm importância médica: a toxoplasmose ocular, a toxoplasmose no paciente **imunodeprimido** e a toxoplasmose gestacional/congênita. Esta última é muito grave, pois a infecção do recém-nascido pode causar danos neurológicos, deformidades e anomalias graves, cegueira, surdez, podendo levar à morte.

As recomendações do Ministério da Saúde mencionam os cuidados com a lide de gatos domésticos, em especial com o manuseio e a destinação de suas fezes. Os exames pré-natais devem ser realizados investigando-se a ocorrência de toxoplasmose em gestantes. Bancos de sangue e transplantes de órgãos devem seguir normas rígidas para evitar o contágio.

Imunodeprimido: que está com o sistema de defesa do organismo comprometido, o que pode ocorrer em consequência de tratamento médico ou doença imunodepressora, como a Aids.

Outros protozoários

A exposição deste capítulo se ateve aos protozoários parasitas, mas a imensa maioria dos protozoários é de vida livre. Como unicelulares, mantêm em seu corpo todas as organelas básicas necessárias para as funções celulares (estudadas no volume1). A digestão do alimento é realizada pelo vacúolo digestivo, as mitocôndrias produzem ATP e gás carbônico etc.

Os protozoários que vivem em rios, lagos e em poças de água de chuva enfrentam o problema de ganharem muita água do meio externo. Para compensar essa tendência, possuem uma estrutura que bombeia ativamente água para fora, denominada *vacúolo contrátil* (ou *pulsátil*). Quando o microrganismo atravessa um meio muito concentrado, como a água salgada, a tendência do fluxo de água é se inverter, ou seja, a água tende a sair da célula. Nessa situação o vacúolo pulsátil cessa sua atividade.

Além de esporozoários e flagelados, vistos nas seções anteriores, existem outros grandes grupos de protozoários, eucariotos unicelulares. Pela classificação mais tradicional, de Whittaker, os protozoários agrupam-se em vários filos, dois dos quais serão mencionados.

Os protozoários rizópodes se locomovem utilizando pseudópodes, que são projeções do citoplasma, como as amebas (**Figura 1.32 A**). Um grupo de rizópodes denominado foraminíferos desenvolveu carapaças de silicatos cheias de orifícios (forames), por onde se projetam os pseudópodes. Quase todos os foraminíferos vivem em ambiente marinho (**Figura 1.32 B**).

Os protozoários ciliados, como os paramécios (**Figura 1.32 C**) se locomovem utilizando cílios, que são projeções mais curtas do que os flagelos.

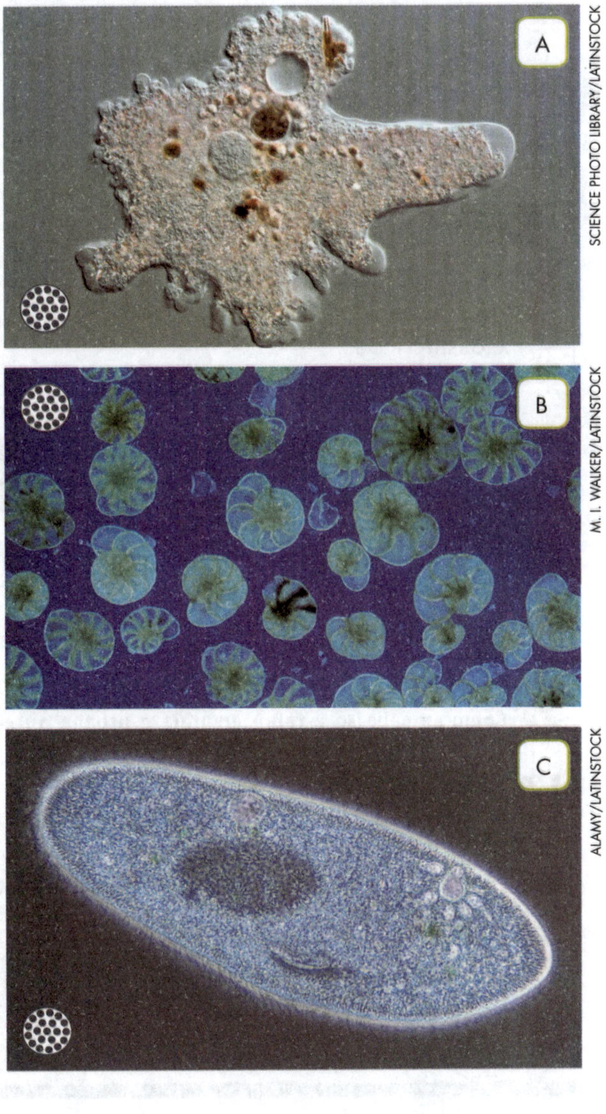

Figura 1.32 Protozoários como amebas (A), foraminíferos (B) e paramécio (C) são exemplos da diversidade de formas presentes no grupo, que reúne seres, em geral, bem maiores do que as bactérias, mas que não atingem 1 mm de tamanho.

EM POUCAS PALAVRAS

1

- A classificação dos seres vivos proposta por Carlos Lineu no século XVIII estabelecia categorias hierárquicas que não levavam em consideração as possíveis relações de parentesco entre eles (filogenia).
- A nomenclatura binomial, proposta por Lineu, é utilizada até hoje e estabelece um nome genérico e outro específico como identificadores da espécie.
- A taxonomia estabelece regras para classificar os seres vivos e uma série de táxons, que agrupam seres semelhantes.
- Existem duas teorias taxonômicas modernas, baseadas no estudo das relações de parentesco entre os seres vivos.
- Em 1969 foi proposta uma forma de classificar os seres vivos em cinco reinos, um dos quais dedicado às bactérias e outro, aos protistas.
- Em 1990 outra proposta de organização foi apresentada, estabelecendo três domínios, que congregariam reinos.

2

- Vírus são parasitas obrigatórios de células e não fazem parte de nenhuma das grandes classificações.
- Há muitas viroses de interesse médico, relacionadas a vetores animais (zoonoses), como a febre amarela e a dengue, que são transmitidas pela picada de mosquitos.

3

- As bactérias abrigam uma grande diversidade de formas de obtenção de energia e produção de alimento.
- Bactérias patogênicas podem causar diferentes doenças, sendo que uma mesma espécie pode possuir dezenas de variantes, algumas inofensivas, outras extremamente perigosas.
- O desenvolvimento de novos antibióticos e antivirais é possível e necessário, diante do surgimento de formas patogênicas cada vez mais resistentes.

4

- Os protozoários são eucariotos unicelulares e muitas espécies são de interesse médico.
- A malária e a toxoplasmose são causadas por esporozoários, seres que têm a capacidade de se multiplicar assexuadamente, sem formação e posterior união de gametas.
- O mal de Chagas e a leishmaniose são doenças causadas por protozoários flagelados.

BIOCHAT

? A leishmaniose visceral é mesmo muito diferente da tegumentar?

BC Sim. Embora o ciclo seja semelhante, a leishmaniose visceral (ou calazar) pode levar à morte em questão de dias. Cerca de 10% dos doentes evolui a óbito.

? Como se sabe se a febre amarela é urbana ou silvestre? Há diferença?

BC Uma vez que o diagnóstico é conclusivo, é feita uma pesquisa para saber se o doente se deslocou ou se contraiu a doença ali mesmo.

? Podemos dizer que as bactérias estão por todos os lugares?

BC Sim, praticamente todos os ambientes da Terra estão cobertos por bactérias. Por isso, é tão importante esterilizar certos instrumentos e utensílios, como mamadeiras e curativos.

? Apenas a análise do RNA de um organismo não é muito pouco para mudar toda a classificação dos seres vivos?

BC A observação é muito sensata e, na verdade, essa é a grande crítica que a proposta dos três domínios enfrenta. No entanto, considera-se que o RNA ribossômico seja uma substância pouco disponível para mudanças e reflita de maneira bastante fiel o que ocorre com a história evolutiva dos organismos.

? O mal de Chagas foi descrito há mais de cem anos. Por que ainda não existe uma vacina contra ele?

BC Considera-se que essa doença é negligenciada pelos grandes centros de pesquisa nos Estados Unidos e na Europa, em especial pelos laboratórios farmacêuticos privados, a exemplo do que ocorre com a leishmaniose visceral. De qualquer forma, há estudos em andamento.

ATIVIDADES DE REVISÃO

I Classifique as afirmações seguintes como verdadeiras ou falsas, adicionando, em seu caderno, uma justificativa:

1. Seres vivos podem ser espécies muito diferentes, mesmo se forem visualmente muito semelhantes.

2. A base da nomenclatura binomial se assenta em um nome genérico seguido de um nome específico.

3. O nome específico é único para cada espécie.

4. Bactérias metanogênicas (que produzem metano) pertencem ao mesmo grupo das cianobactérias (que produzem oxigênio).

5. Os vírus sem envelope não têm capsídios.

6. Os vírus podem ser constituídos por RNA ou por DNA.

7. Os vírus da gripe não causam imunidade. Por esta razão ficamos gripados todos os anos.

8. A febre amarela é uma doença exclusivamente de florestas, pois os macacos podem contraí-la.

9. A dengue é uma doença causada por bactérias que proliferam em água parada.

10. A malária é uma doença que ocorre apenas no Brasil.

11. Um exame de sangue realizado ao microscópio óptico pode revelar a presença dos parasitas causadores da malária e do mal de Chagas, mas não da dengue.

12. Quando esteve no Chile, o naturalista inglês Charles Darwin (1809-1882) foi picado por um barbeiro. Isso significa que ele certamente contraiu o mal de Chagas.

13. A leishmaniose é transmitida pelo mesmo mosquito responsável pela transmissão da febre amarela.

II Identifique a alternativa correta em seu caderno.

14. Antigamente se considerava apenas a existência de três reinos. As classificações modernas consideram a existência de cinco, com dois grupos na base e três eixos de organização. Podemos dizer que, dentre os novos reinos, figuram:

a) Fungi e Protista.
b) Plantae e Fungi.
c) Animalia e Plantae.
d) Animalia e Protista.
e) Monera e Plantae.

15. Se todos os mamíferos são vertebrados e todos os vertebrados são cordados, podemos afirmar que:

a) todos os cordados são mamíferos.
b) todos os vertebrados são mamíferos.
c) todos os mamíferos são cordados.
d) alguns mamíferos não são cordados.
e) nenhum cordado é mamífero.

16. Foi observado ao microscópio um agregado de células que se parece com uma população de organismos unicelulares. Qual característica você pesquisaria para verificar se esses organismos são bactérias?

a) Capacidade de realizar fotossíntese, produzindo o próprio alimento.
b) Capacidade de reprodução, produzindo células idênticas a si mesmas.
c) Presença de núcleo organizado e parede celular com quitina.
d) Ausência de núcleo organizado e presença de parede celular.
e) Ausência de material genético na forma de ácidos nucleicos.

17. As estratégias de reprodução de microrganismos como bactérias e protozoários podem incluir:

a) apenas formas simples de reprodução, como bipartição e fissão múltipla.
b) troca de material genético entre indivíduos e até espécies diferentes.
c) esporulação nas bactérias e cissiparidade nos protozoários aquáticos.
d) conjugação e autogamia apenas em microrganismos eucariotos coloniais.
e) autogamia e cissiparidade apenas em microrganismos procariotos.

18. Uma nova droga está em testes, e ela age especificamente sobre uma enzima que existe apenas em alguns vírus, sem ocorrência conhecida em procariotos e eucariotos. Essa droga deve agir sobre a:

a) transcrição de DNA em RNA.
b) síntese de DNA a partir de RNA.
c) formação da membrana plasmática.
d) síntese de proteínas no citoplasma.
e) síntese de ribossomos procariotos.

19. As bactérias Gram-negativas são reconhecidas pela sua coloração característica diante de certa técnica que revela a presença de uma importante característica de suas células, que as torna muito sensíveis à dessecação. Esse é o caso de bactérias como as causadoras da cólera e da peste bubônica. Esta característica é:

a) ausência de parede com camada externa de peptidoglicano.

b) ausência de núcleo organizado na forma de membrana dupla.
c) grande sensibilidade a antibióticos que inibem a síntese proteica.
d) grande capacidade de mutação, destruindo novos antibióticos.
e) presença de pelos sexuais capazes de troca de plasmídeos.

3 **20.** A leptospirose é uma doença associada a ratos. Com enchentes urbanas, locais frequentados por esses roedores são inundados e a bactéria *Leptospira interrogans* pode se dispersar no ambiente, colocando em risco as pessoas que eventualmente entram em contato com essas águas. Diante dessas informações e do enunciado da questão anterior, você acredita que essa bactéria seja:
a) Gram-positiva, pois pode ser veiculada pelas chuvas.
b) Gram-positiva, pois está associada a um animal terrestre.
c) Gram-negativa, pois é veiculada apenas em meio líquido.
d) Gram-negativa, pois está associada a um animal aquático.
e) uma arquea, pela ausência de peptidoglicano na parede.

3 **21.** O dióxido de carbono é uma importante fonte de carbono. Sabe-se que animais e vegetais o produzem, mas ele é incorporado por bactérias:
a) autotróficas e quimiolitotróficas, que utilizam a luz solar.
b) autotróficas que produzem apenas o gás oxigênio.
c) autotróficas, produtoras de matéria orgânica e gás hidrogênio.
d) que realizam apenas a fotossíntese anoxigênica.
e) quimiolitotróficas que vivem na ausência de luz solar.

4 **22.** A malária é transmitida por:
a) mosquitos da espécie *Aedes aegypti*.
b) barbeiros que se alimentam de sangue.
c) mosquitos do gênero *Anopheles*.
d) plasmódios da espécie *falciparum*.
e) mosquitos do gênero *Lutzomyia*.

4 **23.** Uma protozoonose está se tornando muito comum em certa região, e os médicos afirmam que ela não é transmitida por insetos. Essa doença deve ser:
a) Malária.
b) Mal de Chagas.
c) Calazar.
d) Toxoplasmose.
e) Leishmaniose tegumentar americana.

4 **24.** Segundo o Ministério da Saúde, o mal de Chagas teve sua transmissão vetorial oficialmente controlada. Isso significa que novos casos dessa doença:
a) não podem mais ocorrer, pois o inseto barbeiro não a transmite mais.
b) podem surgir, mas não pela picada do barbeiro.
c) só podem ocorrer por transfusão sanguínea ou por contato sexual.
d) não acometem mais animais silvestres, que contaminavam o barbeiro.
e) só podem ocorrer devido à transmissão transplacentária, na gestação.

4 **25.** Os protozoários de vida livre que vivem em rios, lagos e poças de água de chuva enfrentam um mesmo problema, que torna necessária uma estrutura chamada vacúolo pulsátil. Esse problema é decorrente da:
a) osmose, pois o meio externo é menos concentrado do que o interno.
b) respiração, pois o oxigênio deve circular no citoplasma da célula.
c) fotossíntese, pois o gás carbônico deve ser bombeado para o citoplasma.
d) fosforilação oxidativa, que é necessária para a circulação de ATP.
e) Síntese de proteínas, responsável pela fabricação de toxinas.

ATIVIDADES DE APROFUNDAMENTO

26. Indique falso (F) ou verdadeiro (V) para as seguintes afirmações, justificando-as em seu caderno.
a) A classificação dos seres vivos permite identificar as espécies e agrupá-las de maneira lógica.
b) Duas espécies com o mesmo epíteto específico pertencem à mesma espécie.
c) As teorias taxonômicas modernas mantêm as mesmas bases da proposta de Lineu, ou seja, que as espécies são fixas.
d) A proposta de cinco reinos de Whittaker foi feita com base nas relações de parentesco dos seres vivos.
e) A proposta mais recente de organizar os seres vivos em três domínios diferentes leva em consideração dados bioquímicos.
f) As arquebactérias são intimamente relacionadas com as bactérias.
g) Os protozoários se valem de diferentes estratégias reprodutivas, inclusive reprodução sexual.

h) As diferentes espécies de protozoários estão agrupadas em uma única classe.

i) Os protozoários são, em sua maioria, microrganismos patogênicos.

27. Analise as seguintes afirmações:

I. A gripe é causada por um vírus que tem grande variabilidade genética devido à sua reprodução por conjugação;

II. Os bancos de sangue devem controlar seus estoques realizando testes para detectar mal de Chagas, toxoplasmose e outros possíveis parasitas.

III. Os animais domésticos, em especial o cão, podem ser um reservatório de parasitas como a Leishmania.

IV. A febre amarela pode ser controlada combatendo-se os mosquitos do gênero *Phlebotomus*.

Dentre as afirmações anteriores, quais são as corretas:

a) I e II.
b) II e III.
c) I e III.
d) I e IV.
e) II e IV.

28. Comparando-se a causa de doenças como febre amarela, leishmaniose visceral, leishmaniose tegumentar, dengue e malária, é possível afirmar que todas elas têm:

a) um ciclo silvestre e um ciclo urbano.

b) no *Aedes aegypti* o agente transmissor da forma urbana.

c) como agentes causadores protozoários de várias espécies.

d) reservatórios naturais de parasitas em mamíferos silvestres.

e) distribuição ampla, não restrita ao continente americano.

29. Identifique a alternativa correta.

a) As bactérias são microrganismos que realizam apenas respiração anaeróbica.

b) As bactérias que realizam fotossíntese anoxigênica utilizam gás carbônico.

c) As bactérias são organismos microscópicos que vivem apenas como parasitas.

d) As arquebactérias são organismos que antigamente estavam no reino Protista.

BIOLOGIA NO CONTEXTO

30. Observe o esquema abaixo, que demonstra algumas possibilidades de infecção de febre amarela. Pergunta-se:

a) Quais as principais diferenças entre os insetos I e II, em termos de hábitos de alimentação?

b) Que tipo de doença pode ter o indivíduo A? E o indivíduo B?

c) Que medidas de saúde pública devem ser adotadas para evitar a doença? Em que regiões do país?

d) Por que o desmatamento e o deslocamento da fronteira agrícola podem aumentar a chance de o indivíduo A contrair febre amarela?

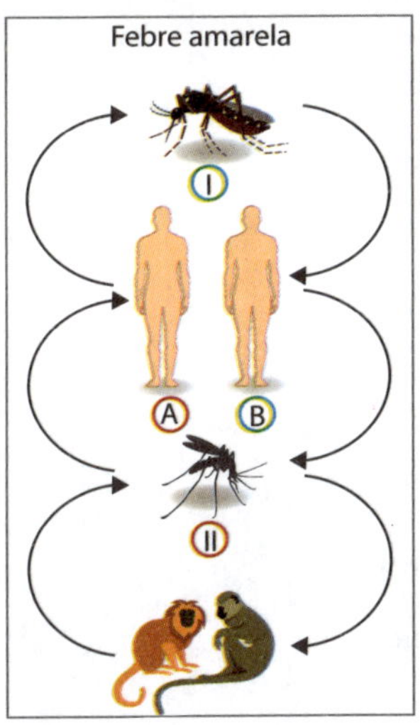

ACERVO DA EDITORA

31. Muitos microrganismos desenvolvem resistência a drogas utilizadas para seu controle no corpo humano. No caso da leishmaniose, ainda são utilizadas substâncias de antimônio (antimoniais pentavalentes) da década de 1940 e o tratamento não é totalmente efetivo. O aparecimento de maior diversidade genética nas novas gerações de microrganismos eucariotos está ligado a:

a) infecção de um mesmo hospedeiro por diferentes doenças.

b) reprodução em massa do microrganismo, por esporulação.

c) reprodução sexual do microrganismo, formando gametas.

d) atuação de mosquitos no ciclo de transmissão da doença.

e) contato com a droga antes da reprodução por cissiparidade.

32. Como o controle de mosquitos nas cidades poderia auxiliar, ao mesmo tempo, no controle de diversas endemias no Brasil?

33. De que maneira as alterações dos ambientes naturais podem afetar a incidência de endemias na população humana? Dê exemplos.

34. O vírus zika foi isolado acidentalmente pela primeira vez em 1947, em um macaco utilizado para experimentos na Floresta de zika, em Uganda. Originários da Ásia, esses macacos têm grande similaridade com seres humanos, sendo que um fator sanguíneo (Rh) foi descoberto justamente no sangue desses primatas. Eles tinham sido levados para aquela área a fim de detectar a possível presença de um vírus transmitido por mosquitos e que também pode infectar outros mamíferos, que funcionam como reservatório da doença em ambiente naturais. Esta doença poderia ser:

a) Malária.

b) Leishmaniose tegumentar americana.

c) Calazar.

d) Febre amarela.

e) Mal de Chagas.

35. Uma equipe da Universidade Federal de Mato Grosso construiu armadilhas para coletar ovos de *Aedes aegypti* em um bairro de Cuiabá. Foram coletados 758 ovos, que foram estudados procurando detectar a presença do vírus da dengue e febre amarela, dentre outros de interesse médico. Os resultados foram positivos em 16% dos casos, para um dos tipos da dengue. Pergunta-se:

a) onde devem ter sido colocadas as armadilhas?

b) qual a hipótese que os pesquisadores estavam testando?

EXERCÍCIOS DE VESTIBULAR E ENEM

36. (Fuvest, adaptado) Atualmente, os seres vivos são classificados em três domínios: Bacteria, Archaea e Eukarya. Todos os eucariotos estão incluídos no domínio Eukarya, e os procariotos estão distribuídos entre os domínios Bacteria e Archaea. Estudos do RNA ribossômico mostraram que os eucariotos são mais próximos dos procariotos do domínio Archaea do que dos do domínio Bacteria. Estes resultados apoiam as relações evolutivas representadas na árvore:

a)

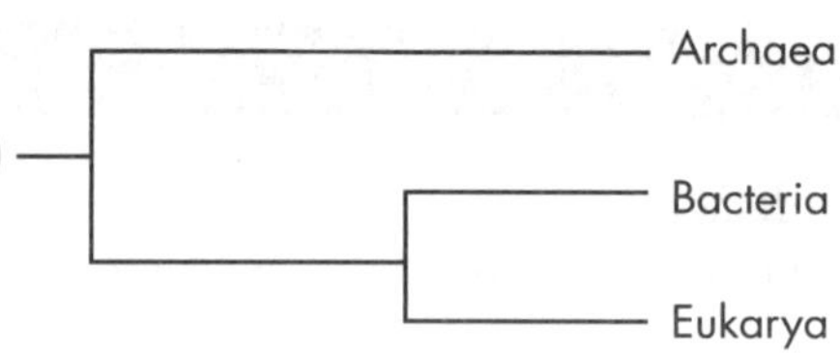

b)

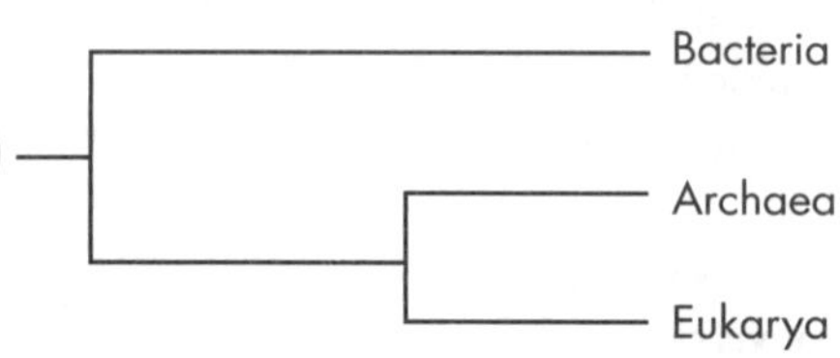

c)

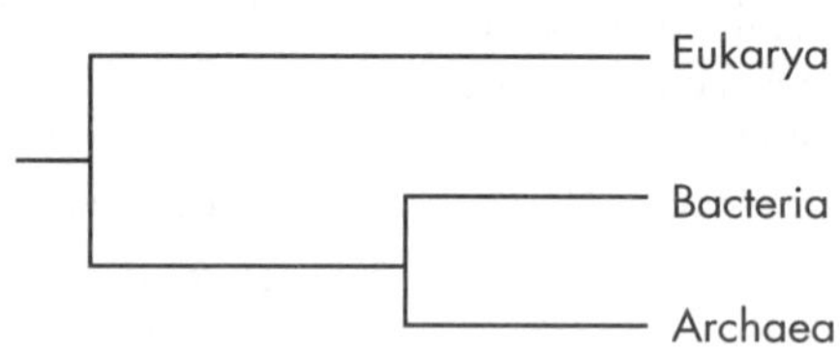

d)

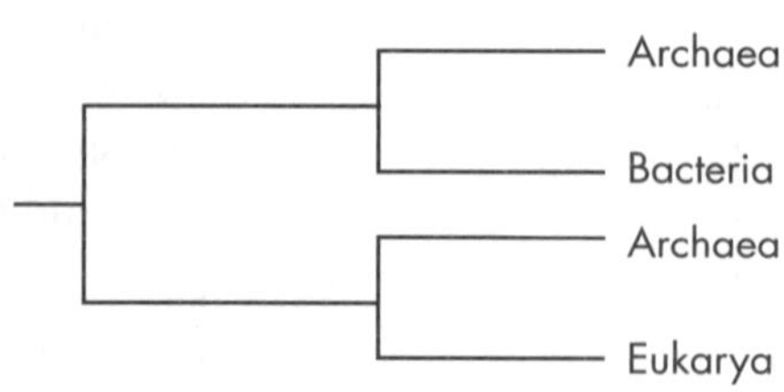

e)

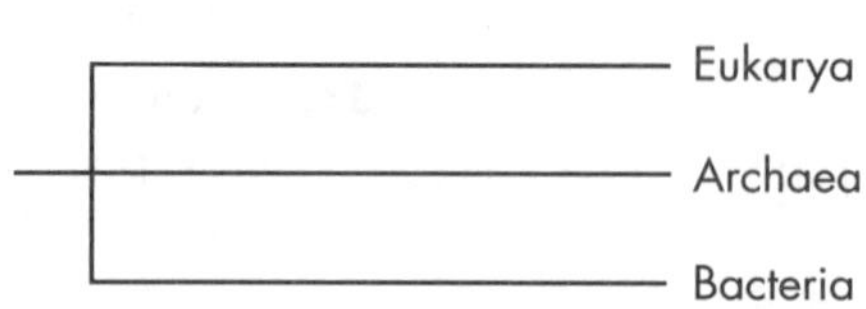

37. (Fuvest) Existem vírus que:

a) se reproduzem independentemente de células.

b) têm genoma constituído de DNA e RNA.

c) sintetizam DNA a partir de RNA.

d) realizam respiração aeróbica no interior da cápsula proteica.

e) possuem citoplasma, que não contém organelas.

38. (Unicamp) O sarampo é uma doença infectocontagiosa provocada pelo *Morbolivirus*. Em 2015 apareceram vários casos dessa doença em diversas cidades do Brasil e do mundo. O que faz com que esta doença seja extremamente contagiosa e muito comum na infância?

a) O fato de ser transmitida por um vírus para o qual não existe vacina.

b) O fato de ser frequentemente transmitida por secreções das vias respiratórias, como gotículas eliminadas pelo espirro ou pela tosse.

c) O fato de ser transmitida apenas por meio de insetos vetores.

d) o fato de ser extremamente contagiosa apenas em crianças desnutridas, recém-nascidos e crianças portadoras de imunodeficiências.

39. (Enem) Pesticidas são contaminantes ambientais altamente tóxicos aos seres vivos e, geralmente, com grande persistência ambiental. A busca por novas formas de eliminação dos pesticidas tem aumentado nos últimos anos, uma vez que as técnicas atuais são economicamente dispendiosas e paliativas. A biorremediação de pesticidas utilizando microrganismos tem se mostrado uma técnica muito promissora para essa finalidade, por apresentar vantagens econômicas e ambientais. Para ser utilizado nesta técnica promissora, um microrganismo deve ser capaz de:

a) transferir o contaminante do solo para a água.

b) absorver o contaminante sem alterá-lo quimicamente.

c) apresentar alta taxa de mutação ao longo das gerações.

d) estimular o sistema imunológico do homem contra o contaminante.

e) metabolizar o contaminante, liberando subprodutos menos tóxicos ou atóxicos.

40. (Enem, modificado) A doença de Chagas afeta mais de oito milhões de brasileiros, sendo comum em áreas rurais. É uma doença causada pelo protozoário *Trypanosoma cruzi* e transmitida por insetos conhecidos como barbeiros ou chupanças. Uma ação do homem sobre o meio ambiente que poderia teoricamente contribuir para o aumento dessa doença seria:

a) o consumo de carnes de animais silvestres que são hospedeiros do vetor da doença.

b) a utilização de adubos químicos na agricultura que aceleram o ciclo reprodutivo do barbeiro.

c) a ausência de saneamento básico que favorece a proliferação do protozoário em regiões habitadas por humanos.

d) a poluição dos rios e lagos com pesticidas que exterminam o predador das larvas do inseto transmissor da doença.

e) o desmatamento que provoca a migração ou o desaparecimento dos animais silvestres dos quais o barbeiro se alimenta.

41. (PUC-RS) Em abril de 2005, 52 pessoas foram contaminadas pela doença de Chagas após consumirem caldo de cana (no Estado de Santa Catarina) e de açaí (no Estado do Amapá). Concluiu-se que o percevejo, vetor da doença de Chagas, ou suas fezes, foram moídos e misturados aos alimentos consumidos pelas 52 pessoas contaminadas. Esta doença infecciosa é causada pelo protista da espécie ///////////////// e transmitida pelo /////////////////.

a) *Trypanosoma cruzi* – barbeiro.

b) *Trypanosoma cruzi* – Anopheles.

c) *Plasmodium falciparum* – Anopheles.

d) *Plasmodium vivax* – barbeiro.

e) *Plasmodium falciparum* – barbeiro.

42. (UFC-CE) Leia o texto a seguir. "A recente infecção de pessoas pelo *Trypanosoma cruzi*, em Santa Catarina, com três mortes, chamou a atenção de todo o país para a doença de Chagas. [...]. Triatomídeos foram triturados juntamente com os caules de cana-de-açúcar e ingeridos diretamente pelos seres humanos, ocorrendo a infecção pela via digestiva. [...]. Historicamente, no estado de Santa Catarina, foram identificadas três espécies silvestres de triatomídeos e uma espécie doméstica, esta última erradicada do estado no início dos anos 80". (M. Steindel, J. C. P. Dias, A. J. Romanha 2005).

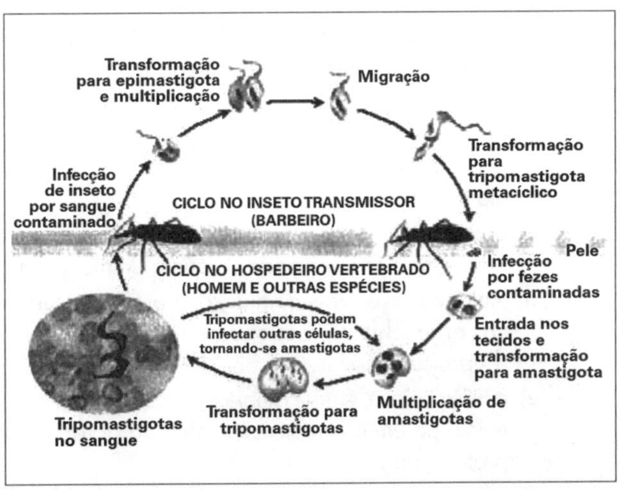

Considerando o texto, responda:

I. Qual o reino do agente infectante?

II. Levando-se em consideração que o estado de Santa Catarina não é uma região de endemismo da doença em seres humanos, como se explica o surgimento de triatomídeos contaminados?

III. Analise o ciclo de vida do agente infectante ilustrado na página anterior.

Com base no local de infecção do parasito, explique o porquê das diferenças morfológicas entre as formas epimastigota e amastigota.

43. (Enem) Medidas de saneamento básico são fundamentais no processo de promoção de saúde e qualidade de vida da população. Muitas vezes, a falta de saneamento está relacionada com o aparecimento de várias doenças. Nesse contexto, um paciente dá entrada em um pronto-atendimento relatando que há 30 dias teve contato com águas de enchente. Ainda informa que nesta localidade não há rede de esgoto e drenagem de águas pluviais e a coleta de lixo é inadequada. Ele apresenta os seguintes sintomas: febre, dor de cabeça e dores musculares.

DISPONÍVEL EM: HTTP://PORTAL.SAUDE.GOV.BR/. ACESSO EM: 27 FEV. 2012 (ADAPTADO).

Relacionado os sintomas apresentados com as condições sanitárias da localidade, há indicações de que o paciente apresenta um caso de:

a) difteria.
b) botulismo.
c) tuberculose.
d) leptospirose.
e) meningite meningocócia.

44. (Unifesp) Compare um protozoário, por exemplo, um paramécio, com uma célula epidérmica de metazoário (animal multicelular) quanto à complexidade, ao número de organelas e à especialização, ou seja, o quanto é capaz de desempenhar uma função específica. A relação correta é que a célula do:

a) protozoário é menos complexa, possui menos organelas e é menos especializada do que a do metazoário.
b) protozoário é mais complexa, possui mais organelas, porém é menos especializada do que a do metazoário.
c) protozoário é mais complexa, possui menos organelas e é mais especializada do que a do metazoário.
d) metazoário é mais complexa, porém possui menos organelas e é menos especializada do que a do protozoário.
e) metazoário é mais complexa, possui mais organelas, porém é menos especializada do que a do protozoário.

45. (UFPE) Os protozoários apresentam membrana plasmática, citoplasma e núcleo, o qual contém o material genético e é circundado pela carioteca. Os protozoários podem ser estudados, considerando-se suas características locomotoras. Analise cada proposição apresentada na tabela adiante.

	Filo	Estrutura locomotora	Exemplificação
(////)	Sarcodina	pseudópodes	amebas e foraminíferos
(////)	Mastigophora	flagelos	tripanossomo e giárdia
(////)	Ciliophora	cílios	foraminíferos e tripanossomo
(////)	Sporozoa	ausentes	toxoplasma e plasmódio
(////)	Rhizopoda	falsos pés	giárdia e plasmódio

46. (PUC-MG) A figura a seguir representa o protozoário ciliado de vida livre do gênero *Paramecium* com indicação de algumas de suas estruturas.

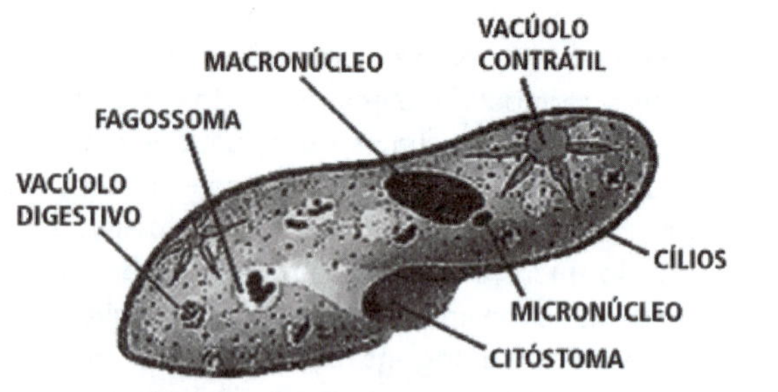

Leia com atenção as afirmações a seguir.

I. O protozoário dado apresenta nutrição heterótrofa com digestão intracelular.

II. A maioria dos protozoários é unicelular, e o grupo dos ciliados é tipicamente parasita de animais e plantas.

III. Seus vacúolos contráteis trabalham para manter o animal isotônico em relação ao meio externo.

IV. Os vacúolos digestivos podem se formar pela união de lisossomos com fagossomos.

V. A reprodução sexuada é possível por conjugação em alguns protozoários ciliados.

São afirmações corretas:

a) I, IV e V apenas.
b) I, III e IV apenas.
c) II, III e V apenas.
d) I, II, III e IV.

CAPÍTULO

2 PORÍFEROS E CNIDÁRIOS

Em imagens como essas, podemos perceber a complexidade e a diversidade das formas de vida nos mares e nos oceanos. Alguns seres marinhos são os animais vivos mais simples hoje: é o caso dos poríferos e dos cnidários, que estudaremos em detalhes neste capítulo. São classificados nesses grupos as esponjas, os corais, as águas-vivas e mais alguns seres.

VILAINECREVETTE/SHUTTERSTOCK

Figura 2.1 Água-viva encontrada nas águas do Caribe, no Panamá.

DIVE-HIVE/SHUTTERSTOCK

Figura 2.2 Diversidade de vida presente em um recife de corais em Papua-Nova Guiné.

1 Animais multicelulares

Datação radiométrica: medida da radioatividade natural de um objeto. No caso de fósseis, a perda de radioatividade ocorre em períodos regulares, o que permite estimar a idade do fóssil.

As primeiras formas de vida que habitaram nosso planeta deixaram marcas em rochas da época. As marcas mais antigas que conhecemos revelaram, por processos de **datação radiométrica**, uma idade estimada ao redor de 3,5 bilhões de anos. Essas formas de vida talvez fossem parecidas com as arqueas que vivem hoje em ambientes extremos. De qualquer maneira, eram formas unicelulares.

Durante mais de três bilhões de anos, a vida que prosperou em nosso planeta era unicelular, e muitos fósseis microscópicos podem ser encontrados inclusive de formas parecidas com as que ainda vivem hoje em dia (**Figura 2.3**).

SCIENCE PHOTO LIBRARY/LATINSTOCK

Figura 2.3 Fotomicrografia ao microscópio óptico de carapaças fósseis de radiolários (protozoários) de diferentes espécies. As carapaças rígidas, constituídas de silicatos, são preservadas após a morte dos organismos. Ampliação de 10 vezes.

Eucarioto: ser vivo cujas células têm núcleo delimitado por membrana, ao contrário dos procariotos.

Heterotrófico: ser vivo incapaz de produzir o próprio alimento a partir de uma fonte de energia, ao contrário dos autotróficos.

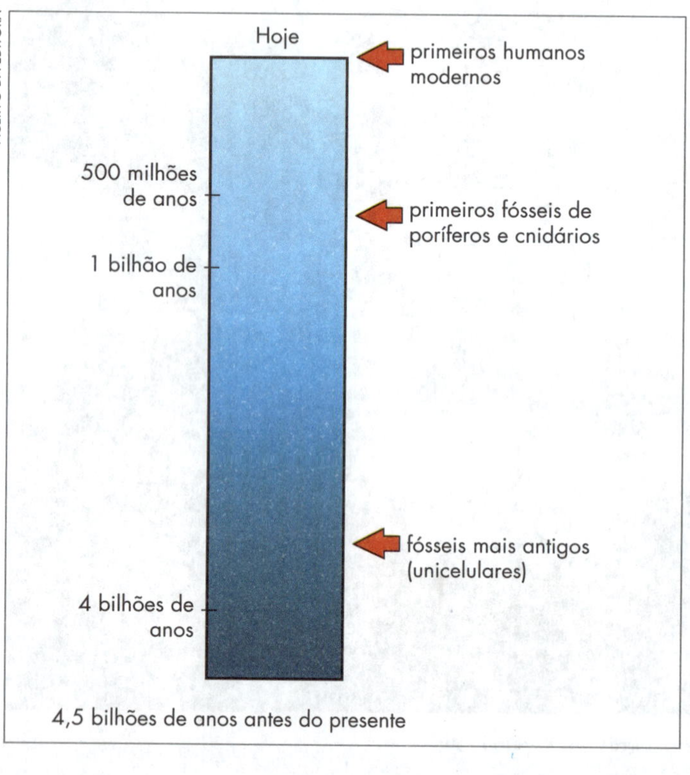

Figura 2.4 Os fósseis mais antigos que conhecemos viveram há cerca de 3,5 bilhões de anos e eram procariotos unicelulares. Os primeiros animais multicelulares surgiram há cerca de 580 milhões de anos.

Os **eucariotos heterotróficos** se mantinham de maneira isolada, como formas de vida unicelulares. Datam de cerca de 580 milhões de anos as principais formas fossilizadas de vida heterotrófica em organismos multicelulares (**Figura 2.4**).

Em algum momento da história evolutiva, um grupo de células passou a realizar funções especializadas e a interagir com as células vizinhas. Isso significa que as células de um mesmo organismo se tornaram diferentes entre si ao longo de seu desenvolvimento, apesar de se originarem do mesmo material genético.

Isso foi possível graças ao aparecimento de mecanismos que ativavam partes do material genético em certas células e não em outras. Esse é o princípio do aparecimento dos animais com corpos, os *metazoários*, e também constitui o objeto de estudo da Biologia do Desenvolvimento.

Há duas hipóteses para explicar o aparecimento dos metazoários. Uma delas afirma que dentro de algumas colônias de organismos unicelulares, alguns indivíduos passaram a desempenhar funções especializadas e, assim, toda a colônia conseguia aproveitar com maior eficiência os recursos do ambiente. Dessa maneira, a colônia passou a funcionar como um organismo. Outra hipótese afirma que a reprodução das células passou a ocorrer sem a separação das novas células, formando um **sincício**. Essas formas multinucleadas teriam sido mais eficientes do que as demais, sobrepujando-as na sobrevivência, e passaram a diversificar-se, formando os metazoários atuais.

Embora a hipótese sincicial não esteja encontrando apoio nas novas descobertas, sobretudo moleculares, os primeiros animais com corpos provavelmente tinham formas diferentes das atuais, talvez próximas às dos poríferos.

Sincício: células multinucleadas, que se formam a partir de divisões celulares nas quais há multiplicação do núcleo, mas não ocorre divisão do citoplasma.

2 Poríferos: características gerais

Os poríferos, mais conhecidos como esponjas, integram um filo formado por animais aquáticos muito simples, constituídos por células que não chegam a formar tecidos verdadeiros, embora se diferenciem, mas podem reverter esse processo. Dito de outra forma, os diversos tipos celulares das esponjas podem atuar como **células totipotentes**, e uma esponja inteira pode se regenerar a partir de poucas células. Os poríferos não apresentam tecidos diferenciados nem tampouco órgãos.

Os poríferos são organismos **sésseis** e imóveis, que vivem presos a um substrato, que pode ser uma rocha, conchas ou objeto submerso. Eles habitam todos os mares e vivem em todas as profundidades, podendo apresentar um intenso colorido por causa da presença de pigmentos em suas células, ou mesmo de microrganismos simbiontes. Muitas esponjas marinhas possuem cianobactérias vivendo em simbiose no interior de células com movimento ameboide (*amebócitos*), conferindo à esponja uma coloração verde, violeta ou marrom.

Célula totipotente: célula que é capaz de regenerar outras partes do corpo, caso das células-tronco embrionárias.
Séssil: diz-se do ser que vive fixo pela base a um substrato.

A estrutura do corpo dos poríferos

O nome do filo Porifera significa "possuidor de poros", por causa dos pequenos orifícios distribuídos por todo o corpo desses animais. São pequenos poros inalantes chamados *óstios*, que possibilitam a entrada de água na esponja. Há também poros maiores, chamados *ósculos*, que permitem a saída de água. Veja as esponjas da **Figura 2.5**. Esses poros estão conectados a uma rede de canais de circulação de substâncias, que trazem nutrientes e levam os excretas produzidos pelas células do animal.

Algumas esponjas possuem no seu interior uma cavidade central que se conecta aos canais, chamada *espongiocele* ou *átrio*. Entretanto, há grande variação na estrutura dos canais de circulação de água, que modificam a arquitetura corporal das esponjas. De fato, existem três formatos distintos, chamados de asconoides, siconoides e leuconoides.

MATHEW OLDFIELD, SCUBAZOO/SPL/LATINSTOCK

Figura 2.5 Esponjas de pelo menos duas espécies diferentes em um recife de coral: indivíduos de uma espécie em forma de dedo, com coloração vermelha, e exemplares de uma esponja em forma de tubo.

Plano de simetria: plano que divide o corpo do organismo em partes simétricas. O corpo humano tem um plano de simetria, ou seja, tem um lado direito e um lado esquerdo.

Esponjas incrustantes: esponjas que se instalam sobre alguma superfície sólida.

Esponjas perfurantes: esponjas que cavam furos em rochas, conchas ou corais.

Colágeno: proteína estrutural presente na matriz extracelular que dá sustentação ao corpo dos animais. No ser humano, o colágeno está presente em tendões, ossos, dentes e vasos sanguíneos. Na formação do colágeno, além de oxigênio, é necessária a presença de vitamina C.

As esponjas não possuem um **plano de simetria**: algumas são tubulares, mas a maioria tem o formato do corpo irregular, podendo assumir aspecto ramificado, **incrustante** ou **perfurante**. Observe na ilustração (**Figura 2.6**) as diferentes formas de esponjas que podem ser encontradas em mares tropicais.

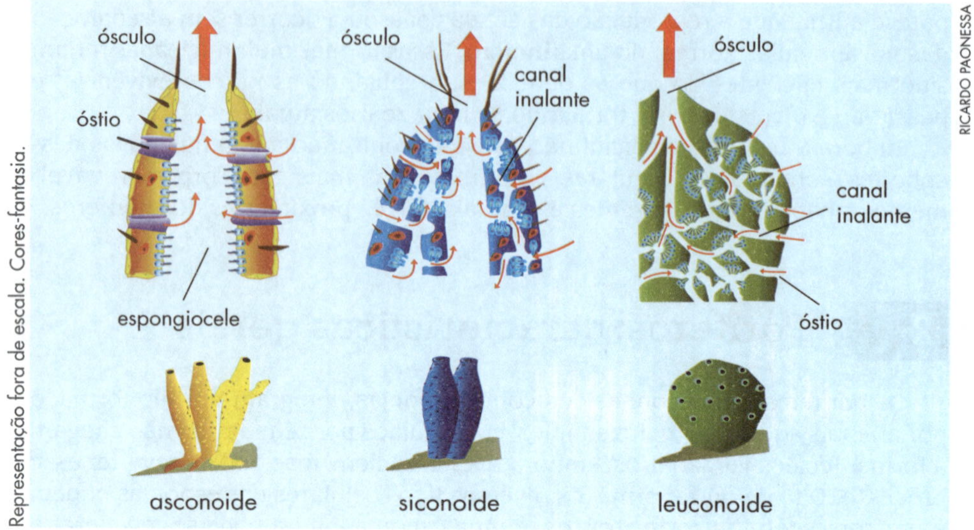

Figura 2.6 Esquema dos três tipos de arquitetura corporal das esponjas e a corrente de água que se forma em cada tipo.

As células dos poríferos estão imersas em uma matriz extracelular na qual há estruturas rígidas (espículas) e proteínas estruturais. As esponjas conseguem manter seu corpo íntegro graças à existência de uma proteína que está presente na matriz extracelular de praticamente todos os metazoários, o **colágeno**.

Veja a **Figura 2.7**: certo tipo de colágeno das esponjas forma uma estrutura denominada "espongina", que dá rigidez ao corpo desses animais. Embora os colágenos tenham características comuns, há diversos tipos presentes nos metazoários. Um deles serve de base para a fixação de células (a chamada membrana basal) e é encontrado amplamente nos metazoários, inclusive em um grupo de esponjas denominado *Homoscleromorpha*.

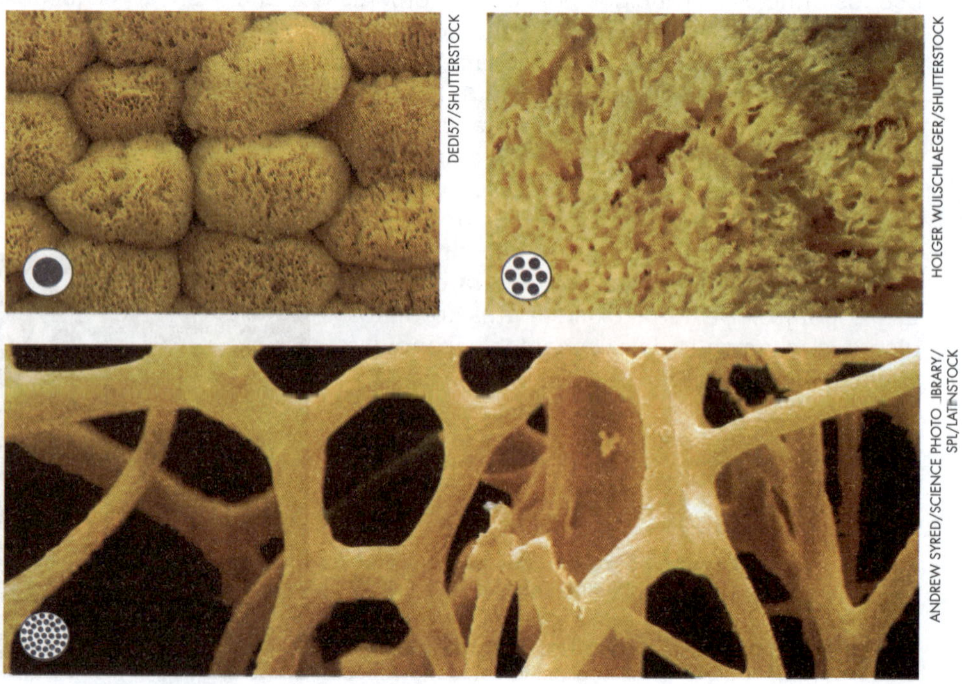

Figura 2.7 Esponja cultivada no Mar Adriático, na região de Trieste, na Itália. É vendida em lojas de materiais de construção para fazer texturas na pintura de parede. No detalhe macroscópico, observa-se a estrutura filamentosa, conferida por um tipo de colágeno. No detalhe microscópico, micrografia eletrônica de varredura colorida do corpo de uma esponja, observa-se a malha de espongina, uma proteína formada por colágeno, importante na sustentação das esponjas. O diâmetro das fibras é de aproximadamente 30 μm.

O oxigênio entra nas células das esponjas por difusão, da mesma forma que as excretas saem de suas células.

A maioria das esponjas possui uma estrutura esquelética formada, além de colágeno, por espículas, que dão sustentação ao corpo. As espículas podem ser de cristais, de sais de cálcio ou silício. São comuns sinais de espículas em rochas sedimentares muito antigas. A composição, o formato e a localização das espículas no corpo das esponjas são as características que diferenciam as classes que formam o filo Porifera.

As espículas são produzidas por células chamadas *escleroblastos* e têm sido estudadas também pela indústria farmacêutica, que encontrou nelas substâncias com potencial para medicamentos contra o câncer e doenças causadas por bactérias e por vírus. Muitas espécies de esponjas também fabricam substâncias tóxicas, o que constitui outra forma de desencorajar a predação intensa. Mesmo assim, muitos animais, como estrelas-do-mar e tartarugas, se alimentam de esponjas.

A alimentação dos poríferos

Apesar de não formarem tecidos verdadeiros, os poríferos possuem outras células especializadas, além dos amebócitos e escleroblastos já mencionados. O tipo de célula responsável pela atividade heterotrófica dos poríferos é o *coanócito*, que possui um flagelo envolto por um *colarinho* (**Figura 2.8**). O batimento dos **flagelos** dos coanócitos gera uma corrente de água dentro do corpo das esponjas. Os poros por onde entra a água são formados por um tipo muito particular de célula, o *porócito*.

Flagelo: organela celular locomotora com formato de fio longo, lembrando um chicote.

Os coanócitos filtram a água que passa pelo canal inalante e retêm em seu colarinho as partículas de alimento, como bactérias e fragmentos de matéria orgânica de tamanho ainda menor (menos de 1 μm). A água é então empurrada para o canal exalante (**Figura 2.8**).

ACERVO DA EDITORA

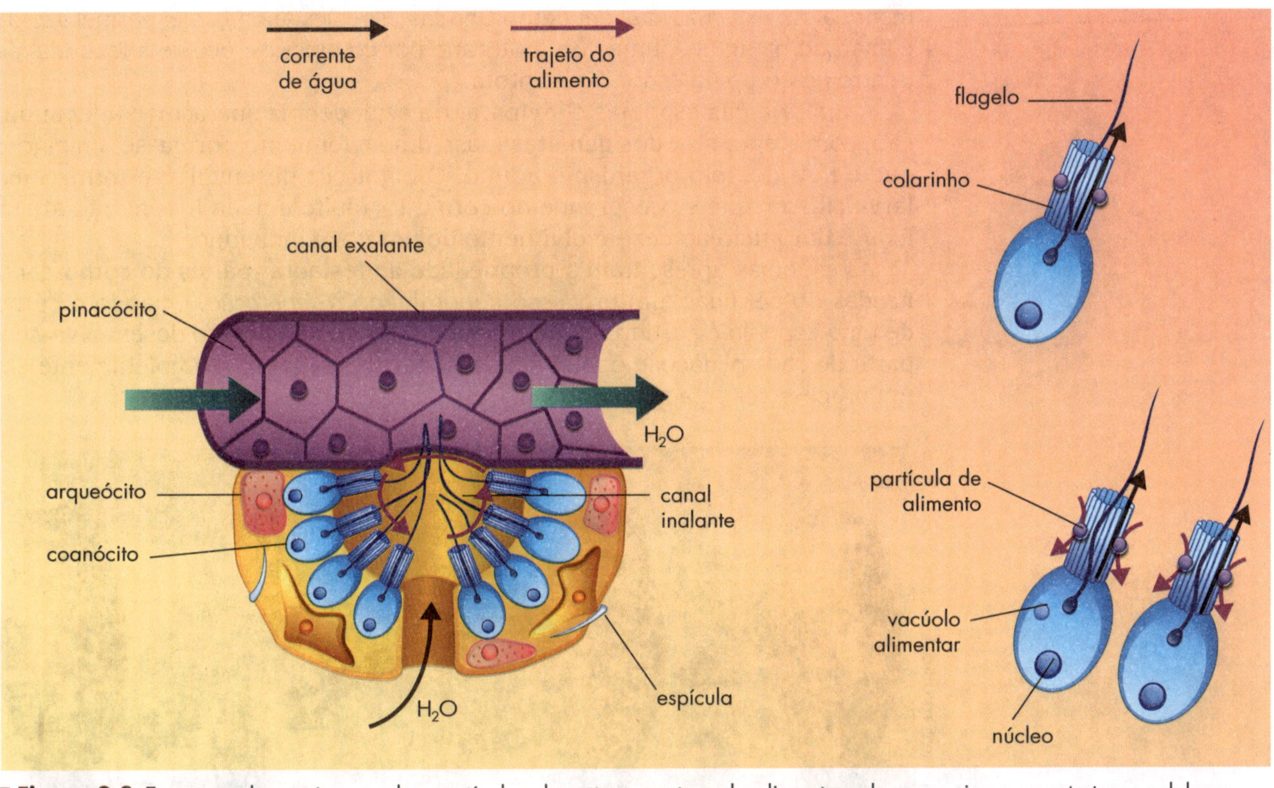

Representação fora de escala. Cores-fantasia.

Figura 2.8 Esquema do movimento das partículas durante a captura de alimento pelas esponjas e as estruturas celulares envolvidas. No detalhe, o coanócito, célula especializada que atua na filtragem do alimento e na manutenção da corrente de água pelo interior do corpo da esponja.

Os poríferos possuem ainda outros tipos celulares ligados à alimentação, além dos amebócitos simbiontes, os *arqueócitos*, que são amebócitos com funções ligadas à digestão do alimento e pela formação de outras células, e os *pinacócitos*, que revestem canais internos e áreas externas, protegendo o corpo das esponjas. Embora todas as células possam fagocitar partículas de alimento, os pinacócitos e os arqueócitos são capazes de fagocitar e digerir aquelas relativamente grandes (de 5 a 50 μm). Os arqueócitos se deslocam externamente, removendo e digerindo partículas que aderem na superfície dos pinacócitos. Assim, toda a digestão que ocorre nos poríferos é intracelular.

Reprodução das esponjas

As esponjas podem se reproduzir de maneira sexual ou assexual. A reprodução assexuada ocorre por meio da formação de brotos, que podem ser de dois tipos, internos ou externos. Ambos se separam do organismo adulto e crescem, originando outro organismo completo. Os brotos externos destacam-se do corpo da esponja e dão origem a um outro indivíduo em um processo chamado *brotamento* (**Figura 2.9**).

Já os brotos internos, chamados *gêmulas*, são formados em condições ambientais adversas e conseguem permanecer vivos, embora dormentes, após a morte do animal. Quando retornam às condições ambientais propícias, as gêmulas saem do estado de dormência e dão origem a novas esponjas, em um processo chamado *gemulação*.

Na reprodução sexual, a maioria das espécies de esponjas produz gametas de ambos os sexos, outras têm sexos separados. Os coanócitos se transformam em espermatozoides e, em certas épocas, são liberados na água em grande quantidade. Os coanócitos de certas espécies podem gerar também gametas femininos (oócitos).

Em algumas espécies, os dois gametas são liberados na água e ocorre a fecundação externa. Mas em determinadas espécies apenas o espermatozoide é liberado na água e, uma vez capturado por coanócitos, ocorre a fecundação dentro do corpo da esponja receptora.

A maioria das esponjas é vivípara, ou seja, depois que ocorre a fecundação, com o encontro dos gametas masculino e feminino, forma-se um zigoto que é nutrido pelo organismo adulto. O zigoto se desenvolve e forma uma larva ciliada, que se desprende do corpo do adulto e nada livremente até se fixar e dar início ao desenvolvimento de um novo indivíduo.

As esponjas apresentam a propriedade de restaurar partes do corpo danificadas ou perdidas, um processo denominado *regeneração*. Quando o corpo de uma esponja é partido em fragmentos, um novo indivíduo desenvolve-se a partir de cada pedaço, e o indivíduo original se reorganiza completamente em um processo chamado *embriogênese somática*.

Representação fora de escala. Cores-fantasia.

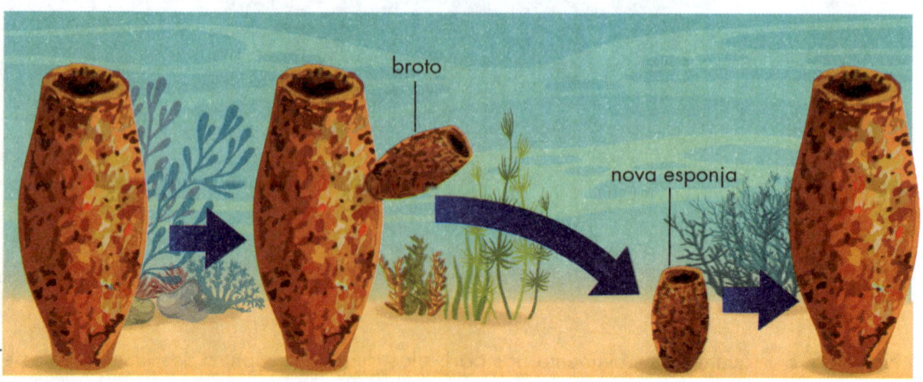

ACERVO DA EDITORA

Figura 2.9 Reprodução assexuada das esponjas, por brotamento.

3 Cnidários: características gerais

Os cnidários formam um filo de animais aquáticos que engloba cerca de dez mil espécies, entre corais, águas-vivas e hidroides. Todos são aquáticos e a grande maioria é marinha. Os animais deste filo têm em comum uma característica única, que é a presença de um tipo de célula que realiza a captura de alimentos e a defesa, chamada *cnidócito*, que veremos adiante. Todos os cnidários têm uma cavidade gástrica com uma abertura para o ambiente, por onde entra o alimento a ser digerido e são expelidos os restos da digestão.

Os vários tipos de células do corpo dos cnidários são coordenados por um sistema nervoso rudimentar. Uma rede difusa de células nervosas transmite sinais ou informações de sensibilidade e mobilidade aos músculos. Essas células nervosas são neurônios simples, que transmitem estímulos em baixa velocidade em relação aos neurônios humanos, que possuem a chamada *bainha de mielina*. Embora consigam realizar movimentos coordenados, os cnidários são tipicamente animais que vivem ao sabor das correntes, ou então vivem aderidos ao substrato (**Figura 2.10**).

Simetria radial: uma esfera admite diferentes planos de simetria coincidentes com seu raio, daí o nome simetria radial.

Folhetos germinativos: camadas de células que se formam no embrião. Há animais que têm dois tecidos, como os cnidários, mas a maioria dos filos tem embriões com três tecidos.

VILAINECREVETTE/SHUTTERSTOCK

Figura 2.10 Anêmona-do-mar (*Actinia bermudensis*) fotografada em São Sebastião (SP). Atinge cerca de 5 cm de diâmetro.

Organização do corpo dos cnidários

Alguns cnidários têm o corpo tubular, com a boca circundada por tentáculos. Essas formas são denominadas *pólipos*. Geralmente vivem fixos a substratos, por isso são ditos de vida sedentária. Mesmo presos a rochas, podem ter movimentos e alguns são capazes de mudar de lugar. É o caso, por exemplo, das hidras de água doce (**Figura 2.11**).

Outra forma do corpo dos cnidários é a da *medusa*, uma estrutura que lembra um guarda-chuva, como nas águas-vivas. A boca é geralmente central, localizada no interior do guarda-chuva, e os tentáculos localizam-se nas bordas (**Figura 2.12**).

Os cnidários possuem **simetria radial** e são diblásticos (ou diploblásticos), ou seja, durante o desenvolvimento embrionário formam apenas dois **folhetos germinativos**, a ectoderme e a endoderme. A ectoderme dá origem à epiderme e a endoderme origina a gastroderme. Entre estas duas camadas de células há uma camada intermediária gelatinosa chamada *mesogleia*, constituída por células que são banhadas por uma matriz acelular, na maioria dos casos gelatinosa e rica em colágeno (**Figura 2.13**).

LEBENDKULTUREN.DE/SHUTTERSTOCK

Figura 2.11 Fotografia de uma hidra, um pólipo sedentário de água doce com 8 mm de comprimento.

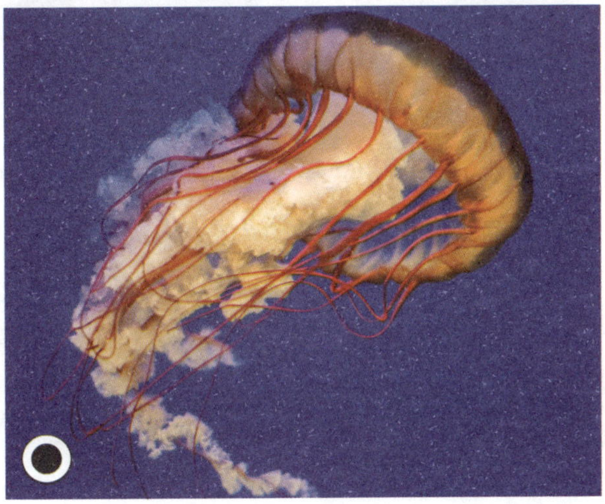

LEEYIUTUNG/ISTOCKPHOTO

Figura 2.12 Água-viva que vive no Oceano Pacífico (*Chrysaora fuscences*), uma medusa livre-natante. Essa espécie mede cerca de 45 cm de diâmetro.

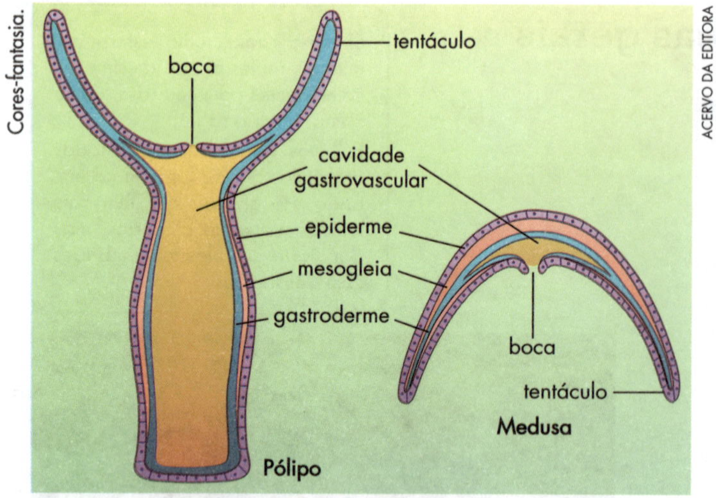

Figura 2.13 Detalhes do corpo de um pólipo e de uma medusa.

Os cnidários possuem tecidos definidos, alguns órgãos e sistemas, como gônadas, órgãos sensoriais, um sistema nervoso difuso rudimentar e células epitélio-musculares que se contraem, possibilitando o movimento corporal.

O movimento muscular depende de um esqueleto; embora os cnidários não possuam nenhuma estrutura rígida, eles se valem de uma das características da água (incompressibilidade) para formar o que é considerado um esqueleto hidrostático. Ao contrair os músculos ao redor da boca e os músculos do corpo, a cavidade gástrica apresenta rigidez, graças ao colágeno da mesogleia, necessário para a eficiência da contração muscular. Os cnidários produzem colágeno na mesogleia e nas células de defesa e de alimentação, os cnidócitos.

Alimentação e defesa dos cnidários

Todos os cnidários possuem uma célula especial chamada *cnidócito*, que faz parte do sistema de captura de alimento e de defesa do animal. Ele produz uma substância com propriedades urticantes (*uma neurotoxina*) na maioria das espécies do grupo. Os cnidócitos têm em seu interior uma cápsula chamada nematocisto, de forma fixa e rígida. Dentro do nematocisto há um filamento que se projeta para fora do corpo do animal e pode, após certos estímulos, liberar a substância na superfície em contato. Ao entrar no organismo de outro animal, a neurotoxina causa irritação, queimadura ou mesmo paralisia. Para os seres humanos, são poucas as espécies que podem causar alguma reação. Durante a fase de desenvolvimento do nematocisto, o cnidócito recebe o nome de *cnidoblasto*. A **Figura 2.14** apresenta um esquema da atuação do cnidócito.

Os tentáculos, que concentram a maior parte dos cnidócitos, capturam o alimento e o conduzem até a boca, que se abre em uma cavidade interna denominada cavidade *gastrovascular*. Nessa cavidade o alimento é digerido parcialmente, distribuído e absorvido pelas células. É somente no interior das células que se completa a digestão do alimento. Desta forma, a digestão inicia-se no espaço extracelular e termina de forma intracelular.

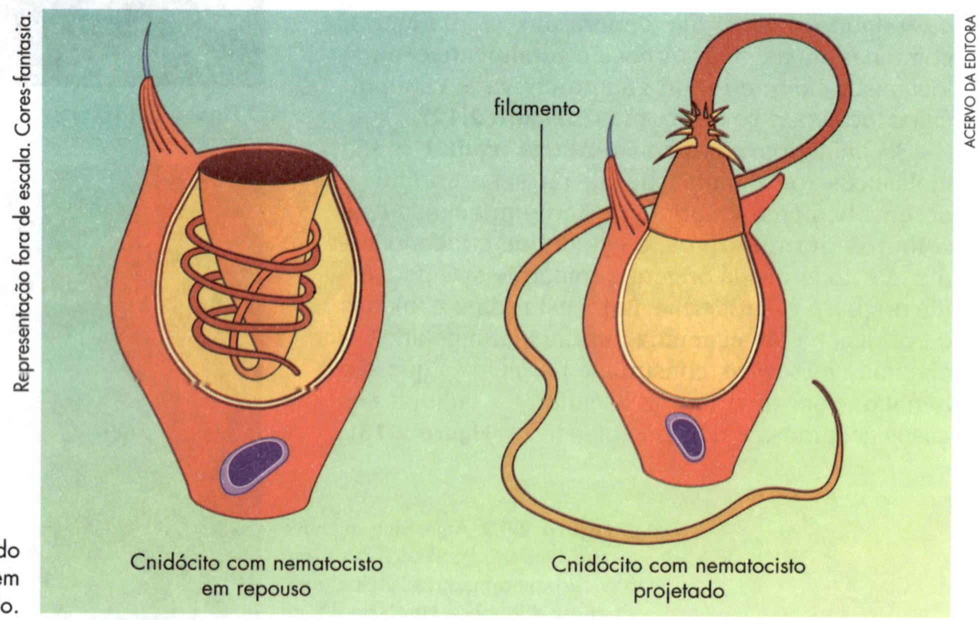

Figura 2.14 Esquema do cnidócito com o nematocisto em repouso e projetado.

Reprodução dos cnidários

Os cnidários podem se reproduzir de maneira sexual ou assexual. A reprodução assexuada ocorre nos pólipos por meio da formação de brotos (reprodução por brotamento). Já a reprodução sexuada pode ocorrer tanto nos pólipos como nas medusas, através da formação dos gametas, que se unem no meio interno ou externo. O zigoto formado pode desenvolver-se diretamente, originando um novo indivíduo. Ou, conforme a espécie, desenvolve-se em uma larva chamada *plânula*.

Nos cnidários também pode ocorrer um fenômeno chamado *alternância de gerações* ou *metagênese*, no qual ocorre tanto a reprodução sexuada como a assexuada. As medusas se reproduzem sexuadamente gerando a plânula, que se desenvolve formando o pólipo. O pólipo passa por um processo chamado *estrobilização*, um tipo de brotamento em que cada broto, chamado *estróbilo*, que dá origem a uma medusa, que por sua vez se reproduz sexuadamente, dando início a um novo ciclo (**Figura 2.15**).

Representação fora de escala. Cores-fantasia.

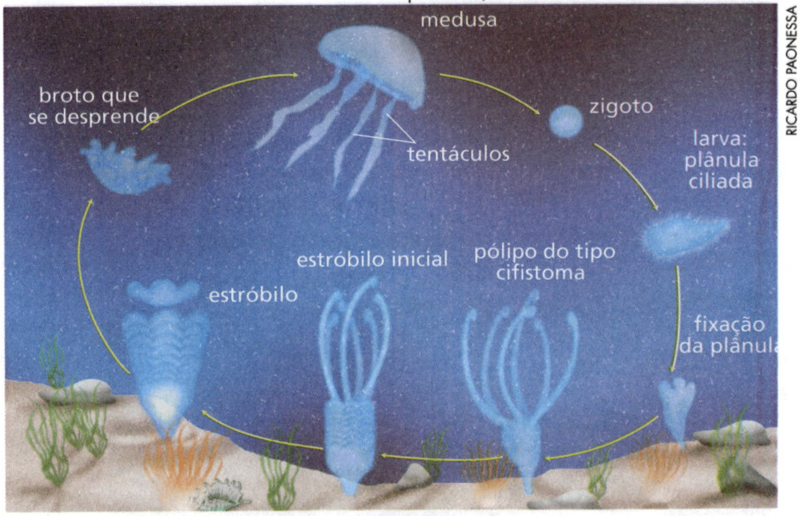

Figura 2.15 Esquema do ciclo de vida de uma medusa do gênero *Aurelia*, com alternância de gerações. Na fase sexual, as medusas produzem gametas e se forma um zigoto, que se desenvolve na forma de uma larva ciliada, a plânula. Seu desenvolvimento conduz a uma fase assexual, originando pólipos que se multiplicam e geram formas que crescerão tomando novamente a forma de medusas.

O filo Cnidaria é formado por quatro classes: Hydrozoa, Scyphozoa, Cubozoa e Anthozoa. Observe na **Tabela 2.1** as principais diferenças entre elas.

Classes dos cnidários	Principais características
Classe Hydrozoa Hidrozoários	São formados por pólipos, em sua maioria. Entretanto, há medusas de pequeno porte (ex.: *Liriope* sp.) e colônias de pólipos e medusas (ex.: caravela – *Physalia* sp.).
Classe Scyphozoa Cifozoários	Grupo formado na sua maioria por medusas, chamadas águas-vivas verdadeiras. Por viverem próximo à costa, são as espécies que geralmente causam queimaduras.
Classe Cubozoa Cubozoários	Grupo formado na sua maioria por medusas quadradas (em forma de cubo).
Classe Anthozoa Antozoários	Grupo formado apenas por pólipos, solitários ou coloniais, representados pelas anêmonas-do-mar e pelos corais.

Tabela 2.1 Principais características das classes do grupo Cnidaria.

Um exemplo de hidrozoário é a chamada caravela, uma colônia de animais, com divisão de funções (**Figura 2.16**). A bolsa flutuante é repleta de gases, principalmente nitrogênio, e comum aos diversos zooides. Os tentáculos roxos e longos pertencem a zooides que capturam o alimento. Os azuis, aos zooides que o digerem.

Figura 2.16 Caravela (cnidário colonial, *Physalia pelagica*).

4 Os recifes de coral

Em mares tropicais rasos surgem, ao lado das formações chamadas de recifes rochosos (ou seja, de origem mineral), os *recifes de coral*, de origem animal (**Figura 2.17**). São formados principalmente por antozoários coloniais, pequenos pólipos que secretam compostos de cálcio, que se depositam ao seu redor (**Figura 2.18**). Os recifes de coral são, na verdade, grandes depósitos de calcário secretados por estes cnidários, onde se instalam diversas plantas e animais. Além dos antozoários, as algas coralíneas também contribuem para a deposição do material calcário dos recifes.

DIETER TRACEY/ISTOCKPHOTO

Figura 2.17 Fotografia aérea de uma plataforma de corais situada na Grande Barreira de Coral da Austrália. Com mais de 2 mil quilômetros de extensão, é o maior recife de coral do mundo.

Os corais podem formar recifes em águas quentes e com bastante luminosidade (rasas), uma necessidade das algas simbiônticas, chamadas *zooxantelas*, que vivem em seus tecidos. As zooxantelas, ao fazerem fotossíntese, retiram gás carbônico e produzem alimento. No entanto, essa simbiose é importante, pois facilita a deposição do esqueleto calcário secretado pelo pólipo, que não seria possível com o acúmulo de gás carbônico, pois ele reage com a água e forma ácido carbônico, que impede a deposição de cálcio.

Os corais, além de algas vivendo em simbiose obrigatória, têm cianobactérias associadas, embora não de maneira tão íntima como as algas. As cianobactérias, em condições adequadas de luminosidade e oxigenação, são capazes de fixar nitrogênio de maneira muito eficiente.

Por causa do grande número de espécies que vivem associadas aos corais, os recifes formam, nos oceanos, ecossistemas próprios. Esses ecossistemas são considerados entre os que possuem maior biodiversidade do planeta, comparáveis só às florestas tropicais. Entretanto, o ecossistema dos recifes é extremamente sensível a variações de luminosidade e temperatura da água, assim como à poluição. Muitos corais estão desaparecendo em decorrência do aumento da temperatura nos oceanos, do aumento da turbidez e da poluição das áreas costeiras.

A morte dos corais tem consequência direta na diversidade de espécies costeiras, provocando a extinção local de outras espécies. Isso pode ter impactos muito profundos no ambiente e nas comunidades humanas, que podem ter a qualidade de vida prejudicada.

KUTTELVASEROVA STUCHELOVA/SHUTTERSTOCK

Figura 2.18 Pólipos de um coral-estrela (*Montastrea cavernosa*). Observe os indivíduos que formam a colônia. Os pólipos medem cerca de 0,7 cm de diâmetro.

5 Relações filogenéticas

A origem de poríferos e cnidários é muito incerta, mas as evidências moleculares indicam que a multicelularidade nos animais apareceu a partir de um evento único. Várias moléculas, entre elas o colágeno, se mantêm muito semelhantes em grupos muito diferentes. Essas moléculas requerem oxigênio livre para sua formação, e esse gás se tornou abundante há cerca de 1 bilhão de anos, quando passou a constituir cerca de 15% do ar atmosférico.

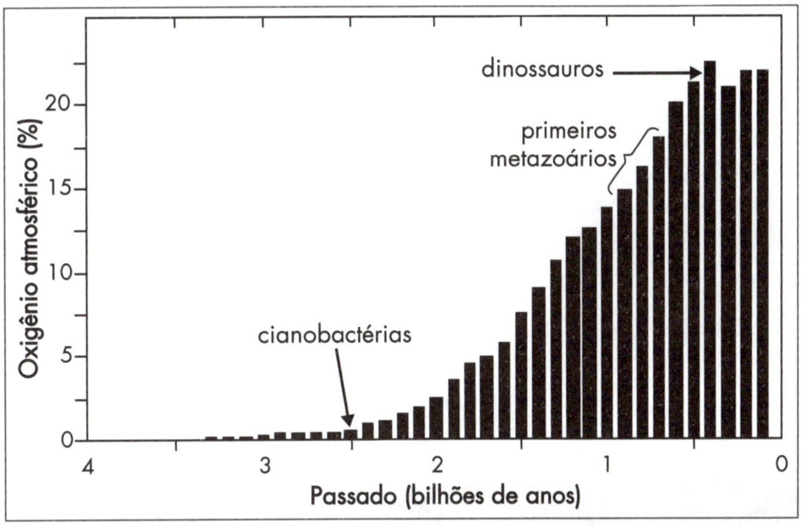

Gráfico 2.1 Há cerca de 1 bilhão de anos, a atividade fotossintética era tão grande em nosso planeta que a concentração de oxigênio molecular atingiu cerca de 15% do ar atmosférico.

Embora se conheçam microrganismos unicelulares anaeróbios, não se conhecem metazoários que vivam sem oxigênio. Há 3 bilhões de anos a vida teria sido muito difícil, mesmo para um metazoário pequeno como uma pulga ou uma mosca. No entanto, há cerca de 1 bilhão de anos, o aumento da quantidade disponível de oxigênio livre na atmosfera possibilitou o surgimento de metazoários (**Gráfico 2.1**).

Isso indica uma origem única e uma relação de descendência entre os vários grupos de animais. Os poríferos formam um grupo extremamente bem-sucedido, mesmo que apresentem características muito simples.

Acredita-se que um ancestral único esteja na base da linha evolutiva de poríferos, cnidários (diploblásticos) e possivelmente de um grupo triplobástico (três folhetos germinativos), com simetria bilateral, que posteriormente teria se diferenciado em outros grupos.

Veja um esquema dessas relações na **Figura 2.19**.

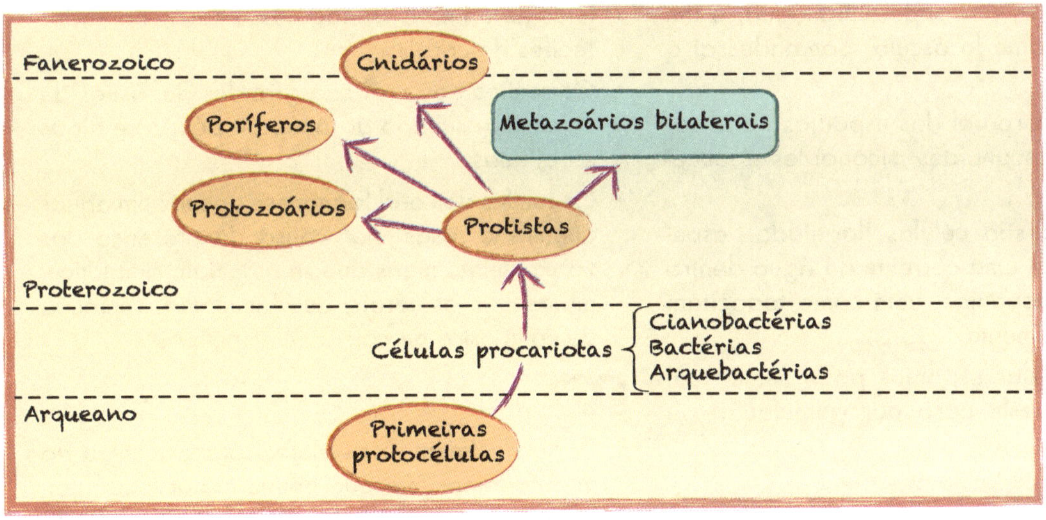

Figura 2.19 Os filos na evolução das espécies.

Por ser um grupo muito homogêneo, com características únicas agrupadas em apenas um filo, os cnidários são considerados um grupo *monofilético*. Eles compartilham um ancestral comum com todos os demais grupos que veremos adiante.

Outras evidências de que todos os metazoários têm um ancestral comum deriva do estudo do material genético. O DNA de coanoflagelados, que são microrganismos unicelulares parecidos com os coanócitos das esponjas, é muito parecido com o DNA das células das esponjas.

Os coanoflagelados são protistas que vivem isolados e, por vezes, formam pequenas colônias, mas isso não é acidental. Eles fabricam proteínas que servem como sinalizadores na superfície das células, estimulando a adesão de células semelhantes. Foram encontradas diversas proteínas, que se acreditava exclusivas de metazoários, inclusive alguns tipos de colágeno. Em outras palavras, os protozoários desenvolveram as ferramentas básicas que, em um evento único, acabaram possibilitando o aparecimento dos metazoários.

As anêmonas têm o corpo em forma de tubo vertical, com a boca na extremidade superior e a extremidade inferior fixa ao substrato. Como esses animais não têm nada parecido com uma cabeça, as duas extremidades constituem referência para o que os biólogos chamam de *eixo oral-aboral*, análogo ao eixo cabeça-ânus de outros animais.

Os genes que ativam o desenvolvimento dos embriões em muitas espécies de animais como moscas e mamíferos, orientando a multiplicação celular no eixo cabeça-ânus (os chamados genes *Hox*), estão presentes também nas anêmonas. Trata-se de mais um indício de que houve um ancestral comum para todos os metazoários.

EM POUCAS PALAVRAS

1

- Os animais multicelulares podem ter se originado a partir de flagelados coloniais.

2

- As esponjas, que constituem o filo dos poríferos, são animais aquáticos que vivem fixos em rochas ou objetos submersos.
- O corpo dos poríferos possui pequenos poros chamados óstios, por onde entra água, e um poro maior chamado ósculo, por onde sai a água.
- A arquitetura corporal das esponjas pode ser de três tipos: asconoides, siconoides e leuconoides.
- Os coanócitos são células flageladas especiais que geram uma corrente de água dentro do corpo das esponjas, bem como fagocitam e digerem o alimento.
- A reprodução das esponjas pode ser sexual ou assexual, neste caso por gemulação ou brotamento.

3

- Os cnidócitos são células que atuam na captura de alimento e na defesa do animal, que ocorrem somente no filo Cnidaria.
- Os cnidários podem ser pólipos (fixos) ou medusas (flutuantes ou livre-natantes).
- O filo Cnidaria é formado por quatro classes: Hidrozoa, Sifozoa, Cubozoa e Antozoa.
- A alternância de gerações ou metagênese é um processo reprodutivo que ocorre nos cnidários, no qual se alternam uma fase na forma de medusa, que se reproduz sexuadamente, e uma fase pólipo, que se reproduz assexuadamente.

4

- Há recifes, ou arrecifes, que não são totalmente constituídos por rochas, mas sim por esqueletos de animais, sendo nesse caso chamados recifes de corais.
- Os recifes de coral são grandes depósitos de calcário resultado da ação de pólipos e algas coralíneas.
- Os recifes de coral formam-se apenas em águas quentes e rasas, por causa da presença das zooxantelas, algas que se associam simbioticamente com os corais, que facilitam a secreção de compostos de cálcio pelos pólipos.

5

- O aparecimento dos metazoários ocorreu ao mesmo tempo em que houve maior disponibilidade de oxigênio atmosférico, originado da atividade fotossintética.
- O aparecimento dos metazoários parece ter sido um evento único, uma vez que existem diversas substâncias e trechos de DNA que estão presentes em todos os animais, como o colágeno e os genes *Hox*, ligados à orientação do desenvolvimento embrionário.

BIOCHAT

? Os poríferos são os animais mais simples que existem?

BC De certa maneira sim, pois não possuem tecidos nem tampouco órgãos.

? As medusas e as anêmonas parecem muito diferentes. Elas pertencem mesmo a um só filo?

BC Sim. Embora pareçam muito diferentes, medusas e anêmonas têm muitas coisas em comum, e não apenas do ponto de vista microscópico, ou molecular. Uma anêmona é um pólipo, que, de certa forma, é uma medusa de ponta-cabeça.

? Como as esponjas podem viver sem tecidos ou órgãos?

BC Elas têm células que atuam de forma colaborativa e são capazes de se transformar de um tipo em outro.

? O material genético do núcleo de todas as formas de células das esponjas é o mesmo ou há diferenças?

BC O material genético é o mesmo e pode ser ativado para produzir um tipo de célula (como um coanócito) ou outro.

? As esponjas também têm genes *Hox*?

BC Sim, a sequência, chamada homeobox, existe nesses organismos, embora não pareça ativa. Não há nada parecido com uma parte anterior ou posterior no corpo de uma esponja.

? Qual é a vantagem de certos cnidários apresentarem alternância de gerações?

BC Não se sabe com certeza, mas provavelmente no ambiente antigo deveriam alternar-se condições mais propícias à vida, quando a multiplicação intensa (assexual) era favorecida, com condições menos favoráveis, quando a reprodução sexual seria mais vantajosa.

? Qual a diferença entre a cavidade do corpo das esponjas e a dos cnidários?

BC A cavidade do corpo das esponjas, a espongiocele, permite apenas que a água e as substâncias nela dissolvidas entrem e saiam do corpo do animal. Já na cavidade dos cnidários, a cavidade gastrovascular, há digestão parcial do alimento, fato que não ocorre nas esponjas.

? Quando foi descoberto o material genético dos coanoflagelados? E quando alguém propôs a hipótese de origem dos metazoários a partir deles?

BC Um dos trabalhos mais importantes foi publicado em 2008, pela pesquisadora Nicole King (da Universidade da Califórnia, EUA). Com uma grande equipe, ela decifrou todo o DNA de um coanoflagelado chamado *Monosiga brevicollis*. A hipótese de que os coanoflagelados poderiam ser os ancestrais das esponjas é muito antiga, data de 1841, mas estava baseada apenas na semelhança da forma entre coanoflagelados e coanócitos das esponjas.

ATIVIDADES DE REVISÃO

I Classifique as afirmações seguintes como Verdadeiras ou Falsas, adicionando, em seu caderno, uma justificativa:

1 **1.** Os primeiros seres vivos do planeta Terra eram pluricelulares, seguido do aparecimento dos organismos multicelulares heterotróficos.

1 **2.** As esponjas têm padrão heterotrófico, mas algumas espécies podem estar associadas a microrganismos autotróficos.

1 **3.** A hipótese mais apoiada diz que os metazoários surgiram de organismos flagelados que formavam uma colônia.

2 **4.** Os poríferos apresentam órgãos definidos, alta capacidade de movimentação e regeneração.

3 **5.** Cnidários possuem cnidócitos e ampla cavidade digestiva, como é o caso dos corais, medusas, hidroides, águas-vivas e esponjas-do-mar.

3 **6.** Cnidários são animais triblásticos, ou seja, possuem três folhetos embrionários: ectoderme, endoderme e mesoderme.

3 **7.** As células especializadas dos poríferos, os coanócitos, e dos cnidários, os cnidócitos, embora um pouco diferentes, têm exatamente a mesma forma de atuação.

4 **8.** Os recifes de corais são formados por pólipos secretores de cálcio.

II Identifique a alternativa correta em seu caderno:

2 **9.** Quanto às características básicas dos poríferos, é correto afirmar que:

a) São animais altamente complexos, encontrados em grandes lagos e rios.

b) São animais muito simples uma vez que são unicelulares.

c) São animais que realizam fotossíntese, já que são corais.

d) São animais simples, sendo todos aquáticos, a maioria marinha.

e) São animais simples, uma vez que não produzem toxinas.

10. Quanto ao trajeto da água no corpo dos poríferos, é correto afirmar que:

a) A água entra pelos óstios da esponja e sai pelo ósculo.

b) Os canais inalantes sugam água para o interior do porífero pelo ósculo.

c) A água entra pelo ósculo da esponja e sai pelos óstios.

d) O sentido da água varia, ora entrando e ora saindo pelo ósculo.

e) O sentido da água é invertido na época da reprodução das esponjas.

11. Identifique a alternativa correta sobre o corpo dos poríferos:

a) Possuem porócitos, responsáveis pela movimentação da água no interior de seu corpo.

b) Não possuem plano de simetria, e o colágeno é o responsável pela rigidez do corpo desses animais.

c) Os escleroblastos são responsáveis pela ação perfurante para predar os corais.

d) Todos possuem espículas, responsáveis pela rigidez do corpo desses animais.

e) Possuem amebócitos, as únicas células do corpo capazes de fagocitar e digerir alimento.

12. Os coanócitos são células flageladas presentes nos poríferos. Estas células são importantes para:

a) Movimentação e alimentação.

b) Reprodução e excreção.

c) Alimentação e reprodução.

d) Excreção e alimentação.

e) Alimentação, apenas.

13. Neurônios simples e rede difusa de células nervosas são características dos:

a) Cnidários.

b) Poríferos.

c) Arqueas.

d) Bactérias.

e) Vírus.

14. Indique a alternativa correta:

a) Pólipos são os cnidários que vivem fixos a substratos, como a água-viva.

b) Medusas são cnidários que vivem fixos a rochas ou em recifes de corais.

c) Pólipos são os cnidários que vivem fixos a substratos, como a medusa.

d) Medusas são os cnidários de vida livre, como as hidras de água doce.

e) Pólipos são os cnidários que vivem fixos a substratos, como os corais.

15. Quanto à reprodução dos cnidários, é correto afirmar que:

a) É exclusivamente sexual e ocorre continuamente.

b) É exclusivamente assexual, originando brotos.

c) Pode ser tanto sexual como assexual.

d) É exclusivamente sexual e sempre há autofecundação.

e) É assexuada e ocorre por fissão dos cnidócitos.

ATIVIDADES DE APROFUNDAMENTO

16. Identifique se são falsas ou verdadeiras as seguintes afirmações e justifique sua resposta.

a) Os poríferos formam indivíduos multicelulares aquáticos que podem ser fixos ou se deslocar ativamente.

b) A célula mais importante dos poríferos chama-se porócito e é responsável pela nutrição do animal.

c) A metagênese é um processo que ocorre nos cnidários, no qual uma fase de vida livre com reprodução sexuada se alterna com uma fase de vida fixa com reprodução assexuada.

d) Os corais formam estruturas rígidas e muito resistentes, inclusive a variações de luz, temperatura e poluição.

e) As águas-vivas provocam queimaduras porque possuem uma célula chamada cnidócito, que injeta uma substância tóxica quando em contato com o corpo de outro organismo.

f) A reprodução dos cnidários é exclusivamente sexuada, através da união de gametas.

g) A célula responsável pela formação de uma corrente de água no corpo das esponjas chama-se amebócito, células que movimentam a água por pseudópodes.

h) Os recifes de coral são formados por antozoários coloniais que secretam um esqueleto calcário que sustenta a colônia.

i) O colágeno é uma proteína importante para a adesão das células de metazoários e só é encontrado em organismos multicelulares.

j) Esponjas e corais vivendo na área ensolarada de mares tropicais podem ter parte de seu alimento produzido por microrganismos fotossintetizantes simbiontes.

17. Indique a alternativa que melhor apresenta as características dos poríferos.

a) Animais diblásticos, com simetria bilateral ou sem simetria, digestão intracelular, cnidoblasto.

b) Animais triblásticos, com simetria radial, digestão extracelular, coanócito.

c) Animais diblásticos, sem plano de simetria, digestão intracelular, coanócito.

d) Animais diblásticos, simetria radial, digestão intracelular, cnidoblasto.

18. Sobre o funcionamento dos cnidócitos, é correto afirmar:

a) Os cnidócitos são formados por uma cápsula chamada nematocisto, que possui um flagelo que se projeta para o exterior quando há contato físico com outro animal, liberando uma neurotoxina na pele do outro animal.

b) Os cnidócitos são formados por uma cápsula chamada cnidoblasto, que possui uma estrutura interna que sai somente quando o animal se sente ameaçado por outro.

c) Os cnidócitos são formados por diversos flagelos que, ao contato com um possível predador, disparam inoculando uma neurotoxina.

d) Os cnidócitos são formados por uma cápsula chamada nematocisto, que libera uma substância urticante quando o animal se sente preso ou ameaçado.

19. Os poríferos podem possuir arquiteturas corporais distintas, que têm em comum a existência de uma substância responsável pela integridade física da esponja. Essa substância é:

a) um potente neurotóxico presente também em cnidários.

b) uma forma de colágeno chamada espongina.

c) o DNA, em especial os genes *Hox*.

d) um potente anticancerígeno encontrado nas espículas.

20. Observe atentamente o esquema ao lado, indicando:

a) O nome das formas de vida indicadas pelos números II, III e IV.

b) O tipo de reprodução que ocorre entre os números V e I.

21. Diferencie as estratégias de obtenção de alimento das esponjas e das águas-vivas.

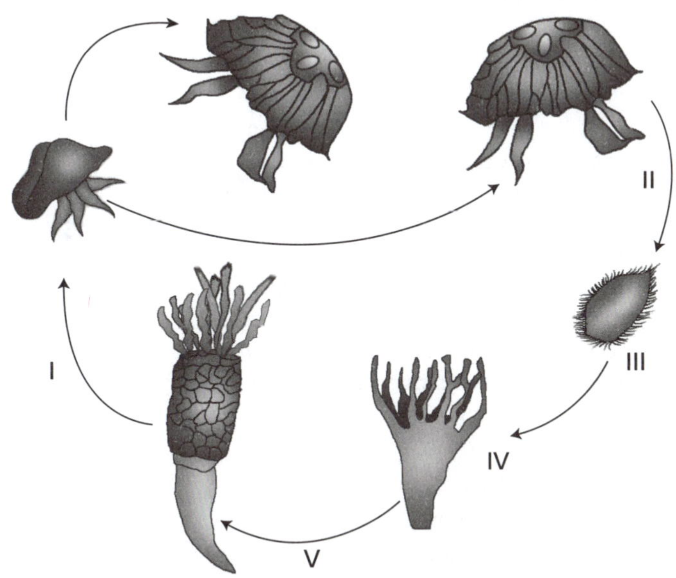

RICARDO PAONESSA

BIOLOGIA NO CONTEXTO

22. Maria afirma que nos mares nos quais surgiram os primeiros poríferos deveriam existir criaturas fotossintetizantes, do que João discorda. Observe os dois argumentos apresentados pelos dois estudantes:

a) os eucariotos nem sempre precisam de oxigênio para aproveitar a energia dos alimentos;

b) o colágeno é uma proteína indispensável aos metazoários e só pode ser fabricada na presença de oxigênio.

Os argumentos estão corretos? Qual deles é utilizado por João? Qual é o argumento utilizado por Maria? Com qual dos dois estudantes você concorda? Justifique.

23. Que característica do colágeno o torna uma proteína indispensável para praticamente todos os metazoários?

24. Em novembro de 2015, um terrível acidente ambiental derramou cerca de 62 milhões de metros cúbicos de lama no Rio Doce, no município de Mariana, MG. Após alguns dias, a lama chegou ao litoral do Espírito Santo, turvando a água do mar. A mancha caminhou na direção Norte e os ambientalistas afirmavam que as formações coralinas da Bahia poderiam ser severamente afetadas, com redução da biodiversidade e da qualidade de vida. Essas afirmações têm base científica? Explique.

EXERCÍCIOS DE VESTIBULAR E ENEM

25. (UFAC, adaptado) Sobre os poríferos, qual das afirmativas abaixo é verdadeira?

a) São organismos invertebrados que possuem corpo com simetria bilateral e superfície porosa.

b) São organismos invertebrados, com corpo sustentado somente por fibras de espongina, que possuem cnidócitos como tipo celular característico. Vivem principalmente em ambiente marinho.

c) São organismos conhecidos popularmente como esponjas, que possuem vida aquática, principalmente no mar, e se reproduzem exclusivamente de forma sexual.

d) São organismos conhecidos popularmente como esponjas, que possuem vida aquática, principalmente em água doce, e vivem fixados a um substrato.

e) São organismos invertebrados, com corpo sustentado por fibras, que possuem coanócitos como tipo celular característico e vivem principalmente em ambiente marinho.

26. (UERJ) "A visão de uma medusa, um delicado domo transparente de cristal pulsando, sugeriu-me de forma irresistível que a vida é água organizada." Jacques Cousteau (*Vida Simples*, outubro de 2003). A analogia proposta refere-se à grande proporção de água no corpo das medusas. No entanto, uma característica importante do filo ao qual pertencem é a presença de cnidócitos ou cnidoblastos, células que produzem substâncias urticantes. Dois animais que pertencem ao mesmo filo das medusas estão indicados em:

a) hidra – craca.

b) hidra – esponja.

c) anêmona-do-mar – coral.

d) anêmona-do-mar – esponja.

e) esponja – anêmonas.

27. (UFRGS-RS) Indique a alternativa que apresenta a função dos tipos celulares de Porifera.

a) A digestão do alimento é realizada pelos coanócitos, e os nutrientes são distribuídos pelos pinacócitos.

b) Os coanócitos são responsáveis pela fagocitose das partículas alimentares.

c) Os amebócitos são responsáveis somente pela produção das espículas.

d) Os porócitos são as células que circundam a abertura do ósculo, por onde entra a água para a espongiocele.

e) Os pinacócitos formam o tecido presente entre a parede externa do corpo e a parede da espongiocele.

28. (Uece) Dentre os elementos de sustentação das esponjas, as espículas são estruturas calcárias ou constituídas de sílica. Identifique a alternativa que contém a denominação correta das células que produzem essas estruturas.

a) Pinacócitos

b) Porócitos

c) Espongioblastos

d) Escleroblastos

29. (UFSJ-MG) As esponjas (poríferos), organismos primitivos na escala evolutiva, são insensíveis ao toque. Já as anêmonas e os corais (cnidários) retraem-se quando os tocamos. A que você atribui esta diferença comportamental nos dois grupos de animais?

a) O exoesqueleto rígido, de formação calcária, impede a movimentação dos poríferos.

b) Os sistemas nervoso e muscular, ainda que rudimentares, estão presentes somente nos cnidários.

c) Os cnidários possuem cnidócitos, que são células sensoriais primitivas espalhadas de modo difuso na epiderme do animal.

d) Os cnidários são os primeiros animais a possuírem um cordão nervoso central conectado a neurônios epidérmicos, sensíveis a estímulos mecânicos, químicos e luminosos.

30. (PUC-PR) Em relação ao *Phylum Cnidaria*, foram feitas as seguintes proposições:

I. Os cnidários são aquáticos, diblásticos e com simetria radial, sendo encontrados em duas formas: pólipos (fixos) e medusa (livres).

II. A digestão nos cnidários é extra e intracelular e não há aparelho respiratório, circulatório ou excretor, e o sistema nervoso é difuso.

III. Nos cnidários, a reprodução sexuada ocorre por brotamento ou estrobilização.

IV. Os corais e a anêmona-do-mar são exemplos da classe dos cifozoários.

Identifique a alternativa correta:

a) Todas estão incorretas.

b) Apenas III e IV estão corretas.

c) Apenas I está correta.

d) Todas estão corretas.

e) Apenas I e II estão corretas.

31. (Unicamp-SP) Alguns hidrozoários coloniais, como a *Obelia* sp., ocorrem na natureza sob a forma de pólipos e medusas.

a) Como uma colônia destes hidrozoários se origina? E como esta colônia dá origem a novas colônias?

b) Que estrutura comum aos pólipos e medusas é encontrada somente neste filo? Qual a sua função?

CAPÍTULO 3

PLATELMINTOS E NEMÁTODOS

Nos mares primitivos, há centenas de milhões de anos, surgiram animais que, ao contrário das esponjas e águas-vivas, tinham uma região cefálica e corpo com simetria bilateral. Esses promissores animais bilaterais nasciam de embriões com três folhetos germinativos, e diversos grupos de animais devem sua existência a esses animais inovadores. Os representantes atuais desses grupos estão muito modificados, no entanto, mantêm algumas características básicas que permitem identificá-los com aqueles animais promissores de milhões de anos atrás. Muitos deles desenvolveram hábitos parasitários e se especializaram no ciclo de vida de seus hospedeiros.

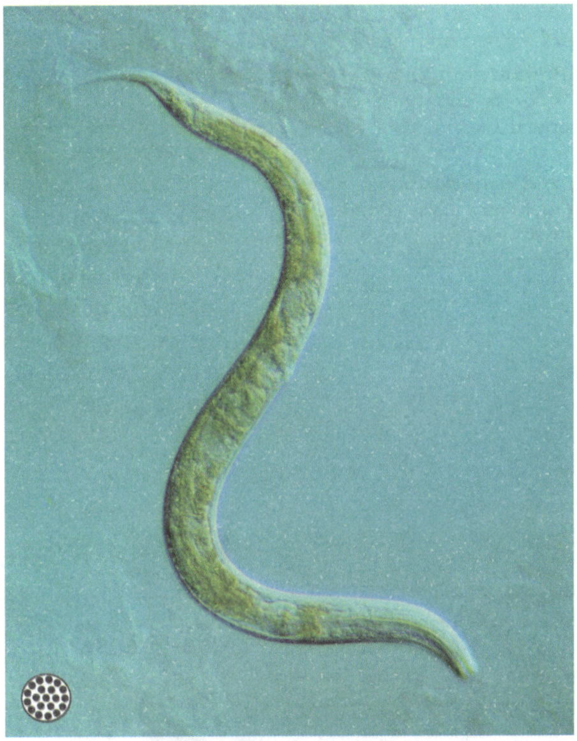

SCIENCE PHOTO LIBRARY/LATINSTOCK

Figura 3.1 Um nemátodo de vida livre (*Caenorhabditis elegans*), encontrado no solo (fotomicrografia ao microscópio óptico, ampliação de 132 vezes).

SCUBAPONNIE/SHUTTERSTOCK

Figura 3.2 Um platelminto marinho (*Pseudoceros ferrugineus*) que mede aproximadamente 20 cm de comprimento.

Parasita: organismo que vive dentro de outro organismo (chamado hospedeiro) ou sobre outro organismo, prejudicando-o ao privá-lo de nutrientes de que necessita.

Célula-flama: estrutura oca, dotada de cílios na parte interna, com função excretora.

Protonefrídeo: órgão excretor primitivo, constituído por um tubo que termina em células-flama.

1 Características gerais dos animais triploblásticos

Os mares primitivos eram povoados por muitos cnidários e diversos tipos de esponjas. Acredita-se que, há pouco mais de 670 milhões de anos, tenham começado a surgir animais com uma característica inteiramente nova: durante o desenvolvimento de seus embriões, formavam-se três camadas de células, em lugar de duas.

Assim, os animais diploblásticos deixaram de ser a única forma de organização de embriões. Os animais cujos embriões possuem um folheto germinativo adicional são os animais *triploblásticos* (ou *triblásticos*).

Outra característica nova em relação aos grupos já estudados, como os cnidários, é a organização do corpo com *simetria bilateral*, com uma parte anterior, que define a região cefálica, e outra posterior.

Os animais triploblásticos se diferenciaram em dois grandes grupos. Um deles tem *desenvolvimento protostômico*, ou seja, a boca do embrião origina a boca do adulto, e todos os animais do grupo são invertebrados, com sistema nervoso ventral. O outro grupo é *deuterostômico*, pois a boca do adulto aparece depois (*deutero*, em grego, indica "o que vem em segundo") e o sistema nervoso dos adultos é dorsal.

2 Platelmintos: características gerais

LAURAD/SHUTTERSTOCK

Figura 3.3 Planária marinha (*Pseudoceros dimidiatus*). Esse animal pode atingir cerca de 8 cm.

Um dos grupos mais importantes de animais triploblásticos tem representantes na fauna atual e constitui o filo *Platyhelminthes* ou *filo* dos *platelmintos*.

As formas atuais dos platelmintos são bem diferentes das formas encontradas como fósseis antigos, particularmente quanto à reprodução. Os platelmintos de hoje são animais vermiformes, ou seja, têm corpo comprido e simetria bilateral; são, porém, achatados dorsoventralmente, em forma de folha ou fita (como a planária da **Figura 3.3**). Constituem um filo bastante diversificado, com formas de *vida livre* e formas de **vida parasitária**. Podem variar em tamanho de cerca de um milímetro a muitos metros de comprimento.

No desenvolvimento do embrião dos platelmintos, o espaço entre as camadas de células externas (ectoderme) e as internas (endoderme) é todo preenchido por células. No filo dos cnidários, esse espaço é preenchido por água, formando um esqueleto hidrostático. Nos platelmintos, o preenchimento é feito justamente a partir da terceira camada de células embrionárias, a mesoderme. Ela dá origem a um tecido chamado *mesênquima*, que preenche inteiramente o espaço interno, sem que se formem cavidades ocas entre os órgãos (**Figura 3.4**). Por isso os platelmintos são ditos *acelomados*, ou seja, sem cavidade celomática.

O sistema excretor dos platelmintos é bem simples, organizado a partir de células especializadas em movimentar líquidos, as **células-flama**, que constituem órgãos excretores primitivos, ou **protonefrídeos**.

Os platelmintos não possuem sistema circulatório, respiratório ou esquelético. As trocas gasosas são realizadas pela própria pele e as substâncias se difundem pelo corpo por entre as células. Isso explica a forma do corpo, sempre achatado. Os maiores platelmintos têm um sistema digestório extenso e ramificado, o que compensa a falta de um sistema circulatório, pois o alimento digerido está sempre próximo de todas as células do animal.

O deslocamento dos platelmintos é relativamente lento, embora algumas planárias marinhas possam nadar com agilidade. Como animais acelomados, os movimentos corporais têm muita importância para os órgãos internos, uma vez que movimentam mecanicamente o sistema digestório.

O sistema nervoso é formado por um par de gânglios anteriores e cordões nervosos que se estendem por todo o corpo, localizados no mesênquima. Alguns platelmintos de vida livre têm órgãos sensoriais como os ocelos, órgãos sensíveis à luz.

O sistema digestório é incompleto, formado por boca, faringe e intestino (não possuem ânus). A digestão ocorre inicialmente de forma extracelular, porém se completa de forma intracelular, nas células do intestino.

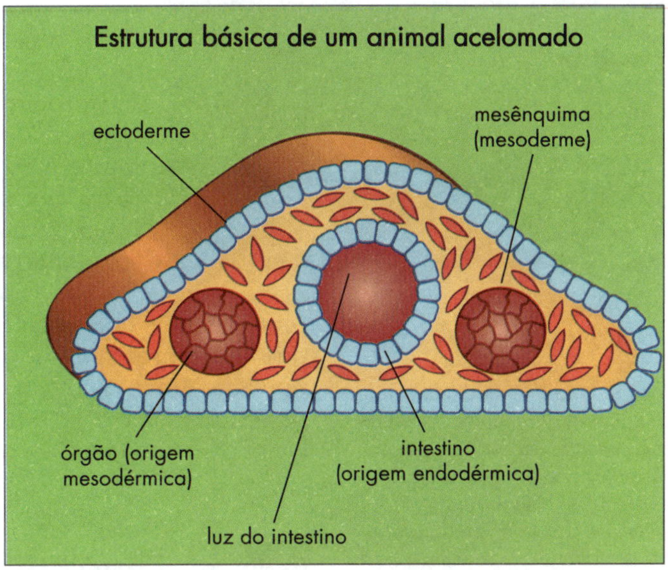

Figura 3.4 Esquema do plano corporal de um animal acelomado. Observe que não há cavidade interna entre o intestino e a parede do corpo.

Reprodução dos platelmintos

Boa parte dos platelmintos tem fecundação interna e órgãos reprodutivos de ambos os sexos (são animais *hermafroditas*). Os embriões contam com muitos nutrientes, mas a maioria dos platelmintos tem óvulos com pouco **vitelo**. Eles ganham substâncias nutritivas a partir de outras células que circundam o gameta feminino e são incorporadas posteriormente à cápsula do ovo.

> **Vitelo:** conjunto de substâncias nutritivas de reserva que são incorporadas ao gameta feminino e servem de alimento ao embrião em desenvolvimento.

Uma característica exclusiva dos platelmintos parasitas é a presença de *espermatozoides biflagelados*. Embora muitos invertebrados tenham fecundação interna, os espermatozoides biflagelados são especialmente eficientes para atravessar tecidos internos, a fim de atingir o óvulo.

Os platelmintos de vida livre ou de vida parasitária com um único hospedeiro (sem hospedeiro intermediário) não possuem fase larval, e o desenvolvimento do embrião é direto. As formas juvenis larvais são encontradas nas formas parasitárias que vivem em diversos hospedeiros.

O parasitismo

Muitos dos animais estudados neste capítulo são parasitas. É comum que sejam vistos como criaturas malévolas ou mesmo degeneradas – um julgamento moral que é totalmente descabido em zoologia.

Os parasitas devem se ajustar continuamente às condições do hospedeiro: parasitas intestinais devem resistir às enzimas digestivas do hospedeiro; parasitas sanguíneos devem fazer frente às defesas do hospedeiro; parasitas externos (ectoparasitas) devem desenvolver estratégias para se manter aderidos ao hospedeiro.

A cada ciclo reprodutivo, são selecionados parasitas capazes de vencer as defesas do hospedeiro. Frequentemente têm ciclos de vida complexos, compostos de dois sistemas. O primeiro, normalmente envolvido em multiplicação assexual de formas larvais, está ligado a uma disseminação ampla, a fim de assegurar o encontro de hospedeiros. O segundo sistema envolve processos sexuados e é fundamental para que as novidades evolutivas apareçam. Isso torna a evolução dos parasitas extremamente rápida, se comparada à de outros seres vivos.

D. KUCHARSKI K. KUCHARSKA/SHUTTERSTOCK

Figura 3.5 O platelminto *Leucochloridium* sp. tem o caracol *Succinea* sp. como hospedeiro intermediário. Os vermes se instalam nas antenas do caracol, fazendo com que estas aumentem de tamanho e se movimentem, atraindo a atenção das aves predadoras do caracol e hospedeiras definitivas do verme.

A especialização dos parasitas é tamanha que chegam a alterar o corpo e, por vezes, o comportamento do hospedeiro. Há uma espécie de platelminto que tem certos caracóis como hospedeiros intermediários (**Figura 3.5**). Uma vez infestados pelo verme, os caracóis passam a chamar a atenção e a buscar ambientes iluminados, ficando mais expostos à predação das aves, que são o hospedeiro definitivo do platelminto. A fase de reprodução assexual ocorre no molusco e a fase de reprodução sexual ocorre na ave.

Um parasita pode eventualmente infestar um animal diferente daquele que é seu hospedeiro definitivo. Por exemplo, diversos vermes que infestam animais domésticos, como cães e gatos, podem contaminar o ser humano. Embora esses vermes não consigam completar seu ciclo de vida nos seres humanos, a infestação cruzada pode eventualmente levar a um novo ciclo, com novo hospedeiro definitivo.

3 Diversidade de platelmintos

O filo dos platelmintos é formado por três classes principais: turbelários, trematódeos e cestoides. Elas são compostas por animais extremamente diversos entre si, resultantes de grandes especializações que devem ter desenvolvido nas últimas centenas de milhões de anos.

KENT WOOD/LATINSTOCK

Figura 3.6 Planária de água doce (*Planaria* sp.), em micrografia óptica. Observe os dois ocelos, as manchas negras da região da cabeça que são sensíveis à luz e as ramificações intestinais. Tamanho do animal: 2 mm.

Os turbelários

A maioria dos turbelários é marinha, mas há diversas espécies de água doce, sendo encontrados em água corrente, lagos e até mesmo em gêiseres. As espécies terrestres vivem em solo úmido, sob rochas ou troncos. As formas mais conhecidas de turbelários são as *planárias* (**Figura 3.6**).

A maioria dos turbelários possui uma boca localizada na região ventral, que pode se situar próxima à cabeça ou no centro do corpo. As planárias são geralmente predadoras e se alimentam de pequenos animais. Durante a alimentação, as planárias estendem a faringe para fora do corpo, formando um órgão tubular semelhante a uma tromba, denominado *probóscide*.

Os turbelários terrestres costumam secretar um muco que auxilia no seu deslocamento, por meio de cílios, o que faz deles animais lentos e muito sensíveis à dessecação.

As planárias possuem extraordinária capacidade de regeneração, conseguindo formar novos indivíduos a partir de partes fragmentadas do corpo (**Figura 3.7**).

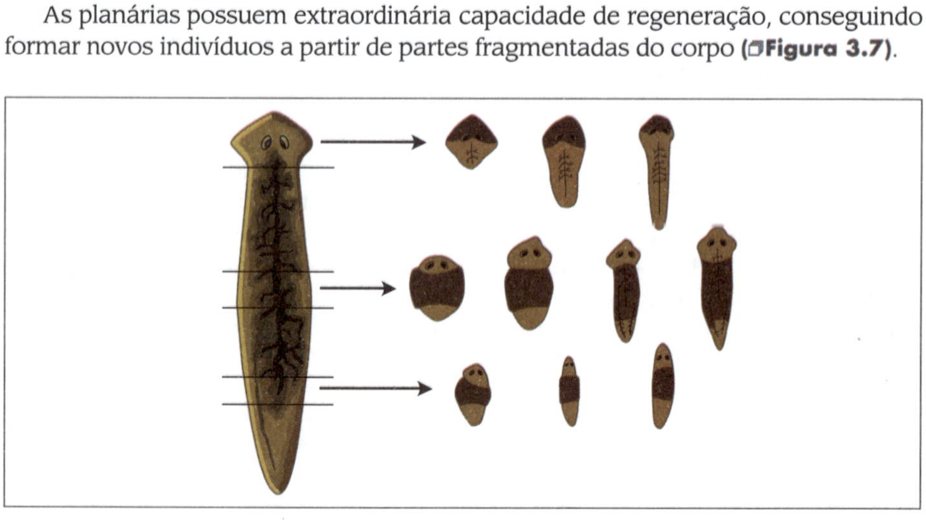

Cores-fantasia.

RICARDO PAONESSA

Figura 3.7 Exemplo da capacidade de regeneração das planárias.

Os trematódeos

São vermes parasitas em forma de folha (**Figura 3.8**) e quase todos vivem, na fase adulta, no interior de vertebrados. Esses platelmintos possuem diversas estruturas adaptadas para o parasitismo, como glândulas de penetração, glândulas que formam cistos e ventosas. Assim como a maioria dos parasitas, possuem grande capacidade reprodutiva. Os trematódeos (ou *tremátodos*, da classe Trematoda) possuem canal alimentar bem desenvolvido e sistemas reprodutivo, nervoso e excretor.

Há várias espécies de trematódeos que parasitam o ser humano. Os trematódeos do sangue (*Schistosoma* spp.) infectam o ser humano através das larvas que penetram na pele; os do fígado (*Clonorchis sinensis*) infestam mediante a ingestão de peixe cru contaminado; os do pulmão (*Paragonimus* spp.) infectam através da ingestão de caranguejos de água doce crus contaminados; e os do intestino (*Fasciolopsis buski*), cujas larvas podem estar presentes na vegetação aquática.

SCIENCE PHOTO LIBRARY/LATINSTOCK

Figura 3.8 O trematódeo *Gorgodera* sp., parasita de rãs, em fotomicrografia óptica (aumento de 10 vezes).

Mais adiante, será apresentado o ciclo de vida de um importante trematódeo parasita de sangue que ocorre no Brasil: o *Schistosoma mansoni*, causador da esquistossomose.

Os cestoides

Os platelmintos *Cestoda*, popularmente conhecidos como solitárias ou tênias, são bastante diferentes dos platelmintos das demais classes, em especial por causa da forma do corpo: uma longa fita constituída por segmentos chamados *proglótides* (**Figura 3.9**), onde estão localizados os órgãos reprodutores. A cadeia de proglótides que forma o corpo é denominada *estróbilo*.

A característica que permite identificar as tênias é o *escólex* (**Figura 3.10**), um órgão formado por ventosas ou ganchos, localizado na cabeça, com o qual o verme realiza preensão, isto é, se agarra ou se prende à superfície interna do hospedeiro.

Os cestoides não possuem sistema digestório e seu corpo é coberto por numerosas projeções chamadas *microtricos*, que realizam a absorção dos nutrientes do hospedeiro. As tênias são quase todas hermafroditas e possuem sistema nervoso, sistema excretor e alguns órgãos sensoriais.

A reprodução dos cestoides ocorre quando as proglótides amadurecem, ou seja, quando suas gônadas já formam gametas. Uma proglótide fertiliza outra proglótide, gerando embriões que se desenvolvem no útero da proglótide. Esses embriões podem ser expelidos por um poro uterino ou a proglótide inteira se solta do verme, gerando novos indivíduos.

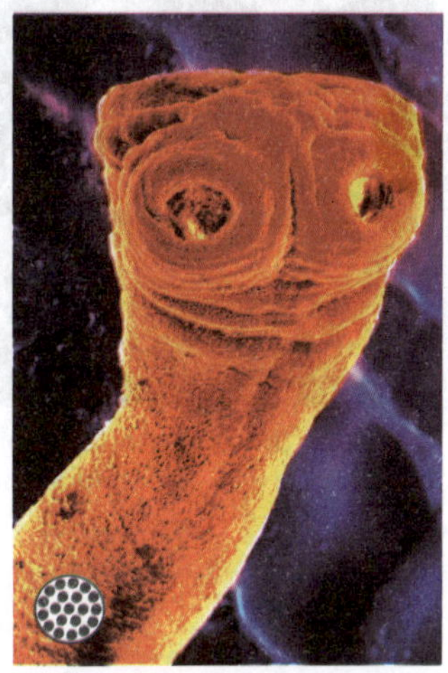

SCIENCE PHOTO LIBRARY/LATINSTOCK

Figura 3.10 Acima, *Taenia saginata* em fotomicrografia eletrônica de varredura, colorida artificialmente: note o escólex formado por ventosas.

SCIENCE PHOTO LIBRARY/LATINSTOCK

Figura 3.9 *Taenia solium*, ou tênia, em micrografia óptica de um segmento corado, mostrando uma proglótide inteira (centro) e duas seccionadas. Tamanho aproximado do conjunto: 7 mm.

Várias espécies de cestoides causam doenças em seres humanos, dentre elas: a *Taenia saginata*, ou tênia de vaca; a *Taenia solium*, ou tênia de porco; e a *Diphyllobothrium latum*, ou tênia do peixe.

Mais adiante, neste capítulo, estudaremos em detalhes o ciclo de vida da *Taenia saginata*, que pode causar a teníase no ser humano, e o da *Taenia solium*, também causadora da teníase, mas capaz de provocar uma doença bem mais grave nas pessoas: a cisticercose.

4 Platelmintos de interesse médico

Diversos platelmintos estão ligados a doenças no ser humano, sendo as mais recorrentes no Brasil a esquistossomose, a teníase e a cisticercose.

Esquistossomose

Doença que atinge cerca de 200 milhões de pessoas no mundo, a esquistossomose ocorre na África, na América do Sul, nas Índias Ocidentais, no Oriente Médio e no Extremo Oriente.

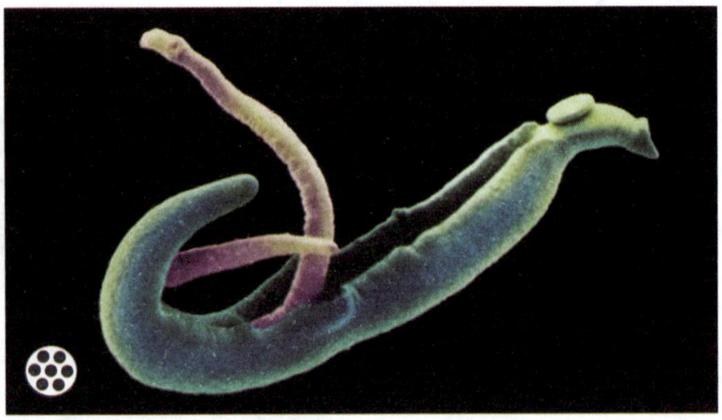

SCIENCE PHOTO LIBRARY/LATINSTOCK

Figura 3.11 Casal de esquistossoma (*Schistosoma mansoni*) em cópula. O macho (maior) aloja a fêmea (filiforme) dentro do canal ginecóforo.

Os esquistossomas, causadores da doença, são animais dioicos, ou seja, apresentam indivíduos machos e fêmeas. O macho possui um sulco no corpo, chamado *canal ginecóforo*, onde a fêmea (que tem forma de fio, fina e longa) se instala (**Figura 3.11**).

O *Schistosoma mansoni*, a espécie que causa maior preocupação no Brasil, localiza-se geralmente nas finas veias (vênulas) que drenam o sangue do intestino grosso em direção ao fígado. Seus ovos causam ulceração na parede intestinal, abscessos, diarreia com sangue e muita dor na região do abdome, provocando uma distensão conhecida como *barriga-d'agua*. Sua localização pode variar, provocando diferentes sintomas.

Esse esquistossoma vive em dois hospedeiros, um intermediário e um definitivo. Os caramujos planorbídeos do gênero *Biomphalaria* (moluscos gastrópodes) são os principais hospedeiros intermediários e o ser humano é o hospedeiro definitivo.

Os ovos são eliminados pelas fezes humanas infectadas e, sem tratamento de esgoto, chegam vivos a riachos e lagos.

Na água, os ovos eclodem, originando uma larva ciliada chamada *miracídio*.

Os miracídios penetram em caramujos do gênero *Biomphalaria* (**Figura 3.12**), hospedeiros intermediários do esquistossoma.

As larvas miracídios podem morrer em poucas horas, caso não encontrem um caramujo. Dentro do hospedeiro intermediário, os miracídios se multiplicam intensamente e se transformam em outro tipo de larva, chamada *cercária*.

As cercárias saem do caramujo e nadam em busca do hospedeiro definitivo. Ao encontrar um ser humano, penetram através da pele, chegam à corrente sanguínea e se desenvolvem originando a forma adulta. Este ciclo está esquematizado de maneira simplificada na **Figura 3.13**.

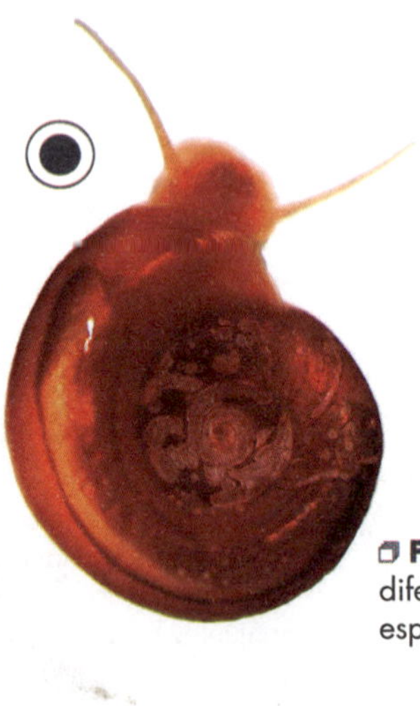

PUBLIC LIBRARY OF SCIENCE, SÃO FRANCISCO

Figura 3.12 Moluscos planorbídeos de diferentes gêneros. *Biomphalaria glabrata*, espécie vetora da esquistossomose no Brasil.

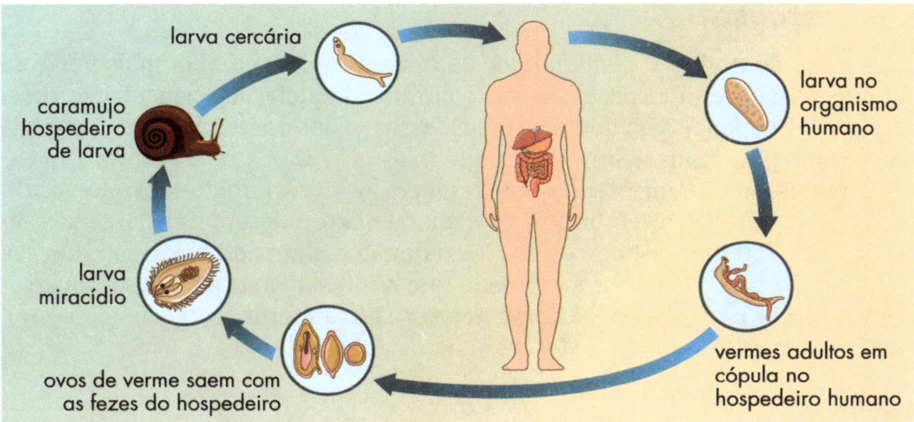

Representação fora de escala. Cores-fantasia.

ACERVO DA EDITORA

Figura 3.13 Ciclo de vida do *Schistosoma Mansoni*, causador da esquistossomose.

Teníase

Essa doença é causada pela *Taenia solium* (**Figura 3.14**) e pela *Taenia saginata*, que têm como hospedeiros intermediários, respectivamente, o porco e o boi, e como hospedeiro definitivo, o ser humano.

Observe no esquema da **Figura 3.15** o ciclo de transmissão da teníase. Uma pessoa infectada pela tênia elimina proglótides ou ovos nas fezes. Se o esgoto não é tratado, contamina-se o solo e a água. Animais criados soltos podem ingerir os ovos do verme, que chegam rapidamente à corrente sanguínea e, já como larvas, alcançam os músculos voluntários do animal (carne). Lá, as larvas encistam em uma forma chamada *cisticerco*, que contém no seu interior uma forma jovem inativa (**Figura 3.16**).

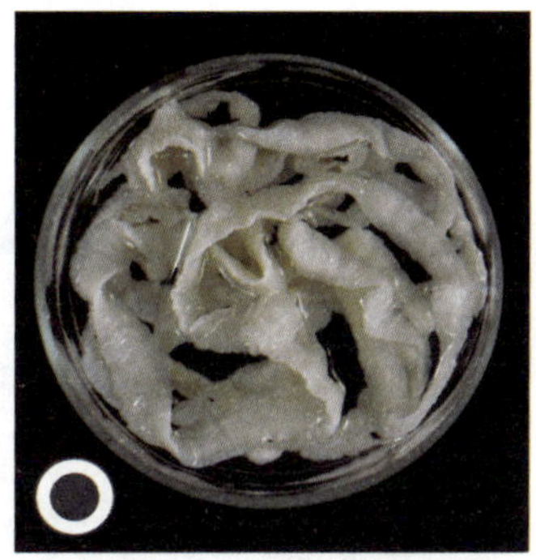

YUTTAPOL PHETKONG/SHUTTERSTOCK

Figura 3.14 *Taenia solium* sobre uma placa de Petri.

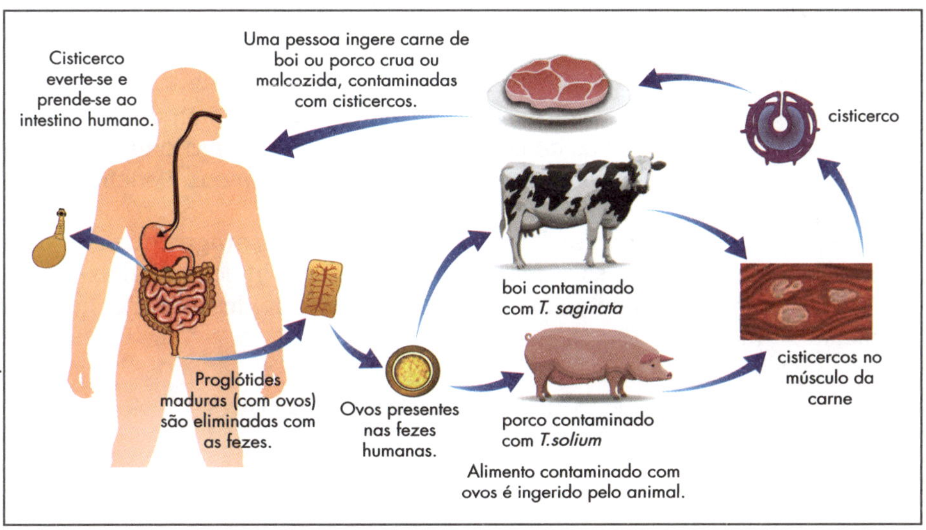

Representação fora de escala. Cores-fantasia.

ACERVO DA EDITORA

Figura 3.15 Ciclo de vida da *Taenia solium* e da *Taenia saginata*, platelmintos causadores da teníase.

Quando a carne crua ou malcozida é digerida, o cisto se dissolve e o jovem inativo começa a se desenvolver. O escólex prende-se à parede intestinal e, após duas a três semanas, forma-se uma tênia adulta. Uma pessoa infectada libera diariamente numerosas proglótides nas fezes. O diagnóstico da infecção é feito por exame de fezes em laboratório.

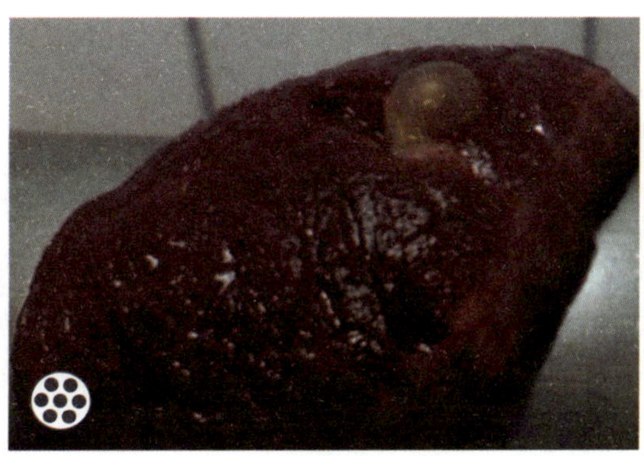

ASSOCIAÇÃO SUL-MATOGROSSENSE DOS PRODUTORES DE NOVILHO PRECOCE, CAMPO GRANDE

Figura 3.16 Carne bovina com cisticerco de *Taenia saginata*: estrutura esbranquiçada na parte superior da foto.

Cisticercose

A tênia do porco, *T. solium*, pode causar outra doença bem mais perigosa do que a teníase, a *cisticercose*. Ao contrário daquela, na cisticercose o ser humano é hospedeiro acidental, e o ciclo de vida dos parasitas é interrompido. No entanto pode causar sintomas muito mais graves do que a própria teníase.

O ser humano é infestado quando ingere os ovos (proglótides) do verme. Os ovos desenvolvem embriões, que rapidamente migram para diversos órgãos, onde formam cisticercos. Os locais mais comuns de formação dos cisticercos são olhos e cérebro, de modo que a infestação pode causar diversas complicações perigosas do sistema nervoso, até a morte.

5 Nemátodos: características gerais

Outro importante grupo de animais triploblásticos constitui o filo *Nematoda* ou *filo dos nemátodos* (também chamado *Nemathelminthes* ou *nematelmintos)*.

SCIENCE PHOTO LIBRARY/LATINSTOCK

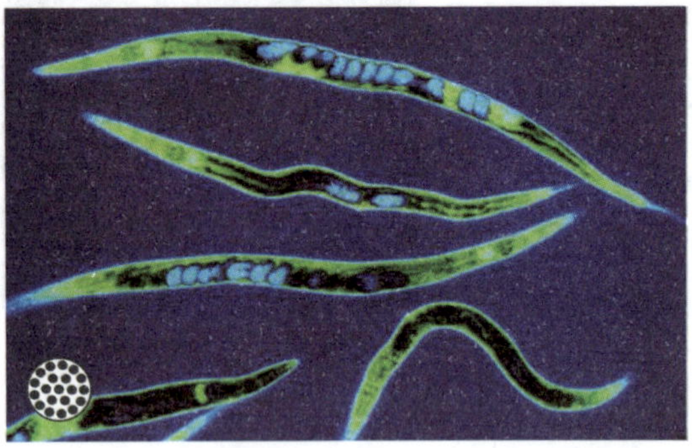

Figura 3.17 Nemátodo de vida livre, *Caenorhabditis elegans*, em micrografia óptica. Comprimento aproximado: 0,75 mm.

Os nemátodos são vermes de corpo cilíndrico (como os da **Figura 3.17**) que se distinguem dos platelmintos por uma importante característica: são *pseudocelomados*. Embora sejam também triploblásticos, possuem uma cavidade interna que não é formada com o desenvolvimento do embrião, mas sim pela **blastocele**, um resquício das primeiras etapas do desenvolvimento embrionário. Por essa razão, essa cavidade é chamada de *pseudocele* (**Figura 3.18**). Ela é preenchida por fluido, formando um *esqueleto hidrostático*. Isso dá ao animal, juntamente com um revestimento muito resistente (verificar adiante), maior sustentação ao corpo, mais espaço para órgãos que se originam da mesoderme (órgãos mesodérmicos) e facilita a circulação de substâncias.

Há aproximadamente 12 mil espécies catalogadas de nemátodos, a maioria com menos de 5 centímetros de comprimento. Habitam tanto o mar como as águas doces e o solo, desde as regiões polares até os trópicos. Podem ter vida livre ou parasitária.

As espécies de vida livre podem ser predadoras, **saprófagas** ou se alimentar de plantas e fungos. Já as espécies parasitas podem infectar plantas ou animais, tanto vertebrados como invertebrados, causando desconforto, doenças ou mesmo a morte.

Blastocele: cavidade embrionária que se forma durante o estágio de blástula.
Saprófago: animal que se alimenta de restos orgânicos em decomposição.

ACERVO DA EDITORA

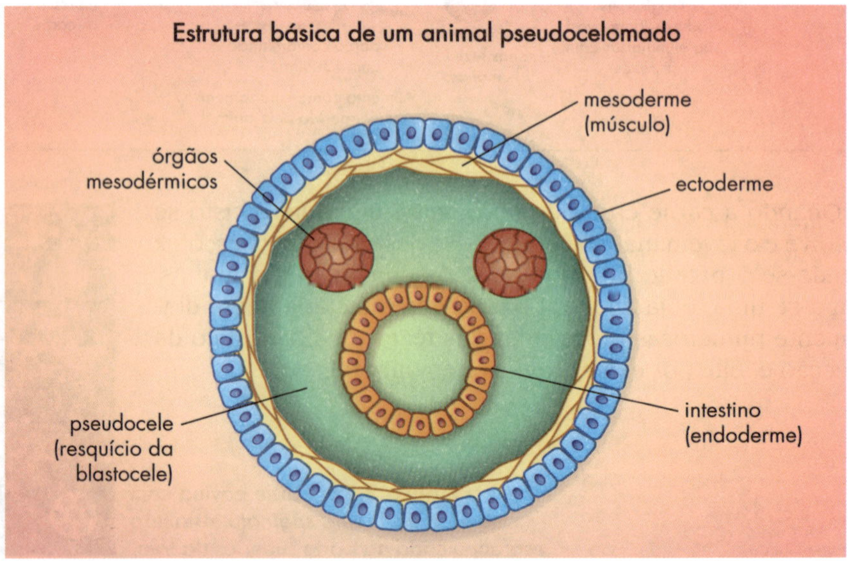

Cores-fantasia.

Figura 3.18 Esquema corporal dos animais pseudocelomados: observe a pseudocele.

O sistema excretor dos nemátodos é formado por uma ou mais células glandulares maiores, que não são protonefrídeos (como as dos platelmintos), e se abrem em um poro excretor. Estes animais não possuem órgãos circulatórios ou respiratórios.

Outra diferença importante em relação aos platelmintos pode ser vista no sistema digestório, que é completo, formado por boca, faringe muscular, um longo intestino não muscular, reto e ânus.

O sistema nervoso dos nemátodos é formado por um anel nervoso e gânglios ao redor da faringe, de onde partem dois cordões nervosos longitudinais (um ventral e outro dorsal).

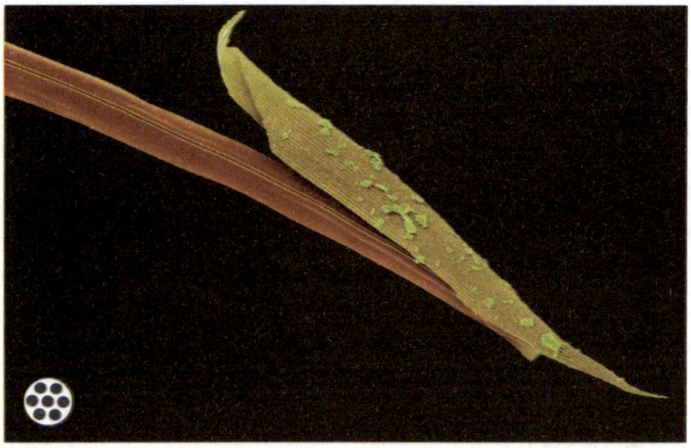

Figura 3.19 Jovem nemátodo (laranja) deixando sua cutícula velha (em amarelo), completando seu desenvolvimento para adulto. Micrografia eletrônica de varredura colorida. Tamanho aproximado da cutícula: 0,2 mm.

Os nemátodos possuem uma cutícula acelular, composta por colágeno e outras substâncias, que reveste a superfície externa do corpo, tornando-a extremamente resistente. Essa cutícula é tão firme que deve ser trocada regularmente, para que o animal consiga crescer (**Figura 3.19**). Isso torna os nemátodos muito parecidos com outros animais que também realizam mudas do revestimento externo ao longo da vida. Essa cutícula de colágeno, juntamente com o esqueleto hidrostático, permite que o nemátodo se movimente de forma eficiente.

Muitos nemátodos são parasitas humanos, como o *Ancylostoma duodenale* e o *Necator americanus*, causadores da ancilostomíase; o *Enterobius vermicularis*, causador da oxiurose; a *Wuchereria bancrofti*, causadora da filariose; e a lombriga, *Ascaris lumbricoides*, causadora da ascaridíase.

6 Nemátodos de interesse médico

Grandes contingentes humanos vivem privados de condições mínimas de saneamento básico, o que os torna extremamente vulneráveis a diversos tipos de contaminação.

Quando se formam grandes massas de pessoas desassistidas pelo Estado, diversas doenças podem se instalar. Veremos algumas, que têm como agentes causadores animais do grupo que estamos estudando, os nemátodos.

Ascaridíase

Um dos parasitas mais comuns que infectam os seres humanos é o *Ascaris lumbricoides*, conhecido popularmente como lombriga. A fêmea da lombriga (**Figura 3.20**) pode produzir mais de 200 mil ovos por dia. Embora muitos deles não sejam fertilizados, são indicadores importantes no diagnóstico da doença. Os ovos chegam ao ambiente pelas fezes do hospedeiro. No solo, em condições adequadas, o desenvolvimento do embrião tem início e, por volta de duas semanas, o ovo está *embrionado*, quando se torna realmente infectante; no entanto, o ovo pode permanecer no solo em estágio inativo, embrionado ou não, por até oito anos.

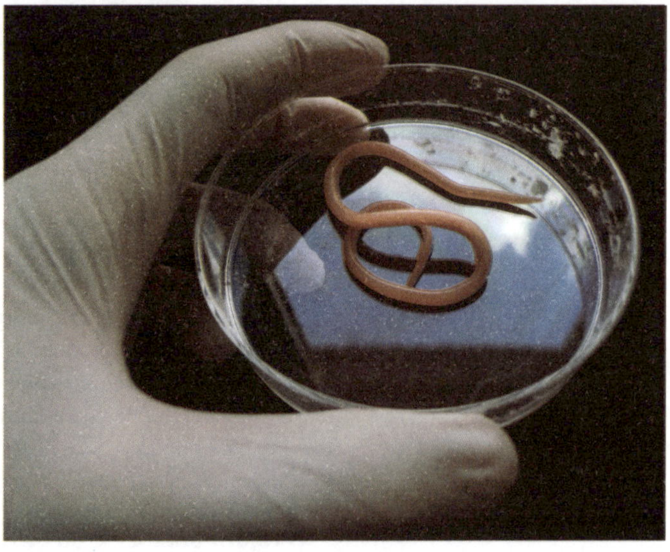

Figura 3.20 Fêmea de *Ascaris lumbricoides*.

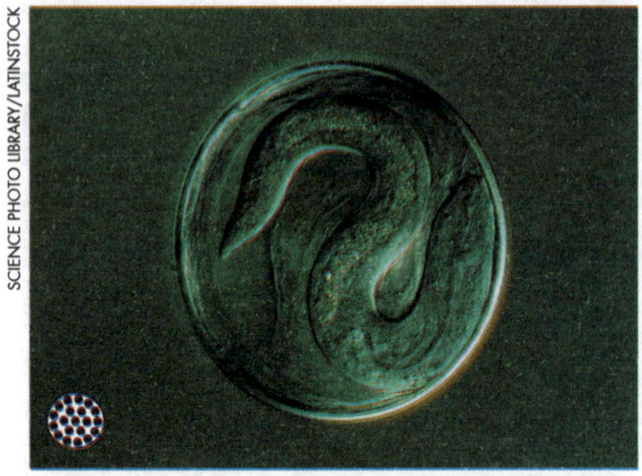

Figura 3.21 Ovo embrionado de *Toxocara* sp. Os ovos embrionados provocam infecção quando ingeridos, ao contrário dos ovos não embrionados. Tamanho aproximado: 75 µm.

Os ovos podem entrar no organismo humano quando a pessoa ingere água ou vegetais crus contaminados ou quando uma criança coloca na boca o solo contaminado. No entanto, nem todos os ovos ingeridos serão infectantes. As formas infectantes são as que desenvolvem um embrião em seu interior (**Figura 3.21**).

Os ovos embrionados eclodem no interior do sistema digestório humano, quando as formas juvenis dos vermes começam seu desenvolvimento. Elas perfuram a parede intestinal e chegam à corrente sanguínea, pela qual são levadas para os pulmões. Lá, perfuram os alvéolos e chegam à traqueia. Nessa fase, se a infestação for grande, os vermes podem causar pneumonia.

As larvas conseguem chegar à faringe, onde são engolidas e voltam ao intestino, desenvolvendo-se até a forma adulta. As lombrigas causam dores intestinais, reações alérgicas ou mesmo obstrução intestinal, podendo gerar sérios problemas à saúde. Uma infestação grande também pode levar à saída de vermes adultos junto com as fezes ou mesmo a expulsão de formas juvenis pela boca, através de tosse.

Observe na **Figura 3.22** o ciclo da ascaridíase.

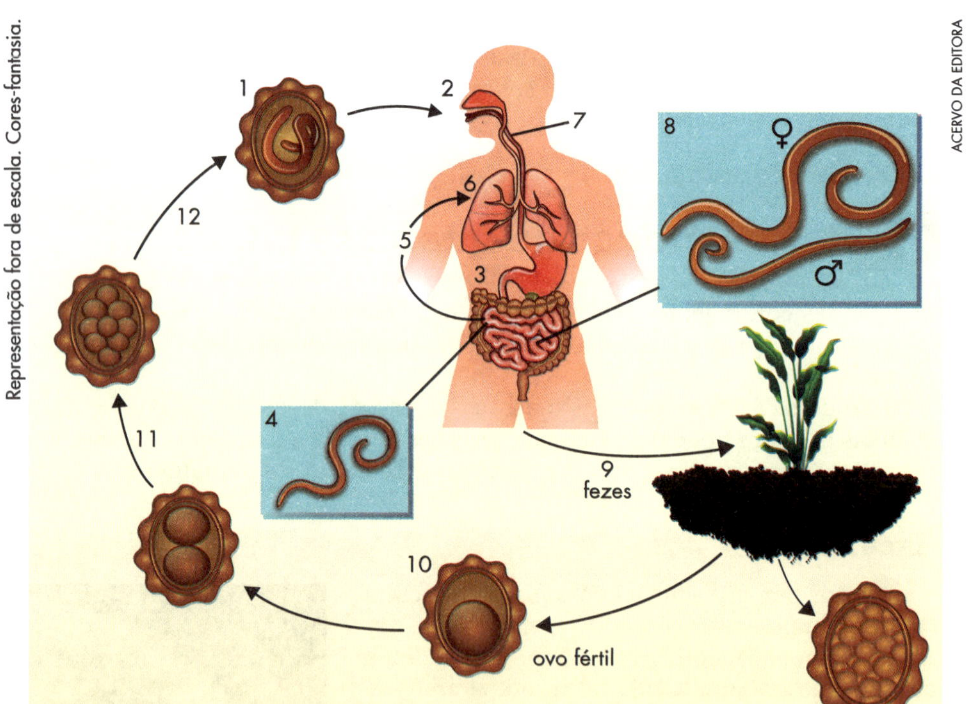

1. Ovos com larva contaminam água e/ou alimentos.
2. Ingestão dos alimentos contaminados com os ovos embrionados.
3. Passagem do ovo pelo estômago e liberação da larva no intestino delgado.
4. Penetração das larvas na parede intestinal.
5 e 6. Larvas chegam aos pulmões, rompem os capilares e caem nos alvéolos. Migração das larvas para a faringe.
7. Deglutinação ou expulsão das larvas pela expectoração.
8. Larvas atingem novamente o duodeno e transformam-se em adultos. Fêmeas após a cópula iniciam ovoposição.
9. Eliminação dos ovos pelas fezes e contaminação do ambiente.
10 a 12. Evolução dos ovos férteis até se tornarem embrionados, quando são infectantes.

Figura 3.22 Ciclo da ascaridíase.

Ancilostomíase

Essa verminose é causada por duas espécies de vermes parasitas, o *Ancylostoma duodenale* e o *Necator americanus*. Estes animais possuem grandes placas na boca, que utilizam para cortar a parede intestinal do hospedeiro.

Os ovos do verme são eliminados com as fezes de pessoas infestadas e eclodem no solo, dando origem a formas juvenis. Quando essas formas jovens têm contato com a pele humana, perfuram-na até atingir o sangue. Caindo na circulação sanguínea, podem alcançar os pulmões e o intestino.

Os adultos perfuram a parede intestinal e passam a se alimentar do sangue do hospedeiro, causando frequentemente anemia nos pacientes. Estes passam a apresentar coloração amarelada, de onde provém o nome popular da ancilostomíase: *amarelão*. O esquema da **Figura 3.23** mostra o ciclo da transmissão dessa doença.

Representação fora de escala. Cores-fantasia.

ACERVO DA EDITORA

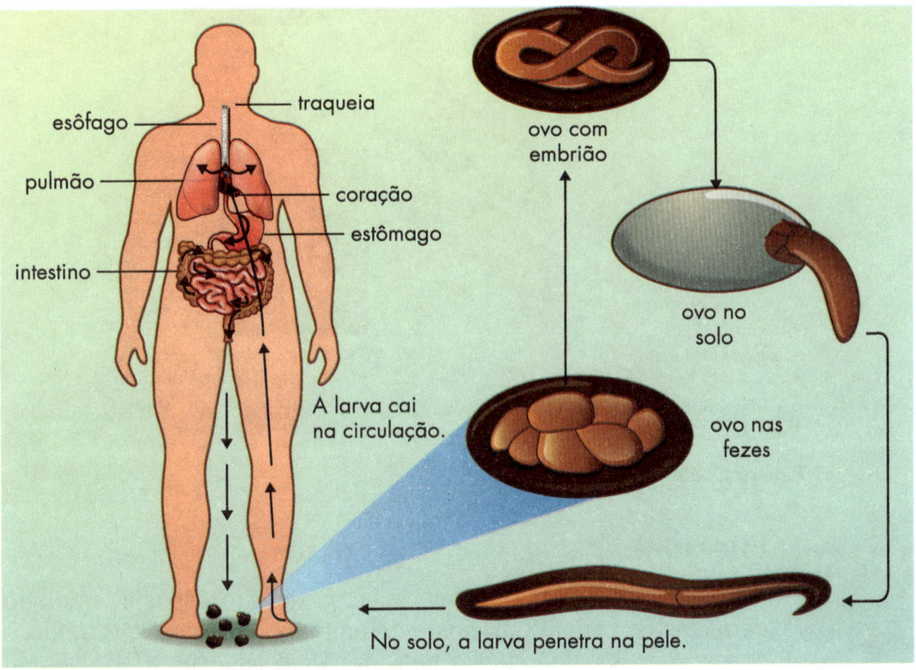

Figura 3.23 Ciclo da transmissão da ancilostomíase.

Oxiurose

Os *oxiúros* ou *oxiurídeos* (**Figura 3.24**) são vermes bastante comuns que habitam o intestino grosso dos hospedeiros e causam uma doença chamada *oxiurose* ou *enterobiose*. Acredita-se que seja o parasita mais difundido na espécie humana. As fêmeas, que podem chegar a 12 milímetros de comprimento, depositam seus ovos na região anal, o que causa irritação e coceira nos pacientes.

GETTY IMAGES/PHOTO RESEARCHERS RM

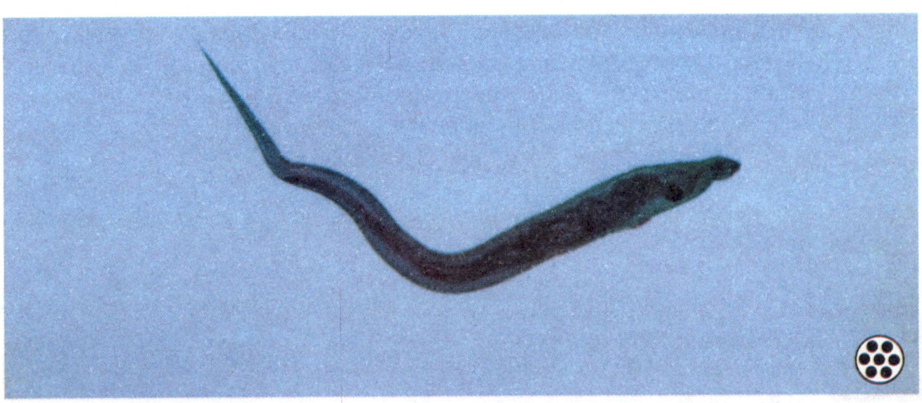

Figura 3.24 Exemplo de oxiúro (*Enterobius vermicularis*). Os machos variam de 2 a 5 mm, e as fêmeas, de 8 a 12 mm.

Sistema linfático: conjunto de vasos que transportam líquido derivado do plasma sanguíneo (linfa), que banhou as células dos tecidos e retorna da periferia do corpo para as veias de mais grosso calibre. A linfa não possui hemácias, mas tem grande quantidade de glóbulos brancos.

O contágio se dá através da ingestão de ovos, que eclodem no intestino e lá se desenvolvem até formar vermes adultos. Os adultos se deslocam para a região anal, onde depositam seus ovos, que se tornam infectantes em poucas horas. Assim, é muito frequente a reinfestação da própria pessoa pelos próprios vermes que carrega, pois, como a doença é comum em crianças, e como os vermes provocam uma irritação com coceira, é alta a probabilidade de contínua ingestão de ovos. A **Figura 3.25** mostra o ciclo dessa doença.

Representação fora de escala. Cores-fantasia.

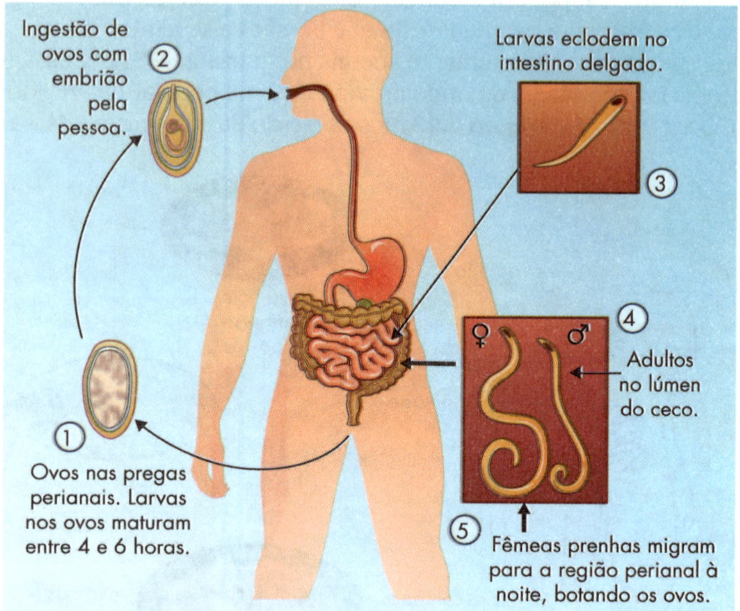

ACERVO DA EDITORA

Figura 3.25 Ciclo da oxiurose.

Filariose

Filária é o nome popular de cerca de oito espécies que são parasitas de seres humanos e de animais. Cerca de 250 milhões de pessoas são infectadas pela principal espécie, a *Wuchereria bancrofti*, em países tropicais, desenvolvendo a doença chamada *filariose* ou *elefantíase*.

No Brasil, a filariose é transmitida através da fêmea do pernilongo comum (*Culex quinquefasciatus*) (**Figura 3.26**). Ao picar um indivíduo doente, o mosquito ingere larvas do verme, que se desenvolvem em seu interior até a fase infecciosa, quando são transmitidos pela picada.

Após entrarem em um organismo através da picada do mosquito, as larvas chegam à corrente sanguínea e ao **sistema linfático**.

Os vermes adultos se instalam no sistema linfático, causando inflamações e obstruções. Sucessivas infecções podem desencadear o crescimento excessivo do tecido conjuntivo e enorme inchaço de membros do corpo (como na **Figura 3.27**), levando a uma deformação conhecida como elefantíase.

Figura 3.26 Fêmea do mosquito vetor da filariose no Brasil, *Culex quinquefasciatus*, ingerindo sangue de uma pessoa.

KATHY KEATLEY GARVEY/UC DAVIS DEPARTMENT OF ENTOMOLOGY

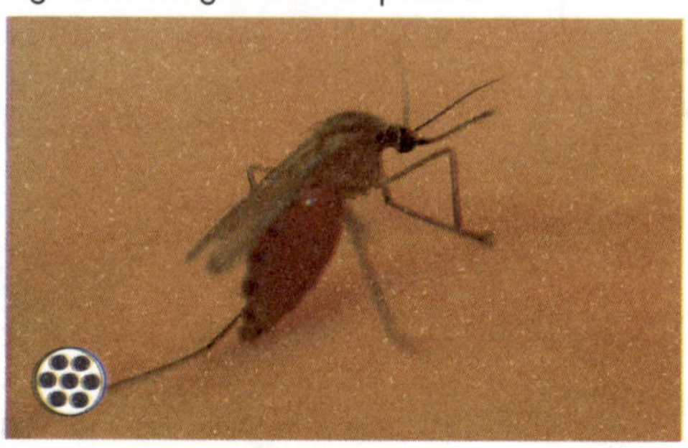

LOST MOUNTAIN STUDIO/SHUTTERSTOCK

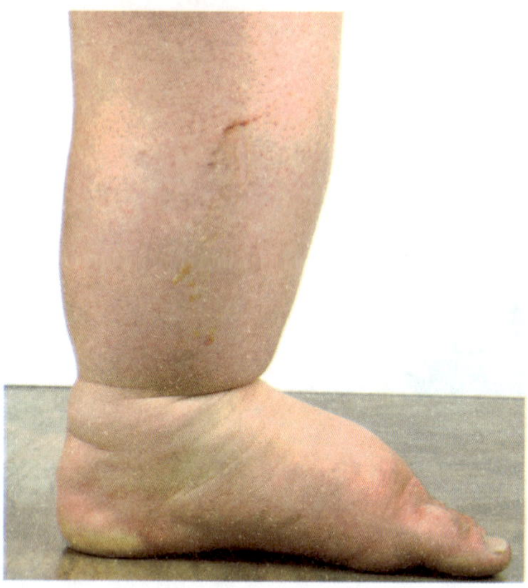

Figura 3.27 Perna de mulher acometida por filariose ou elefantíase.

7 Determinação social das helmintoses

As diversas doenças vistas neste capítulo não são determinadas simplesmente pelo agente causador. É comum pensar que basta a presença do parasita em uma área para que as populações humanas nela residentes estejam inevitavelmente condenadas a contrair doenças. As doenças podem ser evitadas mesmo nessas áreas, as quais, com as medidas profiláticas necessárias e com o passar do tempo, tendem a ficar descontaminadas. Assim, sabe-se que além do agente causador, certas condições são necessárias para que a doença se instale e se perenize em determinada população.

A esquistossomose, por exemplo, tem como origem provável o continente africano, onde se concentra a maioria dos casos do mundo. Tanto quanto a presença do agente causador, condições de vida precárias são determinantes para que muitos parasitas, como o *Schistosoma mansoni*, completem seu ciclo e contaminem milhões de pessoas (**Figuras 3.28** e **3.29**).

O saneamento básico, com água encanada e rede coletora de esgotos (**Figura 3.30**), torna muito difícil que mais pessoas contraiam os parasitas. Da mesma forma, a existência de atendimento médico faz com que os casos sejam diagnosticados e tratados. Com isso, a chance de transmissão do parasita diminui muito.

Portanto, o conhecimento do ciclo de vida de parasitas como os platelmintos e os nematódos é importante para tornar evidente a necessidade de medidas coletivas que requerem a presença do Estado junto à comunidade. Não é correto supor que o simples combate aos parasitas baste ou seja uma solução definitiva para as verminoses.

SCIENCE PHOTO LIBRARY/LATINSTOCK

Figura 3.28 Pessoas em situação de risco à esquistossomose na Tanzânia.

CHICO PORTO/JC

Figura 3.29 Foco de esquistossomose em Carne de Vaca, município do litoral de Pernambuco. Em primeiro plano, técnico segura com uma pinça o caramujo hospedeiro do verme causador da esquistossomose.

SECIMA-GO

Figura 3.30 Estação de tratamento de água Meia Ponte, na região noroeste de Goiânia (GO), 2015.

8 Relações filogenéticas

Acredita-se que os primeiros vermes acelomados e pseudocelomados fossem muito diferentes daqueles que estão representados na fauna atual. Pensa-se que as formas parasitas sejam modificações relativamente recentes de animais que devem ter evoluído a partir de animais de vida livre. Ao adotar hábitos parasitas, devem ter se especializado, trocando de hospedeiro com certa frequência.

A divergência desses grupos parece ser bastante antiga, de acordo com pesquisas nas quais se comparam os ácidos nucleicos de diversos grupos (**Figura 3.31**). Assim, a forma aparentemente primitiva desses vermes talvez seja, na verdade, o resultado de um longo período de evolução, no qual as diferentes formas se especializaram, perdendo órgãos e desenvolvendo estratégias reprodutivas sofisticadas e altamente eficientes.

Houve um tempo em que se considerou que um verme platelminto fosse o ancestral comum a todos os animais protostômicos. Essa ideia perdeu força com as pesquisas que revelaram a presença dos genes responsáveis pela construção do corpo, os genes *Hox*. Essas pesquisas indicam que os platelmintos passaram a ser um ramo lateral muito antes de terem aparecido os ancestrais comuns a nematódos e artrópodes.

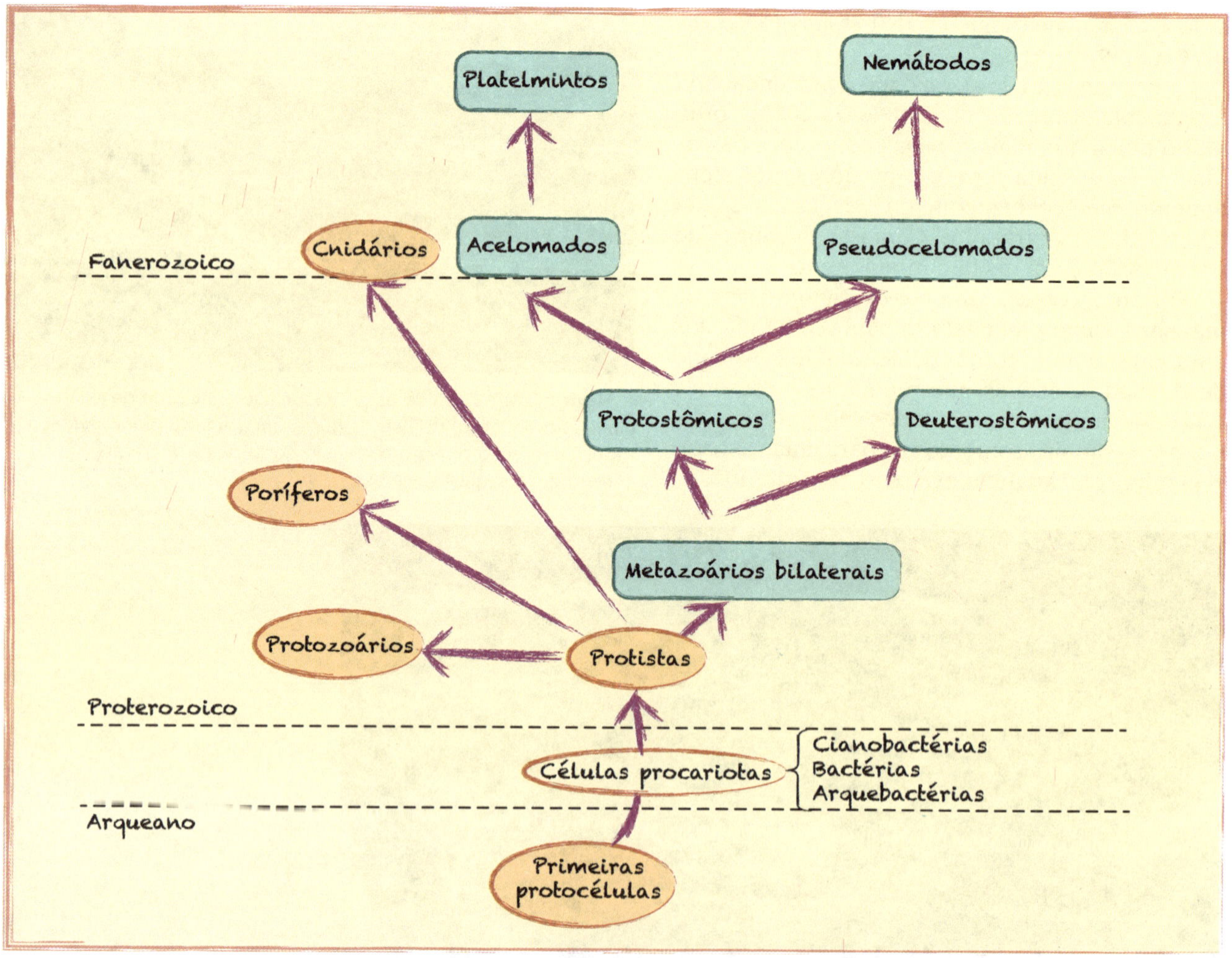

ACERVO DA EDITORA

Figura 3.31 A partir de ancestrais triploblásticos, acredita-se que tenham surgido animais acelomados e pseudocelomados, que originaram, respectivamente, os platelmintos e os nemátodos.

EM POUCAS PALAVRAS

1

- Os animais triploblásticos desenvolveram a bilateralidade e a cefalização, características que conferiram novas possibilidades para o aproveitamento dos recursos do ambiente.

2

- Os platelmintos são animais vermiformes, achatados dorsoventralmente, que podem ter o corpo em formato de folha ou de fita.
- Os platelmintos podem ter vida livre ou parasitária. As planárias são platelmintos de vida livre.
- Os platelmintos são triploblásticos, acelomados e possuem o corpo preenchido por mesênquima.
- Os platelmintos não possuem sistema circulatório, respiratório ou esquelético. Seu sistema excretor é constituído por protonefrídeos com células-flama e o sistema digestório é incompleto.

3

- Os platelmintos parasitas são representados pelos trematódeos (esquistossomos) e cestoides (tênias).

4

- A esquistossomose é uma perigosa doença causada por um trematódeo dioico, que se aloja em casais no corpo humano. O ser humano é o hospedeiro definitivo e caramujos planorbídeos são os hospedeiros intermediários.
- A tênia é um cestoide que possui o corpo formado por um escólex (estrutura que permite a preensão do animal ao hospedeiro) e um longo estróbilo, uma cadeia de pequenos conjuntos reprodutivos chamados proglótides.
- As tênias podem causar no ser humano doenças como a teníase, transmitida pela ingestão de carne malcozida, e a cisticercose, transmitida pela ingestão direta de ovos do verme.

5

- Os nematódos são vermes cilíndricos pseudocelomados, que podem ser parasitas ou de vida livre.
- Os nematódos não possuem sistema circulatório e respiratório, mas possuem sistemas excretor, nervoso e digestório completos. A pseudocele é preenchida com fluido sob pressão, onde se difundem substâncias.

6

- A lombriga é um nematódo parasita que causa uma doença chamada ascaridíase.
- A ancilostomíase ou amarelão é uma doença causada por vermes nematódos (*Ancylostoma duodenale* e *Necator americanus*) que perfuram a parede do intestino, alimentando-se do sangue do hospedeiro.
- A oxiurose é uma doença causada pelo *Enterobius vermicularis*, um nematódo que se instala no intestino e provoca irritação e coceira na região anal.
- A filariose é uma doença causada pelo nematódo *Wuchereria bancrofti* e transmitida pelo mosquito *Culex quinquefasciatus*. O verme se instala no sistema linfático, causando inchaço de membros do corpo. Pode causar uma doença conhecida como elefantíase.

7

- As helmintoses são doenças socialmente determinadas. Não basta a presença do agente causador em uma região para que a doença se instale.
- Saneamento básico, vigilância sanitária e assistência médica adequada são demandas do Estado que a população deve exigir caso ele não as cumpra.
- A contaminação ambiental pode comprometer a produção de hortaliças, uma vez que as medidas efetivas para combater bactérias não são efetivas contra ovos de helmintos.

8

- A divergência evolutiva entre platelmintos e nematódos é muito antiga.

ATENÇÃO: NUNCA ESCREVA NO LIVRO.
RESPONDA SEMPRE NO CADERNO.

BIOCHAT

? Todos os vermes parasitas fazem parte de um mesmo filo?

BC Não, há diversos tipos de vermes, com características tão distintas que são agrupados em vários filos. Os vermes mais conhecidos pertencem a dois filos, platelmintos e nemátodos.

? Todos os platelmintos são parasitas?

BC Não. As planárias, que representam a classe dos turbelários, são platelmintos de vida livre, geralmente predadoras.

? Como é possível que todos os trematódeos sejam parasitas de vertebrados, se estes não existiam quando aqueles vermes surgiram?

BC Isso confirma que os platelmintos parasitas estão continuamente se especializando, inclusive em seu modo de vida. É provável que tenham parasitado outros animais, como moluscos, por exemplo, e apenas mais recentemente passaram a colonizar outras espécies.

? Quais são as principais características dos animais de vida parasitária?

BC Geralmente possuem algumas adaptações para se prenderem ao hospedeiro, como ganchos e ventosas, e outras como glândulas de penetração e glândulas que formam cistos. Além disso, possuem grande capacidade reprodutiva.

? Quais características da tênia são típicas adaptações parasitárias?

BC O escólex, que possui ventosas e ganchos; o grande número de estruturas reprodutivas, as proglótides; e a ausência de sistema digestório.

? Quais são as principais características que diferenciam os nemátodos dos platelmintos?

BC Ambos os filos são formados por animais com simetria bilateral e formato do corpo alongado, porém os platelmintos são achatados, em formato de folha ou fita, e os nemátodos são cilíndricos. Além disso, os platelmintos não possuem celoma, já os nemátodos são pseudocelomados. Os platelmintos possuem sistema digestório incompleto, com apenas boca. Já os nemátodos possuem sistema digestório completo, com boca e ânus.

ATIVIDADES DE REVISÃO

I Classifique as afirmações seguintes como Verdadeiras ou Falsas, adicionando, em seu caderno, uma justificativa:

1 **1.** O desenvolvimento embrionário dos platelmintos ocorre a partir de três folhetos germinativos.

2 **2.** Os platelmintos terrestres têm deslocamento lento.

2 **3.** Os platelmintos não possuem sistema excretor, lançam as excretas pelas células do corpo diretamente no ambiente.

2 **4.** As trocas gasosas nos platelmintos ocorrem pelas brânquias.

3 **5.** Os cestoides são animais fáceis de identificar pelo seu batimento cardíaco.

5 **6.** Os platelmintos e nemátodos são triblásticos, acelomados e possuem simetria bilateral.

5 **7.** Entre a parede do corpo e o tubo digestivo dos nemátodos há uma cavidade cheia de líquido sob pressão.

5 **8.** Os nemátodos possuem sistema circulatório aberto e digestório completo.

6 **9.** Se todas as pessoas de uma localidade com alta frequência de ascaridíase tomarem vermífugo a doença nunca mais retornará ao local.

8 **10.** Os cnidários originaram os platelmintos e estes originaram os nemátodos.

II Identifique a alternativa correta em seu caderno:

2 **11.** Os platelmintos possuem os seguintes sistemas:

a) Nervoso e excretor, apenas.
b) Nervoso, excretor e digestório, apenas.
c) Nervoso, excretor, digestório e reprodutor.
d) Nervoso, excretor, digestório, reprodutor e circulatório.
e) Nervoso, excretor, digestório, reprodutor, circulatório e esquelético

2 **12.** Identifique a alternativa incorreta:

a) Algumas espécies de platelmintos possuem espermatozoides biflagelados.
b) Os parasitas possuem estratégias para se manterem aderidos ao hospedeiro.
c) Os platelmintos podem ser de vida livre ou parasitas.
d) Certos parasitas são capazes de alterar o comportamento do hospedeiro.
e) Os parasitas nunca conseguem infestar um animal diferente do seu hospedeiro definitivo.

3 **13.** Indique a alternativa correta:

a) Os turbelários são parasitas obrigatórios.

b) Cestoides possuem o corpo cilíndrico, composto de proglótides.

c) A reprodução das planárias é exclusivamente sexual.

d) Vários trematódos parasitam a espécie humana.

e) Os platelmintos são todos muito semelhantes entre si.

4 **14.** Um médico recebeu um paciente em seu consultório e, após exames, diagnosticou esquistossomose. Cerca de 25% das pessoas daquela localidade receberam o mesmo diagnóstico. Como deve ser essa localidade? Deve ser possível observar:

a) equipes buscando criatórios de mosquitos, como pneus velhos.

b) serviço médico acessível e de boa qualidade, desde a infância.

c) esgoto não tratado sendo lançado no açude próximo.

d) alertas para que as pessoas durmam sempre com a proteção de redes e mosquiteiros.

e) campanhas de combate ao barbeiro e outros insetos.

4 **15.** Uma delegação de um país europeu está visitando uma fazenda de criação de porcos na localidade da questão anterior, visando liberar a importação de carne suína. Assinale a alternativa que traz uma frase que certamente constava do relatório final daquela comissão, pois ela certamente recomendou:

a) manter a proibição da importação, por causa do risco de esquistossomose.

b) liberar a carne, pois existe uma campanha contra o caramujo no local.

c) manter a proibição, devido ao risco de transmissão de teníase.

d) liberar a carne, pois há assistência médica adequada no local.

e) manter a proibição, mesmo com a campanha contra pneus velhos.

5 **16.** Identifique a alternativa correta quanto às características de platelmintos e nematódos:

Platelmintos	Nemátodos
a) Sistema digestório completo	Sistema digestório incompleto
b) Presença de células-flama	Ausência de células-flama
c) Sistema circulatório presente	Sistema circulatório presente
d) Presença de cutícula na epiderme	Presença de cutícula na epiderme
e) Acelomados	Celomados

6 **17.** É incorreto afirmar que durante o ciclo do *Ascaris lumbricoides:*

a) os vermes são encontrados apenas no sistema digestório.

b) a contaminação é através da ingestão de ovos embrionados.

c) a eclosão dos ovos do parasita ocorre no intestino delgado.

d) os ovos dos vermes dos parasitas são eliminados nas fezes.

e) não há hospedeiro intermediário nesta importante helmintose.

6 **18.** O vetor da filariose no Brasil é:

a) *Anopheles* spp.

b) *Aedes aegypti.*

c) *Anopheles darlingi.*

d) *Culex quinquefasciatus.*

e) *Lutzomyia longipalpis.*

6 **19.** Qual a medida profilática abaixo não evita a contaminação por vermes intestinais?

a) Cozinhar legumes e verduras suspeitos de contaminação.

b) Lavar bem as mãos com sabão antes de se alimentar.

c) Lavar os alimentos com vinagre ou hipoclorito de sódio.

d) Implantação de serviço de saneamento básico.

e) Não ingerir carnes cruas sem inspeção sanitária.

7 **20.** Podemos afirmar que as verminoses são doenças socialmente determinadas. Isso decorre do fato de:

a) as verminoses dependerem apenas da presença de ovos embrionados no ambiente.

b) o amarelão ser uma doença que pode causar pobreza, ao debilitar o trabalhador.

c) a esquistossomose atinge principalmente mulheres que lavam roupas em rios e lagos.

d) que não basta a presença de verme, mas também a de deficiências no saneamento.

e) serem doenças que ocorrem apenas em locais de grande pobreza na região tropical.

ATENÇÃO: NUNCA ESCREVA NO LIVRO.
RESPONDA SEMPRE NO CADERNO.

ATIVIDADES DE APROFUNDAMENTO

21. Indique falso ou verdadeiro nas seguintes afirmações, justificando a conclusão em seu caderno.

a) Todos os platelmintos formam, durante o desenvolvimento embrionário, uma larva cercária.

b) Os nematódos e os platelmintos possuem sistema digestório completo, com boca e ânus.

c) Os esquistossomas são vermes que possuem o corpo formado por unidades reprodutivas chamadas proglótides.

d) As doenças mais comuns causadas por platelmintos são a esquistossomose, a teníase e a cisticercose.

e) A filariose é uma doença transmitida por um caramujo, que causa deformações no corpo, conhecida também como elefantíase.

f) O ser humano sempre aloja a forma adulta das tênias.

g) Os nematódos são vermes que habitam todos os ambientes, desde regiões polares até tropicais.

22. Identifique a alternativa que melhor representa as características dos platelmintos.

a) Todos os platelmintos são parasitas de animais vertebrados.

b) Todos os platelmintos são de vida livre e predadores, como as planárias.

c) Os platelmintos são animais de vida livre ou parasitária, como a tênia.

d) Os platelmintos são parasitas exclusivos de invertebrados.

23. Sobre as tênias, observe as afirmações abaixo:

I. São animais adaptados para a vida parasitária, já que possuem sistema excretor formado por protonefrídeos.

II. São animais adaptados para a vida parasitária, já que não possuem sistema digestório.

III. São animais adaptados para a vida parasitária, já que possuem alta capacidade reprodutiva.

Indique a alternativa correta:

a) I e II.

b) I e III.

c) II e III.

d) Todas as alternativas.

24. Os nematódos são animais que possuem como principais características:

a) Simetria bilateral, celoma, sistema digestório completo e sistema respiratório pulmonar.

b) Simetria radial, pseudocelomados, sistema digestório incompleto e sistema respiratório ausente.

c) Simetria bilateral, celoma, sistema digestório completo e sistema respiratório ausente.

d) Simetria bilateral, pseudocele, sistema digestório completo e sistema respiratório ausente.

BIOLOGIA NO CONTEXTO

25. A presença de um envoltório muito resistente feito a partir de colágeno confere uma proteção especial aos nematódos. No entanto, esse mesmo envoltório impede o animal de crescer. Explique.

26. Leia atentamente a notícia publicada em 22 de junho de 2009 no *site Opinião e Notícia*: "Depois da malária, esta é a doença tropical de maior incidência no mundo. Números de 2004 indicam que há 726 mil chineses infectados. Por causa da esquistossomose, até a represa Três Gargantas vira preocupação. [...] Na China, há aldeias com uma taxa de 90% da população infectada. A ignorância sobre a doença e sobre a maneira correta de tratá-la permanece elevada. Algumas pessoas se recusam a tomar medicação, e a crise econômica tem obrigado muitos chineses a voltar para o campo, aumentando a população das áreas atingidas". (Disponível em <http://opiniaoenoticia.com.br/vida/saude/o-flagelo-da-esquistossomose-na-china/>. Acesso em: 16 mar. 2016.

a) Há risco de a esquistossomose fazer mais vítimas na China? Por quê?

b) Sabendo que na China há muitas plantações de arroz, em regiões alagadiças, qual a via mais provável de contaminação das pessoas?

c) Qual é a melhor forma de prevenir a doença?

27. Como é possível que vermes que pertencem a um grupo tão antigo sejam parasitas de seres humanos, que surgiram há relativamente pouco tempo no planeta?

28. Diversas campanhas de combate a mosquitos têm sido realizadas com vistas a eliminar os vetores de certas doenças, como dengue, febre Chikungunya e febre Zica. Armadilhas espalhadas em pontos estratégicos têm capturado apenas mosquitos comuns, da espécie *Culex quinquefasciatus*, o que despertou críticas, que dizem que esse mosquito não transmite nenhuma doença. Essas críticas procedem, em sua opinião?

EXERCÍCIOS DE VESTIBULAR E ENEM

29. (Fuvest-SP) Os platelmintos parasitas *Schistosoma mansoni* (esquistossomo) e *Taenia solium* (tênia) apresentam:

a) a espécie humana como hospedeiro intermediário
b) um invertebrado como hospedeiro intermediário.
c) dois tipos de hospedeiro, um intermediário e um definitivo.
d) dois tipos de hospedeiro, ambos vertebrados.
e) um único tipo de hospedeiro, que pode ser um vertebrado ou um invertebrado.

30. (Fuvest-SP) Na cisticercose, o homem pode fazer o papel de hospedeiro intermediário no ciclo evolutivo da *Taenia solium* (tênia). Isto acontece porque o homem:

a) ingeriu ovos de tênia.
b) andou descalço em terras contaminadas.
c) foi picado por um "barbeiro".
d) comeu carne de porco ou de vaca com larvas de tênia.
e) nadou em água com caramujos contaminados.

31. (PUC-MG) Entre os seres vivos, as planárias são conhecidas pela sua grande capacidade regenerativa. Sobre esses animais, é correto afirmar, EXCETO:

a) As planárias são vermes planos do filo *Platyhelminthes*, de vida livre, geralmente encontradas nas margens de lagos e córregos.
b) As planárias apresentam sistema nervoso e órgãos dos sentidos que permitem a elas a busca de alimento e fuga de predação.
c) A capacidade regenerativa das planárias deve-se à presença de células-tronco totipotentes que podem, quando necessário, gerar todos os outros tipos celulares do animal.
d) As planárias, por serem diblásticas, não apresentam arquêntero e o sistema circulatório é aberto.

32. (Fuvest-SP) "Os genomas de dois parasitas que causam a esquistossomose foram sequenciados, um passo que pode levar a vacinas para tratar e erradicar a doença. A esquistossomose causa mais enfermidade do que qualquer outra doença parasitária, com exceção da malária." (*New Scientist*, 20/09/03)

a) O que significa dizer que os genomas dos dois parasitas foram sequenciados?
b) A que reinos de seres vivos pertencem os agentes causadores da malária e da esquistossomose?
c) Qual é a maneira mais comum de uma pessoa contrair malária?
d) Como uma pessoa contrai esquistossomose?

33. (UEL-PR) Nematódeos são animais vermiformes de vida livre ou parasitária, encontrados em plantas e animais, inclusive no homem. Sobre as características presentes em nematódeos, considere as afirmativas a seguir.

I. Corpo não segmentado coberto por cutícula.

II. Trato digestório completo.

III. Órgãos especializados para circulação.

IV. Pseudoceloma.

Estão corretas apenas as afirmativas:

a) I e III.
b) I e IV.
c) II e III.
d) I, II e IV.
e) II, III e IV.

34. (Uece) A *Taenia solium* é um organismo bastante conhecido quando se cuida da saúde humana. Evolutivamente, podemos afirmar, corretamente, que este organismo pratica uma forma de nutrição:

a) ingestora como a de outros animais.
b) absorvedora consequente da sua atividade de parasita.
c) absorvedora consequente de sua atividade de fungo.
d) ingestora como a de outros protozoários.

Texto para as duas próximas questões:

Em uma aula de Biologia, o seguinte texto é apresentado:

LAGOA AZUL ESTÁ DOENTE

Os vereadores da pequena cidade de Lagoa Azul estavam discutindo a situação da Saúde no Município. A situação era mais grave com relação a três doenças: doença de Chagas, esquistossomose e ascaridíase (lombriga). Na tentativa de prevenir novos casos, foram apresentadas várias propostas:

Proposta 1: Promover uma campanha de vacinação.

Proposta 2: Promover uma campanha de educação da população com relação a noções básicas de higiene, incluindo fervura de água.

Proposta 3: Construir rede de saneamento básico.

Proposta 4: Melhorar as condições de edificação das moradias e estimular o uso de telas nas portas e janelas e mosquiteiros de filó.

Proposta 5: Realizar campanha de esclarecimento sobre os perigos de banhos nas lagoas.

Proposta 6: Aconselhar o uso controlado de inseticidas.

Proposta 7: Drenar e aterrar as lagoas do município.

35. (Enem) Em relação à esquistossomose, a situação é complexa, pois o ciclo de vida do verme que causa a doença tem vários estágios, incluindo a existência de um hospedeiro intermediário, um caramujo aquático que é contaminado pelas fezes das pessoas doentes. Analisando as medidas propostas, o combate à doença terá sucesso se forem implementadas:

a) 1 e 6, pois envolvem a eliminação do agente causador da doença e de seu hospedeiro intermediário.

b) 1 e 4, pois além de eliminarem o agente causador da doença, também previnem o contato do transmissor com as pessoas sãs.

c) 4 e 6, pois envolvem o extermínio do transmissor da doença.

d) 1, 4 e 6, pois atingirão todas as fases do ciclo de vida do agente causador da doença, incluindo o seu hospedeiro intermediário.

e) 3 e 5, pois prevenirão a contaminação do hospedeiro intermediário pelas fezes das pessoas doentes e a contaminação de pessoas sãs por águas contaminadas.

36. (Enem) Para combater a ascaridíase, a proposta que trará maior benefício social, se implementada pela Prefeitura, será:

a) 1
b) 3
c) 4
d) 5
e) 6

37. (Enem) Candido Portinari (1903-1962), um dos mais importantes artistas brasileiros do século XX, tratou de diferentes aspectos da nossa realidade em seus quadros. [...]

Sobre a temática dos "Retirantes", Portinari também escreveu o seguinte poema:

"[...]

Os retirantes vêm vindo com trouxas e embrulhos

Vêm das terras secas e escuras; pedregulhos

Doloridos como fagulhas de carvão aceso

Corpos disformes, uns panos sujos,

Rasgados e sem cor, dependurados

Homens de enorme ventre bojudo

Mulheres com trouxas caídas para o lado

Pançudas, carregando ao colo um garoto

Choramingando, remelento

[...]"

(Candido Portinari. *Poemas*. Rio de Janeiro: J. Olympio, 1964.)

No texto de Portinari, algumas pessoas descritas provavelmente estão infectadas com o verme *Schistosoma mansoni*. Os "homens de enorme ventre bojudo" corresponderiam aos doentes da chamada "barriga-d'água".

O ciclo de vida do *Schistosoma mansoni* e as condições socioambientais de um local são fatores determinantes para maior ou menor incidência dessa doença.

O aumento da incidência da esquistossomose deve-se à presença de:

a) roedores, ao alto índice pluvial e à inexistência de programas de vacinação.

b) insetos hospedeiros e indivíduos infectados e à inexistência de programas de vacinação.

c) indivíduos infectados e de hospedeiros intermediários e à ausência de saneamento básico.

d) mosquitos, à inexistência de programas de vacinação e à ausência de controle de águas paradas.

e) gatos e de alimentos contaminados, e à ausência de precauções higiênicas.

38. (Unifesp) Agentes de saúde pretendem fornecer um curso para moradores em áreas com alta ocorrência de tênias (*Taenia solium*) e esquistossomos (*Schistosoma mansoni*). A ideia é prevenir a população das doenças causadas por esses organismos.

a) Em qual das duas situações é necessário alertar a população para o perigo do contágio direto, pessoa a pessoa? Justifique.

b) Cite duas medidas – uma para cada doença – que dependem de infraestrutura criada pelo poder público para preveni-las.

39. (PUC-SP) O sangue, que é constituído por plasma e algumas células especializadas, circula pelo coração, artérias, vasos e capilares transportando gases, nutrientes etc. Um adulto de peso médio tem cerca de 5 litros de sangue em circulação.

O amarelão é uma verminose que pode ser causada por *Ancylostoma duodenale* ou por *Necator americanus*. A pessoa infectada torna-se fraca e desanimada, com uma palidez típica. O hemograma revela quantidades de hemácias abaixo do normal, devido

a) à destruição de hemácias circulantes pelas enzimas dos vermes.

b) às lesões na parede intestinal que provocam hemorragias.

c) ao excesso de produção de glóbulos brancos.

d) às lesões que os vermes causam no fígado e no baço.

e) ao bloqueio da produção de hemácias pelo sistema imunológico.

CAPÍTULO 4

MOLUSCOS E ANELÍDEOS

Neste capítulo, descobriremos como surgiram e se diversificaram dois grandes grupos de animais.

Os moluscos são um grupo de invertebrados de corpo mole surgido há pelo menos 600 milhões de anos. Acredita-se que a intensa reprodução e a maneira de se alimentar, baseada em algas microscópicas, tenham contribuído para o sucesso evolutivo e a diversificação de formas e espécies.

O outro grupo, os anelídeos, é composto por vermes muito característicos que possuem muitos anéis em seu corpo. Esses anéis são marcas de suas divisões internas. Ao conhecer esse filo, poderemos entender as características originais que esses animais desenvolveram e lhes permitem movimento corporal distinto daquele dos moluscos, bem como uma grande capacidade de processamento de alimento.

ORLANDIN/SHUTTERSTOCK

Figura 4.1 Caramujo (*Casmaria ponderosa*), molusco marinho da fauna atual, que pode chegar a 10 cm.

KJELL B. SANDVED/LATINSTOCK

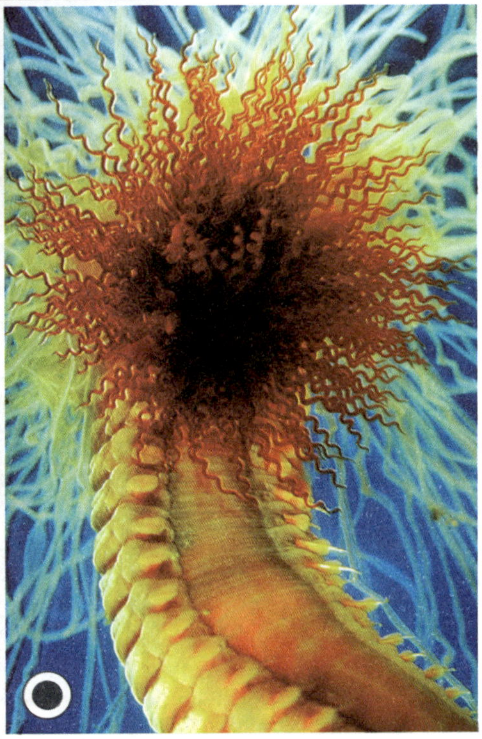

Figura 4.2 Cabeça de um poliqueto tubícolo (*Thelepus crispus*), com cerca de 15 cm de comprimento.

ACERVO DA EDITORA

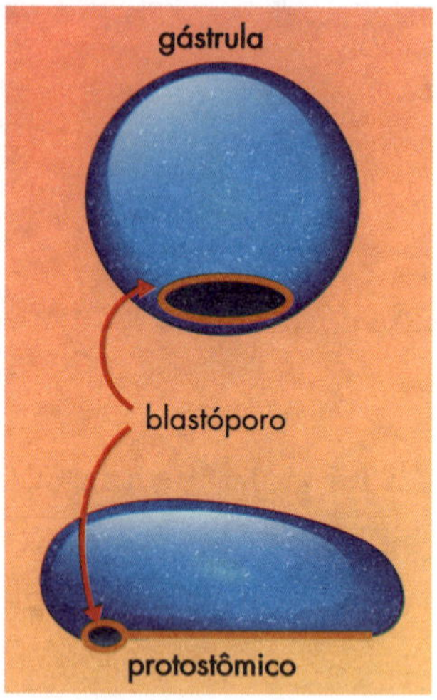

Figura 4.3 Desenvolvimento embrionário dos animais protostômicos: o blastóporo, ao se desenvolver, vai formar a boca do adulto, localizada na região anterior do animal.

Blastóporo: abertura externa do poro que se comunica com o canal alimentar durante o desenvolvimento embrionário.

1 Moluscos: características gerais

Ao lado de invertebrados – como esponjas, cnidários e diversos tipos de vermes – um tipo muito particular de animal começou a prosperar. Tinha um corpo com uma cavidade interna revestida de células especializadas, ou seja, capazes de realizar funções diferenciadas. Este ancestral é considerado o passo evolutivo decisivo para o aparecimento de todos os *moluscos* e *anelídeos*.

Provavelmente, esse ancestral tinha simetria bilateral e, com certeza, era protostômico, ou seja, a boca desenvolvia-se diretamente da primeira abertura do embrião **blastóporo** (**Figura 4.3**). Além disso, ele era triploblástico (ou triblástico), ou seja, durante o desenvolvimento embrionário há formação de três folhetos germinativos: a ectoderme, a endoderme e a mesoderme.

A partir desse animal protostômico, surgiu um grupo de animais com uma estrutura capaz de raspar superfícies lisas para alimentar-se dos microrganismos que estavam lá aderidos. Esta estrutura, única entre os animais, chama-se *rádula* e é constituída por fileiras de dentes córneos (veremos detalhes adiante).

Outros animais de corpo mole desenvolveram estruturas capazes de filtrar a água, de modo a reter microrganismos e partículas orgânicas. Com um par de conchas, esses animais se especializaram em alimentar-se de pequenas partículas em suspensão na água.

Esses animais de corpo mole se diversificaram enormemente e hoje constituem o *filo dos moluscos* com cerca de 100 mil espécies na fauna atual e pelo menos 35 mil espécies fósseis conhecidas. O nome do filo provém da palavra latina *molluscus*, que significa "mole". A maioria é marinha, porém há espécies de água doce e terrestres.

O filo dos moluscos reúne animais com os mais diversos hábitos de vida (**Figura 4.4**), incluindo predadores, herbívoros, filtradores, detritívoros e parasitas. Por causa da grande diversidade dos moluscos, estudaremos apenas três dos principais grupos.

ANGORIUS/SHUTTERSTOCK/ANDREAS HERPENS/ISTOCKPHOTO

EDWARD WESTMACOTT/SHUTTERSTOCK

ANDREA IZZOTTI/SHUTTERSTOCK

Figura 4.4 As imagens dão uma ideia da diversidade de moluscos. A. bivalve; B. gastrópodes e C. cefalópode.

A novidade evolutiva: o celoma

Celoma: cavidade do corpo dos animais triploblásticos revestida pela mesoderme.

Os moluscos possuem **celoma** *verdadeiro*, revestido por células que se originam da mesoderme do embrião. O celoma dos moluscos é reduzido em relação aos de outros animais celomados, como os anelídeos (que veremos logo adiante), e praticamente se circunscreve à cavidade onde se localiza o coração (cavidade pericárdica).

A cavidade pericárdica dos moluscos é preenchida com líquido ultrafiltrado, proveniente dos tecidos do organismo. Esse líquido, por sua vez, será filtrado por estruturas denominadas *metanefrídios*, que descarregam os excretas na cavidade onde se localiza o órgão que oxigena o sangue (cavidade do manto).

Além de possuir celoma verdadeiro, os moluscos assemelham-se aos anelídeos quanto ao desenvolvimento embrionário. Essa semelhança tem início ainda nas primeiras divisões celulares. As células do embrião se dividem (no processo denominado clivagem) compondo uma espiral (**Figura 4.5**). Essa é uma característica muito particular, que os embriologistas valorizam muito, pois os animais com desenvolvimento embrionário parecido devem ser parentes próximos. Certos anelídeos e certos moluscos têm desenvolvimento embrionário praticamente idêntico.

Cores-fantasia.

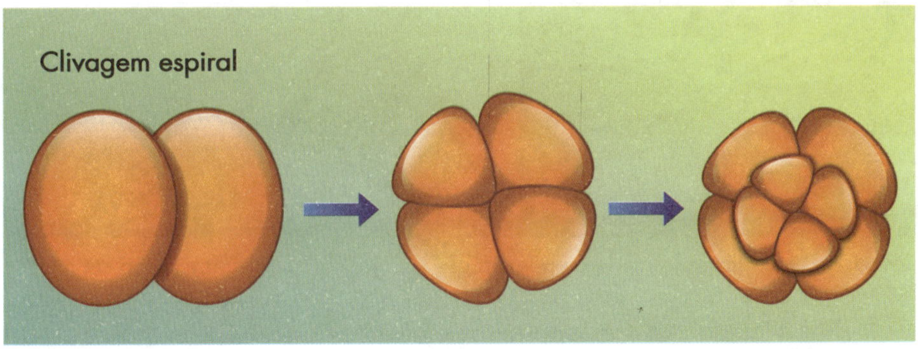

ACERVO DA EDITORA

Figura 4.5 Logo após a fecundação, a divisão celular (clivagem do embrião) é espiral.

Todos os moluscos que têm fase larval apresentam uma mesma larva, que, como veremos adiante, também aparece em um dos subgrupos de anelídeos. Essa larva é chamada *trocófora*.

São larvas muito pequenas, translúcidas e dotadas de um cinturão com cílios. Na maioria dos moluscos, a larva trocófora dá origem à larva *velígera* (ou *véliger*), a partir da qual se desenvolve a concha ao seu centro (**Figura 4.6**).

L. NEWMAN & A. FLOWERS/LATINSTOCK

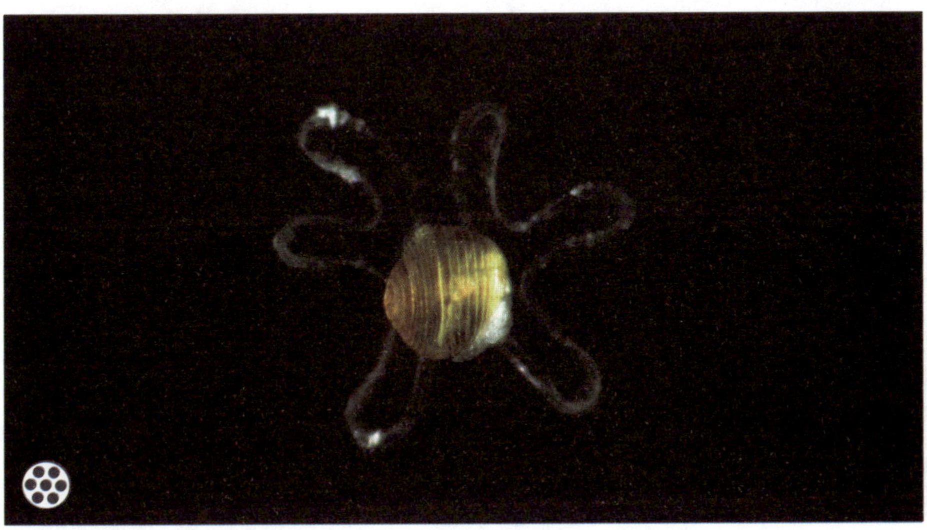

Figura 4.6 Larva do tipo véliger de um gastrópode (*Atlanta helicinoides*), com a pequena concha espiralada ao centro. As larvas véliger têm de 0,5 até 3mm de diâmetro.

Cefalopedioso: que está ligado a ou é formado por cabeça e pé.

Organização do corpo

Embora haja espécies no filo dos moluscos cujo corpo está organizado de maneira que recorda uma organização metamérica (corpo dividido em segmentos), os zoólogos concordam que eles não constituem um filo com metameria verdadeira.

O corpo da maioria dos moluscos tem simetria bilateral, mesmo nas espécies em que a fase adulta apresenta formas espiraladas (**Figura 4.7**), que modificam o plano bilateral original, como no caso dos caracóis.

Os moluscos frequentemente têm a cabeça bem definida, posicionada na região anterior do corpo, denominada porção **cefalopediosa**, que inclui estruturas cefálicas e de locomoção. O pé dos moluscos pode desempenhar diferentes funções, inclusive, assumindo a forma de tentáculos em alguns grupos.

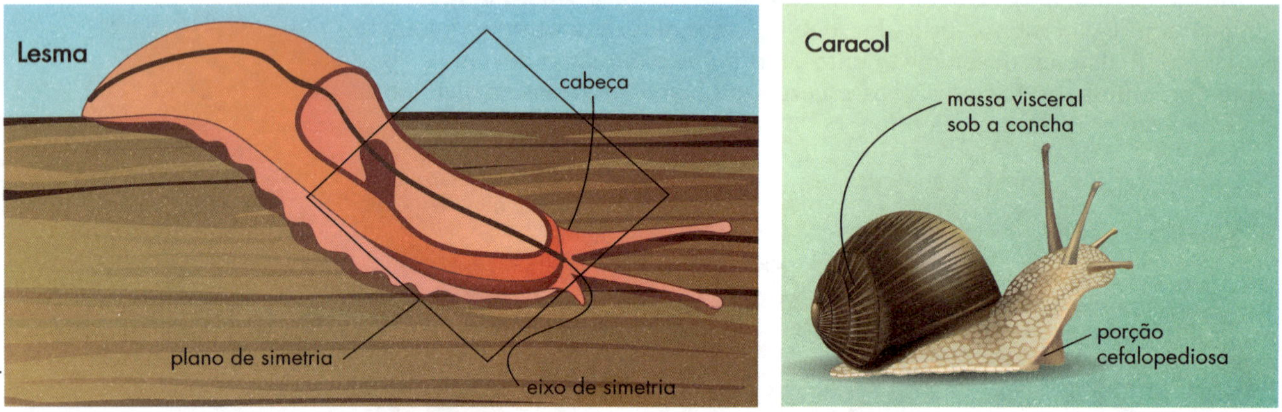

Figura 4.7 Lesma e caracol apresentam simetria bilateral. Observe na lesma que um plano pode dividir o corpo em duas metades simétricas.

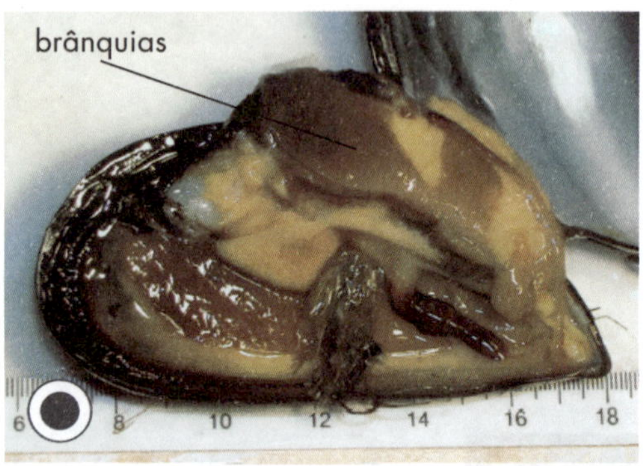

Figura 4.8 Mexilhão aberto expondo a estrutura respiratória (brânquias), no interior da cavidade do manto.

Há outra região do corpo bem distinta, a *massa visceral*. Ela abriga os órgãos dos sistemas digestório, circulatório, respiratório e reprodutivo.

A parede dorsal do corpo forma um par de dobras chamadas *manto*, que delimita a *cavidade do manto* como um espaço entre as dobras e a parede do corpo. A cavidade do manto abriga os órgãos respiratórios do animal (**Figura 4.8**) e recebe, além dos excretas produzidos pelos metanefrídios, os gametas. Já o manto, em algumas espécies, secreta uma concha protetora sobre a massa visceral.

A parede ventral de muitos moluscos, como os caracóis e muitos bivalves, forma um *pé* muscular em forma de sola, usado principalmente na locomoção. Ele secreta um muco que auxilia na adesão do animal ao substrato, diminuindo o atrito e facilitando seu deslocamento (**Figura 4.9**).

A maioria dos moluscos possui cabeça bem desenvolvida, com boca, órgãos sensoriais e tentáculos. No assoalho da faringe da maioria dos moluscos encontra-se a rádula. Trata-se de uma membrana protátil em forma de esteira recoberta de estruturas ásperas, semelhantes a diminutos dentes que são capazes de raspar superfícies em busca de alimento.

Figura 4.9 O rastro dos caracóis é feito de muco, que reduz o atrito para facilitar o trabalho do pé muscular.

Funcionamento do corpo

A maioria dos moluscos possui sistema circulatório aberto, ou seja, o sangue circula pelas partes do corpo, nem sempre dentro de vasos. Há um coração que impulsiona o líquido pelos vasos e seios sanguíneos.

Ao deixar o coração, o sangue banha os tecidos ao entrar na *hemocela*, o conjunto dos espaços internos do animal. Isso assegura a circulação de nutrientes, excretas e gases respiratórios (**Figura 4.10**).

Tipicamente a respiração depende de brânquias modificadas em forma de pente, os *ctenídios*, que se localizam na cavidade do manto. Após passar pelos tecidos, o sangue pobre em oxigênio passa pelos ctenídios, onde ocorrem as trocas gasosas. Após deixar o ctenídio, o sangue é bombeado de volta ao coração. Há moluscos que respiram por brânquias e moluscos que, como os caracóis, são terrestres e desenvolveram pulmões.

Os excretas presentes no líquido que banha a hemocela são filtrados pelas células que forram o celoma do animal, que fica ao redor do coração. Os órgãos excretores (metanefrídios) descarregam esse líquido mais concentrado para fora do corpo, por meio da cavidade onde se encontra o órgão respiratório.

O filo dos moluscos é formado por três classes principais: gastrópodes, bivalves e cefalópodes, cuja diferenciação está principalmente nas mudanças observadas na região cefalopediosa e na massa visceral.

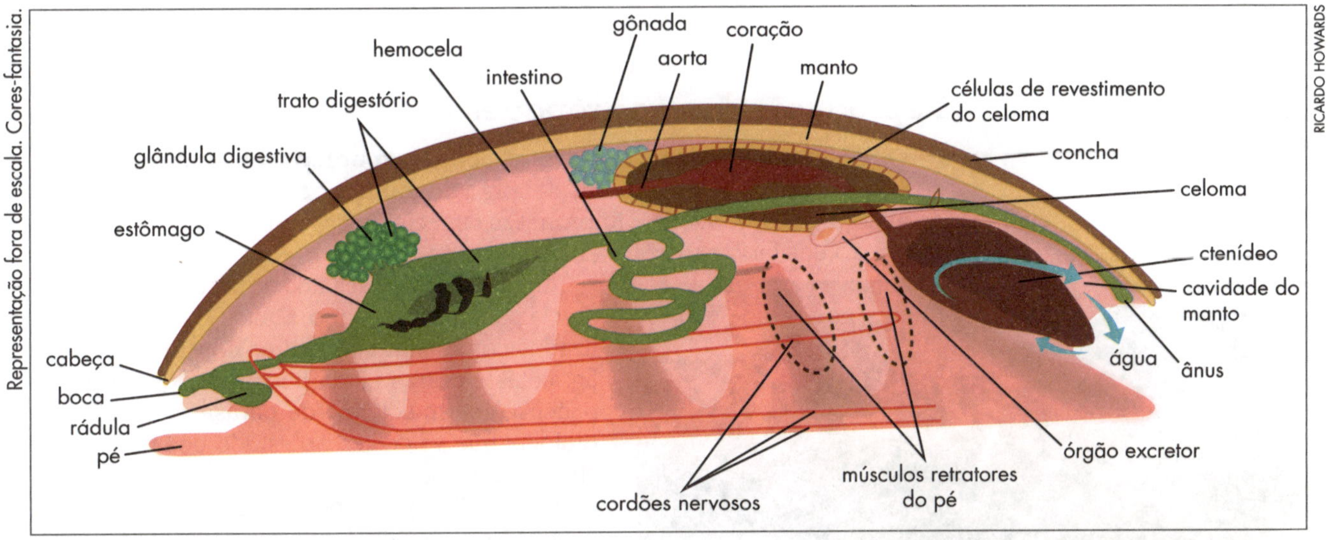

Figura 4.10 Esquema de um molusco: observe o pequeno celoma na região do coração e como ele é revestido por células que se originam da mesoderme do embrião.

2 Os gastrópodes

Os gastrópodes constituem a maior e mais diversificada classe dos moluscos com aproximadamente 40 mil espécies viventes. Fazem parte deste grupo caracóis, lesmas terrestres e marinhas (**Figura 4.11**), búzios, lebres-do-mar e borboletas-do-mar. Os gastrópodes marinhos são encontrados tanto na região litorânea como em grandes profundidades, e os terrestres são observados em florestas, pastagens, musgos, sob rochas, no subsolo, em árvores etc.

A concha dos gastrópodes, quando presente, é formada por uma única peça (são animais *univalves*) e pode ter forma enrolada ou plana. Os gastrópodes são animais sedentários, ou seja, possuem um deslocamento bastante restrito na vida adulta.

Figura 4.11 Lesma-do-mar, gastrópode marinho dotado de brânquias alaranjadas no dorso. Chega a 12 cm de comprimento.

A maioria dos gastrópodes é herbívora e utiliza a rádula para raspar partículas de algas dos substratos duros ou do limbo das folhas. Entretanto, alguns são predadores carnívoros, usando a rádula para perfurar a concha de suas presas, em geral bivalves (**Figura 4.12**); e outros são **necrófagos**.

Necrófago: que se alimenta de animais em decomposição.
Monoico: organismo que apresenta os órgãos masculinos e femininos no mesmo indivíduo, chamado também de hermafrodita.
Dioico: organismo que apresenta os órgãos masculinos e femininos em indivíduos separados.

CIÊNCIA NA ESCOLA

Figura 4.12 Gastrópodes predando bivalves em costão rochoso (Guaraú, Peruíbe, SP). Observe como os moluscos de concha espiralada estão sobre os bivalves, que estão sendo devorados.

Reprodução dos gastrópodes

Os gastrópodes podem ser hermafroditas (**monoicos**) ou ter sexos separados (**dioicos**). Muitos têm corte elaborada durante o acasalamento e, na grande maioria, a fecundação é interna. Em especial nos gastrópodes marinhos, há formação das larvas trocófora e véliger.

FABIO COLOMBINI

Figura 4.13 Caramujos *Biomphalaria glabrata*, hospedeiros intermediários da esquistossomose.

Alguns gastrópodes adquiriram grande importância para o ser humano. Muitas espécies são utilizadas como alimento, outras constituem pragas agrícolas e outras ainda podem atuar como hospedeiros intermediários de parasitas. O ramo da Biologia que se dedica ao estudo dos moluscos é chamado de *malacologia*.

No Brasil, o gastrópode que causa maior preocupação na saúde é um caramujo pertencente ao gênero *Biomphalaria* (**Figura 4.13**), que atua como hospedeiro intermediário do verme causador da esquistossomose, o *Schistosoma mansoni*. O caramujo vive em água doce e libera as larvas infectantes do verme na água, que podem penetrar a pele humana e causar a doença.

Outro gastrópode de grande importância sanitária e ambiental no país é o caramujo *Achatina fulica* (**Figura 4.14**), nativo da África e introduzido no Brasil como alternativa na criação do *escargot* europeu. Milhares de exemplares do *Achatina fulica* foram descartados no ambiente e se reproduziram intensamente (cada exemplar pode colocar 200 ovos por postura e se reproduzir mais de uma vez ao ano). Existem evidências de que esse caramujo participe da transmissão de um tipo de meningite para o ser humano e de uma doença respiratória em gatos. A meningite eosinofílica, que teve casos registrados no Espírito Santo, é causada pelo nemátodo *Angiostrongylus cantonensis*. Esse verme passa pelo sistema nervoso central e se aloja nos pulmões, como parte de um ciclo de transmissão que inclui moluscos e roedores.

Outro verme nemátodo que pode ter o caramujo *Achatina fulica* como hospedeiro intermediário é o *Adurostrongylus abstrusus*, que causa pneumonia em gatos. Em 2015, esse caramujo estava presente em todos os estados brasileiros, com exceção do Rio Grande do Sul, causando grande preocupação para as autoridades sanitárias.

Logo após as chuvas, é comum que grandes grupos desses animais invadam hortas e quintais, em geral à noite. As medidas de controle envolvem a catação dos caramujos, com proteção de luvas, para descarte. Os animais e os ovos, de cor amarelada, devem ser recolhidos e destruídos mecanicamente (esmagados ou picados) e os restos, cobertos de cal virgem e enterrados.

NUNOLOPES/ISTOCKPHOTO

Figura 4.14 O caramujo *Achatina fulica*, espécie exótica no Brasil, pode ser criado em cativeiro ou livre no ambiente, onde participa do ciclo de transmissão de um tipo de meningite.

3 Os bivalves

Os bivalves, como sugere o nome, são moluscos cuja concha é formada por duas peças chamadas *valvas*, como os mexilhões, as ostras e os vôngoles. Eles são na maioria sedentários, ou seja, movimentam-se muito pouco e são comedores de material filtrado.

As brânquias dos bivalves movimentam-se gerando uma corrente que traz as partículas de alimentos para dentro do organismo, onde são recolhidas pela própria brânquia, em um processo de filtração. Pequenos apêndices, chamados *palpos*, podem ajudar a transferir as partículas de alimento para a boca do animal. Desta forma, as brânquias atuam na respiração e também assumem um importante papel na alimentação desses animais (**Figura 4.15**).

Diferentemente dos gastrópodes, os bivalves não possuem cabeça e tampouco rádula. O pé possui formato de machadinha e sai por entre as valvas, permitindo a locomoção do animal. O pé costuma ser utilizado para enterrar o animal no lodo ou na areia, mas algumas espécies conseguem perfurar substratos duros, como rocha e madeira, e outras, como os conhecidos mariscos, secretam uma substância com alto poder de adesão.

Representação fora de escala. Cores-fantasia.

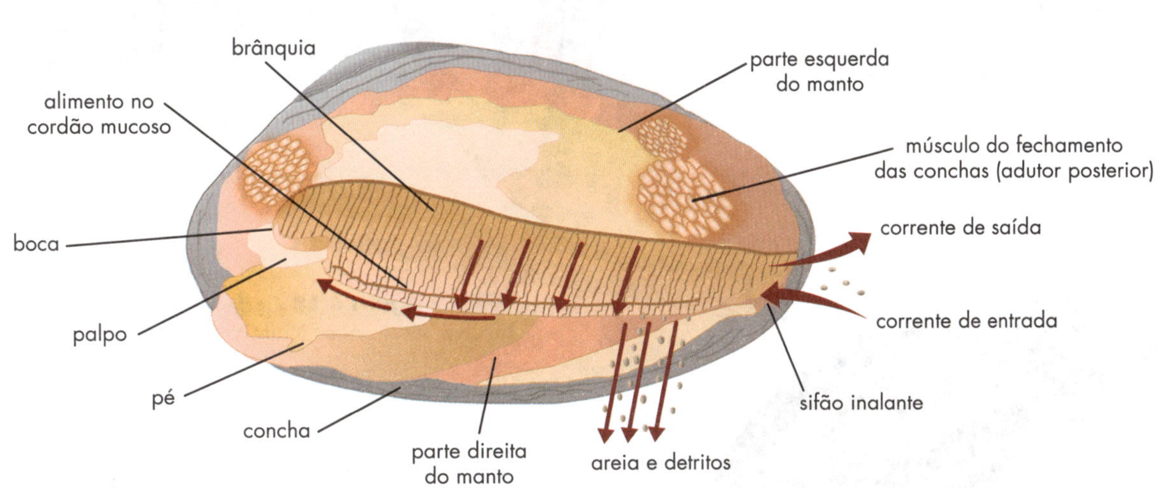

RICARDO HOWARDS

Figura 4.15 Mecanismo de alimentação em bivalves.

Representação fora de escala. Cores-fantasia.

RICARDO PAONESSA

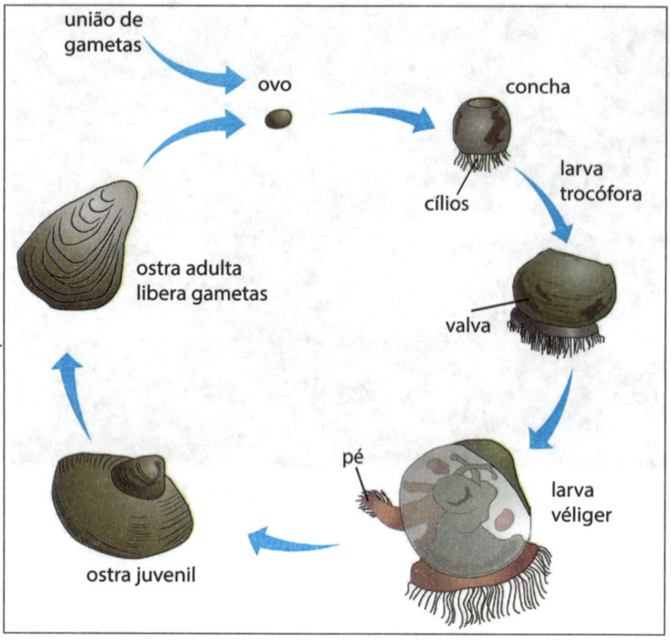

Figura 4.16 Ciclo reprodutivo de um bivalve.

Reprodução dos bivalves

A maioria dos bivalves tem sexos separados e a fecundação ocorre no meio externo. O embrião desenvolve-se formando uma larva trocófora, depois uma véliger e, finalmente, chega ao estágio juvenil (**Figura 4.16**).

Importância econômica dos bivalves

Um interessante mecanismo de defesa de certos bivalves é a produção da pérola (**Figura 4.17**). Quando um objeto estranho, como um grão de areia ou um parasita, se aloja entre o manto e a concha da ostra, o manto secreta muitas camadas de uma substância chamada *nácar* ao redor do objeto, envolvendo-o completamente (**Figura 4.18**). O nácar é a mesma substância rígida que forma a camada interna e mais lustrosa da concha dos moluscos, dotada de um brilho característico. Tanto o nácar como as pérolas são apreciados para elaboração de joias, objetos de adorno e decoração.

Muitos bivalves são apreciados na culinária, como as ostras e os mexilhões (**Figura 4.19**). Deve-se tomar cuidado quanto à origem destes pratos para não consumir animais provenientes de águas poluídas. Por serem filtradores, acabam por reter e concentrar poluentes, o que pode causar graves intoxicações alimentares nos humanos.

DAVYDENKO YULIIA/SHUTTERSTOCK

Figura 4.17 Uma ostra aberta, na qual se observa a massa visceral e uma pérola.

RICARDO PAONESSA

Representação fora de escala. Cores-fantasia.

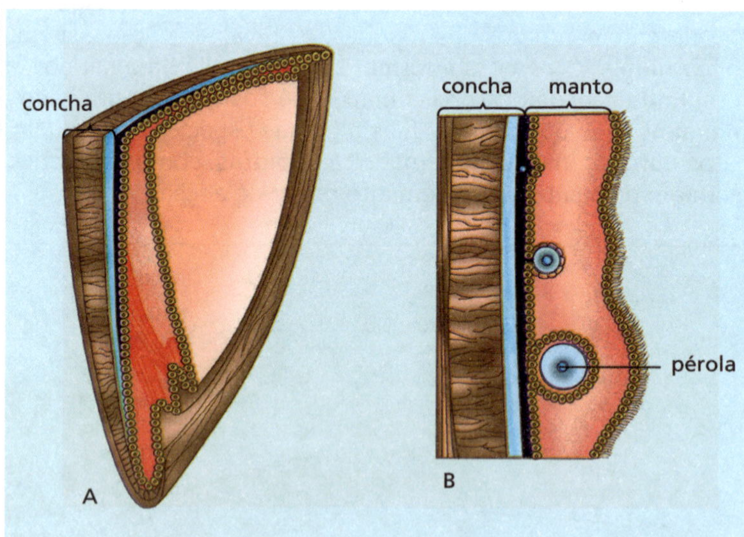

Figura 4.18 Corte na concha e no manto de um bivalve, mostrando, à direita, a formação de pérolas entre o manto e a concha.

HLPHOTO/SHUTTERSTOCK

Figura 4.19 O bivalve *Mytillus edulis*, conhecido popularmente como mexilhão, muito apreciado na culinária. Animais provenientes de águas contaminadas podem causar intoxicações graves e até fatais.

Indicadores ambientais e bioinvasão

Os bivalves são empregados também para monitorar a qualidade ambiental. O estudo e a análise dos bivalves de um lugar, bem como de seus predadores, podem dar indicações importantes sobre a qualidade da água na região. Substâncias utilizadas para impedir a aderência de animais são comuns em tintas navais, utilizadas no casco de barcos e navios. Elas podem contaminar as águas das baías e se acumular nos bivalves. Certos gastrópodes que se alimentam de bivalves podem apresentar níveis elevados dessas substâncias.

Diversas espécies de bivalves estão invadindo ambientes naturais no Brasil. Quando espécies de outras regiões do planeta passam a colonizar regiões onde foram introduzidas recentemente, pode haver graves prejuízos ambientais e financeiros.

Um bivalve invasor de grande impacto econômico é o *Limnoperna fortunei*. Também chamado *mexilhão-dourado* (**Figura 4.20**), é uma espécie nativa do Sudoeste Asiático que vive em rios e lagos. Provavelmente, foi introduzida no Brasil pela água de lastro de navios (água colocada no porão vazio para garantir a estabilidade e lançada ao mar quando se embarca a carga). Esta espécie vem se reproduzindo intensamente em alguns rios e lagos. A forma larval favorece sobremaneira a dispersão do animal, que já chegou à usina de Itaipu, em Foz do Iguaçu, no Paraná, causando enormes prejuízos ao funcionamento das turbinas.

UNIVERSIDADE ESTADUAL DO NORTE FLUMINENSE DARCY RIBEIRO, CAMPOS DOS GOITACAZES

Figura 4.20 O mexilhão-dourado (*Limnoperna fortunei*) tornou-se espécie invasora nos rios brasileiros.

YE CHOH WAH/SHUTTERSTOCK

Figura 4.21 Sépia (*Sepia latimanus*), animal que pode chegar a 50 cm e pesar 10 kg. É comum na região entre a Nova Guiné e a Austrália, vivendo como predador de crustáceos, em especial camarões.

4 Os cefalópodes

A classe dos cefalópodes é constituída por moluscos exclusivamente marinhos e predadores: as lulas, os polvos, as sépias (**Figura 4.21**) e os náutilos. O nome deriva do grego e significa "pés na cabeça", já que a principal característica dos animais desta classe é o pé, que está modificado em sifão e forma, ainda, ao redor da cabeça, uma coroa de braços ou tentáculos.

Os cefalópodes possuem rádula e muitos possuem concha. Em algumas espécies a concha apresenta-se bastante modificada e pode ser externa, como a dos náutilos (**Figura 4.22**), ou interna como a das sépias e a das lulas.

A captura das presas é realizada por tentáculos, que atuam pela secreção de substâncias adesivas, ou de maneira mecânica, por meio de ventosas. Observe na **Figura 4.23** os detalhes das ventosas dos tentáculos de uma lula. A imobilização da presa pode ser feita com um bico córneo, que chega a romper o esqueleto de crustáceos e bivalves, sendo que algumas espécies podem ter ainda substâncias tóxicas associadas.

Os cefalópodes formam uma classe muito particular de moluscos, com características que não são encontradas em outros animais do mesmo filo. Seu sistema circulatório, por exemplo, é fechado: o sangue circula por uma rede de vasos, capilares e corações acessórios (ou branquiais), que aumentam a pressão sanguínea. Isso explica, em parte, a grande agilidade desses animais.

KIKUJUNGBOY/SHUTTERSTOCK

Figura 4.22 Náutilo (*Nautilus macrophalus*), último representante existente dos cefalópodes com concha externa, tem cerca de 20 cm.

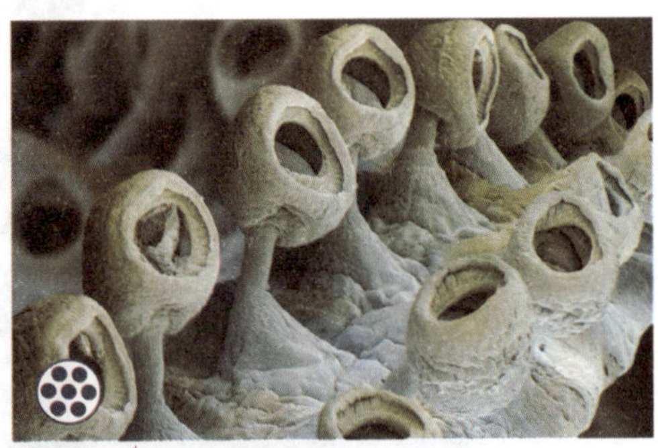

POWER AND SYRED/ SCIENCE PHOTO LIBRARY/LATINSTOCK

Figura 4.23 Detalhe das ventosas da lula, utilizadas para capturar alimentos. Cada ventosa mede aproximadamente 0,5 mm.

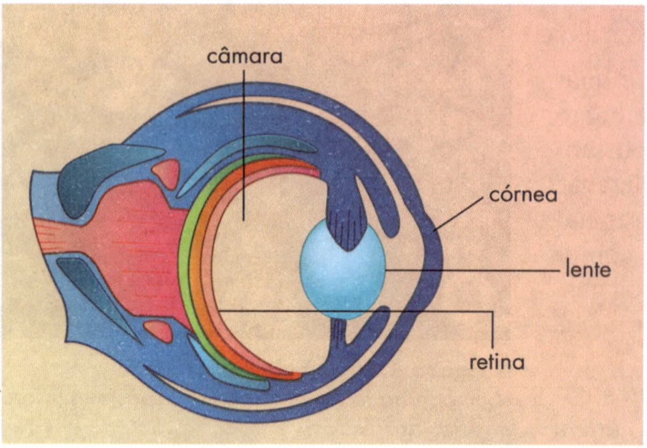

Figura 4.24 Olho de uma sépia. A estrutura ocular dos cefalópodes (com exceção do náutilo) é semelhante à dos vertebrados.

O sistema nervoso dos cefalópodes é bem desenvolvido. Os neurônios com calibre avantajado (até 1 milímetro de diâmetro) asseguram uma condução muito rápida de estímulos nervosos.

O desenvolvimento dos órgãos sensoriais é notável nos cefalópodes: são animais com comunicação visual sofisticada. A maioria das espécies consegue se comunicar visualmente com movimentos dos tentáculos e mudanças de cores, chegando a transmitir de três a quatro mensagens diferentes, para diferentes indivíduos, ao mesmo tempo. O desenvolvimento dos olhos dos cefalópodes alcançou um resultado surpreendente, com olhos muito parecidos com os dos vertebrados. O olho da maioria dos cefalópodes é extremamente complexo, formado por córnea, lente, câmara e retina (**Figura 4.24**).

O cérebro dos cefalópodes, o maior dentre todos os invertebrados, é formado por gânglios nervosos condensados.

Os cefalópodes são excelentes nadadores e o fazem expelindo água da cavidade do manto através de um sifão ventral, em um movimento parecido com o da propulsão a jato.

Com exceção dos náutilos, os cefalópodes possuem ainda um dispositivo de proteção bastante característico: o *saco de tinta*. Esse saco contém um líquido com pigmento escuro, que é expelido quando o animal se sente ameaçado, a fim de confundir o predador. Esse líquido era empregado como tinta em desenho e pintura, sendo sua cor até hoje conhecida pelo mesmo nome do animal (sépia).

Os cefalópodes possuem sexos separados e, durante a cópula, os machos exibem diversos padrões de cores. Os ovos dão origem diretamente a formas juvenis, e não há fase larval.

5 Anelídeos: características gerais

Os anelídeos formam um grupo de animais bastante heterogêneo. A grande maioria das cerca de 15 mil espécies conhecidas é marinha: são vermes que vivem no fundo do mar, se escondendo de predadores. Há espécies de água doce e algumas espécies terrestres, mas todas dependem muito da água. Há espécies muito pequenas, de 1 milímetro, e espécies gigantes que atingem 3 metros, caso da minhoca gigante australiana (**Figura 4.25**). No Brasil estima-se que existam entre 1 000 e 1 100 espécies.

Figura 4.25 Minhoca gigante australiana, que pode atingir 3 m. As espécies nativas brasileiras de minhocas gigantes são conhecidas como minhocuçu e podem atingir 60 cm.

Características compartilhadas pelos anelídeos

A característica que dá nome ao filo é consequência de uma de suas evidências mais marcantes, a metameria ou metamerismo. Os anelídeos são animais com o corpo segmentado, por isso são chamados *metaméricos*: têm o corpo formado por compartimentos ou segmentos semelhantes que se repetem, chamados metâmeros. As divisões dos segmentos aparecem como marcas de anéis em seu corpo. A musculatura dos anelídeos está organizada por segmentos, ou seja, a metameria se manifesta pela segmentação da musculatura do animal; cada segmento apresenta um conjunto de células musculares. Essa característica lhes confere um corpo com aspecto típico, que permite distingui-los de outros vermes, como os nematódos.

Outra característica do filo dos anelídeos é o fato de terem, em cada metâmero, uma cavidade, o celoma, preenchida por líquido. Isso cria um **esqueleto hidrostático** muito eficiente.

Essas duas características dos anelídeos foram determinantes para a diferenciação dos sistemas de órgãos, que atravessam todos os segmentos, uma vez que estão separados por **septos**.

A necessidade de um sistema circulatório e a diferenciação de órgãos em diferentes segmentos é uma das consequências desse padrão básico de organização do corpo dos anelídeos. Assim, a metameria é formada tanto por uma divisão externa do corpo do animal como pela repetição de órgãos e sistemas em cada segmento.

A maioria dos anelídeos apresenta delicadas projeções **quitinosas**, as *cerdas*, que auxiliam na locomoção dos animais terrestres e na natação das formas aquáticas.

Esqueleto hidrostático: estrutura de sustentação formada de fluidos.

Septo: elemento que separa uma cavidade em duas ou uma cavidade da outra.

Quitinoso: constituído por quitina, um polissacarídeo cujos monômeros derivam da glicosamina, semelhante à glicose, mas com nitrogênio em sua molécula. A quitina forma o exoesqueleto de artrópodos e é encontrada em fungos.

Desenvolvimento embrionário

Os anelídeos desenvolvem-se a partir de três folhetos germinativos: a ectoderme, a endoderme e a mesoderme; são, portanto, animais *triploblásticos*. O embrião dos anelídeos tem um desenvolvimento muito particular, pois sofre clivagem, ou seja, divisão das células, de modo espiral, e o blastóporo (o poro que se forma durante o desenvolvimento embrionário e se comunica com o canal alimentar) dá origem à boca, o que faz com que esses animais também sejam protostômicos (**Figura 4.26**).

DIEGO SANTOS

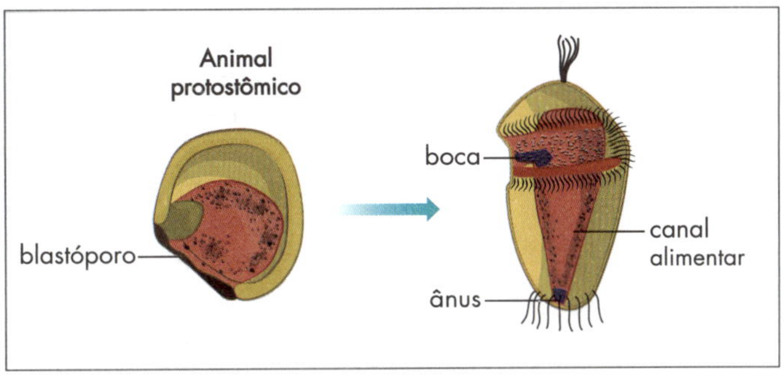

Representação fora de escala. Cores-fantasia.

Figura 4.26 Detalhe do desenvolvimento de um animal protostômico: o blastóporo da forma larval se transforma na boca (detalhe de larva trocófora).

Movimentação

A simetria dos anelídeos é bilateral e a parede do corpo de cada segmento possui músculos circulares e longitudinais (**Figura 4.27**), sendo revestida por uma cutícula externa transparente que deve permanecer sempre úmida.

RICARDO HOWARDS

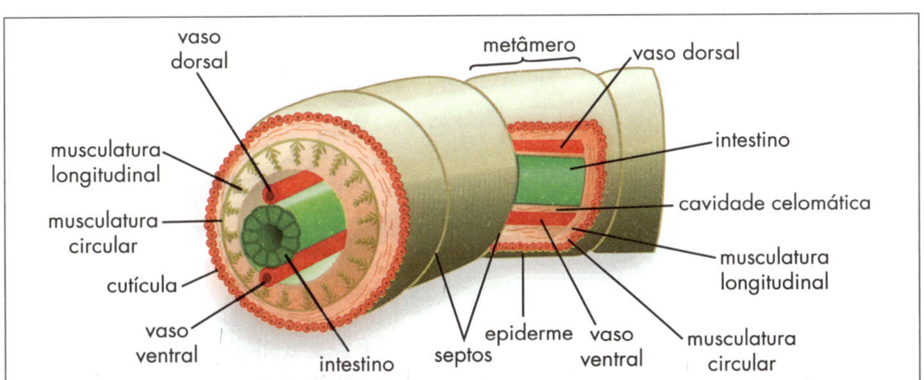

Representação fora de escala. Cores-fantasia.

Figura 4.27 Esquema da anatomia interna de um anelídeo, mostrando os septos, o intestino e os vasos sanguíneos dorsal e ventral suspensos por tecidos. Observe como eles são independentes da musculatura do corpo, banhados pelo líquido da cavidade celomática.

Os anelídeos possuem sistema circulatório muito eficiente. O sangue é bombeado sob pressão dentro de vasos sanguíneos e nunca deixa o seu interior; por isso, diz-se que é um *sistema circulatório fechado*. O sistema digestório é completo, com boca e ânus; pode ter uma moela e um papo, aos quais se seguem o estômago e um longo intestino.

O sistema excretor é formado por um par de órgãos excretores em forma de túbulos, os *nefrídios*, localizados em cada segmento. Eles têm uma abertura em forma de funil (*nefróstoma*) em um segmento e se projetam para o segmento posterior, como um longo túbulo contorcido, em associação com uma rede de finos vasos sanguíneos e com um par de aberturas para o exterior (*nefridióporos*) (**Figura 4.28**).

Representação fora de escala. Cores-fantasia.

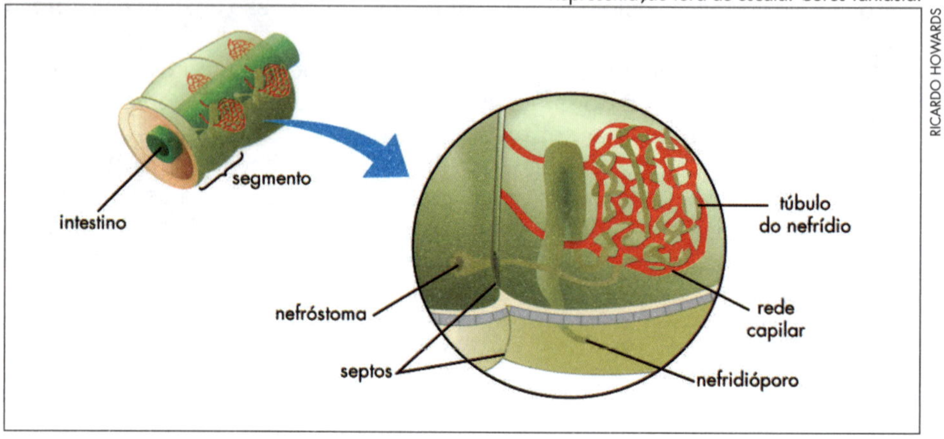

Figura 4.28 Sistema excretor das minhocas. Observe como cada segmento tem nefrídios, que coletam líquido no segmento anterior, funcionando como uma unidade separada, tendo aberturas para levar os excretas ao exterior do corpo.

O sistema respiratório dos anelídeos realiza trocas gasosas através da cutícula, no caso dos animais terrestres, que deve permanecer sempre úmida, ou através das brânquias, nos animais aquáticos. Já o sistema nervoso é constituído por um cordão ventral duplo e um par de gânglios nervosos localizado em cada segmento. O cérebro é formado por um par de gânglios nervosos localizado na região anterior do corpo (**Figura 4.29**).

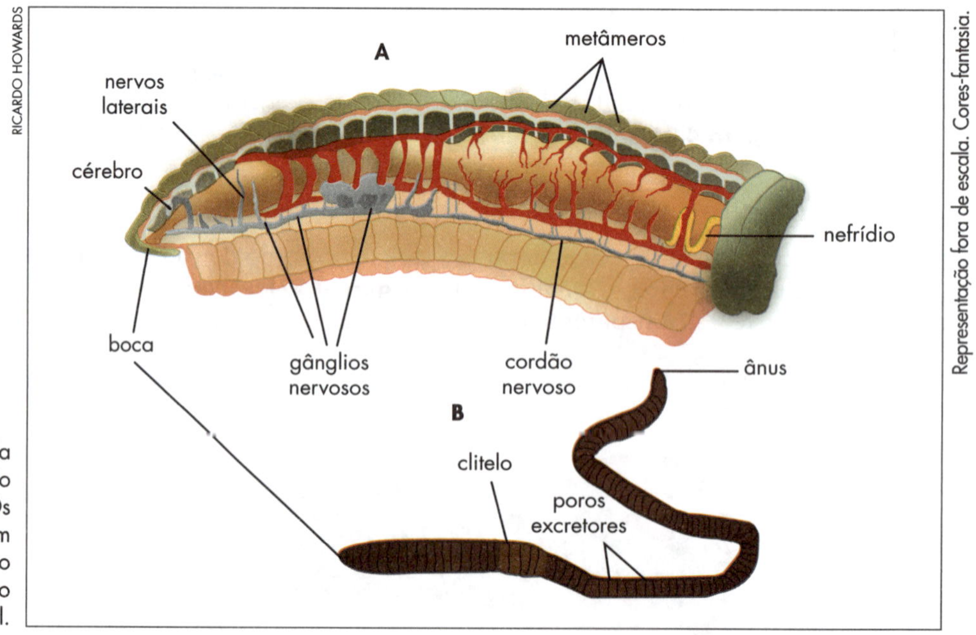

Figura 4.29 Anatomia da região anterior (A) e aspecto geral (B) de uma minhoca. Os segmentos, ou metâmeros, formam unidades que se repetem ao longo do animal. Observe o cordão nervoso ventral.

O filo dos anelídeos é formado por três classes: poliquetos, oligoquetos e hirudíneos, diferenciados devido à presença de cerdas no corpo.

6 Os poliquetos

Os poliquetos típicos são vermes que possuem projeções laterais em cada segmento, denominadas *parapódios*. A grande maioria vive em ambientes marinhos (**Figura 4.30**). Eles possuem uma região cefálica (cabeça) bem caracterizada, geralmente com tentáculos, constituída de órgãos sensoriais altamente especializados: olhos, órgãos nucais quimiorreceptores que detectam a presença de alimento; estruturas de orientação e equilíbrio e um ânus na extremidade posterior do corpo.

Figura 4.30 Uma foto de *Hermodice carunculata*, um poliqueto errante, marinho, com cerca de 8 cm de comprimento.

Hábitos de vida

Os poliquetos podem ser tanto sedentários, ou seja, animais que se deslocam pouco, como errantes, ou seja, que se deslocam com frequência. Os sedentários alimentam-se de partículas em suspensão e costumam construir tubos e galerias onde passam a vida toda. Já os poliquetos errantes são predadores ou **saprófagos** e podem ser rastejantes, livre-natantes, cavadores ativos ou **tubícolas**, deixando seu tubo em busca de alimento ou para se reproduzir.

Saprófagos: animais que se alimentam de matéria orgânica em decomposição.
Tubícolas: animais que vivem dentro de um tubo.

A característica principal da classe dos poliquetos é a grande quantidade de cerdas no corpo, geralmente organizadas em tufos, localizados nos parapódios (**Figura 4.31**). Os parapódios auxiliam nas trocas gasosas e na locomoção do animal.

A reprodução dos poliquetos é sexual, com fecundação externa, e o zigoto dá origem a uma larva *trocófora*. Os órgãos sexuais dos poliquetos não são permanentes: desenvolvem-se a cada época da reprodução. Normalmente os sexos são separados e os gametas são lançados na água, onde ocorre a fecundação.

Representação fora de escala. Cores-fantasia.

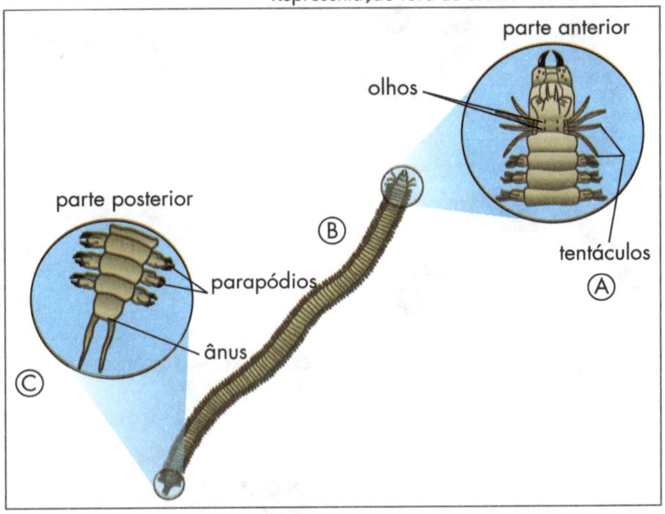

Figura 4.31 Parte anterior de um *Nereis*, mostrando os olhos, parapódios e tentáculos (A); vista geral do animal (B); e detalhe da parte posterior, mostrando os parapódios e o ânus (C).

7 Os oligoquetos

O nome do grupo dos oligoquetos significa "poucas cerdas", mas sua característica distintiva, em relação ao poliquetos, é o fato de possuírem uma estrutura que veremos adiante, o *clitelo*. Nenhum poliqueto possui clitelo, e, ao mesmo tempo, nenhum oligoqueto possui parapódios. Assim, não há dúvida de que são dois grupos distintos e homogêneos. A maioria dos oligoquetos é terrestre ou de água doce, porém há algumas espécies que são parasitas e outras que vivem em ambiente marinho.

Os animais mais representativos dos oligoquetos são as minhocas, animais que escavam solos férteis e úmidos, onde vivem em galerias. Deslocam-se por meio de movimentos da musculatura que são transmitidos em ondas ao longo do corpo, de tal forma que os músculos circulares da região anterior do corpo se contraem, e o corpo é alongado, empurrando o animal para a frente. As cerdas permitem que o animal se ancore lateralmente nas galerias subterrâneas, controlando o seu deslizamento.

A maioria dos oligoquetos é saprófaga e se alimenta de partes vegetais em decomposição. Além de atuarem na própria decomposição, fertilizam o solo por misturar porções de subsolo com o solo. Por isso, as minhocas são criadas no mundo todo como forma de melhorar a produção agrícola. Esses animais possuem um papo, onde o alimento fica temporariamente armazenado, e uma moela, que o tritura em partículas diminutas.

As minhocas não possuem órgãos respiratórios especiais, e as trocas gasosas ocorrem através da cutícula úmida. Também não possuem órgãos sensoriais especializados, nem tampouco olhos, como os poliquetos, mas apresentam fotorreceptores simples na sua epiderme. Reagem à presença de luz e conseguem detectar alimento através de quimiorreceptores localizados próximos à boca. Também detectam estímulos mecânicos e reagem a vibrações como uma pisada no solo, por exemplo

Reprodução dos oligoquetos

Clitelo: região do corpo dos oligoguetos e hirudíneos mais espessada, que atua na reprodução.

As minhocas são hermafroditas, ou monoicas, e durante a cópula os corpos dos animais se mantêm unidos por meio de um muco produzido por uma região chamada **clitelo** (**Figura 4.32**). Essa estrutura é compartilhada pelos vermes que veremos adiante, mas não, como dissemos, pelos poliquetas.

Na cópula, as duas minhocas liberam espermatozoides e óvulos, de maneira que há inseminação recíproca, ou seja, as duas minhocas atuam como macho e fêmea ao mesmo tempo.

Os óvulos produzidos pelas duas minhocas são depositados no muco secretado pelo clitelo. Esse muco forma um casulo, que depois da fecundação se desprende do corpo do animal e forma uma espécie de ninho, onde ocorre todo o desenvolvimento embrionário. Após o crescimento do embrião, as minhocas-filhas saem do casulo (**Figura 4.33**).

BAZILFOTO/ISTOCKPHOTO

Figura 4.32 Clitelo de uma minhoca.

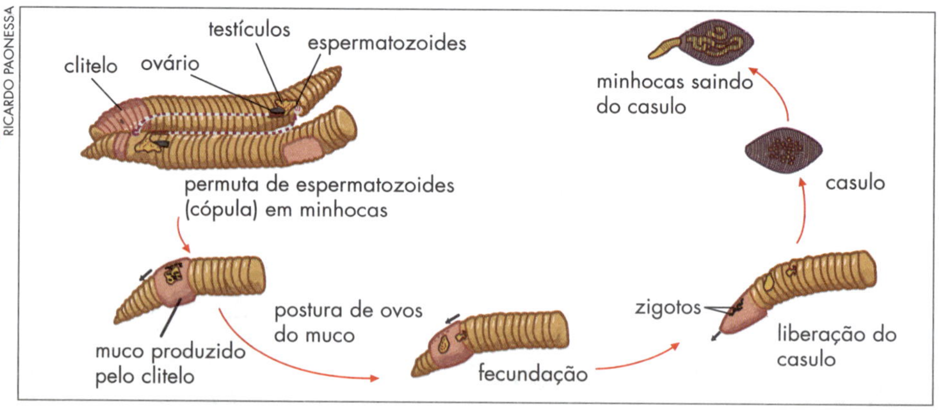

RICARDO PAONESSA

Representação fora de escala. Cores-fantasia.

Figura 4.33 Acasalamento e reprodução das minhocas.

8 Os hirudíneos

Os hirudíneos, também conhecidos como sanguessugas (**Figura 4.34**), não possuem segmentos com cerdas e vivem em sua maioria em água doce, embora existam também algumas espécies marinhas e até terrestres. Possuem o corpo achatado dorsoventralmente e são em geral pequenos, com cerca de 2 a 6 centímetros de comprimento – mas podem chegar a 30 centímetros, como é o caso da sanguessuga-gigante-amazônica.

Muitas sanguessugas são carnívoras e alimentam-se de pequenos invertebrados; outras são parasitas temporárias; e outras, ainda, são parasitas permanentes, não abandonando jamais seu hospedeiro (geralmente parasitas de peixes). As parasitas possuem uma faringe sugadora e algumas possuem pequenas mandíbulas utilizadas para cortar os tecidos do hospedeiro. Algumas sanguessugas são hematófagas e sugadoras de fluidos corporais de outros animais.

Figura 4.34 Sanguessuga. Tamanho aproximado do animal: 5 cm.

ANTAGAIN/ISTOCKPHOTO

Os hirudíneos possuem um par de ventosas, sendo uma em cada extremidade do corpo (**Figura 4.35**), o que permite sua movimentação de maneira bem diferente daquela dos anelídeos com cerdas, e é do tipo "medepalmos".

A respiração das sanguessugas é semelhante à das minhocas e suas trocas gasosas ocorrem através da pele.

Os hirudíneos também possuem clitelo, mas ele se forma apenas durante o período reprodutivo. São hermafroditas e praticam a fecundação cruzada durante a cópula (**Figura 4.36**). Depois da cópula, o clitelo secreta um muco que recebe os espermatozoides e os óvulos, formando um casulo semelhante ao das minhocas.

JAMES H. ROBINSON/LATINSTOCK

Figura 4.35 Vista ventral de uma sanguessuga, em que se observam duas ventosas.

SCIENCE PHOTO LIBRARY/LATINSTOCK

Figura 4.36 Anelídeos hirudíneos do Sudeste Asiático (região de Bornéu, na Malásia) em cópula.

9 Relações filogenéticas

A incrível semelhança entre as formas larvais de moluscos e anelídeos poliquetas é conhecida desde o século XIX e é prezada como uma das maiores evidências em favor de que ambos os grupos possuem um ancestral comum. O desenvolvimento do celoma é idêntico nos dois grupos. Estudos mais detalhados revelaram que até mesmo detalhes da clivagem espiral de ambos os grupos são idênticos, tornando praticamente impossível distinguir seus embriões com base em critérios meramente morfológicos. A **Figura 4.37** resume as principais novidades evolutivas vistas até o presente momento.

Origem dos moluscos

Os moluscos estudados neste capítulo não demonstram uma das características mais evidentes dos anelídeos, quc é a metameria. No entanto, o grupo que é considerado mais primitivo entre os moluscos (**Figura 4.38**), que inclui animais chamados quítons (da classe Polyplacophora), apresenta repetição linear de certas estruturas, como oito pares de músculos responsáveis pelo deslocamento do animal e oito placas de concha. Isso torna mais provável a origem comum de anelídeos e moluscos.

RANDIMAL/ISTOCKPHOTO

Figura 4.38 Os quítons, da classe Polyplacophora, são moluscos que apresentam repetições lineares de certas estruturas do corpo, características que estariam presentes no ancestral comum de moluscos e anelídeos.

ACERVO DA EDITORA

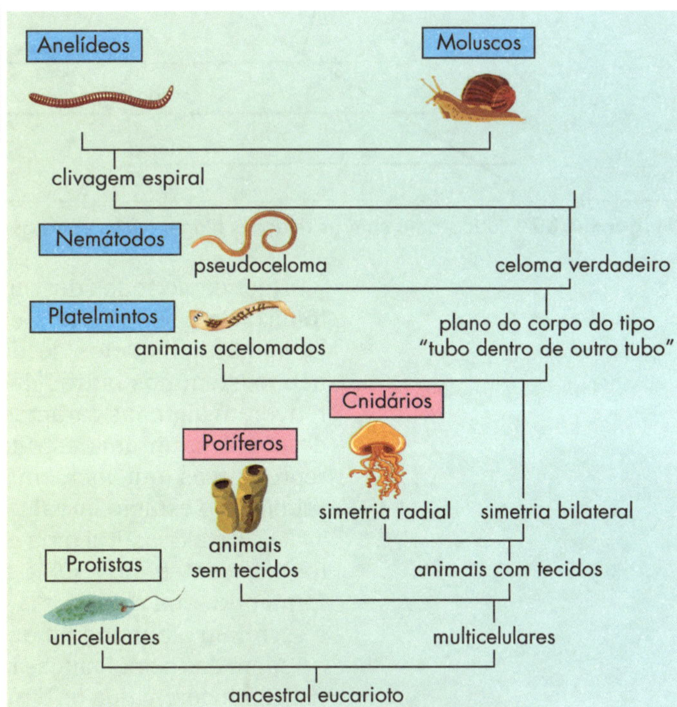

Representação fora de escala. Cores-fantasia.

Figura 4.37 Os anelídeos formam um filo muito próximo ao dos moluscos.

Parapódios ou clitelo?

Cladograma: representação em forma de árvore de possibilidades evolutivas na qual as características estão colocadas em ramos e representam hipóteses de parentesco.

Observe os padrões arquitetônicos dos grupos estudados até o momento (reveja **Figura 4.37**). Esse esquema nos permite perceber que anelídeos e moluscos reúnem animais que compartilham muitas características, o que sugere parentesco próximo. Uma delas é a forma como o embrião multiplica suas células, a chamada clivagem espiral.

As relações filogenéticas das três classes dos anelídeos nos permitem traçar um **cladograma** simples (**Figura 4.39**). Um cladograma evidencia o parentesco comum entre grupos.

O celoma foi um grande passo evolutivo. Permite ainda que o líquido em seu interior funcione como um esqueleto hidrostático, aumentando a eficiência da contração muscular, o que confere mais controle sobre o movimento do animal.

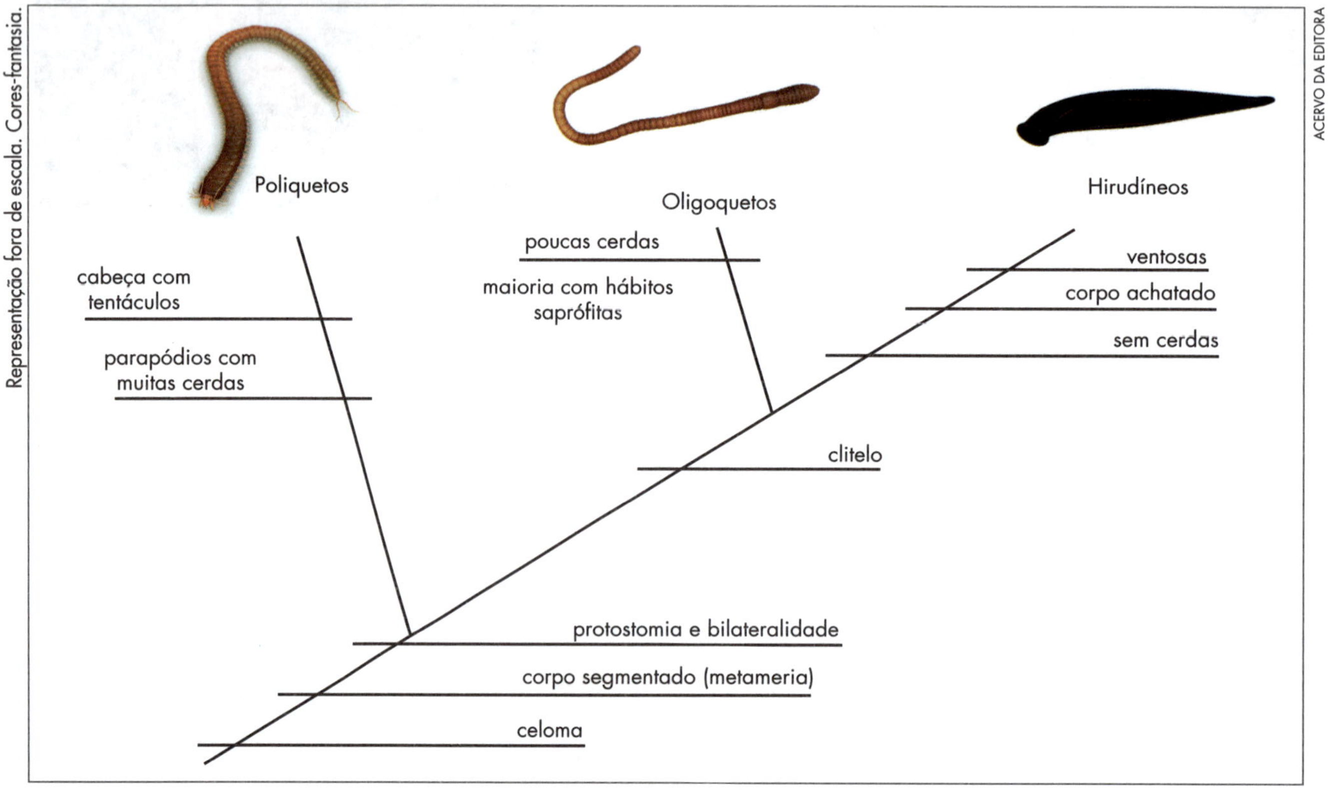

Figura 4.39 Cladograma com as relações filogenéticas entre as classes de anelídeos.

Note como todos descendem de um ancestral hipotético celomado, protostômico, com simetria bilateral, provavelmente metamérico, que tinha uma fase larval. Os poliquetos se diferenciaram e desenvolveram características que não existem nas outras duas classes, como os parapódios. Já os oligoquetos retiveram algumas características mais antigas, mas, junto com os hirudíneos, desenvolveram uma estrutura muito importante, o clitelo, junto com hábitos reprodutivos, que incluem o hermafroditismo e o desenvolvimento direto, suprimindo o estágio larval.

O clitelo constitui uma estrutura reprodutiva que abrange diversos segmentos adjacentes, nos quais a epiderme está repleta de glândulas unicelulares, formando uma cintura. As glândulas secretam muco necessário para a cópula e secretam albumina na qual os óvulos são depositados dentro do casulo.

Além das semelhanças reprodutivas e da presença do clitelo, outras características sugerem que os hirudíneos são parentes muito mais próximos dos oligoquetos do que dos poliquetas. Ao contrário destes, o grupo das sanguessugas e das minhocas não possuem parapódios nem apêndices na região cefálica.

EM POUCAS PALAVRAS

1

- Os moluscos são animais de corpo mole e não segmentado (não metamérico), que podem possuir concha ou não.
- Os moluscos são triploblásticos, protostômicos, possuem celoma verdadeiro e clivagem espiral.
- O corpo dos moluscos é formado pela porção cefalopediosa e por outra porção chamada massa visceral.
- A parede dorsal dos moluscos apresenta uma estrutura chamada manto, que delimita a cavidade do manto e forma, em muitas espécies, uma concha protetora.
- A cavidade do manto abriga os órgãos respiratórios dos moluscos, que podem ser brânquias ou ctenídios (nos animais aquáticos) ou pulmões (nos animais terrestres).
- A parede ventral dos moluscos forma um pé muscular em forma de sola, que é utilizado na locomoção.
- A maioria dos moluscos possui um tipo de língua chamada rádula, que raspa o alimento e o conduz ao interior do trato digestivo.

2

- Os gastrópodes são moluscos muitas vezes sedentários que podem possuir concha formada por uma única peça, dita valva (são univalves).
- A maioria dos gastrópodes é herbívora, mas há predadores carnívoros e necrófagos.

3

- Os bivalves são moluscos que possuem concha com duas peças, ou duas valvas.
- Os bivalves são animais comedores de material filtrado e utilizam as brânquias no processo de filtração.

4

- Os cefalópodes são moluscos exclusivamente marinhos e predadores que possuem cabeça com tentáculos e pé modificado em sifão.
- Os cefalópodes apresentam cérebro e olhos bem desenvolvidos.

5

- Os anelídeos são animais que possuem o corpo metamerizado, ou seja, dividido em metâmeros, que são segmentos semelhantes a anéis, e possuem celoma.
- Os anelídeos são triploblásticos e protostômicos; possuem celoma verdadeiro, simetria bilateral e clivagem espiral.
- O clitelo, parte do corpo espessada que atua na reprodução, ocorre nos oligoquetos e hirudíneos.
- A respiração dos anelídeos pode ser branquial, nos animais aquáticos, ou cutânea, nos animais terrestres.
- Os anelídeos possuem sistema circulatório fechado e sistema digestório completo, com boca e ânus.

6

- As principais características dos poliquetos são: corpo coberto por muitas cerdas e presença de parapódios.
- Nos anelídeos, somente os poliquetos possuem uma cabeça desenvolvida, com olhos e tentáculos.
- Os poliquetos têm reprodução sexual com fecundação externa, durante a qual se forma uma larva especial chamada trocófora.

7

- As minhocas são oligoquetos saprófagos que se alimentam de matéria orgânica em decomposição presente no solo.
- As minhocas e as sanguessugas são hermafroditas e durante sua reprodução ocorre inseminação recíproca.

8

- As sanguessugas possuem duas ventosas que auxiliam na fixação do animal e na locomoção.
- As sanguessugas compartilham muito mais elementos em comum com os oligoquetos do que com os poliquetos.

9

- Moluscos e anelídeos têm um ancestral comum, que provavelmente era metamérico.

BIOCHAT

? Nada me convence que uma ostra pertença ao mesmo grupo de um polvo ou de um caramujo. Será que os zoólogos estão loucos ou eu é que sou muito cabeça-dura?

BC De fato, se você olhar só para os seres adultos, verá que são muito diferentes. Mas ao olhar para as primeiras etapas de seu desenvolvimento embrionário, não conseguirá ver nenhuma diferença! São animais celomados, triploblásticos, protostômicos e seu embrião tem clivagem espiral. Além disso, o estudo do material genético desses grupos comprova que são muito aparentados. Comparando o DNA desses três animais com o de outros, é possível perceber que são parentes próximos e se justifica que estejam em um mesmo filo.

? Mas... e a cabeça dos bivalves? Eles não podem ter evoluído de medusas, por exemplo, que também não têm cabeça?

BC A ausência de uma característica não cria necessariamente semelhança. Por exemplo, a ausência de cabeça aparece também em equinodermos (como a estrela-do-mar). Mas se você comparar medusas, bivalves e estrelas-do-mar, verá que são animais muito diferentes. Seus embriões não têm o mesmo número de folhetos germinativos, e o destino do blastóporo não é o mesmo nos triploblásticos, como os moluscos e equinodermos, enfim, há muitas diferenças desde o desenvolvimento básico.

? E o que aconteceu com a cabeça dos bivalves?

BC É provável que essa característica tenha sido perdida no processo de evolução. Isso é comum em animais que se especializam em um tipo de alimentação. Os bivalves vivem muito bem sem cabeça!

? Como os moluscos respiram?

BC Pela superfície corporal ou através de órgãos especializados, como as brânquias e os ctenídios nas formas aquáticas, e os pulmões nas formas terrestres, como os caracóis. De novo, são especializações adequadas para o modo de vida do animal.

? Eu entendo que os polvos e as lulas sejam predadores, mas e os gastrópodes? Como eles podem ser predadores? Eles não são muito lentos?

BC A eficiência da predação não depende apenas da mobilidade do caçador, mas também da agilidade da presa. Há gastrópodes que são caçadores de bivalves: eles usam a rádula para furar a concha e devoram o molusco.

? E essa história de que jogar sal em lesma a liquefaz? É uma crendice ou tem algum fundamento?

BC Ao se colocar uma lesma em um meio com muito sal, ocorre o mesmo que aconteceria a uma folha de alface ou um pedaço de carne: as células perdem água por osmose. Cria-se uma diferença muito grande de potencial hídrico entre a parte interna e a parte externa do animal. Como os moluscos não têm uma camada superficial impermeável, são muito vulneráveis a meios mais concentrados. A lesma não se "liquefaz", mas perde muita água e morre. Isso tem fundamento e explica um dos princípios da agricultura orgânica, de fazer armadilhas com cerveja e sal. A cerveja atrai as lesmas pelo odor; ao caírem na armadilha, ficam desidratadas e morrem. No entanto, isso não deve se tornar uma brincadeira, pois implica morte do animal.

? Por que a minhoca é uma boa isca para pesca?

BC Em primeiro lugar, as minhocas, como quase todos os anelídeos, são vermes que servem de presas para os peixes. Além disso, um anelídeo, ao ser colocado no anzol, pode sobreviver mais tempo do que um animal que não tenha o corpo dividido em segmentos.

? Mas a minhoca acaba morrendo no anzol, não?

BC Sim, mas provavelmente por falta de oxigênio, pois são animais sem brânquias e não conseguem absorver o gás oxigênio dissolvido na água.

? Os oligoquetos terrestres não deveriam ter mais cerdas do que os aquáticos, já que eles se movem em túneis no solo?

BC As cerdas provavelmente têm funções diferentes em animais terrestres e marinhos. Nos terrestres, devem servir de ancoragem para os movimentos, algo como os pinos dos alpinistas. Nos aquáticos, provavelmente, ajudam na natação, atuando como remos.

? O hábito de vida influi na forma de respiração dos anelídeos?

BC Sim, pois as formas aquáticas têm respiração branquial. Nas formas terrestres, a respiração é cutânea.

? Ouvi dizer que a minhoca tem hemoglobina no sangue. Isso é verdade? Isso pode sugerir que ela é nossa ancestral?

BC Sim, de fato as minhocas têm hemoglobina no sangue, mas ela está dispersa, e não no interior de células. Na verdade, até mesmo plantas e microrganismos desenvolveram formas de hemoglobina. É um exemplo de evolução convergente, ou seja: diversos grupos de seres vivos desenvolveram formas de hemoglobina diante da necessidade de captar oxigênio.

ATIVIDADES DE REVISÃO

I Classifique as afirmações seguintes como verdadeiras ou falsas, adicionando, em seu caderno, uma justificativa:

1 **1.** Nos moluscos, o blastóporo desloca-se para a parte posterior do embrião e forma o ânus.

1 **2.** Os moluscos possuem cavidade interna formada a partir da ectoderme do embrião, da mesma forma que os anelídeos.

2 **3.** Os gastrópodes filtram água para obter os microrganismos que compõem sua alimentação.

3 **4.** Na reprodução dos bivalves, a fecundação é externa e o zigoto dá origem a uma larva ciliada.

4 **5.** Os cefalópodes são animais que vivem nos mais diversos ambientes aquáticos, desde rios, lagos, estuários e ambientes marinhos.

5 **6.** Uma característica muito visível nos anelídeos é a metameria.

5 **7.** A circulação de moluscos e anelídeos é idêntica, com sistema circulatório fechado.

6 **8.** Os poliquetas possuem parapódios e seu desenvolvimento embrionário, frequentemente, inclui uma fase larval que também aparece nos moluscos.

7 **9.** Na minhoca, cada anel possui musculatura independente, um par de órgãos secretores e um par de gânglios nervosos.

8 **10.** Os hirudíneos compartilham mais caracteres com os poliquetas do que com os oligoquetos.

9 **11.** A metameria é a única característica observada em todos os anelídeos e em nenhum molusco, o que põe em dúvida sua origem comum.

II Identifique a alternativa correta em seu caderno:

1 **12.** Selecione a alternativa que apresenta características exclusivas dos moluscos:

a) Celoma, simetria bilateral, rádula.
b) Manto, rádula, pé musculoso.
c) Pé musculoso, rádula e simetria bilateral.
d) Pseudoceloma, simetria bilateral, corpo achatado.
e) Metameria, rádula, pé musculoso.

2 **13.** Classifique cada uma das afirmações com V para verdadeiro e F para as falsas e escolha a alternativa que as identifica corretamente.

(////) Todos os gastrópodes apresentam concha formada por uma única peça plana.

(////) Os gastrópodes são sedentários e herbívoros, mas existem alguns casos de carnívoros.

(////) Gastrópodes conquistaram uma ampla variedade de hábitats e possuem importância sanitária, ambiental e econômica.

(////) Todos os moluscos se reproduzem sexuadamente, existem espécies dioicas e monoicas, mas não é o caso dos gastrópodes.

Indique a sequência correspondente:

a) F, V, V, F.
b) V, F, V, F.
c) F, F, V, V.
d) V, F, F, F.
e) F, V, V, V.

2 **14.** Os bivalves possuem semelhanças e diferenças em relação aos gastrópodes. Assinale a alternativa que possui apenas características semelhantes ou diferentes entre os dois grupos:

a) Pé musculoso e região cefálica bem definida.
b) Sistema circulatório aberto e conchas em valvas.
c) Olhos bem desenvolvidos e celoma verdadeiro.
d) Pé musculoso, brânquias e presença de rádula.
e) Larva trocófora, clivagem espiral e presença de manto.

4 **15.** Considere as seguintes características:

I. Possui tentáculos, sistema circulatório fechado, sistema nervoso e sensorial bem desenvolvido.

II. Concha formada por duas valvas, não possui rádula, pé usado para cavar e são filtradores.

III. Concha univalve ou sem concha, possui rádula, pé desenvolvido utilizado para deslizar.

Observando as três imagens da **Figura 4.4** (página 80), é possível identificar esses três conjuntos de características com as fotos:

a) I-A, II-B e III-C.
b) I-C, II-B e III-A.
c) I-C, II-A e III-B.
d) I-B, II-C, e III-C.
e) I-A, II-C e III-B.

5 **16.** Um animal pode ser caracterizado como anelídeo se possuir:

a) hábito terrestre, corpo metarmerizado e celoma.
b) órgãos sensoriais pouco desenvolvidos e celoma.
c) corpo com parapódios e poucas cerdas.
d) clivagem espiral e larva trocófora ou véliger.
e) corpo cilíndrico com anéis e circulação fechada.

17. Com relação aos poliquetos, indique a alternativa incorreta:

a) Muitos, mas nem todos, vivem em hábitat marinho.
b) Muitas espécies têm hábitos alimentares saprófagos.
c) Podem ser tubícolas, mas nunca saem de seu tubo.
d) Apresentam expansões laterais onde há tufos de cerdas.
e) Não possuem clitelo, mas apresentam reprodução sexual.

18. Com relação aos oligoquetos, selecione a alternativa correta:

a) Todos vivem em hábitat marinho e respiração branquial.
b) Muitas espécies têm órgãos respiratórios especiais.
c) Podem ser tubícolas, mas podem sair de seu tubo.
d) Apresentam expansões laterais onde há tufos de cerdas.
e) Possuem clitelo e a maioria tem hábitos saprófagos.

19. Selecione a alternativa que apresenta as características dos anelídeos que só podem ser encontradas nos hirudíneos:

a) Não possuem segmentos com cerdas.
b) Parapódios com tufos de cerdas.
c) Corpo segmentado em anéis.
d) Presença de clitelo e hermafroditismo.
e) Ausência de órgãos respiratórios.

20. Indique a alternativa que apresenta as características comuns de moluscos e anelídeos:

a) Celomados e protostômicos.
b) Acelomados e o desenvolvimento direto.
c) Deuterostômicos e diploblásticos.
d) Acelomados e diploblásticos.
e) Protostômicos e metaméricos.

ATIVIDADES DE APROFUNDAMENTO

21. Indique falso ou verdadeiro para as seguintes afirmações, justificando a conclusão em seu caderno.

a) Os bivalves são aquáticos e exclusivamente marinhos.
b) Os cefalópodes são aquáticos e exclusivamente marinhos.
c) A maioria dos gastrópodes é terrestre, vivendo como os caramujos de jardim.
d) A rádula e a larva trocófora são estruturas exclusivas dos moluscos.
e) O corpo dos moluscos é constituído por uma porção cefalopediosa e massa visceral.
f) Todos os moluscos possuem sistema digestório completo e sistema circulatório aberto.
g) Todos os moluscos possuem um pé muscular em forma de sola, localizado na região ventral do animal.
h) Os bivalves formam a pérola somente quando um objeto estranho se aloja entre o manto e a concha.
i) Todos os anelídeos formam, durante o desenvolvimento embrionário, uma larva trocófora.
j) A estrutura comum aos poliquetos e oligoquetos chama-se parapódio.
k) A estrutura comum dos oligoquetos e hirudíneos é o clitelo.
l) A metameria é uma divisão do corpo dos anelídeos exclusivamente externa.
m) Entre os anelídeos, apenas os poliquetos possuem cabeça desenvolvida, com olhos e tentáculos.

22. Os moluscos possuem diversos hábitos alimentares. Explique como podem ser esses hábitos nas três classes estudadas.

23. Um aluno desenhou a seguinte árvore filogenética:

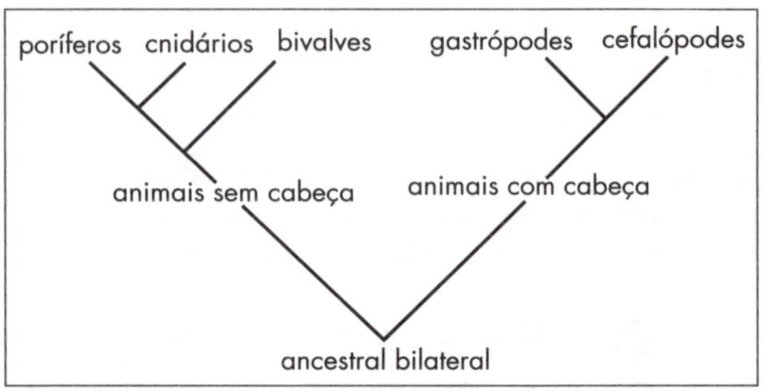

ACERVO DA EDITORA

Pergunta-se:

a) Qual a característica mais valorizada na filogenia?
b) Indique duas características, uma delas de origem embriológica, que contrariam essa filogenia.
c) Você concorda com ela? Por quê?

24. Identifique a alternativa que melhor representa as características dos anelídeos.

a) Animais triploblásticos, simetria bilateral, deuterostômicos, pseudocelomados e metaméricos.
b) Animais triploblásticos, simetria bilateral, protostômicos, celomados e metaméricos.
c) Animais diblásticos, simetria bilateral, protostômicos, celomados e metaméricos.
d) Animais triploblásticos, simetria radial, deuterostômicos, pseudocelomados e não metaméricos.

BIOLOGIA NO CONTEXTO

25. A larva dos moluscos é apontada como indicadora das relações de parentesco com outros grupos. No entanto, os cefalópodes não possuem forma larval. Sabendo-se que as larvas garantem a dispersão da espécie, como você explica que os cefalópodes, mesmo sem forma larval, tenham colonizado todos os mares do planeta?

26. Estudos sobre gastrópodes predadores de bivalves realizados em diversos lugares do Brasil têm revelado uma série de deformidades em seus corpos. Eles também revelam alta concentração de uma substância tóxica presente em tintas utilizadas em cascos de navios (conhecida como TBT), muito mais elevada do que a registrada nos bivalves dos mesmos lugares. Pergunta-se:

a) Como é possível que um gastrópode tenha mais TBT do que o bivalve, se ele não filtra a água do mar?

b) Imagine que nesse mesmo lugar haja uma ave que se alimenta dos gastrópodes predadores e uma estrela-do-mar que se alimenta de bivalves. Faça uma previsão sobre a concentração de TBT que deveria ser encontrada nas aves, em relação à que deveria ser encontrada nas estrelas-do-mar.

27. Maria afirma que o grupo de anelídeos mais parecido com os moluscos é o dos hirudíneos. João discorda, dizendo que o grupo mais próximo deve ser o dos poliquetos. Identifique quem está utilizando os argumentos abaixo e dê sua opinião, justificando-a.

a) A forma larval é muito importante para revelar relações de parentesco evolutivo.

b) A forma do corpo é a melhor maneira de estabelecer relações filogenéticas.

28. Observando o cladograma da página 94 (**Figura 4.39**) percebe-se que algumas classes devem ter um ancestral comum mais próximo entre si. Suponha que um paleontólogo tenha encontrado um fóssil de um anelídeo e é possível perceber que ele possui um clitelo. Pergunta-se:

a) Ele pode ser ancestral comum a todas as classes de anelídeos?

b) Qual característica você procuraria no fóssil para saber a qual classe ele deveria pertencer?

EXERCÍCIOS DE VESTIBULAR E ENEM

29. (Ufop-MG) A rádula, presente em certos moluscos, tem por função:

a) defendê-los do ataque de outros animais.

b) digerir quimicamente os alimentos.

c) favorecer a locomoção.

d) ralar os alimentos.

e) secretar a concha.

30. (Unicamp-SP) Os navios são considerados introdutores potenciais de espécies exóticas através da água de lastro (utilizada nos tanques para dar aos navios estabilidade quando vazios). Essa água pode conter organismos de diversos grupos taxonômicos. Com certa frequência, leem-se informações relacionadas a essas introduções:

I. O mexilhão-dourado ('Limnoperna fortunei'), um bivalve de água doce originário do sul da Ásia, chegou ao Brasil em 1998 e já infestou rios, lagos e reservatórios da Região Sul e do Pantanal. Além de causar problemas ecológicos, esse invasor ameaça o setor elétrico brasileiro, a agricultura irrigada, a pesca e o abastecimento de água por causa de sua capacidade de se incrustar em qualquer superfície submersa. (Adaptado de Evanildo da Silveira, "Molusco chinês ameaça ambiente e produção no Brasil". <www.estadao.com.br/ciência/notícias/2004/mar/18/75.htm>.)

II. As autoridades sanitárias acreditam que o vibrião colérico, originário da Indonésia, chegou ao Peru através de navios e de lá se espalhou pela América Latina. (Adaptado de Ilidia A. G. M. Juras, "Problemas causados pela água de lastro" Consultoria Legislativa da Câmara dos Deputados, 2003.)

a) Além de problemas como os citados acima, a introdução de espécies oferece risco de extinção de espécies nativas. Explique por quê.

b) Indique uma característica que diferencie os moluscos bivalves das demais classes de moluscos. Indique uma outra característica que permita incluir os bivalves no filo "Mollusca".

c) Nas áreas de risco de contaminação por vibrião colérico, as autoridades sanitárias recomendam não ingerir mexilhões e ostras crus. Essa recomendação baseia-se no modo como esses moluscos obtêm alimento. Explique.

31. (UFC-CE) Que diferença característica permite considerar os moluscos mais complexos que os cnidários?

a) Os cnidários apresentam apenas reprodução assexuada, enquanto os moluscos apresentam reprodução sexuada.

b) Os cnidários possuem simetria bilateral, enquanto os moluscos, simetria radial.

c) Os cnidários possuem circulação aberta, enquanto todos os moluscos têm circulação fechada.

d) Os cnidários possuem sistema nervoso difuso, enquanto os moluscos o possuem bastante desenvolvido.

e) Os cnidários não apresentam defesa química, enquanto os moluscos a têm como principal arma de proteção.

32. (Vunesp-SP) Considere as seguintes características de determinado animal: hermafroditismo, celomado, pulmão simples, um par de nefrídios, dois pares de tentáculos sensoriais, glândula secretora de muco e rádula.

a) A que filo e classe pertence o animal que apresenta todas as características descritas? Cite um exemplo de animal pertencente a essa classe.

b) Qual é a função do muco secretado pela glândula? Cite uma classe, do mesmo filo, em que essa glândula não existe.

33. (UFSC)"... Os moluscos constituem um grupo muito bem-sucedido na natureza. Ocupam vários ambientes e exibem hábitos de vida bastante diversificados" (Trecho extraído do livro *Biologia,* de Amabis e colaboradores, 1974, p. 294).

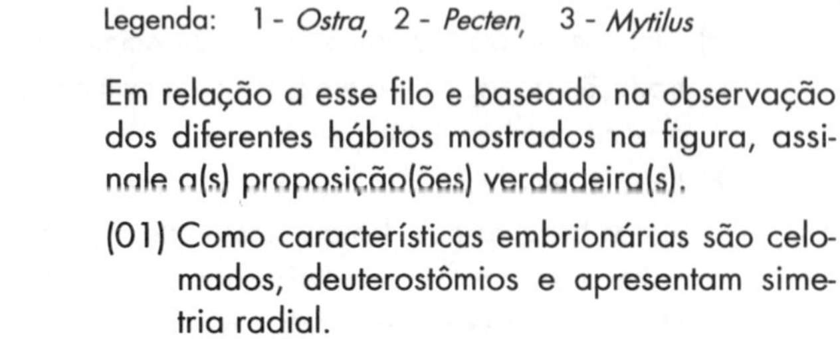

Legenda: 1 - *Ostra*, 2 - *Pecten*, 3 - *Mytilus*

Em relação a esse filo e baseado na observação dos diferentes hábitos mostrados na figura, assinale a(s) proposição(ões) verdadeira(s).

(01) Como características embrionárias são celomados, deuterostômios e apresentam simetria radial.

(02) Os gastrópodes possuem no assoalho da faringe a rádula que utilizam para raspar o alimento.

(04) A respiração é branquial nos animais aquáticos e pulmonar nos terrestres.

(08) O grupo dos bivalves compreende muitos animais comestíveis e importantes economicamente, como os mexilhões, as ostras e os *escargots*.

(16) A figura representa o grupo dos bivalves, que se caracterizam por apresentar uma concha formada por duas partes chamadas valvas, no interior das quais se encontra a cabeça, diferenciada, o pé e a massa visceral.

(32) Baseado na figura podemos constatar que enquanto o "Pecten" é um animal de vida livre, a ostra e o *Mytilus* são fixos.

(64) A lula é um decápode com o corpo afilado em forma de cone e a cabeça com oito tentáculos.

34. (Enem) Usada para dar estabilidade aos navios, a água de lastro acarreta grave problema ambiental: ela introduz indevidamente, no país, espécies indesejáveis do ponto de vista ecológico e sanitário, a exemplo do mexilhão-dourado, molusco originário da China. Trazido para o Brasil pelos navios mercantes, o mexilhão-dourado foi encontrado na bacia Paraná-Paraguai em 1991. A disseminação desse molusco e a ausência de predadores para conter o crescimento da população de moluscos causaram vários problemas, como o que ocorreu na hidrelétrica de Itaipu, onde o mexilhão alterou a rotina de manutenção das turbinas, acarretando prejuízo de US$ 1 milhão por dia, por causa da paralisação do sistema. Uma das estratégias utilizadas para diminuir o problema é acrescentar gás cloro à água, o que reduz em cerca de 50% a taxa de reprodução da espécie.

(GT Águas, MPF, 4ª CCR, ano 1, nº 2, maio/2007; com adaptações.)

De acordo com as informações do texto, o despejo da água de lastro:

a) é ambientalmente benéfico por contribuir para a seleção natural das espécies e, consequentemente, para a evolução delas.

b) trouxe da China um molusco, que passou a compor a flora aquática nativa do lago da hidrelétrica de Itaipu.

c) causou, na usina de Itaipu, por meio do microrganismo invasor, uma redução do suprimento de água para as turbinas.

d) introduziu uma espécie exógena na bacia Paraná-Paraguai, que se disseminou até ser controlada por seus predadores naturais.

e) motivou a utilização de um agente químico na água como uma das estratégias para diminuir a reprodução do mexilhão-dourado.

CAPÍTULO 5

ARTRÓPODES E EQUINODERMOS

Há cerca de 500 milhões de anos a vida estava restrita ao mar. Entre as formas viventes daquela época figuravam espécies que rastejavam pelos pavimentos marinhos e outras que desenvolveram estruturas articuladas, especializadas para locomoção com grande agilidade. Passados 250 milhões de anos, uma enorme catástrofe extinguiu cerca de 90% das espécies marinhas. Entre os descendentes dos animais rastejadores figuram as estrelas-do-mar, animais que pertencem a um filo com características muito particulares e têm representantes apenas marinhos. Os animais com apêndices articulados se diversificaram enormemente e hoje podem ser encontrados em praticamente todos os ambientes do planeta. Fazem parte desse grupo as baratas e os besouros, animais que despertam diferentes sensações nas pessoas. A razão do sucesso evolutivo desses dois grupos, equinodermos e artrópodes, reside em suas características, que serão estudadas neste capítulo.

PROTASOV AN/SHUTTERSTOCK

Figura 5.1 Uma coleção de insetos, grande grupo entre o filo dos artrópodes.

CHECUBUS/SHUTTERSTOCK

Figura 5.2 Bolacha-da-praia sobre a areia.

1 Artrópodes: características gerais

Figura 5.3 Fóssil de um trilobita encontrado no Folhelho de Burgess, no Canadá.

Figura 5.4 Escavação no sítio paleontológico de Burgess, nas Montanhas Rochosas do Canadá.

Nos oceanos primitivos do Cambriano, há pouco mais de 500 milhões de anos, já havia formas com características que estão presentes na fauna atual: uma carapaça e pernas com articulações. Alguns desses animais, chamados *trilobitas*, deixaram muitos fósseis, como o mostrado na **Figura 5.3**, que foi encontrado no Folhelho de Burgess, um sítio paleontológico em **xisto argiloso** muito antigo, situado no oeste do Canadá, nas Montanhas Rochosas. Descoberta em 1909, a região fossilífera de Burgess (**Figura 5.4**) foi declarada pela Unesco como Patrimônio da Humanidade em 1981.

Os trilobitas contam com parentes na fauna atual, que a eles se assemelham visivelmente. Por exemplo, têm as mesmas pernas articuladas, que não existem em nenhuma espécie dos grupos estudados até aqui e dão nome ao filo: *artrópodes* vem do latim *arthropoda*, algo como "pés com joelhos" ou "pernas articuladas".

Os fósseis de invertebrados do Cambriano apresentam detalhes anatômicos impressionantes, inclusive partes moles, como brânquias e intestinos. Os trilobitas tinham duas antenas e o corpo segmentado, com um par de pernas articuladas em cada segmento; o corpo dividia-se em três partes bem diferenciadas – lobos –, característica de que deriva seu nome.

Observando a **Figura 5.5**, podemos perceber que os trilobitas tinham características típicas do filo dos artrópodes, que se provaram extremamente adaptativas, graças às quais ocuparam quase todos os nichos ecológicos disponíveis no planeta. Os zoólogos têm uma explicação geral para esse sucesso biológico: a **cutícula** que envolve todo o corpo, chamada *exoesqueleto*.

Xisto argiloso: rocha sedimentar formada pela deposição de pequeníssimas partículas de argila em ambiente aquático, que frequentemente apresentam fósseis. As ardósias são xistos argilosos muito utilizadas no Brasil como revestimentos de pisos.

Cutícula: nos artrópodes, é uma estrutura delgada que envolve o corpo, formada por diferentes camadas e pode ter rigidez variável, inclusive com deposição de sais de cálcio, o que aumenta sua resistência à compressão.

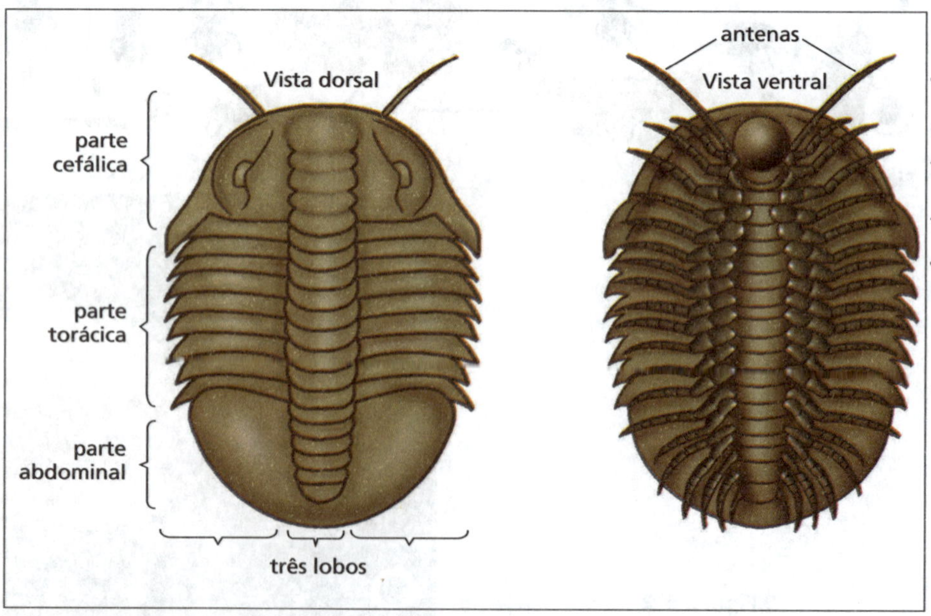

Figura 5.5 Esquema corporal do trilobita.

Exoesqueleto e proteção mecânica

O exoesqueleto dos artrópodes é uma característica original que recobre externamente o animal e propicia proteção mecânica. A originalidade do exoesqueleto se expressa também na sua constituição complexa, formada por camadas de proteína e um polímero de um glicídio, a quitina. Ela é constituída de monômeros, algo parecido com a glicose, mas com uma diferença fundamental: a presença de um átomo de nitrogênio ligado à cadeia carbônica.

Observe na **Figura 5.6**, parte (a), um corte esquemático mostrando a cutícula, suas três camadas, cerdas e a epiderme. Algumas células dessa camada são glândulas, responsáveis pela produção de cera e de outras substâncias que são lançadas em sua superfície. Na parte (b), observe o detalhe da cutícula, formada de diferentes camadas, com as fibras de quitina/proteína em orientações diferentes.

No cambriano, com o ambiente repleto de seres com nematocistos prontos para o disparo, um esqueleto externo rígido equivaleria à armadura de um cavaleiro medieval, a defendê-lo das flechas e das espadas. Em períodos geológicos subsequentes, o exoesqueleto continuou sendo muito útil, mesmo se por outras razões, em outros contextos ecológicos e evolutivos.

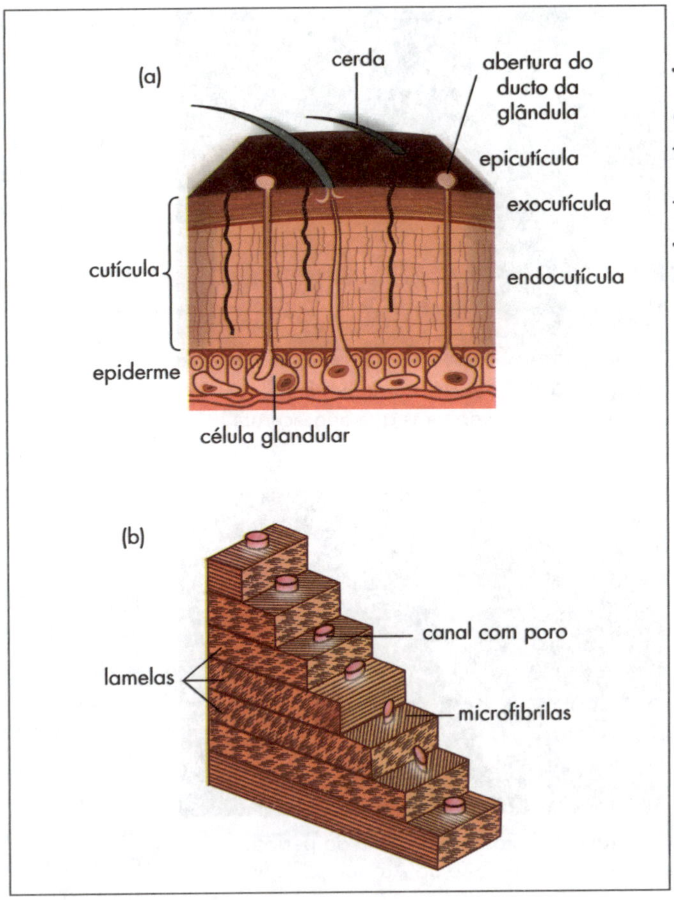

Figura 5.6 Cutícula dos artrópodes.

Exoesqueleto e perda de água

A camada mais externa do exoesqueleto é constituída apenas por proteína, mas esta é revestida por um lipídio extremamente **hidrofóbico**, uma cera. Há aberturas de ductos que trazem material produzido por glândulas situadas na epiderme, a parte viva do revestimento do animal. Isso significa tanto que um artrópode tem a superfície do corpo impermeável como também (o que é muito mais importante) que os animais desse filo podem viver em ambientes onde a água é escassa, como as regiões áridas e desérticas.

Hidrofóbico: diz-se da substância insolúvel em água. Os lipídios têm uma molécula que possui uma fração hidrofóbica e outra hidrofílica. Nas ceras, como a que existe em nosso ducto auditivo, prevalece a fração que repele a água.

Não foi por acaso que os antigos egípcios escolheram um artrópode como o besouro mostrado na **Figura 5.7** como amuleto da sorte. Esses animais conseguiam se enterrar na areia do deserto e "renascer" depois de algum tempo, dando a impressão de que tinham ressuscitado. Eles eram vistos rolando uma bolota de esterco, que enterravam. Os besouros simplesmente tinham posto ovos na bolota. Ao eclodir, a larva encontrava alimento suficiente para crescer e passar pela metamorfose, transformando-se no besouro adulto que sai do solo.

Figura 5.7 Casal do besouro conhecido como "rola-bosta". O macho faz uma bolota de fezes de animais onde a fêmea, depois de fecundada, põe seus ovos. Besouros com cerca de 1 cm comprimento.

CREATIVENATURE R.ZWERVER/SHUTTERSTOCK

Figura 5.8 As libélulas figuram entre os primeiros insetos voadores que apareceram na Terra.

SCIENCE PHOTO LIBRARY/LATINSTOCK

Figura 5.9 Fóssil de libélula do período Cretáceo da chapada do Araripe (CE), Brasil.

O exoesqueleto e o voo

Os movimentos de um verme são caracteristicamente pouco precisos, ao contrário dos de uma aranha. A musculatura dos artrópodes, ao contrário da dos vermes, está ligada a apoios fixos, dobras internas de seu exoesqueleto rígido.

A possibilidade de voo é muito comum nos animais de uma classe extremamente bem-sucedida do filo dos artrópodes: os *insetos*. O exoesqueleto rígido, ao mesmo tempo leve e capaz de proporcionar movimentos muito precisos, possibilitou o aparecimento do voo (como o da libélula da **Figura 5.8**).

A capacidade de voo não apareceu de maneira abrupta. Havia artrópodes no Período Cambriano, há cerca de 520 milhões de anos, mas eles viviam nos mares. Artrópodes voadores aparecem no registro fóssil do Carbonífero **Figura 5.9**, mais de 100 milhões de anos mais tarde, quando já tinham aparecido os primeiros peixes. Todavia, a grande diversificação dos insetos vai transcorrer cerca de 150 milhões de anos adiante, e perdurará por mais de 50 milhões de anos. No Cretáceo, há cerca de 100 milhões de anos, a diversificação dos insetos já era enorme, mas se ampliou em época mais recente.

Observe na **Figura 5.10** a diversificação dos insetos ao longo do tempo. Repare que, na Era Cenozoica, a diversificação desses três grupos de insetos se ampliou. A largura das barras indica a quantidade de espécies desses grupos de insetos e de angiospermas. As grandes extinções (como a dos dinossauros) ocorridas entre o Período Cretáceo e a Era Cenozoica parecem não ter afetado a diversificação desses grupos de seres vivos.

Para entender a vantagem adaptativa do voo é necessário nos situarmos adiante do Cambriano, a partir do Carbonífero – período em que, como veremos no Capítulo 12, as plantas desenvolveram a lignina e abriram suas folhas cada vez mais longe do solo, ganhando porte arbóreo e constituindo florestas.

ACERVO DA EDITORA

Representação fora de escala. Cores-fantasia.

Figura 5.10 Diversificação das angiospermas (à esquerda) e de três grupos de insetos polinizadores (himenópteros, lepidópteros e dípteros).

A capacidade de voar dos insetos e a de escalar árvores de outros artrópodes, como os aracnídeos, ampliou enormemente o potencial de dispersão desses animais, permitindo a exploração de ambientes que ainda não haviam sido ocupados por nenhum outro metazoário.

A dispersão da espécie passou a ser realizada pelas formas adultas, que têm maior capacidade sensorial do que larvas e são mais bem-sucedidas ao encontrar locais propícios para colonização.

Com o aparecimento das angiospermas no Cretáceo, a diversificação dos insetos não diminuiu, ao contrário, se ampliou significativamente. Reveja o gráfico da **Figura 5.10**: o grande aumento das espécies dos três tipos de insetos polinizadores ocorreu simultaneamente à diversificação das angiospermas. A evolução das plantas (especialmente das angiospermas) e dos insetos passaram a depender uma da outra, evidenciando um processo denominado *coevolução*.

Exoesqueleto e articulações

Outra característica importante do exoesqueleto é sua dureza variável. Pontos de menor rigidez podem ser dobrados com facilidade, pois a cutícula se torna mais fina. Isso nos permite entender a grande quantidade de articulações nos artrópodes (**Figura 5.11**).

GARRY DELONG/LATINSTOCK

Figura 5.11 Parte da perna de uma abelha mamangava (*Bombus* sp.) mostrando as articulações. A perna inteira mede 2,5 cm.

As articulações possibilitam movimentos mais precisos. Os artrópodes foram batizados assim pela presença de articulações, mas elas precisam de músculos que as movimentem. A musculatura dos artrópodes é constituída de músculos muito semelhantes aos músculos esqueléticos dos vertebrados, capazes de movimentação rápida. Isso, no entanto, requer intensa liberação de energia, o que implica alta demanda de oxigênio. Assim, os artrópodes associam três fatores: os estoques de substâncias energéticas (como lipídios), a alta concentração de glicídios nos fluidos corpóreos e a grande capacidade de captação de oxigênio, com perda mínima de água. Nos insetos, isso rende grande eficiência aos movimentos.

Exoesqueleto e crescimento

Como vimos, um exoesqueleto rígido traz muitas vantagens, como proteção mecânica, contenção de água e possibilidade de movimentos muito precisos. No entanto, acabou por trazer algumas desvantagens. Uma delas se refere ao crescimento externo, limitado pela falta de elasticidade. Observe na **Figura 5.12** uma cigarra, ao trocar de exoesqueleto. Sendo rígido, não cresce, mas o organismo sofre diversas mudanças hormonais, que determinam a troca de exoesqueleto.

O processo de troca ou muda do exoesqueleto, denominado *ecdise*, é determinado por hormônios que alteram o trabalho das células, sobretudo das que fabricam as substâncias que constituem o exoesqueleto.

Como regra, admite-se que exista um hormônio que mantém o inseto com pequeno crescimento, sem ocorrência de muda do exoesqueleto (o chamado *hormônio juvenil*). Admite-se também que um outro hormônio inicie o processo de ecdise (o chamado *hormônio da muda*, ou *ecdisona*).

A ecdise confere aos artrópodes um tipo de crescimento externo bastante característico, que não ocorre de forma contínua. Após a troca, a cutícula nova ainda é flexível e permite certo crescimento enquanto não se torna muito rígida, quando então se torna necessária uma nova ecdise. Um artrópode troca de quatro a sete vezes seu exoesqueleto antes de atingir a idade adulta. Na página seguinte, o **Gráfico 5.1** ilustra o crescimento externo dos artrópodes.

KATARINA CHRISTENSON/SHUTTERSTOCK

Figura 5.12 Muda (ou ecdise) de uma cigarra. A ninfa permanece enterrada por vários anos, até que sai da terra e se prepara para sua última muda.

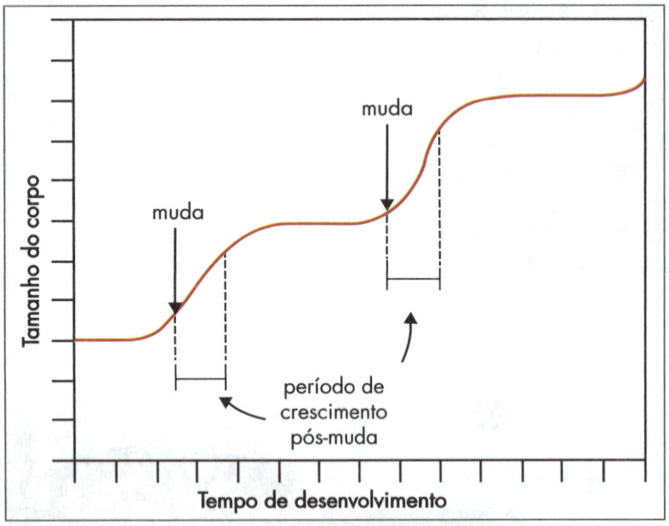

Gráfico 5.1 Gráfico de crescimento externo dos artrópodes.

Muitos artrópodes passam por modificações profundas entre as fases larval e adulta (**Figura 5.13**). Essas modificações, chamadas *metamorfose*, conferem a esses animais algumas vantagens adaptativas. Ela conferiu aos insetos a possibilidade de diversificar os nichos ecológicos de acordo com a fase de sua vida. Isso diminui a competição entre animais da mesma espécie (*competição intraespecífica*), uma vez que as formas larvais possuem hábitos alimentares distintos dos das formas adultas. A predação também é afetada, dado que um mesmo predador pode ser incapaz de alimentar-se de todas as formas de uma mesma espécie presentes em um mesmo local o que torna mais difícil sua extinção naquela área.

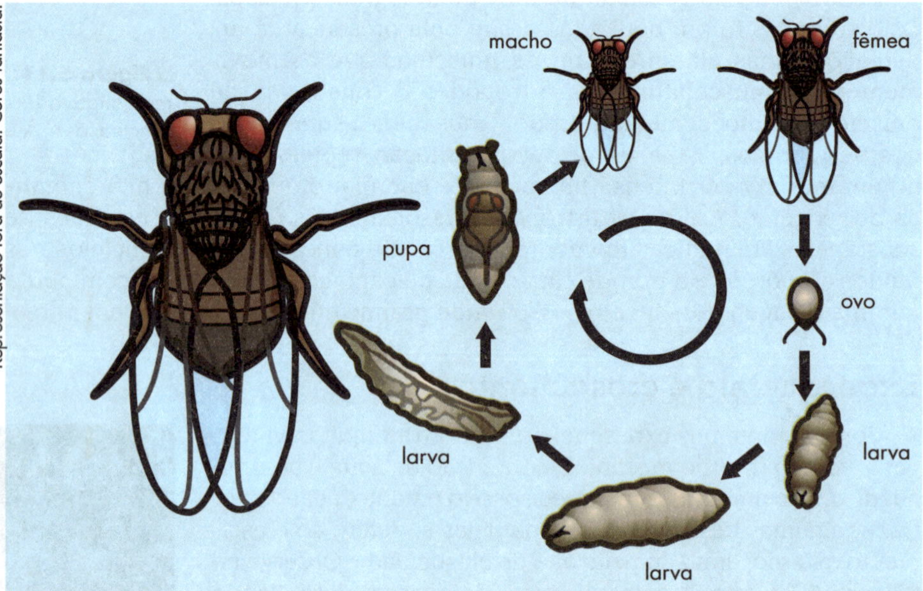

Figura 5.13 Fases da metamorfose das moscas do gênero *Drosophila*, as conhecidas "mosquinhas-da-banana", cujos adultos medem cerca de 2 mm.

2 Estrutura dos artrópodes

O embrião dos artrópodes tem clivagem em espiral, com três folhetos germinativos (triploblástico) e desenvolvimento protostômico. Os artrópodes são animais celomados, embora seu celoma seja muito reduzido, com uma cavidade corporal (hemocela) por onde o fluido corpóreo (*hemolinfa*) retorna ao coração.

A segmentação do corpo (*metameria*) é evidente, embora muitos segmentos se tornem bastante especializados. Alguns segmentos podem ter um par de apêndices, como o artrópode da **Figura 5.14**, ou dois pares de apêndices.

Figura 5.14 Artrópode conhecido como lacraia-gigante-da-Amazônia (*Scolopendra cingulata*), que pode atingir mais de 30 cm de comprimento.

Circulação e digestão

O sistema circulatório dos artrópodes é aberto, e o sangue, ao deixar a hemocela, passa para o coração, que o bombeia novamente pelo resto do corpo. O transporte de gases respiratórios é realizado pelos fluidos corpóreos (hemolinfa) em alguns grupos de artrópodes, em especial naqueles que não possuem sistema respiratório traqueal. A hemolinfa é muito rica em compostos energéticos, principalmente em *trealose*, um carboidrato com grande densidade energética. A hemolinfa possui teor de glicídios cerca de 300 vezes maior do que o sangue humano.

A movimentação do animal aumenta a circulação da hemolinfa, o que evidencia a grande funcionalidade desse sistema, em especial nos grupos em que a distribuição de oxigênio é feita diretamente por traqueias e não pela hemolinfa.

No passado eram muito ressaltadas as semelhanças entre anelídeos e artrópodes. No entanto, uma das características francamente divergentes entre eles é o sistema circulatório, como mostra a **Figura 5.15**.

Representação fora de escala. Cores-fantasia.

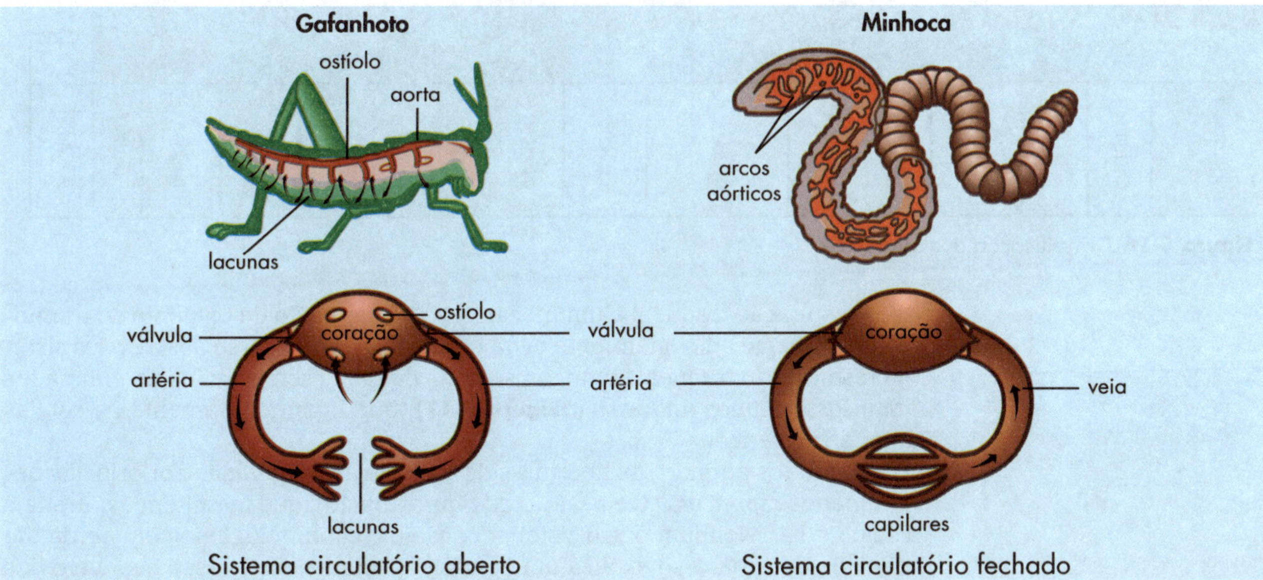

RICARDO PAONESSA

Figura 5.15 Comparação entre o sistema circulatório de anelídeos e o de artrópodes.

No sistema circulatório aberto, o sangue sai dos vasos e cai em lacunas, sendo reconduzido para os órgãos que atuam como coração por meio de pequenos orifícios (ostíolos) – este é o caso dos artrópodes. Já os anelídeos têm o sangue permanentemente circulando em vasos, que o mantêm sob pressão.

O sistema digestório dos artrópodes é completo, com boca e ânus; possui ainda peças bucais adaptadas aos diversos modos de alimentação.

Respiração e excreção

A respiração dos artrópodes está intimamente ligada a seu hábitat. Os insetos, e também os diplópodes e os quilópodes, têm um *sistema traqueal*, enquanto aranhas e escorpiões possuem um *pulmão foliáceo*. Animais aquáticos desenvolveram outras estruturas, em especial *brânquias*.

A diversificação dos artrópodes ocorreu ao longo de centenas de milhões de anos, enfrentando grandes variações dos níveis de oxigênio atmosférico (**Figura 5.16** na próxima página). Os aracnídeos, com seus pulmões foliáceos, puderam crescer bastante quando os níveis de oxigênio do ar se elevaram muito, em especial no Carbonífero. No entanto, quando esses níveis declinaram, os artrópodes não atingiram os mesmos tamanhos.

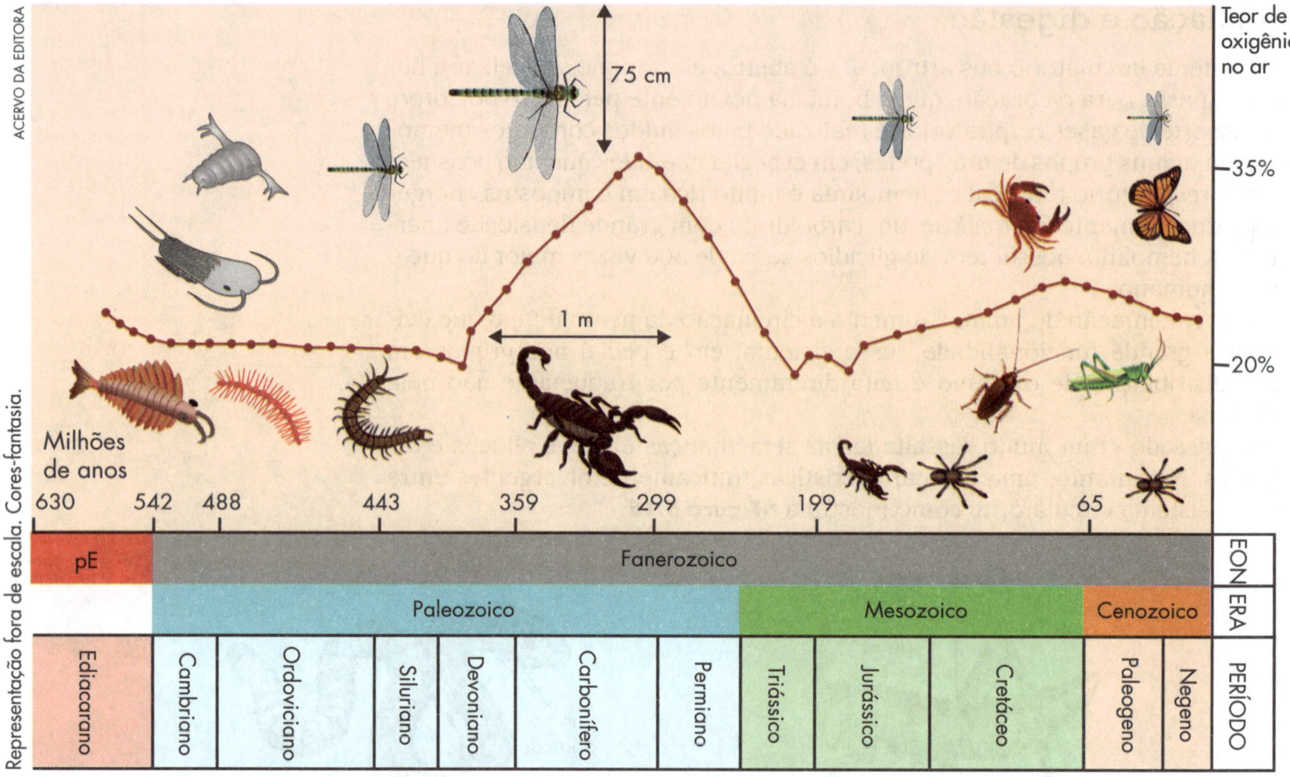

Figura 5.16 Diversificação dos artrópodes.

A respiração traqueal é um mecanismo de captação de oxigênio do ar muito eficiente que adicionalmente evita perda de água. Pode-se descrever o sistema respiratório traqueal como um sistema de tubos semirrígidos denominados *traqueias* ou *tubos traqueais* (**Figura 5.17**), que ligam diretamente as células ao ar atmosférico.

Em muitos animais, as aberturas do sistema são reguladas por orifícios denominados *espiráculos* (veja a foto da figura abaixo), que permitem a entrada e a saída de ar. Nenhum outro sistema consegue captar oxigênio com perda tão reduzida de água. Isso explica uma parte importante do sucesso evolutivo dos animais que possuem esse sistema e ocupam, por exemplo, locais desérticos antes não habitados por outros grupos.

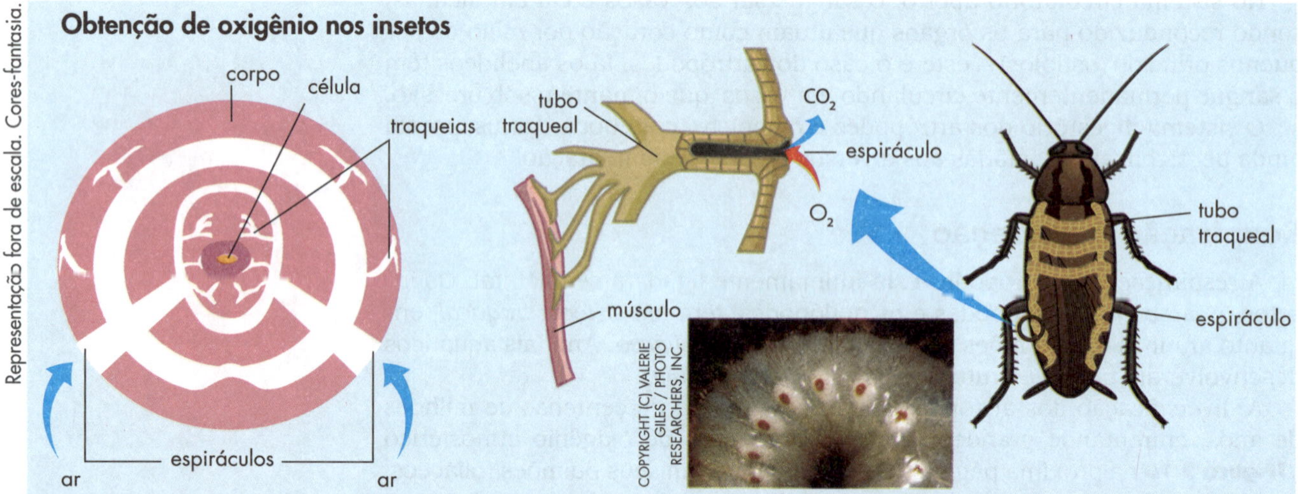

Figura 5.17 Circulação do ar dentro do corpo de insetos, um tipo muito bem-sucedido de artrópode. Observe o sistema traqueal e, na foto, detalhe dos espiráculos.

Esse sistema é muito mais eficiente do que outros nos quais o ar é captado por um pigmento respiratório, como a hemocianina, e transportado por um sistema circulatório semelhante ao dos moluscos (aberto). A adaptação ao voo, que demanda muita energia e, portanto, muito oxigênio, só foi possível por causa da alta eficiência do sistema respiratório, que garante a atividade aeróbica dos músculos.

Os órgãos excretores podem ser do tipo **túbulos de Malpighi** (que ocorre nas aranhas e nos insetos) ou do tipo *glândulas coxais* – que são semelhantes aos nefrídios dos anelídeos, porém se abrem nas coxas de alguns apêndices locomotores.

Túbulos de Malpighi: túbulos excretores que se abrem no intestino.

Órgãos dos sentidos

Os *olhos compostos* são típicos dos artrópodes e ocorrem em todos os grupos. Eles são formados por centenas (ou até milhares) de unidades fotorreceptoras denominadas *omatídios* (**Figura 5.18**). Cada uma dessas unidades forma uma imagem, que é combinada com as outras para formar uma imagem geral do objeto.

SCIENCE PHOTO LIBRARY/LATINSTOCK

Figura 5.18 Cabeça de um mosquito, em micrografia eletrônica de varredura: os olhos foram coloridos de roxo.

MUSEU DO LOUVRE, PARIS

Figura 5.19 A imagem formada pelo olho composto de um inseto (acima, à esquerda) e a imagem que o olho humano produz (à direita).

Embora esses olhos sejam capazes de detectar comprimentos de onda invisíveis aos olhos de outros animais (como a faixa do ultravioleta, que os mamíferos não veem), a imagem que formam é comparativamente pobre, de baixa definição (**Figura 5.19**).

O sistema nervoso dos artrópodes é bastante desenvolvido: o cérebro, muito elaborado, liga-se a um anel nervoso que circunda o estômago e a um cordão nervoso maciço, duplo, que percorre todo o corpo do animal pela região ventral, com um gânglio em cada segmento. O controle do comportamento dos artrópodes é realizado pelo cérebro.

Um animal dotado de armadura tem pouca sensibilidade em relação ao meio, problema acentuado pela visão limitada. Para compensá-lo, os artrópodes desenvolveram cerdas, antenas e outras estruturas cuja função é perceber as condições externas. Isso explica a razão de ser difícil apanhar uma mosca durante o voo.

3 Diversidade dos artrópodes

Além de ser o filo com maior número de espécies, com cerca de um milhão de espécies catalogadas, os artrópodes apresentam grupos de espécies com populações de grande tamanho. Estima-se que os insetos, o grupo mais numeroso, existam na razão aproximada de 200 milhões de indivíduos para cada ser humano no planeta Terra. O esquema da **Figura 5.20** apresenta os principais grupos que formam este grande filo.

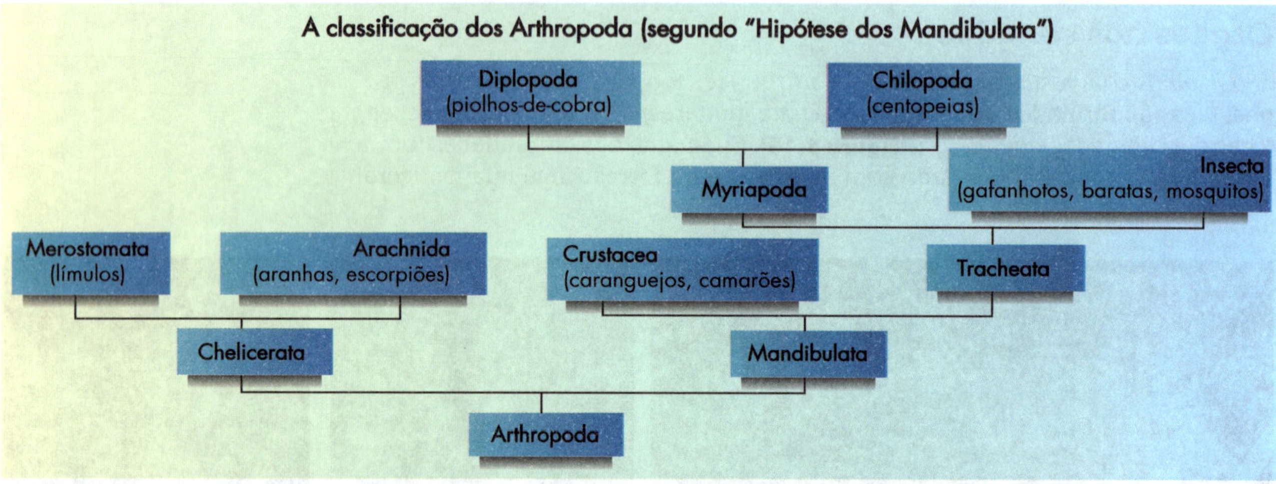

ACERVO DA EDITORA

Figura 5.20 O filo dos artrópodes tem representantes vivos no subfilo dos quelicerados e dos mandibulados.

Os quelicerados: grupo Chelicerata

Os quelicerados constituem um grupo bastante antigo, com animais extintos e viventes. De modo geral, possuem seis pares de apêndices, constituídos por: um par de quelíceras, um par de pedipalpos e quatro pares de apêndices locomotores. As *quelíceras* são apêndices localizados na região da boca, que auxiliam o animal na alimentação ou defesa, uma vez que não possuem mandíbulas. Os *pedipalpos* são apêndices localizados na região cefálica (cefalotórax) utilizados para capturar e manipular o alimento, entre outras funções.

Os quelicerados não possuem antenas nem tampouco mandíbulas; a maioria é predadora, e grande parte das espécies injeta algum tipo de substância digestiva na presa e suga os líquidos resultantes.

Os merostomados: classe Merostomata

Este grupo de quelicerados é formado por espécies extintas, como os escorpiões-de-água-gigantes, que atingiam 3 metros de comprimento, e por espécies da fauna atual, como os límulos, que são considerados fósseis vivos.

Os límulos (**Figura 5.21**), também chamados xifosuros, são quelicerados marinhos, geralmente de águas rasas. Apresentam a mesma forma corpórea desde o Período Triássico: uma carapaça não segmentada em forma de ferradura, cefalotórax, abdome largo e uma longa cauda, chamada télson.

Os sexos são separados, e animais de ambos os sexos se aglomeram em águas rasas nas noites de lua cheia. A fecundação é externa. A larva tem forma que lembra um trilobita e passa por sucessivas mudas até que realiza uma metamorfose gradual.

AIMINTANG/ISTOCKPHOTO

Figura 5.21 *Limulus polyphemus*, um quelicerado merostomado atual. Sua carapaça tem cerca de 30 cm.

Os aracnídeos: classe Arachnida

Este grande grupo de quelicerados é formado por aranhas, escorpiões, pseudoescorpiões, escorpiões-vinagre, carrapatos, ácaros, opiliões e outros animais.

O corpo dos aracnídeos é formado por duas partes: o *cefalotórax* e o *abdome*. O cefalotórax possui geralmente um par de quelíceras, um par de pedipalpos e quatro pares de apêndices locomotores.

A maioria dos aracnídeos é predadora, dotada de quelíceras; nas aranhas as quelíceras são inolucadoras de veneno. Nos escorpiões o veneno é injetado por uma estrutura situada na região terminal do abdome.

Estudaremos em detalhes três grupos de aracnídeos: as aranhas (ordem Araneae), os escorpiões (ordem Scorpionida) e os ácaros e carrapatos (ordem Acari). Estes últimos colonizam uma ampla gama de ambientes, desde regiões muito frias e úmidas até desertos.

As aranhas

Predadoras, usualmente as aranhas se alimentam de insetos (**Figura 5.22**). Após a captura da presa, inoculam um líquido digestivo que liquefaz os tecidos do corpo da vítima. As aranhas normalmente se alimentam sugando os tecidos liquidificados de suas presas e algumas espécies podem ter toxinas associadas.

As aranhas compartilham com os demais artrópodes as principais características fisiológicas, com exceção das trocas gasosas, que nelas é feita por *pulmões foliáceos*, bolsas de ar que trocam gases com o meio externo. Em algumas espécies há um sistema traqueal adicional.

Uma importante característica das aranhas é a produção de um fio chamado seda, mais resistente que o aço. Forma-se quando as glândulas fiandeiras secretam um líquido que vai endurecendo à medida que é puxado. Com a seda, as aranhas elaboram suas teias, em que se abrigam, revestem ninhos, também chamados de *ooteca* (**Figura 5.23**), e enrolam a presa.

RON ROWAN PHOTOGRAPHY/SHUTTERSTOCK

Figura 5.22 A *Argiope aurantia*, uma dentre as mais de 35 mil espécies de aranhas. O corpo, sem as pernas, tem cerca de 3 cm.

IUROCHKIN ALEXANDR/SHUTTERSTOCK

Figura 5.23 Aranha (*Pardosa* sp.) com ooteca feita de fios de seda. Animal com cerca de 4 cm de comprimento.

Apesar da fama de animal perigoso, quase todas as espécies de aranha são inofensivas para os seres humanos. No Brasil, as espécies que realmente oferecem perigo são a viúva-negra (*Latrodectus* sp.), a aranha-marrom (*Loxosceles* sp.) e a aranha-armadeira (*Phoneutria* sp.). A picada de uma aranha-marrom provoca uma dor leve, porém o local fica arroxeado e em alguns dias surge uma necrose que pode ter consequências graves, sendo necessário cuidado médico.

A reprodução das aranhas ocorre por fertilização interna e indireta, pois há transferência de um "pacote" com espermatozoides do macho para a fêmea por meio de um pedipalpo. As aranhas são *ovíparas* e depositam seus ovos em ootecas feitas com fios de seda. Seu desenvolvimento é direto, sem formas larvais.

Os escorpiões

Como a maioria das espécies em regiões tropicais e subtropicais, os escorpiões são aracnídeos de hábitos noturnos. Como muitos outros quelicerados, utilizam os pedipalpos para imobilizar as presas, geralmente insetos e aranhas, e as quelíceras para dilacerá-las. Uma estrutura característica dos escorpiões, responsável por sua fama e simbologia de perigo, é o *aguilhão*, que fica na parte terminal do abdome, ou extremidade caudal, e injeta veneno nas presas (**Figura 5.24**).

Esses animais se reproduzem após uma complexa dança de acasalamento. A fertilização é interna, havendo transferência de um pacote de espermatozoides, que pode ser deixado no solo e alcançado pela fêmea. Os escorpiões podem ser *ovovivíparos* ou *vivíparos*, de forma que os embriões se desenvolvem dentro do trato reprodutivo das fêmeas. Após vários meses de desenvolvimento embrionário (que pode chegar a um ano em algumas espécies), os jovens migram para o dorso da mãe (**Figura 5.25**), onde permanecem por certo tempo após a primeira muda.

MAURO RODRIGUES/SHUTTERSTOCK

Figura 5.24 Escorpião adulto, no qual se observa o aguilhão na extremidade caudal.

JAMES C. BARTHOLOMEW/SHUTTERSTOCK

Figura 5.25 Escorpião fêmea com os filhotes no dorso, cerca de 5 cm de comprimento.

Os ácaros e os carrapatos

Há ácaros em todo o planeta, nos ambientes aquáticos e terrestres, desde os desertos até as regiões polares. Apesar de estarem descritas cerca de 30 mil espécies, acredita-se que exista cerca de 1 milhão. A maioria deles é de vida livre; muitos habitam a poeira domiciliar, causando alergias. Outros são parasitas, tanto de animais como de plantas.

Ao redor da boca apresentam um par de pedipalpos e um par de quelíceras fundidas, formando uma estrutura afiada, capaz de perfurar a pele do hospedeiro, no caso dos parasitas, ou de dilacerar e agarrar o alimento. Os ácaros têm porte bastante pequeno, com cerca de um milímetro ou menos (**Figura 5.26**). Os carrapatos, entretanto, podem chegar a 3 centímetros. Esses animais possuem os segmentos do corpo fundidos completamente, sem nenhum sinal externo de segmentação.

Há diversas espécies de ácaros importantes para a saúde humana. Uma delas, o *Demodex* sp., é conhecida popularmente como cravo; sua larva se alimenta da secreção dos folículos pilosos da pele, e não chega a ser considerada patogênica. Outras espécies desse gênero causam a sarna em animais, e um ácaro de outro gênero, o *Sarcoptes scabiei*, causa a sarna humana. Além das doenças causadas pelos próprios ácaros, há doenças que eles transmitem, como a febre maculosa, transmitida pelo carrapato-estrela (**Figura 5.27**).

EYE OF SCIENCE/SCIENCE PHOTO LIBRARY/SPL/LATINSTOCK

Figura 5.26 Ácaro, em micrografia eletrônica de varredura. Tamanho aproximado do animal: 230 μm.

JAMES GATHANY / CENTERS FOR DISEASE CONTROL AND PREVENTION

Figura 5.27 Carrapato-estrela (*Amblyomma cajennense*; até cerca de 3 cm de diâmetro), transmissor da febre maculosa nas Américas, inclusive no Brasil.

Os crustáceos: grupo Crustacea

Com seu nome derivado da palavra latina *crusta*, que significa "concha", os crustáceos formam um grupo de maioria aquática, com uma carapaça rígida calcificada. São cerca de 30 mil espécies, muitas delas utilizadas na alimentação humana: camarões, caranguejos, siris (**Figura 5.28**, à esquerda), lagostas e lagostins. Há espécies diminutas de crustáceos que não apresentam calcificação no exoesqueleto, como o *krill* (**Figura 5.28**, à direita), que constitui um alimento muito apreciado pelas baleias.

Abundantes nos mares e nos oceanos, os crustáceos podem ser encontrados tanto enterrados no lodo como no plâncton. Juntamente com os insetos, compõem 80% das espécies de animais já descritas. Assim como os *Tracheata*, os crustáceos são animais mandibulados, ou seja, possuem apêndices similares a presas no lugar das quelíceras. Compartilham diversas características com os demais artrópodes, entre elas a presença de antenas e de maxilas. A característica exclusiva dos crustáceos é a presença de *dois pares de antenas*, desenvolvidas como órgãos sensoriais. Sua respiração é branquial, mesmo em animais terrestres, e as principais partes do corpo são o cefalotórax e o abdome, com apêndices diversos que cumprem diferentes funções (**Figura 5.29**).

JENNIFER WHITE MAXWELL/SHUTTERSTOCK

DMYTRO PYLYPENKO/SHUTTERSTOCK

Figura 5.28 Exemplos de crustáceos: siri, decápode, que mede cerca de 8 cm de comprimento; e *krill*, com até 2 cm.

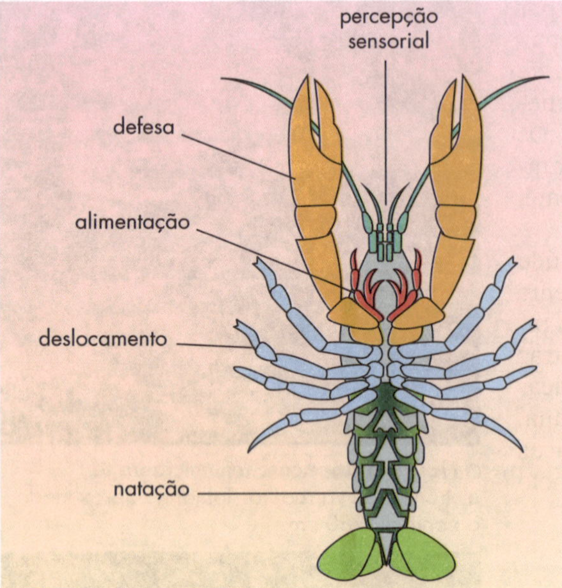

ACERVO DA EDITORA

Cores-fantasia.

Figura 5.29 Funções dos diversos apêndices dos crustáceos (vista ventral).

O mais conhecido grupo de crustáceos é a classe Malacostraca, que inclui lagostas, caranguejos, siris, camarões, tatuzinhos-de-jardim (**Figura 5.30**) e outros. Entre os malacostracas destacam-se os decápodes, animais que, como o nome indica (*deca* = dez; *podos* = pés), possuem cinco pares de *apêndices ambulatórios*, isto é, adaptados para a marcha; são os caranguejos, as lagostas, os siris e os camarões.

A reprodução dos crustáceos realiza-se com fecundação externa. O desenvolvimento do embrião ocorre, na maioria das espécies, de forma indireta, através de uma larva chamada *náuplio*, que pode ser livre-natante ou permanecer dentro do ovo em desenvolvimento.

A larva na forma de náuplio só ocorre nos crustáceos. Alguns deles – caso das espécies de água doce e terrestres – não apresentam forma larval, pois os ovos têm muito vitelo e o desenvolvimento ocorre dentro de ovos, que frequentemente ficam em bolsas.

MAURO RODRIGUES/SHUTTERSTOCK

Figura 5.30 Tatuzinho-de-jardim, um crustáceo terrestre (atinge cerca de 1,5 cm de comprimento).

O grupo Tracheata

Os **Tracheata** possuem apenas um par de antenas na cabeça. Esses animais apresentam traqueias como forma de respiração. Há dois agrupamentos nesse grupo: os *miriápodes*, constituído por animais com muitas pernas, como os piolhos-de-cobra, as centopeias e as lacraias, e os *insetos*, constituído por animais com apenas seis pernas.

> **Tracheata:** reúne os grupos com notável adaptação para o ambiente terrestre, na forma de um sistema respiratório formado por um sistema de traqueias.

Os miriápodes: Myriapoda

Como o próprio nome indica, esses animais apresentam muitos pés (*myria* = dez mil, *podos* = pés). Seu corpo é constituído basicamente por duas partes: cabeça e tronco. Os mais antigos fósseis de animais vivendo em ambientes terrestres são justamente de miriápodes, tendo vivido há pelo menos 490 milhões de anos. São animais de sexos separados, que se reproduzem sem estágios larvais. Há dois grupos de miriápodes, os quilópodes e os diplópodes.

Os *quilópodes* (*chilioi* = mil), mais conhecidos como *lacraias* ou *centopeias*, são miriápodes com o corpo suavemente achatado (**Figura 5.31**). Conhecem-se cerca de 3 mil espécies. Sua cabeça apresenta apêndices modificados em antenas, mandíbulas e maxilas. Cada segmento do corpo possui um par de apêndices locomotores. São animais carnívoros muito ágeis, e o primeiro par de apêndices (forcípulas) são garras que injetam veneno em suas presas, provocando a morte das presas, insetos, minhocas ou mesmo pequenos vertebrados. Algumas lacraias atingem cerca de 20 centímetros de comprimento e oferecem perigo até para seres humanos, pois a picada pode provocar febre, vômito, sendo necessário atendimento médico.

Os *diplópodes*, mais conhecidos como *piolhos-de-cobra* ou *embuás* (**Figura 5.32**), constituem uma classe com cerca de 10 mil espécies, que possuem o corpo cilíndrico formado por 25 a 100 segmentos; cada um deles, com exceção dos primeiros, se origina da fusão de dois segmentos, por isso os adultos têm dois pares de apêndices locomotores por segmento, de onde se origina o nome do grupo (*diplo* = duplo). Esses animais movimentam-se devagar e a maioria é herbívora.

Os insetos: Insecta

Existem cerca de um milhão de espécies conhecidas de insetos – e provavelmente esse número se multiplicará muito com estudos futuros, estimando-se que venham a ser descritas por volta de 10 milhões de espécies. Trata-se do maior grupo de animais da Terra, como mostra a **Figura 5.33**.

Figura 5.31 Centopeia, quilópode que pertence ao grupo dos miriápodes.

Figura 5.32 Piolho-de-cobra, miriápode da classe dos diplópodes.

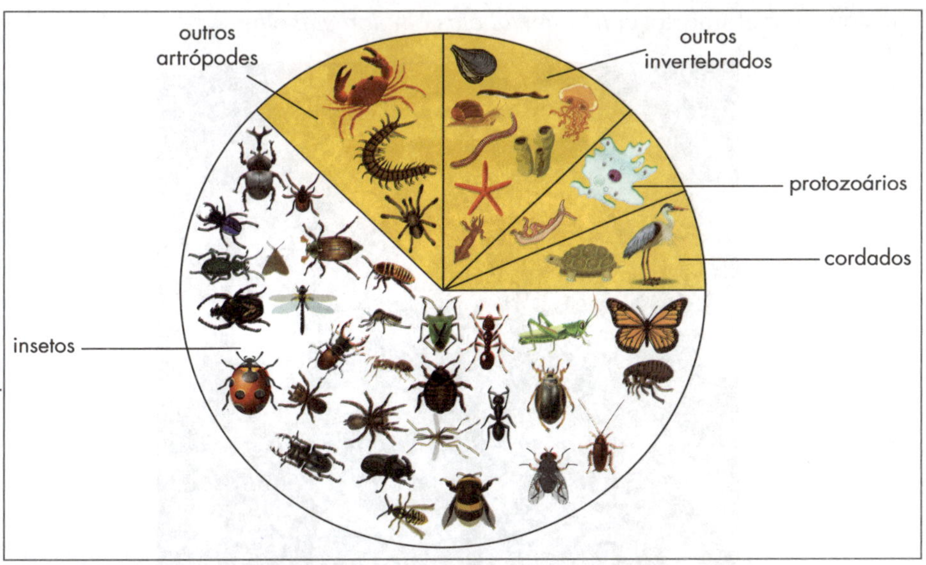

Figura 5.33 As espécies conhecidas de insetos somam por volta de um milhão, mais que o dobro das espécies dos demais grupos de animais.

FRANK FOX/SCIENCE PHOTO LIBRARY/LATINSTOCK

Figura 5.34 Detalhe da asa de uma libélula vista ao microscópio óptico (aumento de cerca de 3 vezes).

LIGHTSPRING/SHUTTERSTOCK

Figura 5.35 Louva-a-deus: seus membros dianteiros são adaptados para capturar presas.

Os insetos possuem três pares de pernas. Seu corpo apresenta a divisão característica em cabeça, tórax e abdome. Possuem um par de antenas, com funções olfativas, tácteis ou mesmo auditivas e muitos possuem asas. Seu tamanho não ultrapassa alguns centímetros de comprimento.

Embora pequenos, são animais de distribuição ampla, e se encontram em praticamente todos os *hábitats*, com exceção dos mares, onde são, de fato, raros.

As asas dos insetos são formadas por extensões da cutícula e consistem em uma membrana dupla atravessada por veias que sustentam a estrutura (**Figura 5.34**), com traqueias e nervos em meio à hemolinfa.

Há variações quanto à presença e ao número de asas: nas formigas e nos cupins, as asas estão presentes apenas nos adultos em fase reprodutiva; já as pulgas e os piolhos não possuem asas em nenhum momento de sua vida. As abelhas possuem quatro asas, como quase todos os insetos alados, mas os insetos do grupo das moscas têm duas, por isso mesmo são chamados dípteros (*pteros* = asa).

As pernas são adaptadas para os mais diversos tipos de locomoção: as das moscas, por exemplo, possuem almofadas adesivas, que permitem o movimento de ponta-cabeça. As pernas de grilos e gafanhotos possuem adaptações para o salto, e as de alguns insetos aquáticos possuem adaptações para o nado, enquanto o louva-a-deus possui as pernas anteriores adaptadas para a captura de presas (**Figura 5.35**).

A alimentação dos insetos também é bastante diversificada: a maioria alimenta-se de fluidos e tecidos vegetais, porém há insetos saprófagos, predadores e parasitas. A cada modo de alimentação corresponde uma adaptação das peças bucais, originando aparelhos bucais picadores, lambedores, sugadores ou mastigadores (**Figura 5.36**).

A reprodução dos insetos é geralmente sexual. Em alguns grupos, como formigas, abelhas, vespas e pulgões, pode ocorrer *partenogênese*, em que um novo indivíduo é gerado por fêmea que não foi fertilizada por macho.

Após o desenvolvimento embrionário, a maioria dos insetos muda drasticamente sua forma juvenil para a adulta. Essa transformação, denominada *metamorfose*, permite classificar os insetos em três grupos: *ametábolos*, que não sofrem metamorfose; *hemimetábolos* e *holometábolos*.

SPL/LATINSTOCK

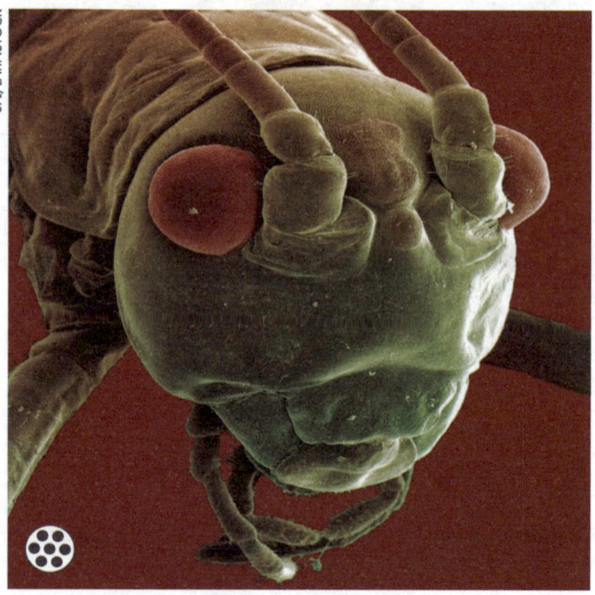

Figura 5.36 Aparelho bucal de gafanhoto, exemplo do tipo mastigador.

Insetos e metamorfose

Os insetos ametábolos apresentam desenvolvimento direto, sem fase larval. As formas juvenis são semelhantes às adultas (**Figura 5.37**), porém com menor tamanho. Esse é o caso das traças, que não possuem asas em nenhuma fase da vida.

SCENICS AND SCIENCE/GETTY IMAGES

CLAUDIO DIVIZIA/SHUTTERSTOCK

Figura 5.37 Traças-de-livros jovens (à esquerda, com 2 mm) e um indivíduo adulto (à direita, com 15mm): note que, com exceção do tamanho, não há diferenças entre as formas jovens e as adultas.

Os insetos passam por diversas mudas, inclusive as formas larvais. Curiosamente, quando atingem a fase alada, cessam seu crescimento. Há dois tipos de metamorfose: incompleta e completa. Os insetos hemimetábolos sofrem a chamada *metamorfose incompleta*. Os jovens, que não possuem asas nem tampouco órgãos reprodutores maduros, são chamados *ninfas* (**Figura 5.38**). À medida que crescem, vão desenvolvendo asas que aparecem como brotos externos, até formarem adultos com asas (chamados *imagos*). As cigarras e as libélulas pertencem a esse grupo.

VITALII HULAI/SHUTTERSTOCK

NANCY NEHRING/ISTOCKPHOTO

Figura 5.38 À esquerda, forma jovem (ninfa) de libélula. Note a ausência de asas. À direita, libélula adulta de outra espécie (com dois pares de asas), que chega a atingir 7 cm de comprimento (corpo).

Embora seja frequente a diferença de hábito alimentar entre jovens e adultos, os insetos conhecidos como barbeiros (ou chupanças) são parasitas hematófagos tanto na fase de ninfa como na de adulto (ver Capítulo 1, **Figura 1.26**).

CATHY KEIFER/SHUTTERSTOCK

Figura 5.39 Borboleta monarca (*Danaus plexippus*) saindo da crisália e a mesma borboleta um pouco depois. Este inseto atinge cerca de 10 cm de envergadura (distância entre as pontas das asas quando abertas).

SVETOSLAV RADKOV/SHUTTERSTOCK

Figura 5.40 Larvas de mosquito suspensas na superfície da água, respirando por meio de tubos respiratórios.

LEHRER/SHUTTERSTOCK

Figura 5.41 Ninho de abelhas (*Apis mellifera*) mostrando (no centro da foto) a rainha, única reprodutora, e algumas operárias.

Os insetos holometábolos passam pela chamada *metamorfose completa*. Quando o ovo eclode, dá origem a uma larva vermiforme, que já possui rudimentos de quase todos os órgãos adultos, com exceção das asas. A larva cresce e sofre ecdises, mas, na ausência de hormônio juvenil, forma-se a *pupa*, uma forma de dormência na qual os tecidos larvais são reabsorvidos. Nessa fase, também chamada *crisálida*, pode haver uma longa suspensão do crescimento (chamada diapausa), pois não há produção de hormônio cerebral (ou da muda). Após a retomada da produção desse hormônio, ocorre uma muda e emerge a forma adulta, o *imago* (**Figura 5.39**). Reveja o ciclo das drosófilas (**Figura 5.13**).

Diversas doenças têm como vetor um inseto voador holometábolo: dengue, malária, filariose, febre amarela, leishmaniose etc. Medidas profiláticas incluem a interrupção do ciclo de vida do vetor, procurando não deixar disponíveis locais com água para a fase larval (**Figura 5.40**).

Entre as ordens de insetos mais comuns, todas com metamorfose completa, estão os grupos que reúnem os principais polinizadores de angiospermas. Uma dessas ordens é a dos *dípteros*, constituída por insetos que, como indica o nome, possuem duas asas, como a mosca.

Outra ordem de insetos muito importante como polinizadores é a dos *himenópteros*, que inclui as abelhas e outros insetos com dois pares de asas. As borboletas e as mariposas fazem parte do grupo de polinizadores mais conhecido, os *lepidópteros*. Eles se alimentam com um líquido açucarado que recolhem no interior das flores de angiospermas, ao mesmo tempo que, involuntariamente, levam o pólen de uma flor a outra.

Certos insetos, como as abelhas, as formigas e os cupins, são descritos como *insetos sociais*. Geralmente formam sociedades nas quais há diferenciação de castas, cada qual com características morfofisiológicas próprias. As abelhas mais conhecidas (*Apis mellifera*), por exemplo, vivem em grupos chamados colmeias e organizam-se em três castas: a rainha, que é a única fêmea madura sexualmente; os zangões, que são machos sexualmente maduros; e as operárias, que são fêmeas sexualmente imaturas (**Figura 5.41**).

As colmeias, os formigueiros e os cupinzeiros formam colônias que são consideradas *superorganismos*, por terem desenvolvido uma complexa organização social. Os indivíduos se comunicam quimicamente, interagem com divisão de trabalho e cooperam em prol do grupo.

A ordem de insetos com maior número de espécies é a dos *coleópteros*, que inclui todos os besouros. São cerca de meio milhão de espécies conhecidas (**Figura 5.42**, à esquerda). Eles se especializaram extraordinariamente e têm hábitos alimentares muito diversificados, sempre com um potente aparelho bucal mastigador (**Figura 5.42**, no centro). Há os besouros que vivem em flores e são polinizadores, mas há também besouros que se alimentam de excrementos, cadáveres, sementes, fezes, folhas etc. Alguns besouros desenvolveram a extraordinária capacidade de digerir celulose e lignina e são perfuradores de troncos (**Figura 5.42**, à direita).

GUCIO_55/SHUTTERSTOCK

APISIT WILAIJIT/SHUTTERSTOCK

PERUTSKYI PETRO/SHUTTERSTOCK

Figura 5.42 Na foto da esquerda, um besouro polinizador (*Cetonia aurata*) que visita várias flores e mede entre 1,5 e 2,0 cm de comprimento; no centro, destaque ao aparelho bucal mastigador de besouro (*Anoplophora glabripennis*), espécie que mede entre 1,7 e 3,9 cm de comprimento; à direita, larva de besouro que perfura madeira (*Xyleborus* sp.).

4 Animais triploblásticos deuterostômicos

Nos mares primitivos de cerca de 520 milhões de anos atrás, já existiam seres muito parecidos com animais do filo Echinodermata, os *equinodermos*. As estrelas-do-mar e os ouriços-do-mar (**Figura 5.43**) figuram entre os animais mais conhecidos desse grupo.

Os equinodermos podem ser, à primeira vista, tomados como semelhantes aos cnidários, pela organização geral do corpo. Um exame mais acurado, no entanto, revelará a grande diferença entre os dois grupos e a surpreendente semelhança dos equinodermos com grupos de animais que apareceram na Terra milhões de anos mais tarde.

JOE BELANGER/SHUTTERSTOCK

Figura 5.43 Ouriços-do-mar (*Strongylocentrotus franciscanus*), espécie que atinge até 25 cm de diâmetro.

O desenvolvimento embrionário dos equinodermos

Há várias razões para separar os cnidários dos equinodermos. A diferença mais importante é que os equinodermos são seres que, ao contrário dos cnidários e dos poríferos, têm três folhetos germinativos: são portanto seres *triploblásticos*.

Esses folhetos germinativos se formam a partir da multiplicação das células do embrião (clivagem). No caso dos animais estudados até agora, a clivagem ocorre em espiral, porém nos equinodermos ela é radial (**Figura 5.44**).

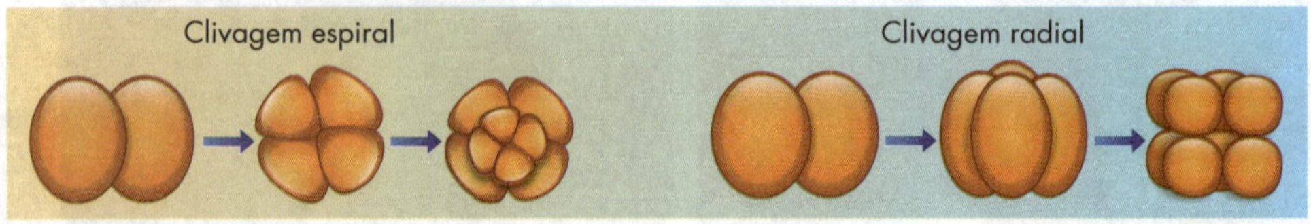

Figura 5.44 Nos animais protostômicos, a clivagem das células do embrião é espiral, enquanto nos equinodermos e demais animais deuterostômicos, é radial.

Representação fora de escala. Cores-fantasia.

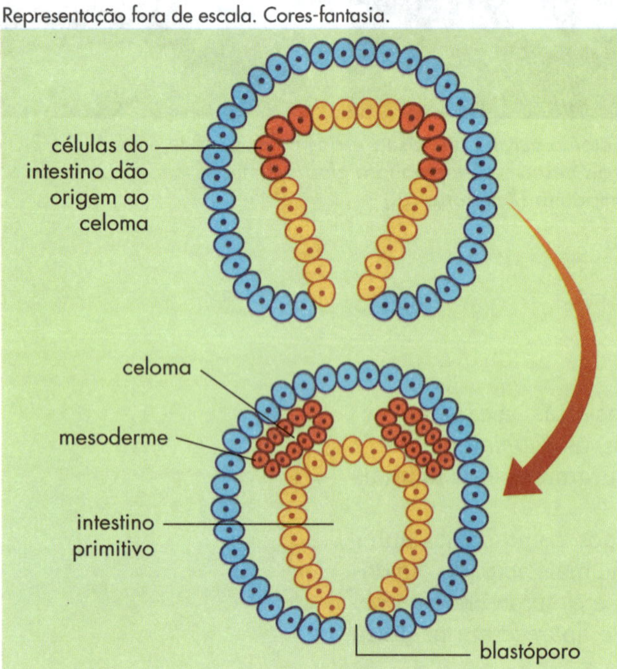

Figura 5.45 Embrião de equinodermo, formando o celoma a partir de células do intestino primitivo. O celoma é revestido por células que se originam da mesoderme do animal.

Além disso, e diferentemente de todos os grupos triploblásticos estudados até aqui, os equinodermos são *deuterostômicos*. Isso significa que a primeira abertura para o exterior que se forma no embrião, o blastóporo, não origina a boca do adulto, mas a parte final do canal alimentar, ou ânus.

O desenvolvimento embrionário dos equinodermos (ilustrado na **Figura 5.45**) leva à formação de cavidades no corpo, que são revestidas por células da mesoderme e constituem um *celoma verdadeiro*. Em moluscos e anelídeos a origem embrionária do celoma é semelhante, mas diferente da dos equinodermos, nos quais células do tecido que está formando o intestino se separam e passam a formar o celoma.

Essas características mostram como as estrelas-do-mar são diferentes das águas-vivas, embora, à primeira vista, sejam semelhantes. Fazem parte do grupo as estrelas-do-mar, os ouriços-do-mar, as bolachas-da-praia, os lírios-do-mar, os pepinos-do--mar, as serpentes-do-mar e os crinoides.

5 Equinodermos: características gerais

Os equinodermos são animais exclusivamente marinhos, **bentônicos**, predadores ou consumidores primários, e não se conhecem equinodermos de hábitos parasitas.

São encontrados em fundos marinhos arenosos, onde geralmente têm a capacidade de se enterrar, deslocando-se vagarosamente, ou em substratos rochosos. Algumas espécies se alimentam de partículas presentes na água, outras se alimentam de detritos que encontram nos fundos lodosos e outras ainda são necrófagas. Há espécies que se alimentam de algas aderidas a superfícies lisas e há espécies predadoras, como as estrelas-do-mar, que predam bivalves e corais.

Bentônico: animal que vive junto ao assoalho, ou fundo, de mares e lagos.

Simetria dos equinodermos

Uma das características mais evidentes de um animal é a organização geral do corpo, ou seja, sua simetria. O padrão de simetria dos equinodermos adultos é semelhante, mas não é idêntica, ao dos cnidários, pois parece ser uma derivação do padrão bilateral que existe nas formas larvais. Algumas espécies, como a bolacha-da-praia (**Figura 5.2**), têm o que se chama *simetria birradial*, que evidencia traços de bilateralidade, mantendo, contudo, a organização radial do corpo. Em alguns grupos a simetria é evidentemente radial, em outros parece ter cinco eixos, a chamada simetria pentâmera.

Uma característica muito óbvia no animal adulto da **Figura 5.46** é seu corpo sem cabeça. A ausência de cabeça nos equinodermos é, de certa forma, surpreendente, pois as formas larvais (estágios iniciais do desenvolvimento embrionário) dos diversos tipos de equinodermos têm basicamente simetria bilateral, que está quase sempre ligada à cefalização. As modificações ao longo do desenvolvimento embrionário originam animais adultos cujo corpo apresenta simetria semelhante à radial e consequente ausência de cefalização.

PETER LEAHY/SHUTTERSTOCK

Figura 5.46 O esqueleto de um ouriço-do-mar.

As formas larvais se alimentam principalmente de fitoplâncton, o que explica sua abundância em águas rasas tropicais, sobretudo de estrelas-do-mar.

O esqueleto interno, a epiderme e os espinhos

Os equinodermos têm um esqueleto de placas calcárias, que se forma internamente, constituindo um esqueleto interno, ou *endoesqueleto* (reveja a **Figura 5.46**).

O revestimento celular que constitui a camada mais externa, ou epiderme, recobre toda a superfície do corpo, inclusive os espinhos. Estes são característicos dos animais desse grupo e deram nome ao filo: *echino*, espinho, e *derme*, pele.

Outra característica importante dos equinodermos é a presença de *pedicelárias*, presentes entre os espinhos de muitas espécies. São pequenas estruturas pedunculadas, semelhantes a diminutas pinças, que têm a função de manter a superfície do corpo livre de detritos e podem auxiliar na captura de alimentos.

Locomoção: o sistema ambulacral

A locomoção dos equinodermos ocorre por meio de inúmeros e minúsculos pés (**Figura 5.47**) que participam de um sistema exclusivo dos animais desse grupo, o *sistema ambulacral*, sistema hidrovascular que permite ao animal locomover-se de maneira lenta, porém segura. Realiza também a captura do alimento e tem importante papel na troca de gases.

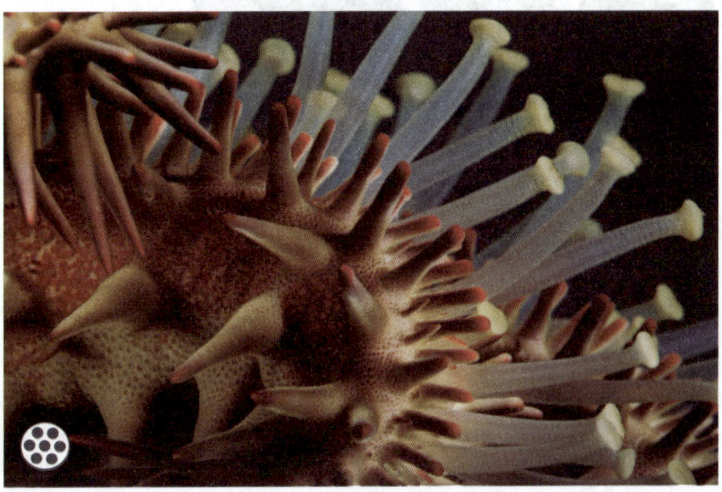

DAVID FLEETHAM/VISUALS UNLIMITED/CORBIS/LATINSTOCK

Figura 5.47 Braço de estrela-do-mar em detalhe, mostrando os pés ambulacrais.

Representação fora de escala. Cores-fantasia.

RICARDO PAONESSA

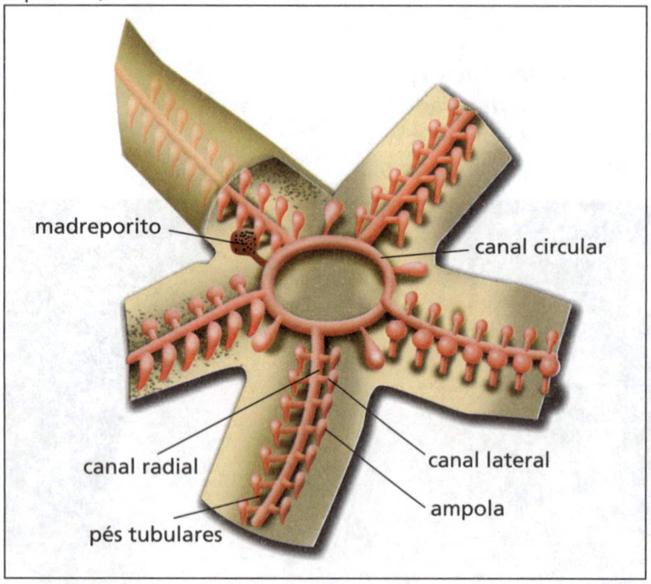

Figura 5.48
Sistema ambulacral dos equinodermos. A água entra no corpo do animal por uma placa com diminutos orifícios, denominada madreporito, e é distribuída por um sistema de canais, ligados aos pés tubulares ou ambulacrais.

Trata-se de um sistema hidráulico que impulsiona água de maneira coordenada, o que, por outro lado, impossibilita movimentos rápidos.

Como mostrado no esquema da **Figura 5.48**, o sistema ambulacral é todo interligado, permitindo ao animal deslocar água de um ramo do sistema a outro. A entrada e saída de água é possível graças a uma comunicação com o meio externo denominada *madreporito*, constituída por uma placa rígida com diversas perfurações. A água flui por um canal circular e é distribuída por ramos laterais até a base de cada um dos *pés ambulacrais*, onde há uma pequena bolsa denominada *ampola*.

A ação coordenada da musculatura dos pés ambulacrais e das ampolas resulta no deslocamento do animal. Ao se contrair, a musculatura da ampola força a água de seu interior para o pé, que se distende e fixa, ao substrato, a ventosa que existe em sua extremidade. Por outro lado, quando a musculatura do pé se contrai, a água é forçada para o interior da ampola, o que torna o pé flácido, soltando-se do substrato.

Outra característica exclusiva dos equinodermos é um mecanismo de alteração da viscosidade das fibras de colágeno do tecido conjuntivo. Esse mecanismo é controlado pelo sistema nervoso do animal e explica o enrijecimento dos espinhos do ouriço-do-mar, a mudança no tônus das paredes da estrela-do-mar e dos pepinos-do-mar, a autonomia dos braços dos ofiuroides e a extensão dos braços dos lírios-do-mar.

O mecanismo é muito interessante por ser bastante econômico em termos energéticos, comparativamente ao movimento muscular. Inexplicavelmente, apesar de muito sofisticado e vantajoso, esse tecido conjuntivo moldável não existe em nenhum outro grupo animal.

Digestão, respiração e excreção

O sistema digestório dos equinodermos é constituído por uma boca na face ventral (que nesses animais é chamada oral), mais um curto esôfago, que conduz a um volumoso estômago, que possui cecos pilóricos (glândulas digestivas). Há ainda um intestino curto com poucos cecos intestinais, e o ânus pode ou não estar presente.

A digestão é quase toda extracelular. Os produtos resultantes da atividade enzimática são absorvidos no intestino e passam para o líquido celomático.

Alguns equinodermos, como os ouriços, apresentam um complexo aparelho mastigador musculoso, a *lanterna de Aristóteles* (**Figura 5.49**), constituído por cinco fortes dentes calcários. Eles são capazes de escavar rochas e seu desgaste ocorre de tal forma que os dentes se mantêm permanentemente afiados.

MARK A. WILSON/THE COLLEGE OF WOOSTER

Figura 5.49 Boca de um ouriço, mostrando os dentes da lanterna de Aristóteles. O diâmetro aproximado da boca é de 4 mm.

O sistema ambulacral determina um deslocamento vagaroso e não provê todo o oxigênio necessário ao animal, pois há pouca entrada e saída de água no sistema. Assim, para suprir todas as necessidades de oxigênio, há um sistema de brânquias muito simples, denominadas *pápulas* ou *brânquias dérmicas*, que realizam trocas gasosas entre os meios interno e externo, no que são auxiliadas também pelo sistema ambulacral. É dessa maneira também que ocorre a excreção de compostos nitrogenados. Como a cavidade celomática persiste no adulto e é preenchida por líquido celomático, este acaba recebendo produtos que se originaram do metabolismo das células.

Sistema nervoso e formas de reprodução

Os equinodermos não têm cabeça nem cérebro. A unidade mais importante de seu sistema nervoso é um anel nervoso em torno da boca, do qual partem nervos radiais, formando o sistema oral. Acredita-se que ele coordene os pés ambulacrais.

O tônus das paredes do corpo e as respostas das brânquias dérmicas também têm controle nervoso. As células sensoriais e os órgãos tácteis estão espalhados pela superfície do corpo. Existem receptores químicos e, em algumas classes, há ocelos, responsáveis pela sensibilidade à luz.

Os equinodermos apresentam, na maior parte dos casos, sexos separados, e sua fecundação é externa. Do ovo origina-se uma larva que se transforma em adulto, sendo, portanto, um desenvolvimento indireto. Há grande produção de gametas, que são liberados na água. Os equinodermos estão entre os animais mais estudados pelos embriologistas, por causa da facilidade de obtenção de embriões.

F. STUART WESTMORLAND/LATINSTOCK

Figura 5.50 Estrela-do-mar regenerando o corpo a partir de um braço. Espécie do Pacífico (Papua-Nova Guiné).

Outra forma de reprodução entre os equinodermos é a assexual, graças à grande capacidade de regeneração desses animais. Algumas espécies desse filo conseguem regenerar todo o seu organismo a partir de um pedaço do corpo, contanto que nela esteja alguma porção do anel nervoso central (**Figura 5.50**). Algumas espécies de estrelas-do-mar têm a capacidade de autotomia, ou seja, podem cortar um pedaço do próprio corpo, e descartam um braço danificado próximo à base. Algumas espécies se reproduzem simplesmente dividindo o corpo ao meio, e dois indivíduos são regenerados em poucos meses, constituindo uma forma de reprodução assexual.

As estrelas-do-mar podem ser atacadas por crustáceos, em especial quando estão predando corais, ou ainda por outros animais, como as próprias estrelas-do-mar e tartarugas. Estas, no entanto, podem, ao abocanhá-las, deixar de engolir um braço ou alguma parte do meio. Nesse caso, como vimos, é comum que ocorra a regeneração do animal a partir do que sobrou dele (como mostrado na **Figura 5.50**).

Circulação e osmorregulação

Os equinodermos não possuem um sistema circulatório similar ao de outros animais. Isso se deve basicamente ao fato de as cavidades no corpo serem preenchidas por líquidos, bem como o sistema ambulacral, que é hidráulico. Assim, a circulação de substâncias é facilitada dentro desses organismos. Esse sistema tem grande contato com o líquido no qual o animal está imerso, o que facilita as trocas de substâncias com o meio. As pápulas (ou brânquias dérmicas) ampliam a possibilidade de intercâmbio de substâncias, principalmente de gases.

O grande contato dos líquidos internos com o meio aquático externo traz limitações muito importantes para o organismo, pois a concentração dos fluidos corpóreos é igual à do meio em que o animal se encontra. Isso explica a principal exigência ecológica dos equinodermos, de viverem apenas na água do mar, e o fato de não serem encontrados em ambientes de água doce ou salobra.

6 Diversidade dos equinodermos

O filo Echinodermata tem cerca de 7 mil espécies conhecidas, das quais 329 foram registradas no Brasil. Está dividido em cinco classes, que agrupam animais com aspecto bastante diverso, porém, o estudo da anatomia de embriões e de adultos comprova que se trata de um grupo bastante homogêneo. Como figuram entre os mais antigos fósseis conhecidos, devem existir há muitas centenas de milhões de anos. Assim, diversos equinodermos se especializaram de maneira diferente para ocupar os nichos ecológicos marinhos.

ROY PEDERSEN/SHUTTERSTOCK

Figura 5.51 Estrela-do-mar, da classe Asteroidea, um dos equinodermos mais vistos nas praias e costões rochosos.

Classe Asteroidea: as estrelas-do-mar

Asteros, em grego, quer dizer "estrela", o que justifica o nome da classe das estrelas-do-mar, embora haja possibilidade de confusão com o termo da astronomia. As estrelas-do-mar são *asteroides*, com a aparência típica do animal mostrado na **Figura 5.51**. Geralmente inofensivas para seres humanos (embora exista uma espécie com espinhos venenosos na Austrália), as estrelas-do-mar apresentam muitas espécies predadoras e algumas necrófagas.

Classe Ophiuroidea: os ofiúros

Embora as estrelas-do-mar figurem entre os equinodermos mais conhecidos, são os *ofiúros* os mais numerosos, pelo menos em relação à quantidade de espécies. Eles podem ser encontrados em uma grande variedade de ambientes, inclusive nas profundezas do oceano, como o representante mostrado na **Figura 5.52**.

JOHNANDERSONPHOTO/ISTOCKPHOTO

Figura 5.52 Um ofiúro, também chamado de serpente-do-mar, por causa da forma particular de deslocamento.

Classe Echinoidea: ouriços-do-mar e bolachas-da-praia

Os *equinoides* formam um grupo menos homogêneo, em que se classificam os ouriços-do-mar (**Figura 5.53**, à direita), animais que têm longos espinhos na superfície do corpo, e as bolachas-da-praia (**Figura 5.53**, à esquerda). Podem ser encontrados em grande variedade de ambientes, da zona entremarés até regiões muito profundas.

Os caiçaras da região Sudeste do Brasil chamam os ouriços pelo nome indígena *pindá* e os utilizam como alimento em certas épocas, quando há pronunciadas marés baixas, o que facilita sua coleta.

NOAH STRYCKER/SHUTTERSTOCK

ETHAN DANIELS/SHUTTERSTOCK

Figura 5.53 Exemplos de equinoides: ouriço-preto (acima) e bolacha-da-praia (à esquerda).

Classe Holothuroidea

Esta classe é representada pelas *holotúrias*, também conhecidas como *pepinos-do-mar* (**Figura 5.54**). Esses animais ingerem areia e se deslocam nos fundos oceânicos ou entre pedras nas regiões litorâneas. Apresentam uma marcada redução dos ossículos internos e um acentuado alongamento do eixo corporal.

Os pepinos-do-mar possuem sistema ambulacral bem desenvolvido, concentrado em apenas um lado do corpo do animal, chamado *sola* (**Figura 5.54**). Isso representa, de certa forma, um retorno à condição bilateral, que se presume ser a original de todo o filo.

IFISH/ISTOCKPHOTO

Figura 5.54 Pepino-do-mar com coloração natural. O sistema ambulacral da sola está localizado na superfície ventral do animal.

Classe Crinoidea

Trata-se do grupo de equinodermos cuja aparência é menos diretamente ligada à dos equinodermos típicos, sendo popularmente denominados *lírios-do-mar* (**Figura 5.55**). Há muitos fósseis de *crinoides* nos depósitos fossilíferos mais antigos e as espécies atuais apresentam a maior quantidade de caracteres primitivos, como um sistema ambulacral muito primitivo e movimentos devidos à mudança de viscosidade do colágeno.

Há espécies de crinoides que vivem a maior parte da vida presas a um substrato, e outras que se deslocam pelo ambiente. Podem ser encontrados em uma ampla gama de ambientes, desde regiões litorâneas até as profundezas do mar. Os braços do lírio capturam alimento, constituído de plâncton marinho, e o conduzem para a boca, situada na região central do corpo.

JUNG HSUAN/SHUTTERSTOCK

Figura 5.55 Lírio-do-mar, equinodermo da classe Crinoidea.

7 Relações filogenéticas

Os equinodermos ocupam uma posição muito mais próxima da dos animais vertebrados do que se pensava. As características que estudamos neste capítulo demonstram que se trata de um grupo bastante distinto dos grupos com simetria radial. Observe no esquema da **Figura 5.56** uma visão geral dos invertebrados em relação à arquitetura dos planos corpóreos básicos.

Existe um consenso entre os zoólogos de que um grupo de animais deuterostômicos se originou muito cedo nos mares primitivos, sendo certo que havia equinodermos nos mares do Cambriano, há 590 milhões de anos. Como animais bentônicos dotados de endoesqueleto calcário, os equinodermos têm características que favorecem a fossilização. De fato, seu registro fóssil é abundante e há muito mais espécies fósseis conhecidas do que as existentes na fauna atual.

ACERVO DA EDITORA

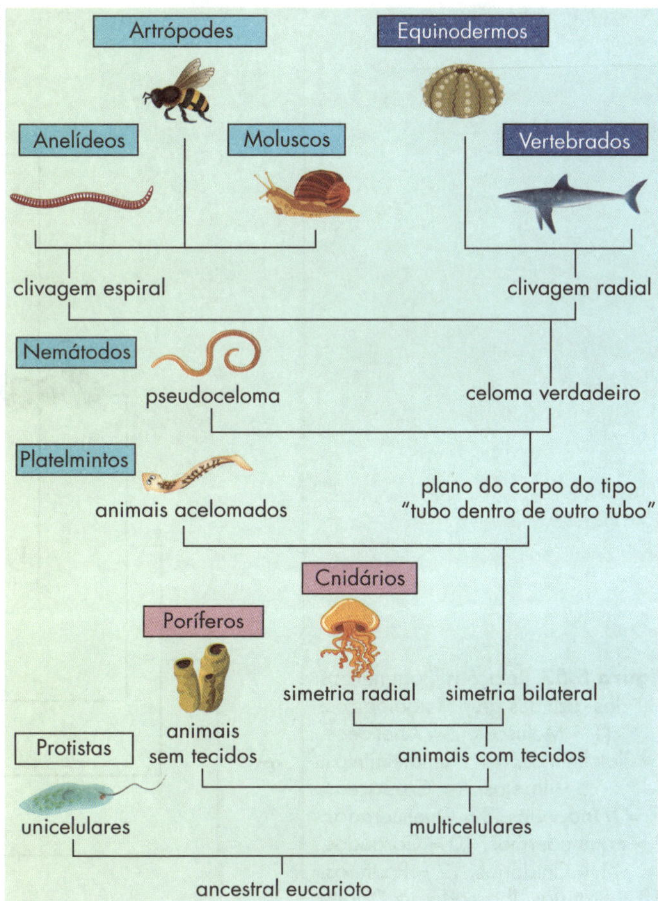

Representação fora de escala. Cores-fantasia.

Figura 5.56 Padrões arquitetônicos nos animais.

Os estudos de anatomia que comparam animais fósseis e atuais, somados aos estudos da composição do DNA dos animais atuais, trouxeram muitas evidências da evolução desse grupo, possivelmente a partir de animais sésseis há mais de 600 milhões de anos.

Observe que não se trata de uma filogenia, mas apenas da seleção de alguns caracteres importantes que permite perceber semelhanças e diferenças entre os grupos.

Observe a **Figura 5.57**, na qual um cladograma representa as relações filogenéticas a partir da comparação de numerosos dados moleculares de estudos recentes publicados em 2008.

Os animais deuterostômicos de fato possuem proximidade comprovada pelo material genético, embora as formas adultas sejam incrivelmente diferentes. Eles devem ter um ancestral comum. Por outro lado, animais com formas similares, chamados "vermes", como os anelídeos e os nematódos, são muito menos similares entre si. A lombriga é muito mais aparentada de uma mosca do que de uma minhoca. Artrópodos e nematódos teriam um ancestral comum. Os anelídeos, por sua vez, são proximamente aparentados dos moluscos, mas também dos platelmintos. Os três grupos teriam um ancestral comum. Os grupos de artrópodos, por sua vez, parecem ter relações mais complexas do que se pensava pela "hipótese dos Mandibulata" (**Figura 5.20**), e talvez os crustáceos sejam de fato mais próximos dos insetos e os miriápodos sejam mais próximos dos quelicerados.

ACERVO DA EDITORA

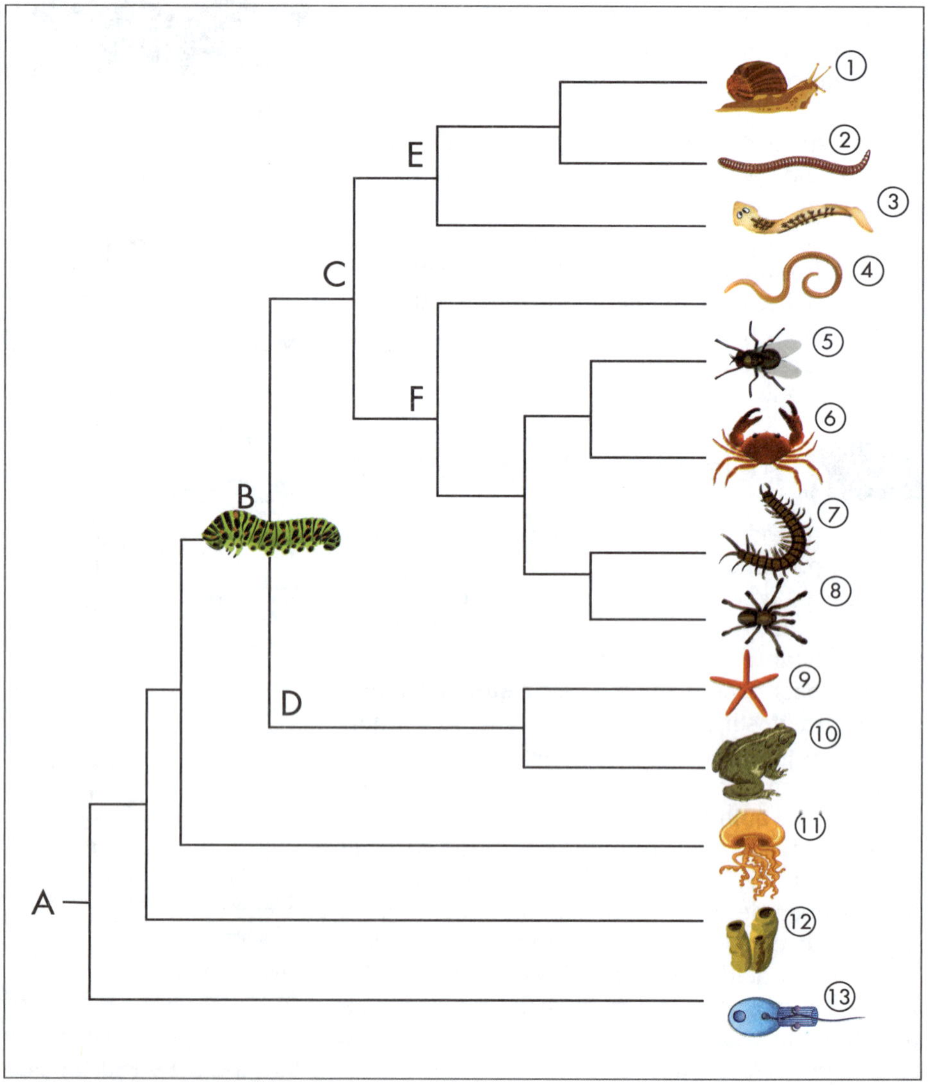

Representação fora de escala. Cores-fantasia.

Figura 5.57 Relações filogenéticas dos grandes grupos zoológicos. (1 = Moluscos, 2 = Anelídeos, 3 = Platelmintos, 4 = Nematelmintos, 5 = Insetos, 6 = Crustáceos, 7 = Miriápodes, 8 = Quelicerados, 9 = Equinodermos, 10 = Cordados, 11 = Cnidários, 12 = Poríferos, 13 = Protistas, (baseado em DUNN e cols, *Nature* 452:745-9, 2008.)

EM POUCAS PALAVRAS

1

- Os artrópodes são animais que possuem corpo segmentado, exoesqueleto e apêndices articulados.
- Os segmentos dos artrópodes constituem unidades funcionais como cabeça, tórax, cefalotórax e abdome.

2

- Os artrópodes são triploblásticos, protostômicos e celomados, com simetria bilateral e clivagem espiral.
- O exoesqueleto é trocado periodicamente durante o crescimento através de um processo chamado ecdise ou muda.
- Os artrópodes respiram através de traqueias, de pulmões foliáceos (aracnídeos) ou de brânquias (artrópodes aquáticos).
- O sistema circulatório dos artrópodes é aberto, composto de coração, vasos e hemocela.
- A reprodução é geralmente sexual, com fecundação interna.

3

- Os aracnídeos são artrópodes quelicerados que respiram por pulmões foliáceos. Seu corpo é formado por cefalotórax e abdome, com quatro pares de pernas.
- Os crustáceos são artrópodes mandibulados, na sua maioria aquáticos, com exoesqueleto calcificado e apêndices birremes. A característica exclusiva dos crustáceos é a presença de dois pares de antenas.
- O grupo Tracheata é formado por animais mandibulados, dotados de sistema respiratório traqueal. Seus representantes são os miriápodes e os insetos.
- Os miriápodes possuem apenas cabeça e tronco, muitos pares de pernas e podem ser quilópodes (centopeias) ou diplópodes (piolhos-de-cobra).
- Os insetos são artrópodes que possuem três pares de pernas, corpo formado por cabeça, tórax e abdome, um par de antenas e um ou dois pares de asas.
- Levando em consideração a metamorfose, os insetos podem ser classificados como ametábolos, hemimetábolos e holometábolos.

4

- O nome Echinodermata se deve a uma característica marcante dos animais desse filo, que é a presença de espinhos na pele. Esses espinhos são constituídos por carbonato de cálcio e estão associados ao endoesqueleto calcário.

5

- Os equinodermos formam um filo de animais com hábitos alimentares variados, havendo espécies predadoras, herbívoras e necrófagas; não se conhecem espécies parasitas em todo o grupo.
- Pedicelárias e pápulas (brânquias dérmicas) recobrem a superfície do corpo.
- A deuterostomia, a presença de um endoesqueleto mesodérmico e o fato de serem animais celomados sugerem que equinodermos e cordados compartilham um ancestral comum.
- A organização corporal dos animais adultos é baseada em simetria radial. Essa simetria é resultado de modificação, pois as formas larvais apresentam simetria bilateral.
- Os equinodermos apresentam um exclusivo sistema ambulacrário, com mecanismos hidráulicos complexos. Os pés ambulacrais promovem o deslocamento do animal e auxiliam na captura de alimentos. Esse sistema também é importante na difusão de gases respiratórios e na eliminação dos excretas nitrogenados.
- A reprodução dos equinodermos pode ser assexual, por causa de seu poder de regeneração, ou sexual. Neste caso, realizam fecundação externa, gerando alguma forma larval. A maioria das espécies tem sexos separados.

6

- Asteroides, ofiuroides, equinoideos e crinoides agrupam adultos com simetria radial, birradial ou pentâmera.
- As holotúrias (pepinos-do-mar) são animais secundariamente bilaterais, que se presume ser a condição original do filo, mas sem uma região cefálica.

7

- O padrão arquitetônico do filo dos equinodermos o aproxima muito mais daquele dos vertebrados do que dos demais invertebrados.

BIOCHAT

? A segmentação do corpo dos artrópodes é semelhante à dos anelídeos?

BC Não, é bem diferente! Os segmentos dos artrópodes se combinam e se fundem em unidades funcionais, formando partes do corpo (que os zoólogos chamam tagmas), como cabeça ou tórax.

? Há outras características que aproximam os artrópodes dos anelídeos?

BC Sim, duas: o cordão nervoso ventral maciço e as características embrionárias. Artrópodes e anelídeos são ambos triploblásticos, celomados e protostômicos; possuem clivagem espiral e simetria bilateral.

? O celoma dos artrópodes é semelhante ao dos anelídeos?

BC Não, não é. Na fase adulta os anelídeos possuem um celoma que atua como esqueleto hidrostático, auxiliando na locomoção, enquanto nos artrópodes adultos o celoma é extremamente reduzido, formando uma cavidade na região do vaso dorsal.

? Os artrópodes são o maior grupo de animais que existe na Terra. Que características permitiram tanto sucesso?

BC Muitas, mas as principais são: presença de um exoesqueleto protetor e flexível; apêndices locomotores mais eficientes; respiração eficiente, com economia de água (nos animais terrestres); e sistema sensorial altamente desenvolvido.

? Que características diferenciam os grupos de artrópodes viventes?

BC A presença das quelíceras caracteriza os quelicerados; a presença de dois pares de antenas é característica dos crustáceos; o corpo com três segmentos, com três pares de pernas, caracteriza os insetos. Os miriápodes têm muitos segmentos, com um par de apêndices locomotores em cada um.

? O que permitiu aos insetos tamanho sucesso quanto ao número de espécies e aos ambientes ocupados?

BC Além do exoesqueleto, a presença de asas e a grande eficiência respiratória permitiu aos insetos sobreviver a grandes catástrofes geológicas, como a do Permiano e a do Cretáceo (que exterminou os dinossauros, por exemplo).

? Não vejo vantagem na metamorfose dos artrópodes. Existe alguma?

BC Sim, os nichos ocupados pelas fases larvais são diferentes daqueles ocupados pelos adultos diminuindo a competição intraespecífica. Além disso, a maior eficiência de dispersão e a defesa contra predadores.

? Não entendi por que os equinodermos não podem viver em água doce. Não é possível que eles vivam apenas nos mares só pela dificuldade de se locomover?

BC Os equinodermos não possuem órgãos que regulem a concentração dos líquidos do corpo, funcionando de maneira parecida com nossos rins. Dessa forma, se eles forem para a água doce, muita água entrará em seus corpos por osmose. Isso destruirá as membranas celulares.

? Por que o sistema ambulacral é importante também para a eliminação de produtos nitrogenados e trocas gasosas?

BC Por se tratar de um sistema com grande superfície de membranas em contato com a água, é possível haver difusão livre dessas substâncias, da maior concentração para a menor concentração.

? Por que o destino do blastóporo é uma característica tão importante? Não é só mais um detalhe?

BC Não! O destino do blastóporo revela como o desenvolvimento embrionário é orientado e isso varia muito pouco. Dentro de um mesmo filo não existem deuterostômios e protostômios.

? Os equinodermos têm alguma importância ecológica?

BC Sim, pois em muitos lugares eles chegam a ser predadores de topo de cadeia, principalmente asteroides. Na Austrália e no Mar Vermelho, asteroides estão ligados à destruição de enormes quantidades de coral. Como sabemos, os corais têm grande capacidade de fixação de nitrogênio e sua destruição tem forte impacto sobre as cadeias alimentares.

ATIVIDADES DE REVISÃO

I Classifique as afirmações seguintes como Verdadeiras ou Falsas, adicionando, em seu caderno, uma justificativa:

1 **1.** É fácil reconhecer no fóssil de um trilobita as características de um artrópode, pois apresentam o corpo segmentado e pernas com articulações.

1 **2.** Para os artrópodes terrestres, o exoesqueleto é fundamental para impedir a desidratação.

1 **3.** Para os insetos, o aparecimento do voo significou o aumento das chances de dispersão, com maior chance de colonização de novos ambientes livres de metazoários.

2 **4.** Os artrópodes se parecem com os moluscos, pois possuem sistema circulatório fechado e nefrídios semelhantes aos dos anelídeos.

3 **5.** Aranhas, escorpiões e ácaros não possuem mandíbulas, embora tenham um par de antenas.

6. Os crustáceos são mandibulados, mas ao contrário dos traqueados, além de não possuírem traqueias, possuem dois pares de antenas.

7. O celoma dos equinodermos se origina da mesma forma que o de moluscos e anelídeos.

8. Os equinodermos são animais exclusivamente aquáticos, ocupando os mais variados ambientes, como rios, lagos, lagoas, praias e fundo oceânico.

9. O sistema nervoso de algumas espécies de equinodermos é ausente.

10. Os pepinos-do-mar se deslocam no substrato da mesma forma que as estrelas-do-mar.

11. O ancestral hipotético "C" na **Figura 5.56** é protostômico e o "D" é deuterostômico.

Identifique a alternativa correta em seu caderno:

12. Os artrópodes são animais triblásticos e celomados. Além disso, apresentam:

a) simetria radial, sistema digestório incompleto e metameria.

b) simetria birradial, sistema circulatório fechado, metameria.

c) simetria bilateral, sistema digestório completo e metameria.

d) sistema digestório bem desenvolvido e circulatório fechado.

e) simetria birradial, metameria e celoma derivado do intestino.

13. Selecione a alternativa correta:

a) Artrópodes apresentam sistema muscular pouco desenvolvido.

b) O sistema de voo é possível em vários grupos de artrópodes.

c) A parte externa do exoesqueleto é responsável pela proteção mecânica dos artrópodes.

d) Os insetos são os únicos artrópodes capazes de voar.

e) Artrópodes interrompem o crescimento durante a troca do exoesqueleto.

14. Indique V para verdadeiro e F para falso:

I. A diversidade de apêndices bucais favorece a adaptação a vários modos de alimentação dos artrópodes

II. O sistema digestório dos artrópodes é incompleto.

III. O sistema circulatório dos artrópodes é fechado como o dos anelídeos.

IV. Há três tipos de sistemas respiratórios nos artrópodes: traqueal, branquial e trocas gasosas por pulmões foliáceos.

V. O sistema excretor é exclusivamente do tipo glândulas coxais.

VI. Os sistemas nervoso e sensorial dos artrópodes são pouco desenvolvidos.

Selecione a alternativa correspondente:

a) V, V, F, F, F, V.

b) V, F, V, V, F, F.

c) F, V, V, F, F, V.

d) F, F, F, V, V, V.

e) V, F, F, V, F, F.

15. Indique a alternativa que apresenta característica exclusiva dos crustáceos:

a) Dois pares de antenas.

b) Um par de antenas.

c) Quatro pares de pernas.

d) Não possui antenas.

e) Três pares de pernas.

16. Considere as seguintes características:

I. As traças possuem desenvolvimento indireto e não sofrem metamorfose.

II. Gafanhotos são hemimetábolos, isto significa que não sofrem metamorfose.

III. Nos insetos em que a metamorfose é incompleta, ocorrem transformações graduais durante a fase de pupa.

IV. As moscas possuem desenvolvimento indireto e metamorfose completa.

V. Nos holometábolos, na ausência do hormônio juvenil, forma-se a pupa que será transformada no inseto adulto.

VI. O crescimento dos insetos holometábolos ocorre principalmente na fase chamada crisálida.

Estão corretas apenas as afirmações:

a) I e III.

b) II e VI.

c) III e V.

d) III e VI.

e) IV e V.

17. Selecione a alternativa incorreta:

a) Na reprodução sexual dos equinodermos ocorre eliminação de óvulos e espermatozoides na água do mar e a fecundação é externa.

b) As estrelas-do-mar são animais predadores e necrófagos, cujo tônus muscular é por causa da viscosidade das fibras de colágeno.

c) Os pepinos-do-mar possuem sistema ambulacral pouco desenvolvido e não possuem fibras de colágeno.

d) O ouriço-do-mar possui o corpo com simetria radial no estágio adulto, sendo recoberto por espinhos e pedicelárias.

e) Alguns lírios-do-mar vivem fixos e outros nadam se deslocando pelo ambiente.

ATIVIDADES DE APROFUNDAMENTO

18. Indique falso ou verdadeiro para as seguintes afirmações, justificando a conclusão em seu caderno.

a) A metamorfose é uma característica exclusiva dos insetos.

b) A característica exclusiva dos crustáceos é o exoesqueleto calcificado.

c) Mesmo que não sejam muito evidentes, os artrópodes têm segmentos, que podem estar agrupados em unidades funcionais.

d) A formação da pupa é uma característica dos insetos holometábolos.

e) Todos os insetos se reproduzem assexualmente.

f) A ecdise é uma solução para a limitação de crescimento imposta pelo exoesqueleto.

g) Embora os equinodermos apresentem simetria radial na fase adulta, suas larvas apresentam organização segundo um plano de simetria bilateral.

h) Equinodermos não apresentam órgãos especiais para trocas gasosas e eliminação de produtos nitrogenados.

i) A maioria dos equinodermos apresenta desenvolvimento direto, isto é, sem fase larval.

j) Diversos movimentos dos equinodermos são realizados com pequeno gasto energético.

k) Os equinodermos são animais bentônicos, isto é, vivem associados ao sedimento marinho.

l) Embora possam utilizar diferentes tipos de alimentos, a digestão é quase toda intracelular, uma vez que esses animais são desprovidos de uma cavidade digestória.

19. Selecione a alternativa que indica características compartilhadas por artrópodes e anelídeos.

a) Metamerização, simetria bilateral, celoma reduzido e cordão nervoso ventral oco.

b) Metamerização, simetria bilateral, celoma, protostomia e cordão nervoso ventral maciço.

c) Metamerização, corpo com cabeça, tórax e abdome, simetria bilateral, celoma, protostomia e cordão nervoso dorsal maciço.

d) Metamerização, corpo com cefalotórax e abdome, simetria bilateral, celoma, protostomia e cordão nervoso ventral.

20. Em relação aos equinodermos, responda:

a) O que significa dizer que são celomados deuterostômicos?

b) Qual a importância do sistema ambulacral desses animais?

c) Como se forma o celoma nesses animais?

BIOLOGIA NO CONTEXTO

21. Observe este animal, um dos mais comuns encontrados no sítio paleontológico de Burgess, na Colúmbia Britânica. Ele tem menos de dois centímetros. Logo que o descobriram, no início do século XX, ele foi batizado de *Marella splendens* e identificado como um tipo muito particular de caranguejo por Charles Walcott (1850-1927).

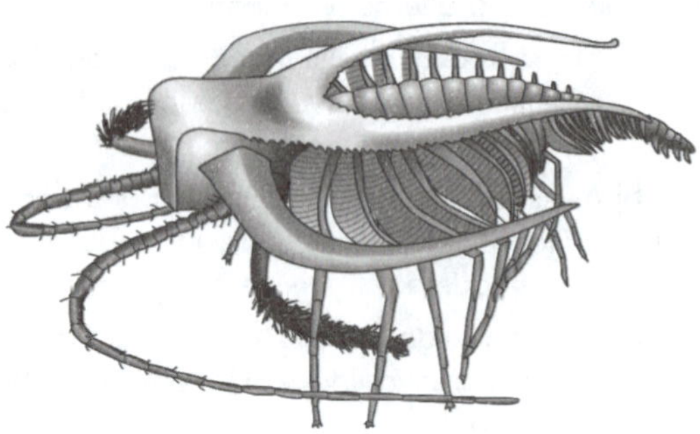

ACERVO DA EDITORA

Pergunta-se:

a) Quais foram as características que mais chamaram a atenção do paleontólogo para que identificasse a quais grupos pertence esse animal?

b) O que se pode dizer sobre o desenvolvimento embrionário desse animal, em relação ao número de folhetos germinativos e ao destino do blastóporo?

22. Um pesquisador encontrou um organismo vivo dentro de uma amostra de madeira, em uma serralheria. Tinha a forma de um verme. Foi coletado, alimentado com serragem e continuou a crescer até que um dia transformou-se em uma estrutura imóvel. Pergunta-se:

a) O que deve ocorrer com essa estrutura imóvel, se forem mantidas as condições favoráveis?

b) O animal encontrado na madeira tinha pernas articuladas. Quantos pares de pernas deveriam ser?

c) A que grupos deve pertencer esse animal? Deve ter antenas? Se sim, quantos pares? Justifique sua resposta.

23. Observe o esquema dos padrões arquitetônicos nos animais da **Figura 5.56** (página 125). Repare que os nomes dos grupos têm cores diferentes. Há grupos cujos nomes estão em tons de azul, outros em rosa. Procure uma justificativa para esses padrões de cores.

24. Durante muito tempo os cientistas discutiram se os fósseis de peixes muito encontrados na Chapada do Araripe, na divisa de Pernambuco e Ceará, eram de animais que viviam em um grande lago ou que viviam no mar. A discussão acabou repentinamente quando foram encontrados fósseis de ouriços-do-mar. O que você acha que fez os cientistas entrarem em acordo? Justifique sua resposta.

25. Um dos problemas enfrentados pelos cultivadores de ostras é a invasão das áreas de cultivo por estrelas-do-mar à procura de alimento. As estrelas-do-mar são predadores desses moluscos. Antigamente, os produtores pensavam que poderiam matar as estrelas cortando-as em pedaços com uma machadinha e abandonando-as na água. Comente sobre a eficiência desse procedimento.

EXERCÍCIOS DE VESTIBULAR E ENEM

26. (Fuvest-SP) Tatuzinhos-de-jardim, escorpiões, siris, centopeias e borboletas são todos artrópodes. Compartilham, portanto as seguintes características:

a) simetria bilateral, respiração traqueal e excreção por túbulos de Malpighi.

b) simetria bilateral, esqueleto corporal externo e apêndices articulados.

c) presença de cefalotórax, sistema digestório incompleto e circulação aberta.

d) corpo não segmentado, apêndices articulados e respiração traqueal.

e) corpo não segmentado, esqueleto corporal externo e excreção por túbulos de Malpighi.

27. (FGV-SP) No aniversário de uma cidade à beira-mar, um restaurante promoveu um "Festival de Crustáceos": lagosta, camarão, ostra e mexilhão. Quais desses animais não deveriam estar incluídos no cardápio? Por quê?

28. (UFG-GO) A maioria dos insetos passa por sucessivas mudas, ou ecdises, do ovo até a fase adulta, cujo controle é feito pelo hormônio ecdisona. Na década de 1970, foi descoberto um hormônio vegetal, o brasinosterol, cuja estrutura química é muito semelhante ao hormônio ecdisona. Pesquisas recentes relatam que o brasinosterol, se administrado em insetos, bloqueia o efeito da ecdisona. De acordo com as informações acima, responda:

a) Qual é a vantagem para o meio ambiente do uso potencial do brasinosterol na agricultura?

b) A substância citada no texto teria efeito contra insetos ametábolos?

29. (Enem) O desenvolvimento da maior parte das espécies de insetos passa por vários estágios até chegar à fase adulta, quando finalmente estão aptos à reprodução. Esse desenvolvimento é um jogo complexo de hormônios. A ECDISONA promove as mudas (ecdises), mas o HORMÔNIO JUVENIL impede que o inseto perca suas características de larva. Com o tempo, a quantidade desse hormônio diminui e o inseto chega à fase adulta.

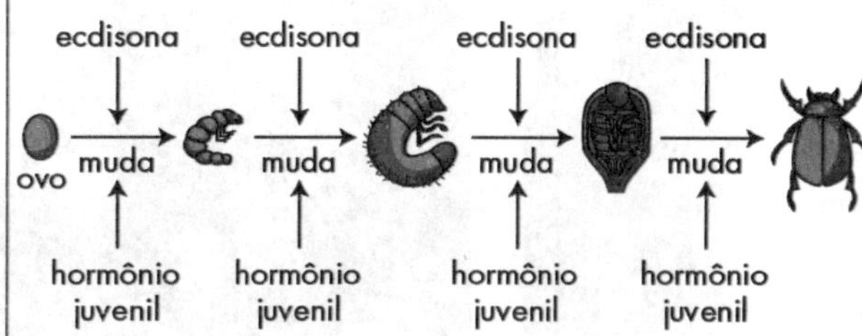

Cientistas descobriram que algumas árvores produzem um composto químico muito semelhante ao HORMÔNIO JUVENIL dos insetos. A vantagem de uma árvore que produz uma substância que funcione como HORMÔNIO JUVENIL é que a larva do inseto, ao se alimentar da planta, ingere esse hormônio e:

a) vive sem se reproduzir, pois nunca chega à fase adulta.

b) vive menos tempo, pois seu ciclo de vida encurta.

c) vive mais tempo, pois ocorrem poucas mudas.

d) morre, pois chega muito rápido à fase adulta.

e) morre, pois não sofrerá mais mudas.

30. (Uel-PR) Considere as características reprodutivas a seguir.

I. sexos separados.

II. dimorfismo sexual.

III. fecundação externa.

IV. desenvolvimento indireto.

Nos equinodermos ocorrem, geralmente, apenas:

a) I e II

b) II e III

c) I, II e IV

d) I, III e IV

e) II, III e IV

PONTO FINAL

E A SUA OPINIÃO?

PREFEITURA MUNICIPAL DE GUARAREMA

As campanhas de saúde são acompanhadas de palavras que lembram ações de guerra, como "extermínio" "combate" e mesmo "guerra". Doenças que têm insetos como vetores são frequentemente enfrentadas com aspersão de inseticidas, que não podem ter ação específica apenas contra os insetos vetores contaminados, tendo impacto sobre diversas outras formas de organismos.

A extinção local de espécies de insetos, em especial em áreas rurais, pode comprometer outras populações, tanto de predadores quanto de plantas que dependem de polinização realizada por insetos (entomófila).

A preservação de espécies nativas costuma sensibilizar a opinião pública quando se trata de vertebrados, em especial mamíferos, e, em maior grau ainda, primatas, como o mico-leão-dourado. Os invertebrados normalmente são percebidos de uma maneira muito parcial, como se fossem "pragas" a prejudicar o ambiente, sendo amplamente conhecidos apenas parasitas, vetores de doenças etc.

QUESTÕES

A Você acha que deveriam ser empreendidas campanhas mais amplas sobre preservação de espécies, incluindo espécies de invertebrados, como insetos? O que deveria ser considerado para planejar ações desse tipo?

B De que maneira seria possível planejar uma campanha para evitar doenças como febre amarela urbana, dengue e febre zika, transmitidas por um mosquito? Você acha que o desenvolvimento de vacinas, como ocorreu recentemente com a dengue, seja a única forma de enfrentar os problemas de epidemias com vetores como mosquitos, caramujos etc?

CONECTANDO OUTRAS ÁREAS

Ciência e Arte: comunicando hipóteses em poemas

GEORGE VON DASSOW

ACERVO DA EDITORA

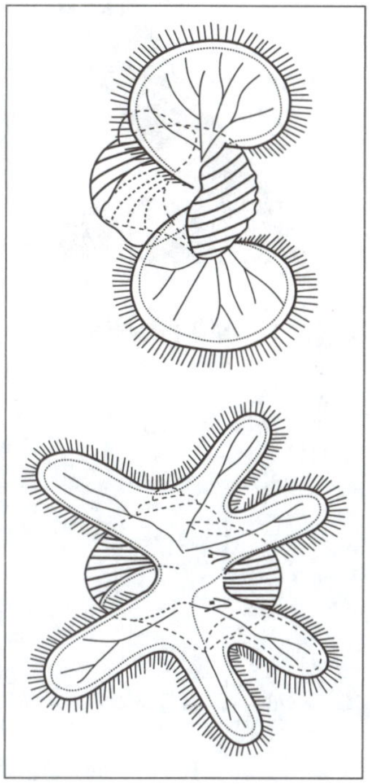

As larvas véliger têm de 0,5 a 3 mm de diâmetro.

Apresentar hipótese e teorias de maneira literária era uma antiga tradição, que se manteve válida até o final do século XVIII. Mas foi no século XX que o professor Walter Garstang (1868-1949), um zoólogo inglês muito respeitado, lançou, em 1928, uma hipótese revolucionária para a origem dos vertebrados. Ele imaginou que uma larva de animal invertebrado poderia ter atingido a maturidade sexual e, assim, originar animais aparentemente muito diferentes, em um fenômeno chamado pedomorfose.

Essa ideia colidia frontalmente com as ideias dominantes da época e, além disso, Garstang gostava de apresentar suas ideias de maneira divertida e reabilitou a antiga tradição, com versos cômicos. Além de publicar sua ideia revolucionária em artigos e livros, ele se dedicou também à poesia.

O poema "The ballad of the veliger" (de 1928) tem dez estrofes, mas reproduzimos abaixo apenas a primeira, de autoria desse zoólogo muito criativo, que fala da larva de certos invertebrados:

The veliger's a lively tar, the liveliest afloat,
A whirling wheel on either side propels his little boat;
But when the danger signal warns his bustling submarine,
He stops the engine, shuts the port, and drops below unseen

Quase 100 anos depois, estudos moleculares confirmaram a validade da hipótese de Garstang, como ficou conhecida.

Fonte: GARSTANG, Walter. The ballad of the veliger, or how the gastropod got its twist. In: *Larval forms and other zoological verses*. Oxford: Basil Blackwell, 1962. p. 36-37.

EXERCÍCIOS

A Com a ajuda de seu professor de inglês, procure fazer a tradução dos versos acima.

B O que você acha de transmitir ideias científicas utilizando outras formas de expressão, como música e poesia?

C Você conhece alguma música com tema científico?

UNIDADE

2 CORDADOS I

AS RAIAS SÃO PEIXES CARTILAGINOSOS QUE SE DIVERSIFICARAM MUITO, COM VÁRIAS ESPÉCIES QUE VIVEM EM MARES E RIOS.

HAVESEEN/SHUTTERSTOCK

CAPÍTULO

6 PEIXES: CORDADOS AQUÁTICOS

Nos oceanos primitivos havia animais invertebrados cujos corpos eram constituídos de maneira inteiramente diversa da dos demais. Tinham um esqueleto totalmente diferente, dotado de um bastão resistente e flexível. Esse grupo de animais originou o filo dos cordados, no qual estão os vertebrados.

UNITED STATES FISH AND WILDLIFE SERVICE, WASHINGTON D.C.

Figura 6.1 A lampreia é um peixe peculiar que possui uma boca em forma de tubo, sem mandíbula.

ALESSANDROZOCC/SHUTTERSTOCK

Figura 6.2 O celacanto (*Latimeria chalumnae*) é um peixe das profundezas do Oceano Índico com nadadeiras lobadas, semelhantes a pequenos cotos: são características de fósseis que viveram há mais de 300 milhões de anos.

1 Deuterostômios especiais

Os animais estudados até aqui, com exceção dos equinodermos, têm em comum algumas características. Quando seus embriões têm três folhetos germinativos, a boca do adulto se forma a partir da primeira abertura no embrião, o blastóporo: são, portanto, animais protostômicos. Quando possuem um cordão nervoso, ele é maciço e percorre o corpo pela região ventral. Além disso, quando esses animais têm um esqueleto, ele é um envoltório de material não vivo.

Os equinodermos, como vimos, constituem uma exceção porque neles a construção do corpo do adulto é diferente. Ao longo do desenvolvimento embrionário, o blastóporo origina não a boca do adulto, mas sim o ânus: são, portanto, animais deuterostômicos. Outra característica importante é seu esqueleto interno, vivo, uma novidade evolutiva. No entanto, os adultos do filo dos equinodermos não apresentam estruturas como cabeça, o que os torna atípicos como objeto de estudo. Mas eles permanecem como exemplares importantes de um ramo divergente da grande maioria dos filos de invertebrados.

BORIS PAMIKOV/SHUTTERSTOC

Estamos acostumados a dividir os animais em vertebrados ou invertebrados, e os vertebrados, como indica o nome, caracterizam-se pela presença de vértebras. No entanto, a ausência de vértebras não caracteriza uma semelhança evolutiva entre os animais. Os invertebrados constituem, pois, um agrupamento informal, que não reflete necessariamente proximidade de parentesco evolutivo, porque a ausência de uma mesma estrutura não permite criar um novo grupo de seres vivos.

Os animais mostrados na **Figura 6.3** pertencem a um grande grupo de animais denominado *filo dos cordados*, ou filo *Chordata*, que reúne vertebrados e alguns grupos de animais que não possuem vértebras. Assim como animais de alguns outros filos, os cordados também apresentam simetria bilateral, cefalização, presença de celoma e segmentação do corpo, além de outras estruturas que são totalmente originais.

NASHEPARD/SHUTTERSTOCK

ZANNA HOLSTOVA/SHUTTERSTOCK

Figura 6.3 Três representantes dos cordados vertebrados: Acima, um peixe cartilaginoso (o cação *Squalus acanthias*, que atinge 1,60 m de comprimento); à esquerda, um anfíbio (a salamandra *Pseudotriton ruber*, que chega a ter entre 10 e 20 cm de comprimento); e, à direita, um mamífero (o lobo-guará *Chrysocyon brachyurus*, que tem, em média, 1,30 m de altura, sem considerar a cabeça).

2 O filo dos cordados

Trata-se de um filo extremamente bem-sucedido, porque se diversificou bastante e ocupou os mais variados ambientes aquáticos e terrestres. Os cordados se originaram do ramo divergente constituído pelos animais deuterostômicos.

Há quatro características comuns a todos os cordados, presentes obrigatoriamente em seu desenvolvimento, ainda que em apenas algum momento da vida embrionária.

Os cordados possuem, desde a fase embrionária, um bastão maciço e bastante rígido de sustentação na região dorsal, denominado *notocorda*. Ela sustenta a musculatura, que se segmenta em unidades repetitivas chamadas *miômeros*, e origina, nos vertebrados adultos, a coluna vertebral.

Representação fora de escala. Cores-fantasia.

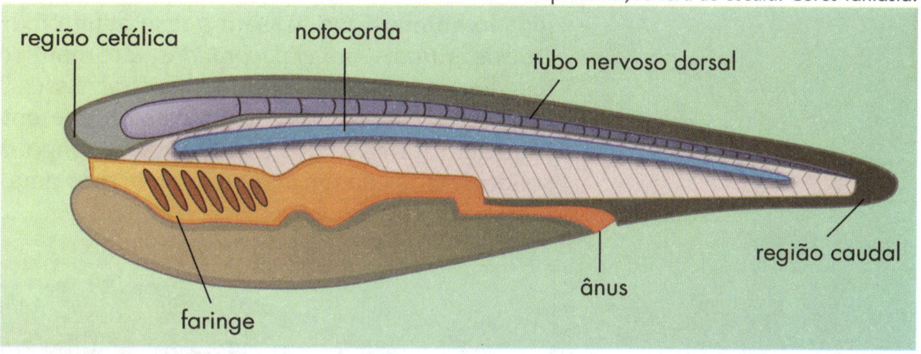

Figura 6.4 Esquema de um cordado típico: observe a notocorda na região dorsal, o tubo nervoso, a faringe com fendas e a região caudal.

Além da notocorda, forma-se no embrião um cordão nervoso oco ao longo da região dorsal, o *tubo neural*. Esse tubo dará origem ao cérebro e, ligada a ele, à medula espinal, que também percorre a região dorsal do animal.

As outras duas características dos cordados são: faringe com fendas, pelo menos na fase embrionária, e presença de cauda em uma região do corpo mais posterior que o ânus, pelo menos na fase embrionária. Observe essas características no esquema da **Figura 6.4**.

Muitos cordados têm um esqueleto interno bastante desenvolvido, o que permite aumento de tamanho corporal e maior eficiência na locomoção. Esse esqueleto pode ser constituído por cartilagens, como os dos tubarões, ou pode ser formado por ossos duros, como os das baleias. Para os animais terrestres, um esqueleto rígido é particularmente útil porque, além de sustentar o corpo, oferece reserva de minerais importantes, como o cálcio e o fosfóro.

A eficiência de locomoção dos cordados se deve também à presença de uma *cauda pós-anal*, uma estrutura que surgiu como elemento de propulsão na água, mesmo no caso de animais terrestres. Nos seres humanos, ela é **vestigial** e se limita aos ossos do cóccix.

Vestigial: diz-se de estrutura presente apenas como vestígio, como os ossos do cóccix, no fim da coluna vertebral nos seres humanos.

Todos os cordados possuem em alguma fase da vida, mesmo que apenas na fase embrionária, uma faringe com aberturas na forma de fendas (*fendas faríngeas*) na região de grandes vasos sanguíneos (*os arcos aórticos*), que se comunica com a superfície externa do animal (**Figura 6.5**).

Representação fora de escala. Cores-fantasia.

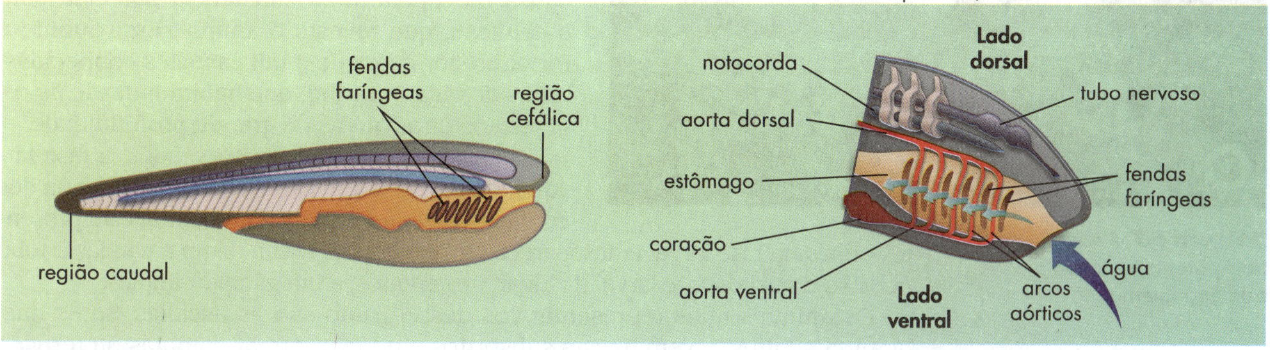

Figura 6.5 Fendas faríngeas e esquema mais detalhado de um embrião de peixe em que se veem os arcos aórticos.

3 Diversidade dos cordados

Observando o esquema da **Figura 6.6**, à primeira vista conclui-se que os cordados constituem um filo de animais bastante diferentes entre si. Porém, ao observarmos o desenvolvimento embrionário desses animais, podemos perceber algumas características em comum: a presença da notocorda, do tubo nervoso dorsal oco, das fendas na faringe e da cauda pós-anal.

De um ancestral hipotético, que devia nadar livremente, devem ter se originado animais que passam a fase adulta fixos a um substrato, os *tunicados*. Outros animais, os *cefalocordados*, que mantiveram a condição de livre-natantes, devem ter tido o mesmo ancestral. Esses dois grupos constituem o grupo dos *protocordados*. Mais animais bem diferentes devem ter surgido, com um esqueleto formado por cartilagens ao longo do corpo, ou mesmo por ossos, sendo dotados de um cérebro envolto por uma caixa craniana; estes formaram o grupo dos *vertebrados*.

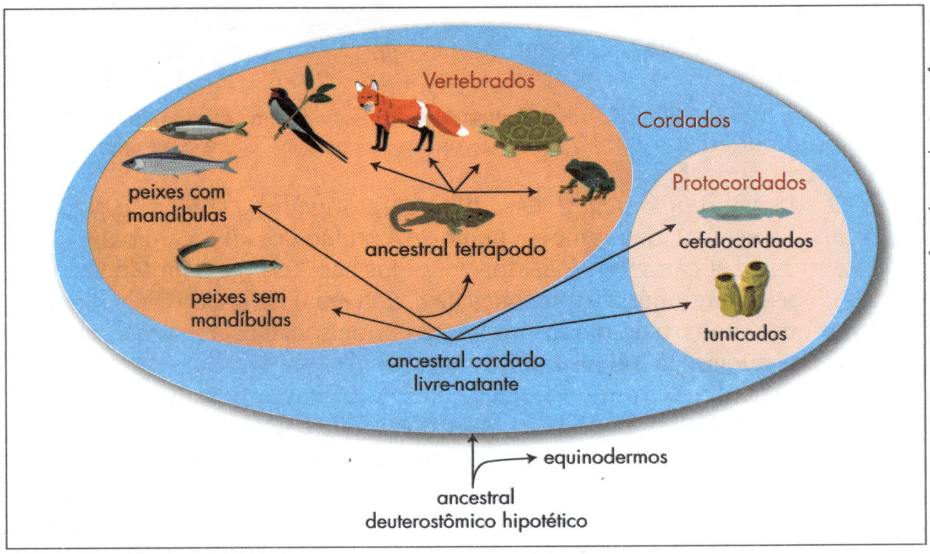

Figura 6.6 Os cordados constituem um filo com alguns animais invertebrados, os protocordados, e vertebrados.

Figura 6.7 Ascídia transparente expondo a estrutura interna.

Os protocordados

Este grupo não chega a constituir formalmente um subfilo, uma vez que se considera que ele seja formado por dois subfilos: os *urocordados* e os *cefalocordados*.

Os urocordados (como a ascídia da **Figura 6.7**) também são chamados de *tunicados* por causa da túnica, uma substância parecida com a celulose, que reveste o animal. Esse subfilo é formado por cerca de 3 mil espécies conhecidas, todas de vida marinha, que habitam desde as regiões costeiras até as de grande profundidade.

Apesar de parecerem invertebrados, a fase larval dos tunicados tem características típicas da dos cordados (**Figura 6.8**). Sua notocorda está presente apenas na fase larval e desaparece na fase adulta, assim como a cauda. O tubo nervoso dorsal da fase larval dá lugar, nos adultos, a um gânglio simples.

Os animais mais representativos desse grupo são as ascídias, seres que, quando adultos, vivem fixos a substratos e podem formar colônias ou ter vida solitária. Das características distintivas dos cordados, esses animais mantêm, quando adultos, apenas as fendas na faringe.

As ascídias têm fase larval com as características típicas dos cordados. Os adultos, porém, se modificam muito e possuem duas projeções externas, para entrada e saída de água: o sifão inalante e o sifão exalante (mostrados na **Figura 6.8**). Quando a água entra pelo sifão inalante, os nutrientes nela contidos são absorvidos pelo intestino do animal; quando ela sai pelo sifão exalante, os dejetos são eliminados.

As ascídias são hermafroditas e a fecundação ocorre no meio externo, isto é, gametas femininos e masculinos são lançados na água, onde ocorre a fecundação. Uma larva se desenvolve e passa por metamorfose para chegar à fase adulta.

DIEGO SANTOS

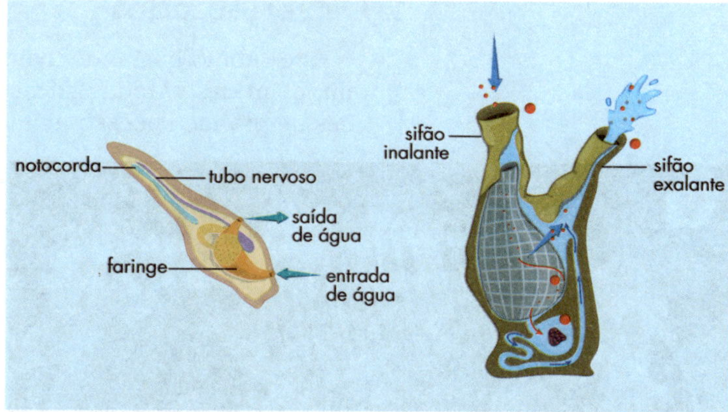

Representação fora de escala. Cores-fantasia.

Figura 6.8 Larva de tunicado (à esquerda), um protocordado que não mantém o esqueleto axial por toda a vida. A cauda da larva tem uma notocorda que regride no adulto (à direita). O adulto mantém as fendas na faringe, por onde filtra partículas alimentares (no desenho, em vermelho).

A larva dos tunicados é tão parecida com um pequeno peixe que suscitou uma hipótese muito interessante para a origem dos vertebrados (**Figura 6.9**). Caso uma larva deixasse de passar por metamorfose e continuasse a crescer, poderia atingir a maturidade sexual e se reproduzir, em um processo denominado neotenia. Assim poderiam ter se originado os primeiros peixes. Essa ideia é conhecida como hipótese de Garstang, proposta no início do século XX, e, embora seja antiga, ela encontrou apoio em dados recentes.

Representação fora de escala. Cores-fantasia.

DIEGO SANTOS

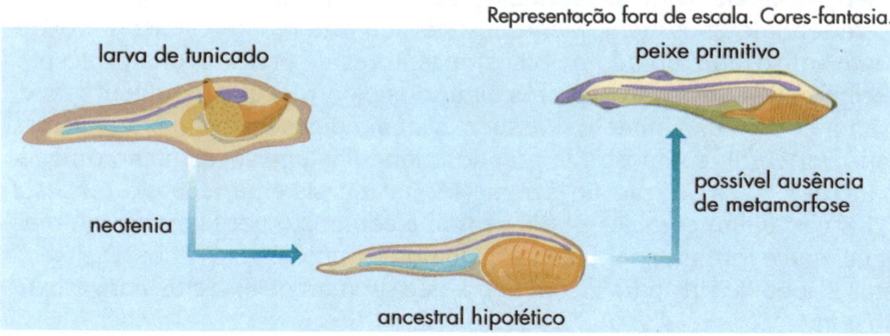

Figura 6.9 Pela hipótese de Garstang, a semelhança das larvas de tunicados com peixes não é acidental: uma larva que crescesse sem passar por metamorfose poderia desenvolver maturidade sexual (neotenia) e gerar uma nova espécie, um ancestral hipotético dos peixes.

Os cefalocordados formam um subfilo bem pequeno, com apenas cerca de 25 espécies. São animais marinhos, conhecidos como anfioxos, que habitam as praias, mantendo-se semienterrados na areia grossa e cascalho, onde filtram a água do mar. Eles não têm uma região cefálica típica (daí seu nome, anfioxo – do grego *amphi*, "ambas" e *oxus*, "ponta" – ponta dos dois lados).

Os anfioxos mantêm as quatro características distintivas dos cordados por toda a vida, não possuem forma larval e o pequeno embrião lembra um adulto em miniatura (**Figura 6.10**).

O animal adulto mede de 3 a 5 centímetros de comprimento e é achatado lateralmente. Sua notocorda forma um esqueleto axial que se mantém por toda a vida. São animais filtradores, que provocam um fluxo de água por meio de movimento ciliar, fazendo com que a água passe pela boca e seja filtrada pela faringe. Ela atravessa as fendas e sai do animal, enquanto as partículas de alimento ficam aderidas ao muco e são levadas ao intestino, onde são digeridas.

Os anfioxos têm sexos separados e lançam os gametas na água, onde ocorre a fecundação. O desenvolvimento é direto, isto é, sem estágio larval.

PATRICK J. LYNCH/PHOTORESEARCHERS/LATINSTOCK

Figura 6.10 Anfioxo, um cefalocordado.

Os vertebrados

Este subfilo bastante diversificado é constituído por animais que apresentam, além das características básicas dos cordados, diversas outras adaptações de grande sucesso, como o endoesqueleto vivo, a faringe desenvolvida e adaptada para diversos hábitos, inclusive predadores, um sistema nervoso avançado e os membros pares. Este grupo também é chamado de *Craniata* porque todos os organismos nele presentes possuem uma caixa craniana cartilaginosa ou óssea.

IAKOV FILIMONOV/SHUTTERSTOCK

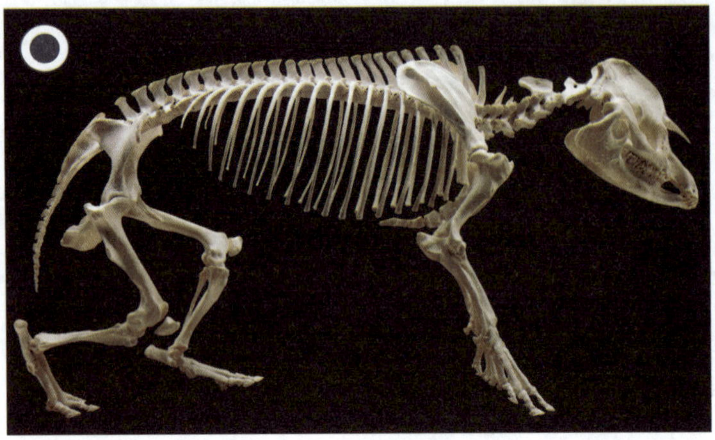

Figura 6.11 Endoesqueleto ósseo de uma anta, vertebrado da classe dos mamíferos.

O endoesqueleto vivo, capaz de crescer, ao contrário do exoesqueleto dos artrópodes, que é rígido e sem células vivas, não impõe restrições ao aumento de tamanho do animal. Além disso, oferece uma excelente base para suporte dos músculos e fornece proteção aos órgãos mais vulneráveis, como cérebro, pulmões e coração (**Figura 6.11**).

A faringe com fendas, que inicialmente era utilizada para a filtração de água para retirada de alimento, foi modificada nos vertebrados em um aparato muscular de alimentação, com o aparecimento da mandíbula. Essas fendas formam arcos, onde se fixam estruturas de retirada de oxigênio da água, as brânquias, como nos peixes.

Os vertebrados possuem, além disso, sistema nervoso e sensorial extremamente sofisticado, dotado de olhos, receptores de pressão, eletrorreceptores, receptores químicos, receptores olfatórios e outros, que permitem grande precisão na busca de alimento. Possuem sistema digestório completo, ventral à coluna vertebral, composto de grandes glândulas digestivas como o fígado e o pâncreas. A circulação do sangue forma um sistema fechado e possui, além dos vasos, um coração, que é ventral e composto por câmaras internas, e sangue, que é formado por plasma, glóbulos brancos e vermelhos. O sistema excretor dispõe de rins pares, com dutos que drenam os excretas para o exterior do corpo.

4 Peixes: características gerais

Os peixes, embora sejam criaturas muito familiares, são vertebrados que não configuram uma categoria taxonômica de definição simples. De modo geral, a mandíbula é usada para distinguir dois grandes grupos de peixes: os agnatas e os gnatostomados. Os agnatas (do grego *gnathos*, "mandíbula", precedido do prefixo de negação "a") não possuem mandíbulas, tampouco ossos, sendo exemplos as feiticeiras e as lampreias.

Figura 6.12 Raio X de um peixe-borboleta marinho, mostrando o esqueleto ósseo.

TED KINSMAN/LATINSTOCK

O outro grupo é formado por peixes com mandíbulas, os gnatostomados (do grego *gnathos*, "mandíbula", e *stomatos*, "boca"), como os tubarões, que não possuem ossos, sendo portanto *peixes mandibulados cartilaginosos*, ou *condrictes* (do grego *chondros*, "cartilagem", e *ichthyos*, "peixe"). Os gnatostomados incluem ainda animais como a sardinha e o peixe-borboleta (**Figura 6.12**), exemplos de *peixes mandibulados ósseos*, chamados *osteíctes* (do grego *osteos*, "osso", e *ichthyos*, "peixe").

O grupo dos peixes é muito bem-sucedido e bastante diversificado, com mais de 28 mil espécies: praticamente a metade de todas as espécies conhecidas de vertebrados. Há fósseis de peixes quase iguais aos da fauna atual desde o Devoniano, ou seja, há 370 milhões de anos já viviam peixes muito parecidos com as formas atuais.

Em sua estrutura básica, a coluna vertebral constitui o eixo de sustentação do animal, que toma o lugar da notocorda da vida embrionária, formando uma estrutura relativamente rígida. O corpo dos peixes é **hidrodinâmico**, dotado de nadadeiras que auxiliam sua estabilidade e, na maioria das espécies, recoberto de escamas. A estrutura cartilaginosa e óssea dos peixes é formada por uma estrutura celular, viva. Os diferentes grupos de peixes têm estratégias reprodutivas muito diversificadas, mas a maioria é ovípara, com fecundação externa.

Hidrodinâmico: que tem forma própria para facilitar o movimento na água, oferecendo pouca resistência ao deslocamento.

Respiração e circulação

Os peixes utilizam o oxigênio dissolvido na água para sua respiração. Ela é realizada nas brânquias ou guelras, onde o sangue fica muito próximo da água, podendo com ela trocar gases, como oxigênio e gás carbônico.

Os peixes ósseos têm as brânquias recobertas por uma placa óssea chamada opérculo (**Figura 6.13**), que funciona como proteção.

Os peixes cartilaginosos não possuem opérculo, mas sim um sistema de *fendas branquiais* (**Figura 6.14**). A água, que entra pela boca, circula no organismo e depois flui para o meio externo pelas fendas.

Tanto os peixes ósseos como os peixes cartilaginosos bombeiam a água com o assoalho da boca, criando um fluxo que vai da boca em direção às brânquias. Mesmo parados, tubarões e peixes ósseos podem manter o funcionamento das brânquias. Sendo elementos cheios de sangue, as brânquias atraem parasitas e predadores, constituindo um dos pontos mais vulneráveis do animal.

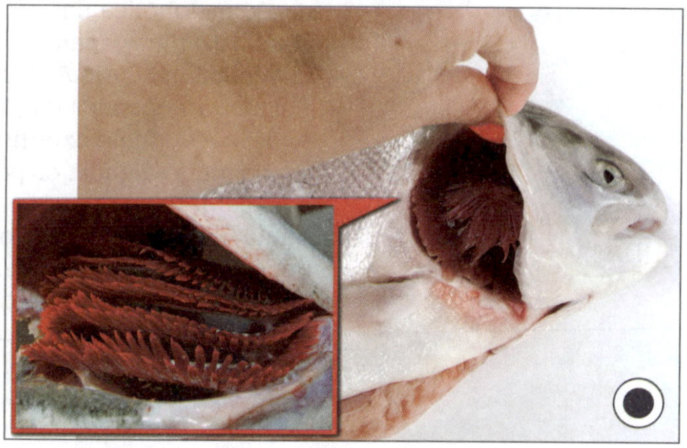
DANIEL PETRESCU/PHOTOPIXEL/SHUTTERSTOCK

Figura 6.13 As brânquias de peixes ósseos são protegidas pelo opérculo.

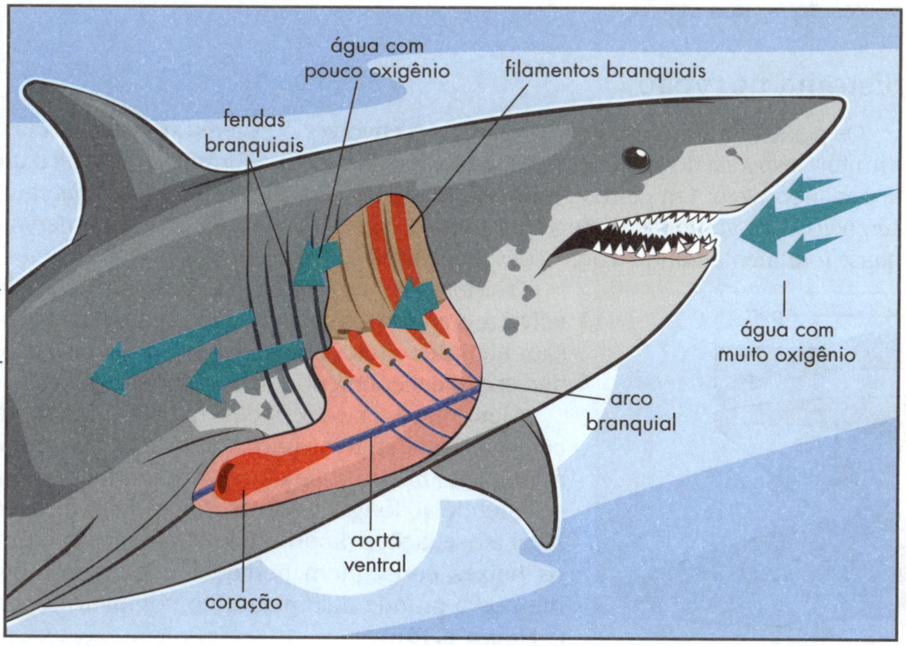

Representação fora de escala. Cores-fantasia.
DIEGO SANTOS

Figura 6.14 Nos peixes cartilaginosos, a água entra pela boca e flui por fendas branquiais.

ACERVO DA EDITORA

Figura 6.15 O sistema circulatório dos peixes, como a sardinha, tem um coração que bombeia o sangue pelas brânquias e de lá ele segue para o resto do corpo. Os músculos são os principais consumidores de oxigênio.

O sistema circulatório da maioria dos peixes (**Figura 6.15**) é composto de um coração com duas câmaras principais em série, o *átrio* e o *ventrículo*. O átrio é precedido por uma câmara alargada chamada seio venoso, formada pelo encontro das veias provenientes das diversas partes do corpo do animal, mas, ainda assim, o coração é considerado *bicavitário*. A circulação se dá através de um circuito único, motivo pelo qual a circulação de peixes, como a sardinha, é dita simples.

Excreção e equilíbrio osmótico

Nesse contato tão íntimo das brânquias com a água do mar, os peixes trocam uma série de substâncias com o meio líquido, além de gás carbônico e oxigênio. Os peixes eliminam pelas brânquias boa parte do produto de degradação metabólica das proteínas e dos ácidos nucleicos, a amônia – que é um composto nitrogenado tóxico, mas altamente solúvel em água (outra parte é eliminada pela urina). Além disso, as brânquias podem ganhar ou perder íons e água, a depender da diferença de concentração do sangue do animal em relação a do meio externo.

Na água salgada, os peixes ósseos ou teleósteos tenderiam a se desidratar, pois perdem água para o meio. Essa perda é compensada com a ingestão de muita água do mar, em volume diário que excede sua massa corpórea. A grande quantidade de sal ingerida com a água é excretada por células especializadas localizadas nas brânquias. Com isso, seus rins produzem pequeno volume de urina, que é mais concentrada do que a dos teleósteos de água doce.

Na água doce, os teleósteos ganham água pelas brânquias e não precisam beber água, pois ela passa para o sangue continuamente. Seus rins são muito desenvolvidos e produzem grande quantidade de urina, que é menos concentrada do que a dos teleósteos marinhos.

As unidades onde o sangue é filtrado nos rins, denominadas *glomérulos*, são muito grandes nos teleósteos de água doce e relativamente pequenas nos peixes de água salgada.

Sistema nervoso

Os peixes foram os primeiros animais a envolver o sistema nervoso em uma estrutura especial do esqueleto, de cartilagem ou osso, na forma de um *crânio* que abriga o *encéfalo*. Em certos grupos há diferenciação dos hemisférios cerebrais e cerebelo, e as vértebras protegem a *medula espinal*. Isso torna o sistema nervoso quase totalmente imune a agressões mecânicas do meio externo.

O sistema sensorial dos peixes é bastante desenvolvido, com órgãos especializados para paladar, visão, audição, olfato, equilíbrio e, em alguns casos, percepção de fenômenos eletromagnéticos.

Além disso, os peixes desenvolveram adaptações bastante efetivas para a vida aquática, como a *linha lateral*. Trata-se de um órgão bilateral que se estende ao longo do corpo do peixe, muito sensível a oscilações da pressão da água, com o qual os peixes conseguem perceber pequenos movimentos à grande distância e no completo escuro (**Figura 6.16**).

Figura 6.16 A linha lateral é um órgão com o qual os peixes percebem movimentos nos arredores por mínimas variações na pressão da água.

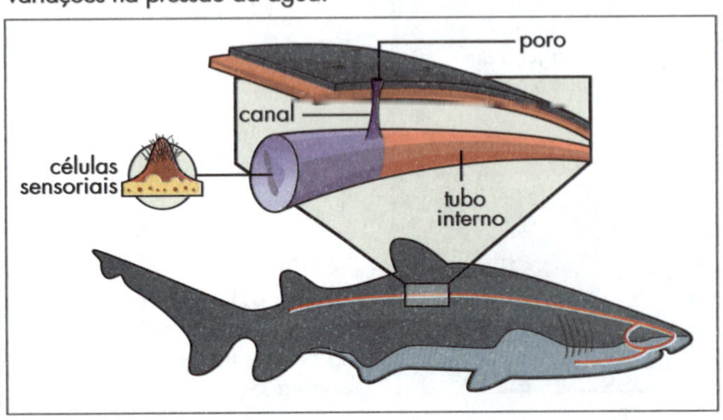

DIEGO SANTOS

Os elementos desta página foram representados fora de escala. Cores-fantasia.

A linha lateral possui poros muito pequenos, pelos quais a água pode passar livremente. Como a água é incompressível, pequenas oscilações na pressão da água são transmitidas para dentro do órgão, que possui células sensoriais em um tubo interno. Isso permite ao peixe perceber predadores e, dependendo de sua alimentação, presas. Permite também que os cardumes realizem movimentos muito coordenados.

Flutuação

Os peixes podem mover-se em profundidades diferentes e isso afeta sua capacidade de se equilibrar ao meio, sem se movimentar ativamente, para permanecer à mesma profundidade (flutuação neutra). Para tanto, os peixes ósseos possuem um órgão denominado *bexiga natatória*, que tem a função de atuar equilibrando o **empuxo** a que o corpo está submetido.

A bexiga natatória possui gases em seu interior e uma íntima associação com o sistema circulatório do peixe (**Figura 6.17**). Essa associação permite trânsito de gases entre o sangue e a bexiga natatória, envolvendo o oxigênio ligado à hemoglobina. Esse gás pode deslocar-se do sangue para a bexiga natatória, compensando a perda de volume do órgão que tende a ocorrer quando o peixe mergulha, pois aumenta a pressão externa.

Empuxo: força de baixo para cima recebida por um corpo, que corresponde ao peso da massa de fluido deslocado.

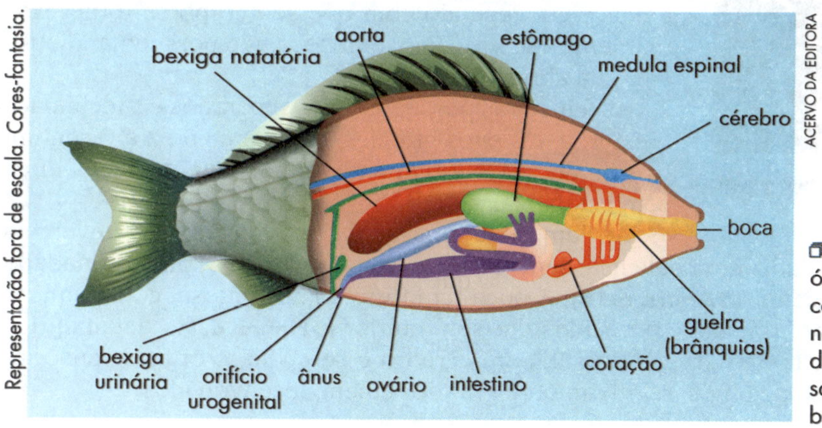

Figura 6.17 Muitos peixes ósseos controlam a flutuação com a ajuda de sua bexiga natatória. Note a associação deste órgão com os vasos sanguíneos próximos às brânquias do animal.

Ao subir, o peixe encontra pressão externa menor, e há a tendência de a bexiga natatória aumentar de volume. Nesse caso, o oxigênio passa da bexiga natatória para o sangue, mantendo seu volume inalterado.

O sistema funciona bem quando não há variações bruscas de profundidade. Peixes como os atuns, que se deslocam rapidamente entre águas profundas e águas rasas, não possuem bexiga natatória. Outros, como as trutas, têm um ducto que liga a bexiga natatória ao esôfago e, com isso, conseguem esvaziá-la rapidamente.

Os peixes cartilaginosos também não possuem a bexiga natatória, e sua flutuação é auxiliada pela grande quantidade de óleo armazenado em seu enorme fígado, que pode alcançar 25% do peso do animal. Como o óleo tem densidade bem menor que a da água (0,855 g/cm^3) e não varia de densidade de acordo com a pressão, a flutuação passiva do animal é favorecida em qualquer profundidade.

5 Diversidade de peixes

Os peixes estão organizados em dois grandes grupos: os *agnatas* ou *ciclóstomos*, que são os peixes sem mandíbulas, e os *gnatostomados* ou peixes com mandíbulas. Os agnatas têm vértebras bastante rudimentares (exceto as feiticeiras, inteiramente desprovidas delas) e são considerados vertebrados também por serem cordados com crânio, mesmo se ele não é ósseo.

Agnatas

Os vertebrados sem mandíbulas são denominados *agnatos* e seus representantes atuais formam um grupo com pouco menos de cem espécies viventes. Esses animais também são chamados de *ciclóstomos* porque possuem boca circular.

Os zoólogos não reconhecem esse grupo como monofilético (ou seja, os animais não descendem de um ancestral comum), tendo sido criados dois grupos bem distintos, no qual se classificam as *feiticeiras* (ou peixe-bruxa, da classe Myxini) e as *lampreias* (da classe Cephalaspidomorphi).

Além de não possuírem mandíbulas, também não possuem ossificação interna, escamas ou nadadeiras pares. Seu esqueleto é fibroso e não possuem vértebras, o corpo é delgado, em forma de tubo, e as aberturas das brânquias têm formato de poro.

BLICKWINKEL/HECKER/ALAMY/LATINSTOC

Figura 6.18 Feiticeira (*Myxini glutinosa*), que atinge 80 cm de comprimento.

As feiticeiras (**Figura 6.18**) constituem o grupo mais primitivo, com representantes exclusivamente marinhos, de hábito predador ou saprófago. São animais de visão bastante restrita, porém com o sistema olfativo bem desenvolvido, sendo capazes de detectar alimento facilmente.

A pele das feiticeiras é lisa, sem escamas, e possui glândulas de muco, que é secretado quando se sentem ameaçadas, fazendo com que seu corpo se torne extremamente escorregadio. Sua boca não possui mandíbula e a língua abriga dentículos.

As feiticeiras possuem sexos separados e a fecundação é externa. Os ovos grandes, com cerca de 2 a 7 centímetros de diâmetro, originam um indivíduo de forma direta, sem estágio larval.

As lampreias possuem o corpo delgado, levemente arredondado, com pele lisa, sem escamas, e podem ter uma ou duas nadadeiras medianas (**Figura 6.19**). A boca tem formato de ventosa, com pequenos espinhos cônicos endurecidos em seu interior (**Figura 6.19**, detalhe). Possuem sistema nervoso dorsal, com cérebro e cerebelo, e órgãos sensoriais, incluindo os olhos, relativamente grandes e bem desenvolvidos.

PEDRE/ISTOCKPHOTO

ANDREI NEKRASSOV/SHUTTERSTOCK

REINHARD, H./ARCO IMAGES GMBH/GLOWIMAGES

A boca sem mandíbulas da lampreia, mas com espinhos córneos em seu interior.

Figura 6.19 A lampreia (*Petromyzon marinus*) é um peixe parasita na fase adulta. Com sua boca em forma de ventosa (no detalhe à esquerda) prende-se ao corpo de outros peixes e suga-lhes os líquidos corporais.

As lampreias podem ser parasitas, caso em que se agarram às presas com a boca e raspam a superfície do corpo destas. Para que o ferimento não se feche, liberam uma substância anticoagulante e assim se alimentam dos líquidos corpóreos do hospedeiro.

Há lampreias que habitam o ambiente marinho e outras que vivem em água doce, podendo atingir até 1,2 metro. Todas, entretanto, têm o hábito de subir rios para se reproduzir. A fecundação externa ocorre em ninhos construídos pelos adultos, onde são depositados os ovos. O desenvolvimento é indireto, pois dos ovos se origina uma larva chamada amocete, de até 10 centímetros, muito semelhante ao anfioxo, que vive por longos períodos antes da metamorfose.

Na culinária europeia, em especial em Portugal, Espanha e França, as lampreias são base de pratos requintados, principalmente no inverno.

Pelágico: relacionado às áreas de mar aberto. Um animal pelágico vive em mar aberto.
Bentônico: relacionado ao fundo dos oceanos. Um animal de hábitos bentônicos habita o fundo dos mares.

Peixes cartilaginosos

Os *peixes cartilaginosos* formam um grupo com cerca de 850 espécies na fauna atual. São na maioria marinhos e predadores, com órgãos dos sentidos muito desenvolvidos, maxilas potentes e esqueleto cartilaginoso, o que lhes confere grande flexibilidade e agilidade. Os principais peixes cartilaginosos são os tubarões, as raias (ou arraias) e as violas (**Figura 6.20**).

Existem cerca de 400 espécies de tubarões (**Figura 6.21**), de hábitos **pelágicos**, que variam de 15 centímetros a 12 metros de comprimento. As raias e violas somam mais de 500 espécies descritas, a maioria de hábitos **bentônicos**, que vivem no fundo de mares, havendo algumas espécies que vivem em rios. Quanto ao tamanho, variam de 15 centímetros a 7 metros de envergadura.

ROMAN VINTONYAK/SHUTTERSTOCK

Figura 6.20 O peixe cartilaginoso conhecido como viola. Essa espécie atinge até 1,6 m de comprimento.

Algumas raias possuem na cauda, em geral, não mais do que um espinho, também chamado *esporão* ou *aguilhão* (**Figura 6.22**), que pode causar acidentes, em especial quando o animal é pisado acidentalmente. Isso é bastante comum em praias fluviais da Amazônia. O espinho é serrilhado e recoberto de células que produzem toxinas, que ampliam o dano causado pela sua perfuração.

ANDREA IZZOTTI/SHUTTERSTOCK

Figura 6.21 Tubarão, um peixe cartilaginoso que vive em regiões pelágicas. Observe as brânquias, sem opérculos, e a boca, na posição ventral.

NIKOLAY100/SHUTTERSTOCK

Figura 6.22 Raia de água doce. Banhistas que pisam involuntariamente nessas raias podem sofrer ferimentos decorrentes da perfuração da pele pelo aguilhão.

O sistema digestório dos condrictes é curto e o intestino é dotado de uma válvula espiral, que aumenta a superfície de absorção dos nutrientes. A boca é posicionada ventralmente em todos os peixes cartilaginosos e nenhum deles possui pulmões ou bexiga natatória. A respiração ocorre por meio de brânquias, protegidas por fendas branquiais.

O sistema sensorial é altamente desenvolvido, composto de olfato, visão, recepção de vibrações (linha lateral) e audição. Os tubarões possuem um órgão sensorial especial chamado *ampola de Lorenzini*, localizado na cabeça, que funciona como um conjunto de eletrorreceptores, utilizado para localizar presas por meio dos fenômenos elétricos que essas últimas produzem, por exemplo, seu batimento cardíaco.

O corpo todo é revestido por *escamas placoides* (**Figura 6.23**), estruturas homólogas aos dentes (isto é, têm uma origem comum). Esse revestimento é muito eficiente, pois reduz o atrito e aumenta a dirigibilidade do deslocamento.

ACERVO DA EDITORA

Representação fora de escala. Cores-fantasia.

Figura 6.23 Escamas de tubarão (placoides) observadas ao microscópio eletrônico. Cada escama mede aproximadamente 0,3 mm de largura.

Os peixes cartilaginosos possuem sexos separados. Os machos são dotados de uma estrutura chamada *clásper*, usada na cópula como um pênis; ou seja, a fecundação desses peixes é interna. Podem ser *vivíparos*, *ovovivíparos* ou *ovíparos*. A forma mais comum de reprodução nos tubarões é de fato a *viviparidade placentotrófica*, ou seja, com os embriões alimentados por placenta. Nesse caso, as espécies são ditas vivíparas. Algumas espécies, como o tubarão-azul (*Prionace glauca*), produzem até 58 filhotes por gestação.

Nas espécies ovovivíparas, o desenvolvimento e a eclosão dos ovos ocorrem no interior do corpo da mãe. Em algumas espécies de tubarões, durante a gravidez a fêmea continua a produzir ovos cheios de vitelo e os embriões simplesmente os devoram. Isso faz com que nasçam poucos filhotes, mas já com habilidades de predação bem desenvolvidas.

Entre as espécies que ocorrem no litoral brasileiro, do Rio de Janeiro até o Rio Grande do Sul, as únicas ovíparas pertencem a uma família de raias denominada Rajidae (**Figura 6.24**). Cada fêmea deposita até 20 ovos por postura e eles podem chegar à praia.

KANAGAWA PREFECTURAL MUSEUM OF NATURAL HISTORY, ODAWARA

Figura 6.24 A raia-pintada (*Atlantoraja castelnaui*) ocorre no litoral sul brasileiro e os casulos que contêm seus ovos, com cerca de 5 cm, podem chegar às praias.

Peixes ósseos

Os peixes ósseos formam um grande grupo de animais nos quais muitas cartilagens se ossificam e cujas brânquias permanecem protegidas por um opérculo ósseo, como a piranha (**Figura 6.25**). A grande maioria dos teleósteos possui escamas dérmicas, contudo, de tipo diverso das dos condrictes, pois são maiores e com forma diferente.

Existem dois subgrupos de peixes ósseos: os *actinopterígeos* (do grego *aktis*, "raio" e *pteryx*, "nadadeira"), que formam um grande grupo de peixes com nadadeiras raiadas, e os *sarcopterígeos* (do grego *sarkos*, "carne" e *pteryx*, "nadadeira"), com nadadeiras lobadas (ou carnosas). Estes, por sua vez, se dividem em dois grupos, o dos celacantos, com apenas duas espécies na fauna atual, e os dipnoicos, que são peixes pulmonados, com seis espécies na fauna atual.

Ao observar uma nadadeira peitoral de um peixe, é fácil perceber a qual dos dois grupos ele pertence. Observe os esquemas mostrados na **Figura 6.26**.

SANTI RODRIGUEZ/SHUTTERSTOCK

Figura 6.25 Piranha-vermelha (*Pygocentrus nattereri*), peixe ósseo actinopterígeo que ocorre no Pantanal e na Amazônia. Essa espécie possui, em média, 20 cm de comprimento.

Representação fora de escala. Cores-fantasia.

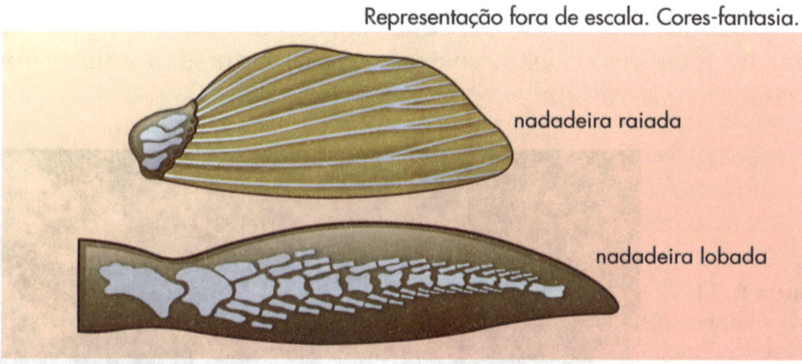

ACERVO DA EDITORA

Figura 6.26 A nadadeira peitoral é a distinção básica entre os dois grupos de peixes ósseos. As nadadeiras raiadas caracterizam os peixes actinopterígeos, enquanto as nadadeiras lobadas caracterizam os peixes sarcopterígeos.

O grande número de espécies de actinopterígeos dá uma ideia da diversidade do grupo, formado por cerca de 27 mil espécies da fauna atual. Há desde espécies que habitam as profundezas abissais (**Figura 6.27**) até formas de água doce, que vivem em poças de água ou mesmo se arrastam sobre a lama.

As escamas dos osteíctes podem ser de diferentes formas. Em comum elas compartilham algumas características que diferem daquelas dos condrictes. Por exemplo, têm origem dérmica. Nos cartilaginosos as escamas são epidérmicas.

As escamas funcionam como uma armadura, protegendo o animal de parasitas. Alguns peixes não têm escamas; é o caso dos bagres, com diversos representantes que habitam os rios amazônicos (**Figura 6.28**).

Há espécies de peixes cujo corpo é revestido não por escamas mas por *placas ósseas*, popularmente chamados "cascudos". Na Amazônia é frequente encontrar à venda um desses peixes, chamado acari-bodó, que é pescado até na época da reprodução (**Figura 6.29**).

NORBERT WU/MINDEN PICTURES/LATINSTOCK

Figura 6.27 *Anoplogaster cornuta*, peixe das profundezas do oceano. Essa espécie pode medir até 18 cm de comprimento.

LEANNE VORRIAS/SHUTTERSTOCK

Figura 6.28 Bagres são peixes sem escamas e têm alto valor comercial, pois são importante fonte de proteínas. São comuns nos rios amazônicos.

LEANDRO M. SOUSA/CIÊNCIA NA ESCOLA

Figura 6.29 O acari-bodó (*Liposarcus pardalis*) é um cascudo amazônico do qual se utilizam a carne e os ovários (parte amarela). Na culinária indígena, é a base para uma farinha chamada piracuí, de alto valor nutricional. Os peixes da foto têm cerca de 30 cm de comprimento.

A grande maioria dos peixes com nadadeiras raiadas pertence a um grupo denominado teleósteos, que inclui desde peixes como o pirarucu e o aruanã, peixes amazônicos, até lambaris e a grande maioria dos peixes actinopterígeos.

Certos peixes de nadadeiras lobadas possuem uma bexiga natatória que acumula funções respiratórias.

Os peixes pulmonados são representados na fauna atual por apenas três gêneros. A piramboia (**Figura 6.30**), espécie brasileira, pertence ao gênero *Lepidosiren*; o gênero *Neoceratodus* (**Figura 6.31**) ocorre na Austrália; e o gênero *Protopterus*, na África.

FABIO COLOMBINI

Figura 6.30 A piramboia é um peixe dipnoico pulmonado que vive em rios da Amazônia. Quando as águas começam a baixar, ela se enterra na lama e forma um envoltório endurecido, dentro do qual permanece em dormência (estiva) até a volta das chuvas. É menor do que os demais dipnoicos, que podem atingir 1,5 m.

Esses peixes desenvolveram a bexiga natatória na forma de um pulmão primitivo que divide as funções respiratórias com as brânquias. Sua circulação é diferente da dos demais peixes, pois possuem um coração com dois átrios e um ventrículo parcialmente dividido, tendo uma *circulação dupla*.

O pulmão pode ter duas partes (como na piramboia), que se comunicam com o meio exterior. Como vimos, esses peixes têm também brânquias, embora de tamanho reduzido. Caso utilizassem apenas as brânquias, se arriscariam a morrer sufocados, pois não conseguiriam obter todo o oxigênio de que necessitam. Também não podem viver sem as brânquias, porque é por elas que se desfazem do gás carbônico.

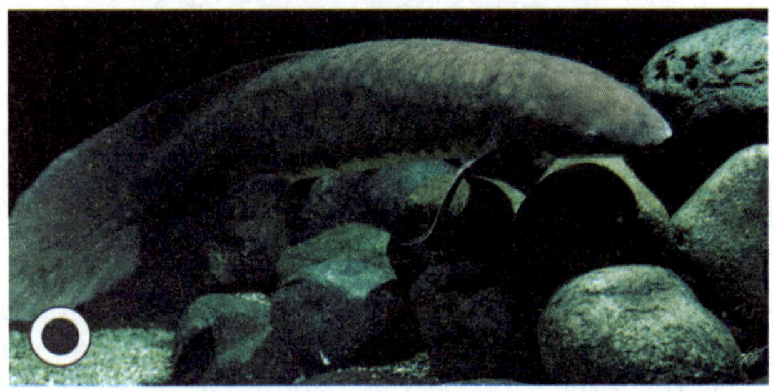

TOM MCHUGH/LATINSTOCK

Figura 6.31 O peixe pulmonado australiano, *Neoceratodus forsteri*, que chega a 1,5 m de comprimento.

GEORGE GRALL/GETTYIMAGES

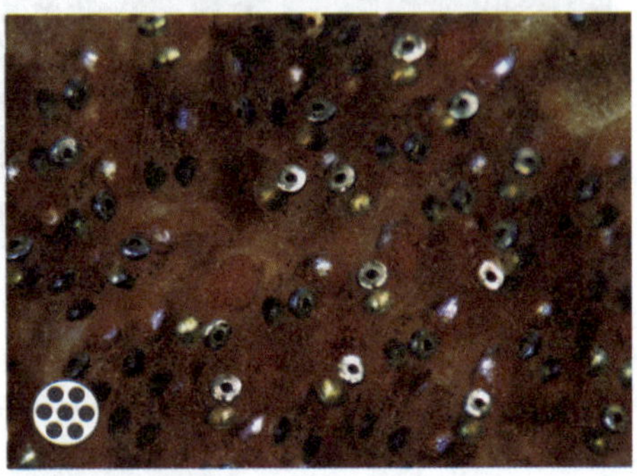

Figura 6.32 Ovos de peixe em desenvolvimento (aumento de cerca de 120 vezes).

Na maioria das espécies de peixes ósseos a reprodução é ovípara e do ovo pode nascer uma forma larval com *saco vitelino*, onde seu alimento está armazenado. Os sexos são separados. Como regra em que há exceções, a fecundação é externa. Os ovos têm bastante vitelo e os embriões (**Figura 6.32**) se desenvolvem apenas com os nutrientes da gema.

Os ovos dos peixes devem ficar todo o tempo em contato com a água, e sua membrana gelatinosa permite a passagem de gás carbônico e oxigênio.

Algumas espécies cuidam dos ovos e dos filhotes em complexos rituais. O Brasil possui espécies de peixes amazônicos que cuidam dos ovos e dos filhotes em um caso muito raro, no qual os filhotes são alimentados por substâncias produzidas pelos pais.

Esse é o caso do acará-disco (*Symphysodon discus*, **Figura 6.33**), que cuida dos ovos e alimenta os filhotes com o muco que recobre suas escamas. Com o crescimento dos filhotes ocorre o "desmame" das crias, que passam a buscar outros alimentos.

Algumas espécies de peixes ósseos são ovovivíparas, com os ovos permanecendo no interior do corpo da mãe. Nessas espécies a fecundação é interna e os filhotes saem do corpo da mãe já capazes de se deslocar, depois de ter consumido todo o alimento contido no saco vitelínico.

CIÊNCIA NA ESCOLA

Figura 6.33 O acará-disco desova sobre superfícies lisas, como folhas de plantas aquáticas. Após um ritual complexo, a fêmea passa o ventre sobre a superfície e deixa alguns ovos; o macho a segue e expele esperma, fertilizando-os. O ritual se repete por cerca de uma hora, até que algo entre 50 a 80 ovos sejam depositados.

As fêmeas de celacanto (**Figura 6.34**), peixe que se pensava extinto, revelam que esse peixe é vivíparo; uma fêmea capturada em 1975 tinha cinco filhotes perto do momento do nascimento, com cerca de 30 centímetros de comprimento cada um.

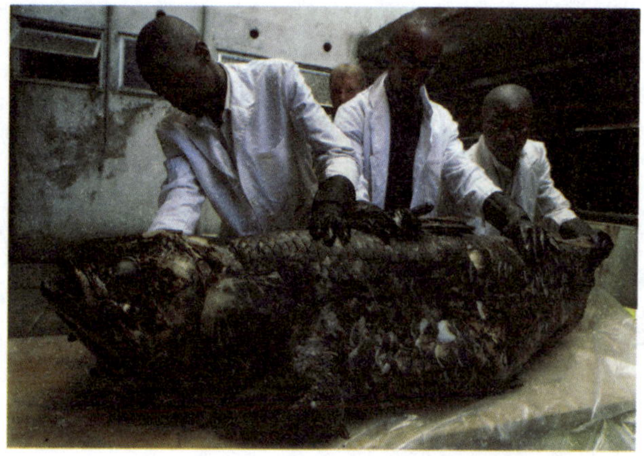

SIMON MAINA/AFP

Figura 6.34 Pesquisadores do Museu Nacional do Quênia apresentam o celacanto capturado por pescadores em 2001. Acreditava-se que esse peixe, que atinge 1,75 m de comprimento, tivesse desaparecido com os dinossauros, há 65 milhões de anos.

6 Relações filogenéticas

Estudos comparativos dos genes de protocordados e vertebrados mostraram que os tunicados têm maior similaridade genética com os vertebrados do que os cefalocordados. É muito provável que o ancestral dos peixes fosse um tunicado, cuja larva adquiriu a capacidade de se reproduzir antes da metamorfose (neotenia).

A afinidade entre esses dois grandes grupos tinha sido proposta no início do século XX. Estudos recentes, comparando o colágeno de cefalocordados, urocordados, agnatos e gnatostomados, confirmaram, em linhas gerais, esse entendimento moderno.

Os cordados aparecem no registro fóssil ainda no Cambriano, na forma de animais de corpo vermiforme, segmentado, com um eixo de sustentação e sistema nervoso dorsais e faringe com fendas. Como vimos, uma parte dos cordados desenvolveu crânio. Como mostra o cladograma da **Figura 6.35**, chamamos de vertebrados os animais que pertencem a cinco classes de cordados. Os peixes e todos os tetrápodes são vertebrados.

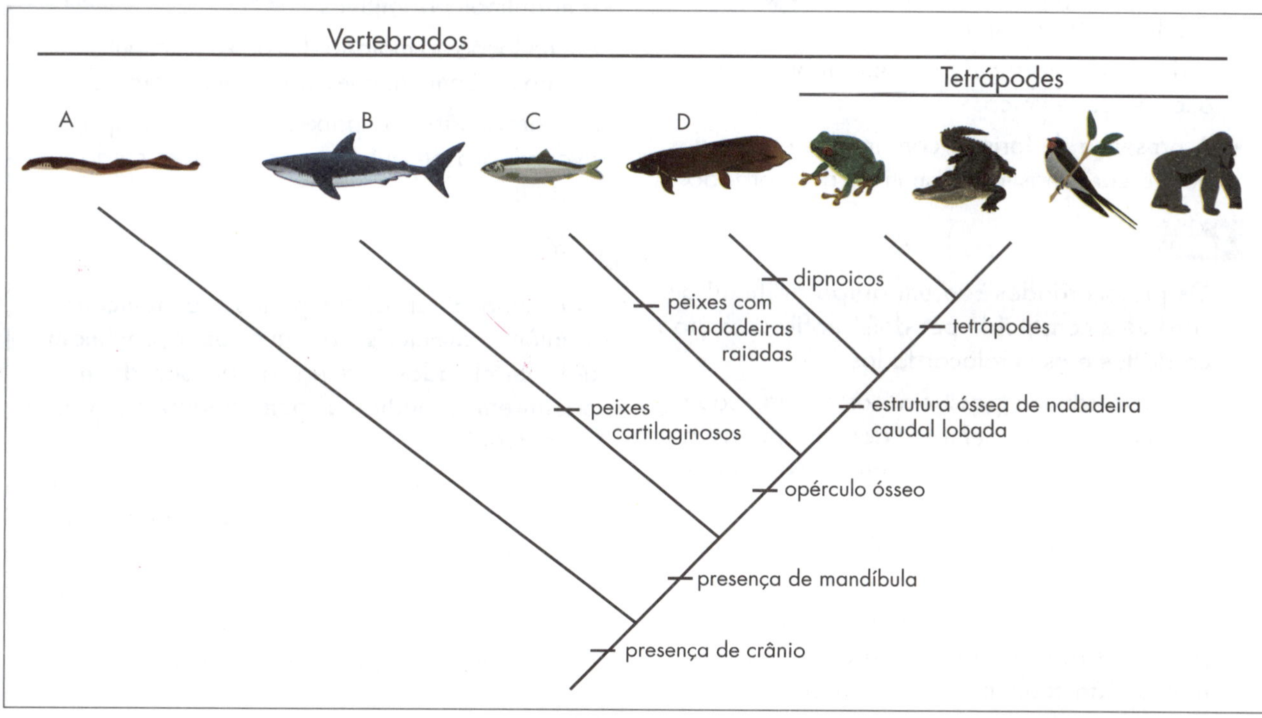

ACERVO DA EDITORA

Figura 6.35 O cladograma representa em A, os ciclóstomos; em B, os peixes cartilaginosos; em C, os peixes de nadadeiras raiadas; em D, os peixes de nadadeiras lobadas; e depois os tetrápodes.

Outro grande passo na história evolutiva dos vertebrados foi a conquista do meio terrestre, e o estudo dos peixes de nadadeiras lobadas fornece pistas importantes a esse respeito. Os indígenas brasileiros já demonstravam ter conhecimento sobre seu caráter excepcional e, ao chamar o peixe pulmonado de piramboia (= "peixe-cobra"), fazem referência a uma forma de transição.

De fato, no Devoniano, há 375 milhões de anos, surgiram animais nos quais as nadadeiras lembravam as nadadeiras lobadas, mas eram diferentes.

ZINA DERETSKY/NATIONAL SCIENCE FOUNDATION, VIRGINIA

Veja na **Figura 6.36** uma reconstituição artística de um desses animais, que foi batizado de *Tiktaalik roseae*. Um fóssil encontrado em 2004 permitiu estabelecer que suas características anatômicas constituem uma transição entre os peixes de nadadeiras lobadas e os primeiros tetrápodes.

Figura 6.36 Reconstituição artística do *Tiktaalik roseae*, espécie descrita em 2006 a partir de material fossilizado encontrado em rochas do Devoniano no Canadá.

EM POUCAS PALAVRAS

1

- Os cordados são animais que possuem notocorda, um bastão semirrígido de sustentação, em pelo menos uma de suas fases de vida.

2

- O sistema muscular dos cordados é composto de feixes segmentares. Uma cauda pós-anal, auxilia na locomoção.
- Todos os cordados possuem tubo nervoso oco, dorsal e único.
- A presença de faringe com fendas é uma das quatro características distintivas dos cordados.

3

- Os protocordados são um grupo artificial de cordados constituído por dois subfilos: os urocordados e os cefalocordados.
- Os urocordados possuem notocorda, cauda pós-anal e tubo nervoso dorsal apenas na fase larval, mantendo a faringe com fendas na fase adulta.
- As ascídias são animais sésseis que fazem parte dos urocordados.
- Os cefalocordados são animais translúcidos e pequenos que habitam a região arenosa dos mares. São conhecidos como anfioxos.
- Os anfioxos adultos mantêm as quatro características distintivas dos cordados.
- Os vertebrados são cordados com crânio; possuem, além das características dos cordados: endoesqueleto vivo, tegumento externo de proteção, faringe e sistema nervoso muito desenvolvido.
- Os primeiros cordados que desenvolveram o crânio foram os ancestrais dos vertebrados atuais.

4

- A respiração da maioria dos peixes é realizada por brânquias. Alguns peixes desenvolveram pulmões primitivos.
- A circulação na maioria dos peixes sem pulmões é simples, com um coração de duas câmaras.
- A reprodução dos peixes pode ser vivípara, ovovivípara ou ovípara; pode haver cuidado parental.

5

- Na fauna atual, as lampreias e as feiticeiras mantêm características que as aproximam dos vertebrados modernos; apesar de não possuírem mandíbula nem vértebras, possuem crânio.
- Os peixes com mandíbula podem ser cartilaginosos, como os tubarões e raias, ou ósseos, como a sardinha, o lambari e a piramboia.
- Os peixes ósseos podem pertencer a dois grupos, um deles caracterizado pelas nadadeiras raiadas, e o outro, pelas nadadeiras lobadas.

6

- O estudo de peixes com nadadeiras lobadas fornece pistas importantes sobre a conquista do ambiente terrestre e a história evolutiva dos vertebrados.

BIOCHAT

? Eu sempre pensei que os animais fossem divididos em vertebrados e invertebrados. Quer dizer que existem, na verdade, invertebrados, invertebrados cordados e vertebrados cordados?

BC Exatamente. Os protocordados são invertebrados, mas pertencem ao mesmo filo dos vertebrados. "Invertebrados", na verdade, é um grupo artificial.

? Existem vertebrados sem vértebras?

BC Sim, pois o grupo dos vertebrados na verdade abriga animais como as lampreias, que possuem apenas rudimentos de vértebras cartilaginosas, e as feiticeiras, que nem isso possuem. Os zoólogos acreditam que esses animais descendam de animais que possuíam vértebras, daí serem incluídos no grupo dos vertebrados. Mais ou menos como as cobras e baleias, que fazem parte do grupo dos Tetrapoda (animais com quatro pernas), mesmo sem possuir nenhuma perna!

? Por que estão pescando o celacanto? Ele não deveria ser protegido, pois afinal está ameaçado de extinção?

BC A questão é muito pertinente. De fato, o celacanto não pode ser comercializado, mas as expedições científicas pescam, para fins de pesquisa, em águas muito profundas e descobrem muitas formas diferentes de peixes. Acidentalmente um celacanto é fisgado e, neste caso, acaba sendo utilizado para finalidades científicas.

? Por que o peixe morre quando fica fora da água? Não há mais oxigênio no ar do que na água?

BC De fato, há mais oxigênio no ar, mas o peixe precisa que as brânquias tenham contato com ele e, fora da água, elas ficam aderidas umas às outras, como um pincel molhado, reduzindo muito a área de contato. Além disso, as brânquias perdem água com facilidade e se ressecam, sem que o sangue possa passar por elas. Assim, sem oxigênio, o peixe morre asfixiado.

? A placenta não é uma característica exclusiva de mamíferos?

BC Utiliza-se o termo "placenta" para designar diferentes estruturas de nutrição que se desenvolvem dentro do corpo da mãe, capazes de trocar substâncias com o embrião. Assim, não apenas certos mamíferos possuem placenta, mas também outros animais vivíparos, como muitos tubarões. Entretanto, as placentas dos diferentes grupos animais não são órgãos homólogos, como no caso das escamas e dos dentes.

? Por que peixe que não tem escama também não tem espinha?

BC O termo popular "espinha" se refere geralmente aos ossos do peixe, tanto os prolongamentos pontiagudos das vértebras como aos mais finos, encontrados no meio da carne do animal, que não estão ligados à coluna vertebral. Estes são em geral pontiagudos e perigosos nas refeições. Os siluriformes, o grupo dos bagres ou peixes de couro, tiveram uma perda secundária dessa característica e não possuem essas "espinhas" no meio da carne, mas obviamente possuem coluna vertebral e os espinhos das vértebras.

? Mas, e o cação? Ele também não tem espinha!

BC Sim, mas o cação é um peixe cartilaginoso; os siluriformes são peixes ósseos. Os peixes cartilaginosos têm vértebras roliças (são usadas até para fazer colares) e são conhecidos por não oferecer riscos a seus consumidores, pois não possuem ossos. E lembre-se de que os peixes cartilaginosos têm escamas, que são como pequenos dentes, quase invisíveis a olho nu. Apesar de tão pequenos, são muito importantes para o animal.

? Como é possível que animais fixos, que vivem presos a rochas, como as ascídias, tenham grande parentesco com os vertebrados?

BC É porque as ascídias compartilham, na sua fase larval, as mesmas características dos outros cordados: notocorda, cordão nervoso dorsal, fendas na faringe e cauda pós-anal. Os animais adultos de fato se parecem pouco com os vertebrados, ao contrário de suas larvas.

? O que faz do anfioxo um animal tão especial nos estudos evolutivos dos cordados?

BC Os anfioxos, além de possuírem as quatro características distintivas dos cordados, possuem músculos segmentados, características compartilhadas pelos vertebrados. Os cordados primitivos eram filtradores e os vertebrados são na sua maioria predadores.

? Que características permitiram essa mudança?

BC Os vertebrados são animais com movimentos rápidos e precisos, proporcionados pelo endoesqueleto de sustentação, pelos músculos segmentares e pelos membros pares. Possuem ainda os sistemas nervoso e sensorial altamente desenvolvidos, que detectam presas com mais facilidade. Além disso, o aparecimento da mandíbula permitiu que conseguissem se alimentar de animais de grande porte e ativos como eles. Uma faringe com fendas parece mais um defeito...

? Isso não é prejudicial?

BC Nos vertebrados não. Inicialmente a faringe era utilizada como aparato filtrador, já que as fendas permitem que a água que entra pela boca possa sair continuamente, o que é uma vantagem para animais filtradores. Com o tempo, esse fluxo de água foi utilizado como fonte de oxigênio, além de alimento, fazendo com que as fendas e as brânquias internas se desenvolvessem. Obviamente, isso funcionou bem nos animais aquáticos, mas não para os terrestres.

ATENÇÃO: NUNCA ESCREVA NO LIVRO.
RESPONDA SEMPRE NO CADERNO.

ATIVIDADES DE REVISÃO

I Classifique as afirmações seguintes como Verdadeiras ou Falsas, justificando, em seu caderno, sua resposta:

1 **1.** O embrião de uma lampreia se desenvolve de maneira mais parecida com o de uma minhoca do que com o de uma ascídia.

2 **2.** A cauda pós-anal não proporcionou vantagens locomotoras nos animais, por isso no ser humano ela é uma estrutura vestigial.

2 **3.** Além da presença da notocorda e da cauda pós-anal, os cordados são diferentes de outros grupos de animais por apresentarem celoma e metameria.

2 **4.** A função de sustentação da notocorda limita-se à fase embrionária e depois desaparece.

2 **5.** Assim como os invertebrados, os cordados possuem cordão nervoso maciço na região ventral do corpo.

2 **6.** Os embriões de cordados apresentam a cauda que se prolonga para além do ânus, cuja função é a mesma nos diferentes grupos.

3 **7.** Todos os urocordados possuem notocorda, tanto na fase larval como na fase adulta.

3 **8.** A ascídia, o anfioxo e os peixes apresentam a notocorda como estrutura de sustentação durante toda a vida.

4 **9.** Os peixes são vertebrados que possuem mandíbulas, mas não possuem estruturas ósseas.

4 **10.** Nos peixes a notocorda presente na fase embrionária é mantida durante a fase adulta.

4 **11.** A respiração dos peixes cartilaginosos ocorre pelas brânquias que são protegidas pelo opérculo.

4 **12.** As brânquias da maioria dos peixes absorvem oxigênio e eliminam gás carbônico e outras substâncias, como amônia.

5 **13.** Os peixes podem ser divididos em dois grandes grupos, os sem mandíbula e os com mandíbula.

5 **14.** A característica marcante dos peixes cartilaginosos é a presença de nadadeiras lobadas.

5 **15.** As escamas placoides que revestem o corpo dos peixes cartilaginosos são estruturas análogas aos dentes, pois não têm a mesma origem embrionária.

6 **16.** Analisando o cladograma representado na **Figura 6.36** (p. 149), podemos afirmar que os todos os peixes possuem um ancestral comum exclusivo.

6 **17.** O celacanto, considerado um fóssil vivo, tem parentesco próximo com a piramboia amazônica.

II Identifique a alternativa correta em seu caderno:

1 **18.** Se for levado em consideração o desenvolvimento embrionário, em especial os primeiros estágios da gastrulação, a espécie de animal invertebrado mais parecido com você deveria ser:

a) o macaco.
b) o pepino-do-mar.
c) a minhoca.
d) a mosca.
e) a água-viva.

2 **19.** Ao observar um animal com cabeça e sistema nervoso dorsal, você tem uma indicação de que o animal seja um:

a) artrópode.
b) equinodermo.
c) gastrópode.
d) cefalópode.
e) cordado.

2 **20.** Identifique a alternativa que apresenta características distintivas dos cordados.

a) Notocorda, fendas na faringe e crânio.
b) Cordão nervoso ventral, fendas na faringe.
c) Notocorda, fendas na faringe e tubo nervoso dorsal.
d) Fendas na faringe, cordão nervoso maciço e crânio.
e) Cordão nervoso ventral oco e sistema ambulacral.

3 **21.** Sobre os urocordados é correto afirmar que:

a) Apresentam desenvolvimento direto e não possuem características dos cordados na fase adulta.
b) O sistema nervoso dos urocordados é constituído de encéfalo e medula espinal.
c) São considerados protocordados simples pela falta de sustentação na fase adulta.
d) Possuem fase larval curta e, após metamorfose, desaparecem cauda, notocorda, tubo nervoso e fendas da faringe.
e) São todos de vida marinha e são dioicos, a reprodução é sempre sexual, com fecundação interna.

3 **22.** Considere as seguintes afirmações sobre as ascídias:

I. Apresentam em uma das extremidades o sifão inalante e o exalante.

II. São animais exclusivamente marinhos, vivem isoladas ou em colônias.

III. Utilizam as fendas branquiais para trocas gasosas e alimentação.

IV. São hermafroditas e realizam fecundação cruzada.

V. São filtradores, a água entra pelo sifão inalante e sai pelo sifão exalante.

As afirmações corretas são:

a) Apenas I e II.
b) Apenas III e V.
c) Apenas I, II e III.
d) Apenas III, IV e V.
e) Todas as afirmações estão corretas.

3 **23.** Assinale a afirmação incorreta sobre os anfioxos:

a) Pertencem ao grupo dos cefalocordados.
b) Possuem todas as características dos cordados.
c) Possuem fase larval.
d) São animais filtradores.
e) São animais dioicos.

3 **24.** Assinale a alternativa que indica características presentes nos vertebrados, mas ausentes nos protocordados:

a) Notocorda e fendas branquiais na faringe.
b) Crânio envolvendo o cérebro.
c) Cauda pós-anal e sistema nervoso ventral.
d) Tubo nervoso dorsal e celoma bem desenvolvido.
e) Sistema nervoso dorsal e notocorda.

ATIVIDADES DE APROFUNDAMENTO

25. Indique V para afirmações verdadeiras e F para afirmações falsas:

I. Os vertebrados e anfioxos possuem em comum a presença de massa encefálica.

II. A faringe dos vertebrados é bem desenvolvida e adaptada às necessidades do organismo do animal.

III. O tegumento dos vertebrados, além de proteger tecidos e órgãos, pode atuar na secreção de substâncias e na respiração.

IV. Alguns vertebrados possuem celoma pouco desenvolvido.

Assinale a sequência correspondente:

a) F, F, V, F.
b) F, V, F, V.
c) F, V, F, F.
d) F, V, V, F.
e) V, V, F, V.

26. Assinale a alternativa que melhor caracteriza a respiração dos peixes:

a) Precisam subir até a superfície para retirar oxigênio do ar.
b) Bombeiam a água através do assoalho da boca, criando um fluxo da boca em direção às brânquias.
c) Eles retiram o oxigênio da água por meio de pulmões altamente adaptados a estas condições.
d) Os peixes ósseos, quando estão parados, não conseguem realizar trocas gasosas.
e) A água que entra pela boca circula no organismo e é absorvida pelas brânquias.

27. Assinale a alternativa incorreta:

a) Os teleósteos de água doce não precisam beber água e produzem grande quantidade de urina.
b) Os glomérulos realizam a filtração do sangue nos peixes teleósteos.
c) A circulação de sangue dos peixes ocorre em um único circuito, o coração bombeia o sangue para as brânquias e em seguida para o corpo.
d) Para manter o equilíbrio osmótico do corpo, o peixe absorve sais pelas brânquias.
e) O sistema nervoso dos peixes ósseos é pouco desenvolvido e caracterizado pela ausência de encéfalo.

28. Quanto à flutuação nos peixes é correto afirmar que:

a) O único órgão utilizado é a bexiga natatória.
b) A força muscular é utilizada para equilibrar o empuxo.
c) Todos os peixes ósseos possuem bexiga natatória.
d) Os peixes cartilaginosos não possuem bexiga natatória.
e) Além de realizarem trocas gasosas, as brânquias acumulam gases que são utilizados na flutuação.

29. Sobre a piramboia é correto afirmar que:

a) A flutuação é proporcionada pela grande quantidade de óleo no fígado.
b) A circulação do sangue ocorre em um único circuito.
c) Sua bexiga natatória possui forma de um pulmão primitivo.
d) As brânquias fornecem oxigênio suficiente para sua sobrevivência.
e) O gás carbônico é eliminado pela bexiga natatória.

30. Comparando os peixes ósseos e os cartilaginosos, é possível afirmar que:

a) O corpo de ambos é sempre revestido por escamas dérmicas.
b) Quando o corpo não é revestido por escamas, não há ossos.
c) Em ambos os grupos há exemplares de nadadeiras lobadas.

d) Há espécies de reprodução ovovivípara em ambos os grupos.

e) Os sarcopterígeos são peixes cartilaginosos de nadadeiras raiadas.

31. Estudando as relações filogenéticas dos peixes e dos tetrápodos, podemos afirmar que:

a) A piramboia é mais semelhante aos tetrápodos do que o tubarão.

b) O tubarão e a piramboia pertencem à classe dos Condrichthyes.

c) A classe Sarcopterygii compreende animais sem mandíbula.

d) A classe Actinopterygii compreende animais sem crânio.

e) A superclasse Agnatha inclui todos os animais tetrápodos.

BIOLOGIA NO CONTEXTO

32. A figura representa uma hipótese das relações evolutivas entre alguns filos animais.

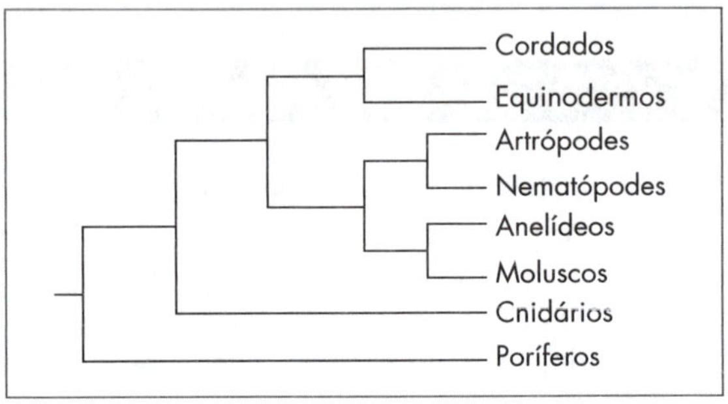

ADAPTADO DE: TREE OF LIFE WEB PROJECT, 2002.

De acordo com essa hipótese, a separação dos vertebrados e invertebrados:

a) está justificada, pois não há um ancestral comum para todos os vertebrados e todos os invertebrados.

b) não está justificada, pois há um ancestral comum para todos os vertebrados e todos os invertebrados.

c) está justificada, pois a denominação de vertebrado pode ser considerada como sinônima de cordado.

d) não está justificada, pois, evolutivamente, os vertebrados estão igualmente distantes de todos os invertebrados.

e) está justificada, pois os invertebrados têm ancestral comum, que difere daquele dos vertebrados.

33. Durante o estudo dos protocordados, Pedro considerou que as ascídias são os animais mais próximos dos vertebrados porque possuem, na fase larval, as características básicas dos cordados. Já Fernando considerou que era o anfioxo, já que mantinha na fase adulta um esqueleto axial. Qual deles está correto?

34. Os olhos dos moluscos cefalópodes são muito parecidos com os olhos dos vertebrados. É possível que haja um parentesco mais próximo entre esses moluscos e os peixes, por exemplo?

35. Descreva semelhanças e diferenças entre equinodermos e protocordados.

36. Em 1829, no Canadá, foi construído o canal de navegação Welland, que ligou dois dos Grandes Lagos da América do Norte: o Lago Ontário, que deságua no mar, e o Lago Erie, até então isolado, e se tornou passagem para o Oceano Atlântico. Pouco mais de dez anos depois, a indústria pesqueira do Lago Erie começou a sofrer sérios prejuízos por conta de uma grande mortandade de peixes na região, que morriam com feridas redondas na superfície do corpo. Alguns atribuíram este problema ao aumento da poluição. Outros apontaram como grandes vilões as lampreias, peixes que só alcançaram o Lago Erie após a construção do canal. É possível que as lampreias fossem as responsáveis por tamanha calamidade?

37. Uma maneira de procurar espécies novas de peixes é a pesca em águas profundas, abaixo de mil metros. A linha é recolhida de maneira rápida, mesmo se o processo é demorado, por causa de sua extensão. Alguns peixes chegam à superfície já mortos, com as vísceras rompidas. Outros peixes, ao contrário, chegam vivos. Pergunta-se:

a) Qual a provável causa da ruptura das vísceras de alguns peixes?

b) O que você esperaria que ocorresse caso o peixe fisgado a grande profundidade fosse um tubarão? Justifique sua resposta.

38. Um aluno resolveu realizar a seguinte chave de identificação para os peixes:

A1	Possui escamas	Vá para B.
A2	Não possui escamas	Agnatas.
B1	Possui escamas grandes	Vá para C.
B2	Possui escamas pequenas (placoides)	Condrictes.
C1	Possui escamas redondas	Actinopterígeos.
C2	Possui escamas de outra forma	Dipnoicos.

Pergunta-se:

a) Como seria classificado um bagre? E um acari-bodó?

b) Qual deveria ser o critério para separar A1 de A2? Justifique.

EXERCÍCIOS DE VESTIBULAR E ENEM

39. (Fuvest-SP, adaptado) "Pesquisadores encontraram características surpreendentemente avançadas no fóssil de um peixe primitivo conhecido como *Gogonassus*, que viveu há cerca de 380 milhões de anos no oeste da Austrália. Esse gênero faz parte de um grupo de peixes com barbatanas lobadas que deu origem aos vertebrados terrestres e é uma das amostras mais completas já encontradas de seres aquáticos do período Devoniano (419 a 359 milhões de anos atrás). [...]".

(REV. PESQUISA FAPESP – EDIÇÃO ONLINE, 20/10/2006).

a) É correto afirmar que os primeiros vertebrados terrestres, descendentes dos peixes de barbatana lobadas de que fala o texto, foram necessariamente consumidores primários? Por quê?

b) Considerando que no Devoniano surgiram os primeiros filos de plantas gimnospermas, quais, entre as seguintes estruturas dessas plantas, poderiam ter servido de alimento a esses primitivos vertebrados terrestres: caule, folha, semente, flor e fruto? Justifique.

40. (UFPE) Levando-se em conta as características dos cordados, analise as proposições seguintes com verdadeiro ou falso.

(//) Os equinodermos são deuterostômios e apresentam esqueleto interno de origem mesodérmica, características típicas de animais vertebrados.

(//) Os tunicados apresentam notocorda, na posição caudal, apenas na idade adulta, sendo ausente durante a fase larval.

(//) Os tunicados e cefalocordados são filtradores, no entanto, apenas os últimos apresentam vértebras.

(//) Os arcos branquiais são característicos dos urocordados e cefalocordados, desaparecendo nos vertebrados, à medida que aparece o sistema digestivo completo nesses animais.

41. (UFPE) No filo cordados, estão incluídos os animais vertebrados e também um grupo mais primitivo, o dos protocordados, esses que os antecederam na história evolutiva. Entre os animais relacionados a seguir, pertencem ao filo cordado:

1) Tubarão
2) Peixe ósseo
3) Sapo
4) Caracol
5) Estrela-do-mar
6) Minhoca
7) Medusa
8) Cobra
9) Tartaruga

Estão corretas apenas:

a) 3, 4, 6, 7 e 8.
b) 1, 2, 4, 5 e 6.
c) 2, 4, 5, 6 e 7.
d) 1, 2, 3, 8 e 9.
e) 1, 2, 5, 6 e 9.

42. (UFG-GO) Apesar de serem morfologicamente muito diferentes, o anfioxo e o pelicano (ave) apresentam, pelo menos em uma fase de sua vida, características comuns que permitem agrupá-los no mesmo filo. A que filo pertencem e quais são suas características comuns?

43. (UFJF-MG) Com relação aos animais do grupo Chordata, além da presença da notocorda (ou corda) e da cauda propulsora, quais dos caracteres abaixo os distinguem de outros grupos de animais?

a) Fendas faringeanas e tubo nervoso dorsal.
b) Respiração pulmonar ou branquial e sistema circulatório com coração.
c) Celoma derivado do arquêntero e clivagem radial indeterminada.
d) Simetria bilateral e triblásticos.
e) Enterocelomados e corpo metamerizado.

44. (Ufscar-SP) Encontra-se em cordados, artrópodos, moluscos e anelídeos, mas não em platelmintos:

a) celoma.
b) simetria bilateral.
c) sistema nervoso dorsal.
d) endoesqueleto calcificado.
e) reprodução sexuada.

45. (UFV-MG) A forma do animal, como um todo, depende de estruturas rígidas, internas ou externas, denominadas esqueleto. Essas estruturas de sustentação também permitem a execução de movimentos variados, funcionando como um sistema de alavancas potencializando a ação dos músculos. Com base nessa informação, resolva os itens a seguir:

a) Cite o nome da estrutura, presente em todos os vertebrados no período embrionário, que desempenha a função de sustentação.

b) Cite o nome do filo, na escala evolutiva, imediatamente abaixo do filo Cordata, que apresenta endoesqueleto.

c) Qual foi a principal função adaptativa do exoesqueleto dos Artropoda na conquista do ambiente terrestre?

d) Cite o nome do processo pelo qual os Artropoda têm superado a limitação ao crescimento imposta pelo exoesqueleto.

e) Embora não seja uma estrutura rígida, o esqueleto hidrostático também tem função de sustentação em alguns invertebrados. Cite o nome de um filo que apresenta este tipo de esqueleto.

46. (Fuvest-SP) Ouriço-do-mar, lagartixa, planária, polvo, anfioxo e cavalo-marinho.

a) Quais dos animais acima pertencem ao filo dos cordados?

b) Cite duas características que permitem agrupá-los nesse filo.

47. (Unicamp-SP) Os vertebrados apresentam apenas endoesqueleto, enquanto os invertebrados podem apresentar exoesqueleto ou endoesqueleto.

a) Dê um exemplo de invertebrado com endoesqueleto e outro com exoesqueleto. Indique em cada caso a função e o principal componente químico do esqueleto.

b) Que grupo de vertebrados possui esqueleto inteiramente cartilaginoso?

48. (UEPB) Os cordados (filo Chordata) são animais que obtiveram sucesso na ocupação do meio ambiente terrestre. Em pelo menos uma fase da vida ou do desenvolvimento dos cordados, este grupo apresenta três características gerais que os diferenciam dos outros animais. Marque a alternativa que contempla essas três características:

a) simetria bilateral, três folhetos germinativos e notocorda.

b) fendas branquiais na faringe, notocorda e tubo nervoso dorsal.

c) corpo segmentado, fendas branquiais na faringe e simetria bilateral.

d) tubo digestivo completo, notocorda e simetria bilateral.

e) notocorda, tubo digestivo central e três folhetos germinativos.

49. (PUC-RJ) Identifique qual a afirmativa verdadeira quanto às características animais.

a) Todos os vertebrados são cordados.

b) Todos os vertebrados são mamíferos.

c) Os anfíbios e répteis são invertebrados.

d) Os peixes são animais homeotérmicos.

e) As aves são vertebrados, mas não são cordados.

50. (Uece) Com relação às fendas branquiais que surgem na faringe dos embriões dos cordados é correto afirmar que:

a) existem somente na fase larval.

b) sempre persistem.

c) persistem nos cordados terrestres e regridem nos aquáticos.

d) regridem nos terrestres e persistem em alguns aquáticos.

51. (Enem) Na música "Bye, bye, Brasil", de Chico Buarque de Hollanda e Roberto Menescal, os versos: "puseram uma usina no mar / talvez fique ruim pra pescar" poderiam estar se referindo à usina nuclear de Angra dos Reis, no litoral do estado do Rio de Janeiro. No caso de tratar-se dessa usina, em funcionamento normal, dificuldades para a pesca nas proximidades poderiam ser causadas.

a) pelo aquecimento das águas, utilizadas para refrigeração da usina, que alteraria a fauna marinha.

b) pela oxidação de equipamentos pesados e por detonações que espantariam os peixes.

c) pelos rejeitos radioativos lançados continuamente no mar, que provocariam a morte dos peixes.

d) pela contaminação por metais pesados dos processos de enriquecimento do urânio.

e) pelo vazamento de lixo atômico colocado em tonéis e lançado ao mar nas vizinhanças da usina.

52. (Cefet-MG) Os peixes apresentam uma grande diversidade de formas, tamanhos e modos de vida. Não constitui característica exclusiva desse grupo a(o):

a) brânquia.

b) linha lateral.

c) bexiga natatória.

d) coração bicavitário.

53. (UFJF-MG) Os vertebrados aquáticos podem ser divididos em três grupos, que apresentam particularidades biológicas. As informações a seguir referem-se a características de cada um desses grupos.

I. Esqueleto ósseo; brânquias protegidas por opérculos; fecundação geralmente externa e desenvolvimento com fase larvar.

II. Corpo alongado, cilíndrico, desprovido de escamas; pele recoberta por muco; boca que funciona como uma ventosa.

III. Esqueleto cartilaginoso; presença de espiráculos; fecundação interna e desenvolvimento sem fase larvar.

Escolha a alternativa que apresenta exemplos de animais com as características das afirmativas I, II e III, respectivamente.

a) Tubarão, bagre e lampreia.

b) Sardinha, raia e lampreia.

c) Atum, lambari e raia.

d) Raia, lampreia e lambari.

e) Bacalhau, lampreia e tubarão.

54. (UFPE) Os tubarões são animais condrictes que pertencem ao grupo "Elasmobranchii". Todas as características abaixo são observadas em tubarões, exceto:

a) boca em posição ventral.

b) olfato muito desenvolvido.

c) narinas terminando em fundo cego, sem comunicação com a faringe.

d) presença de bexiga natatória.

e) apresentação de dimorfismo sexual.

55. (UFPel-RS) Os "Chondrichthyes" (peixes cartilaginosos) e os "Osteichthyes" (peixes ósseos) constituem dois grandes grupos do subfilo vertebrata. Os primeiros são conhecidos como raias, tubarões e quimeras. Os peixes ósseos, por sua vez, são conhecidos por sua ampla biodiversidade global e presença em nosso dia a dia, seja na culinária, como o bacalhau, a sardinha e o atum, seja na ornamentação, como as carpas coloridas, o beta e o popular "guppy".

Diferenças anatômicas e funcionais em seus sistemas de equilíbrio hidrostático, bombeamento e circulação de água através das brânquias, nos mecanismos sensoriais de defesa e predação, bem como no tipo de escamas, constituem as principais características que separam esses peixes em dois grandes grupos.

Com relação a esses grupos, utilizando seus conhecimentos, analise as características diagnósticas a seguir.

I. Chondrichthyes – possuem um fígado oleoso e são desprovidos de bexiga natatória.
II. Osteichthyes – possuem opérculo protegendo as brânquias.
III. Chondrichthyes – alguns podem ter o corpo desprovido de escamas.
IV. Osteichthyes – possuem escamas placoides ou dermoepidérmicas.
V. Chondrichthyes – são dotados de ampolas de lorenzini, um tipo de célula sensorial que detecta o potencial elétrico das células das presas.

Está(ão) correta(s) apenas

a) I, III e IV.
b) I, II e V.
c) II, IV e V.
d) I e II.
e) III.

56. (UFRGS-RS) Em peixes ósseos, o órgão responsável pela manutenção do equilíbrio hidrostático é

a) o fígado.
b) o estômago.
c) a bexiga natatória.
d) o esqueleto.
e) a nadadeira caudal.

57. (UFSM-RS) Entre os tipos de peixe relacionados a seguir, o que possui uma bolsa cheia de gases acima do estômago, chamada bexiga natatória, com função de auxiliar na flutuação ou no afundamento na água, é o(a):

a) raia.
b) lampreia.
c) traíra.
d) peixe-bruxa.
e) tubarão.

58. (UFG-GO) Os cardumes deslocam-se sincronizadamente na água, sem colisões entre os peixes. Esse fato deve-se à presença de

a) cóclea.
b) glândulas mucosas.
c) opérculo.
d) fosseta loreal.
e) linha lateral.

59. (Enem) A pesca não predatória pressupõe que cada peixe retirado de seu hábitat já tenha procriado pelo menos uma vez. Para algumas espécies, isso ocorre depois de os peixes apresentarem a máxima variação anual de seu peso.

O controle de pesca no Pantanal é feito com base no peso de cada espécie. A tabela a seguir fornece o peso do pacu, uma dessas espécies, em cada ano.

Idade (anos)	1	2	3	4	5	6	7	8	9	10	11	12	13
Peso (kg)	1,1	1,7	2,6	3,9	5,1	6,1	7	7,8	8,5	8,8	9,1	9,3	9,4

Considerando esses dados, a pesca do pacu deve ser autorizada para espécimes com peso de, no mínimo,

a) 4 kg.
b) 5 kg.
c) 7 kg.
d) 9 kg.
e) 11 kg.

60. (UFJF-MG) Os peixes cartilaginosos, como os tubarões e as raias, apresentam sexo separado, fecundação interna e desenvolvimento direto. Quanto ao padrão de desenvolvimento do embrião, eles podem se vivíparos, ovovivíparos e ovíparos. Em relação a esses padrões nas diferentes espécies de peixes cartilaginosos, é incorreto afirmar que:

a) nas vivíparas, não se formam ovos protegidos por cápsulas.
b) nas ovíparas, o desenvolvimento do embrião ocorre fora do corpo materno.
c) nas ovovivíparas, o desenvolvimento do embrião ocorre no interior do corpo da fêmea.
d) nas ovíparas, os ovos são protegidos por cápsulas grandes.
e) nas vivíparas, o desenvolvimento do embrião até a formação dos jovens ocorre fora do corpo materno.

CAPÍTULO 7

ANFÍBIOS

A reprodução dos sapos, com a geração de girinos que passam por metamorfose, sugere um cenário do passado evolutivo dos anfíbios. Tudo leva a crer que eles sejam aparentados com os peixes. As salamandras, muito comuns na América do Norte, são anfíbios com o corpo alongado que se parecem com peixes com quatro pernas. Os anfíbios da fauna atual nos ajudam a entender a origem dos tetrápodes.

JASON MINTZER/SHUTTERSTOCK

ERNI/SHUTTERSTOCK

Figura 7.1 Acima, sapo-palhaço (*Dendropsophus leucophyllatus*), uma espécie da Floresta Amazônica, com aproximadamente 3 cm. E, abaixo, a salamandra mexicana conhecida como axolotle, que mede aproximadamente 20 cm de comprimento.

1 Anfíbios: características gerais

Os *anfíbios* atuais formam um grupo com cerca de 4 200 espécies conhecidas, que se mantêm muito ligadas à água, entre outras razões, pelo fato de seus ovos não possuírem proteção contra ressecamento.

Ao lado dos répteis, das aves e dos mamíferos, os anfíbios fazem parte do grupo dos *tetrápodes*, animais com quatro membros articulados, adaptados para deslocamento terrestre. Duas importantes estruturas dos tetrápodes, além dos membros, são a *cintura pélvica* e a *cintura escapular* (**Figura 7.2**), que conferem sustentação ao corpo.

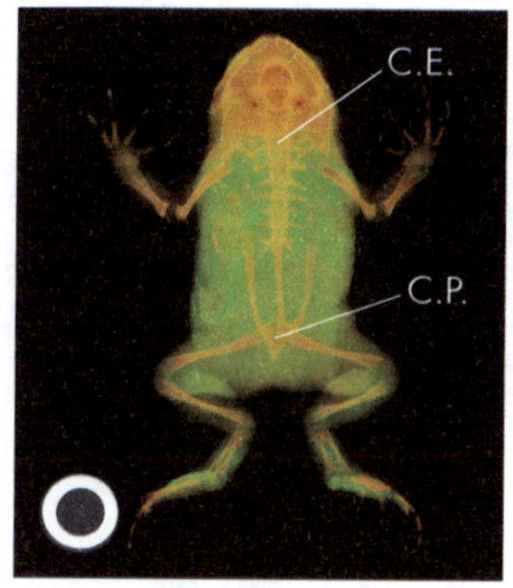

DAVE ROBERTS/SCIENCE PHOTO LIBRARY/ SPL/LATINSTOCK

Figura 7.2 Estrutura óssea de um anfíbio (*Rhinella* sp.). Note as cinturas pélvica e escapular, bem como os membros anteriores com quatro dígitos. Raio X colorido por computador.

Reprodução dos anfíbios

Os anfíbios possuem sexos separados e a fecundação pode ser interna (salamandras e cecílias) ou externa (sapos e rãs). A maioria dos anfíbios é ovípara, porém há espécies ovovivíparas ou mesmo vivíparas. Os ovos são recobertos por uma camada gelatinosa e os jovens usualmente sofrem metamorfose.

Muitas espécies de anfíbios desovam na água, com os ovos dando origem a *girinos* como o mostrado na **Figura 7.3**. É o caso das rãs e dos sapos, que têm formas larvais muito diferentes das dos adultos.

Os girinos têm respiração branquial e desenvolvem os membros gradualmente, em uma metamorfose na qual a cauda regride de maneira progressiva, ao mesmo tempo em que se formam as pernas e os pulmões. Quando estes estão formados, os girinos passam a retirar o oxigênio diretamente do ar e permanecem mais tempo na margem do que dentro do corpo de água. A cauda termina sendo reabsorvida pelo girino, que deixa de se alimentar nesse período.

Durante a fase larval os girinos são comedores de algas e detritos depositados em superfícies submersas. Os indivíduos adultos tornam-se predadores, alimentando-se principalmente de insetos. Observe a metamorfose e o ciclo de vida de um anfíbio na **Figura 7.4**.

CIÊNCIA NA ESCOLA

Figura 7.3 Girino de *Hyla leucophyllata*, um anfíbio da Região Amazônica. Observe a longa cauda e o rudimento das pernas traseiras.

Representação fora de escala. Cores-fantasia.

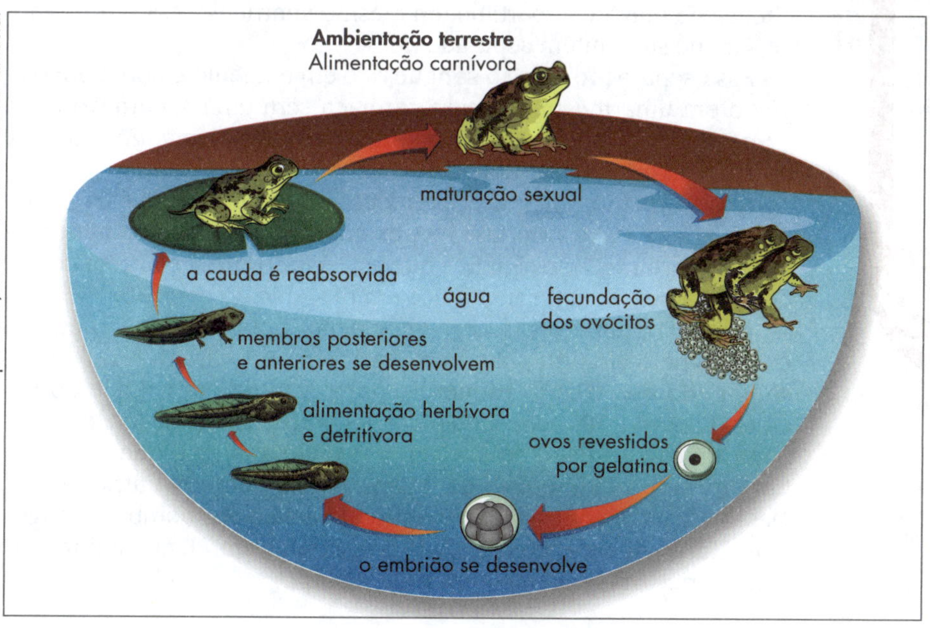

ACERVO DA EDITORA

Figura 7.4 Ciclo de vida e metamorfose na rã-touro. O ovo fecundado tem capa gelatinosa, muito sensível à falta de umidade. O embrião se desenvolve com os nutrientes do interior do ovo e os pequenos girinos crescem comendo algas.

Respiração dos anfíbios

As trocas gasosas entre o sangue e o ar dependem, em qualquer animal, de uma superfície úmida. Nos anfíbios, os pulmões oferecem apenas uma parte dessa superfície, menor do que outra bem mais importante: a pele. Nos anfíbios, a pele é sempre úmida e muito vascularizada, para permitir as trocas gasosas e a passagem de água. Isso significa que, para um anfíbio, a pele seca constitui uma situação crítica, pois causa diminuição do suprimento de oxigênio e desidratação. Com a exposição ao Sol, a evaporação da água realizada pela pele úmida ajuda a manter a temperatura do animal dentro de limites estáveis.

Em razão da grande permeabilidade da pele, os anfíbios praticamente não bebem água, pois ela penetra em seu corpo através da epiderme. Essa pode ser a explicação de não existirem anfíbios marinhos, pois em água salgada o animal perderia água rapidamente, e é ainda possível entender a extrema sensibilidade dos anfíbios a poluentes ambientais.

A pele dos anfíbios é repleta de glândulas que produzem muco, cuja função principal é mantê-la úmida e permeável. Em muitas espécies o muco é altamente tóxico, protegendo o animal de predadores e parasitas.

A respiração cutânea nos anfíbios adultos é muito importante quando o animal está em repouso ou debaixo da água. Entretanto, com o aumento da atividade e da temperatura do animal, a participação dos pulmões aumenta. Sapos e rãs dependem mais dos pulmões do que as salamandras. Mesmo quando a respiração pulmonar atua, a pele é o principal meio de eliminação de gás carbônico. A boca é úmida e constitui mais uma superfície de troca gasosa em muitos anfíbios.

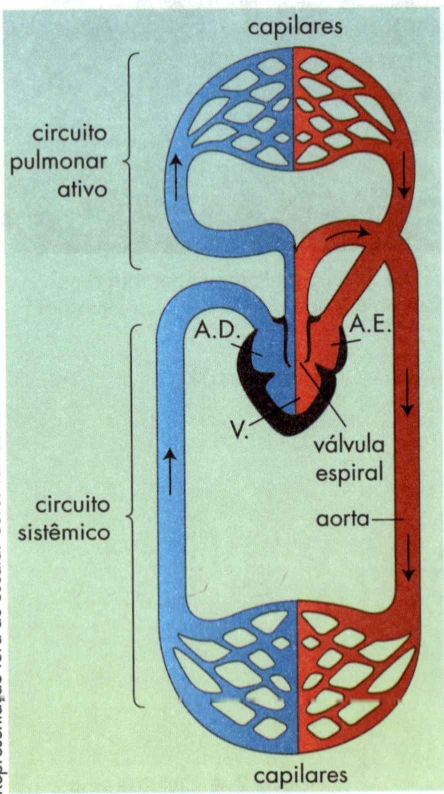

Figura 7.5 Esquema do sistema cardiovascular de um anfíbio adulto com ventilação pulmonar ativa. Observe que o ventrículo (V.) recebe sangue do átrio direito (A.D.) e do átrio esquerdo (A.E.), mas não ocorre mistura de sangue, por causa da válvula espiral.

Circulação dos anfíbios

A circulação dos anfíbios adultos possui um circuito pulmonar e um circuito sistêmico (*circulação dupla*). Essa é uma característica compartilhada com peixes pulmonados e todos os tetrápodes. Quando um sapo está em atividade fora da água, utilizando plenamente sua capacidade pulmonar, o sangue que provém do corpo é pobre em oxigênio e entra no coração pelo átrio direito, que o manda para o ventrículo único, sendo encaminhado aos pulmões, de onde retorna, entrando de novo no coração pelo átrio esquerdo (**Figura 7.5**).

O sangue rico em oxigênio não se mistura com o sangue pobre em oxigênio. Embora o coração dos anfíbios tenha três câmaras, e a circulação dupla compartilhe um mesmo ventrículo, esses dois tipos de sangue se mantêm separados.

Essa separação entre o sangue rico em oxigênio e pobre em oxigênio em uma mesma câmara cardíaca sem uma separação física é possível por causa de diversos fatores, entre eles a igualdade de pressão do líquido dos dois lados.

Nos momentos em que os pulmões não estão muito ativos (quando o animal está em repouso, por exemplo), a respiração cutânea é a mais importante. Isso significa que as veias do circuito sistêmico que drenam a pele levam sangue rico em oxigênio ao coração.

Como o pulmão está sem ventilação, pouco sangue chega ao coração pelo circuito pulmonar. Assim, o átrio direito recebe mais sangue do que o átrio esquerdo, por causa da inatividade do circuito pulmonar. Por consequência, a contração dos átrios tem uma contribuição desigual de sangue para o ventrículo, o que faz transbordar para o lado esquerdo o sangue que vem pelo átrio direito. Dessa forma, a contração do ventrículo acaba por bombear sangue pelo lado esquerdo, com a ajuda da válvula espiral, encaminhando sangue rico em oxigênio para todo o corpo.

Observe que essa é a situação mais comum nos anfíbios. O esquema da **Figura 7.6** evidencia a vantagem de um coração com um ventrículo único em anuros. Ao alternar o local de oxigenação do sangue, o organismo pode direcionar o sangue em função da troca gasosa: pulmonar ou cutânea.

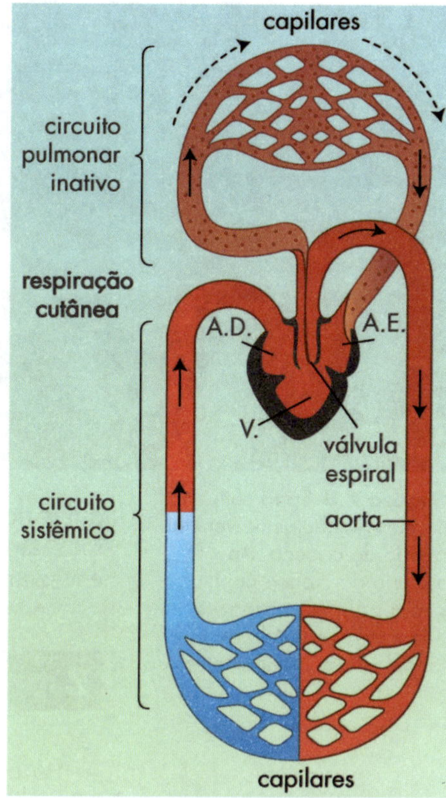

ACERVO DA EDITORA

Representação fora de escala. Cores-fantasia.

Figura 7.6 Situação cardiovascular de um anuro em repouso, com o circuito pulmonar inativo e a pele úmida, onde ocorre intensa troca de gases (respiração cutânea). O sangue que chega ao coração é rico em oxigênio e é bombeado para o corpo.

Alimentação e excreção dos anfíbios

Os anfíbios são, quase invariavelmente, animais de *hábitos carnívoros* na fase adulta. Na fase larval, muitas espécies têm *hábitos herbívoros* e *detritívoros*.

Como caçadores, os anfíbios possuem um aparato bucal especialmente adaptado para capturar insetos, sobretudo alados: lançam uma língua musculosa, protráctil e pegajosa em direção à presa. Essa estratégia de caça está particularmente adaptada ao ambiente terrestre, e a orientação do animal depende sobretudo da visão, que é guiada pelo movimento da presa.

Embora os anfíbios estejam ligados ao ambiente aquático, a excreção de compostos nitrogenados é modificada em relação aos peixes. Enquanto os peixes produzem amônia, um composto muito tóxico, que se difunde facilmente na água, os anfíbios excretam a ureia, um composto nitrogenado pouco tóxico.

Os anfíbios de hábito predominantemente terrestre desenvolveram uma bexiga urinária grande, que lhes permite reabsorver a água da urina nela armazenada; nos sapos e nas rãs terrestres, a urina perfaz de 20% a 30% do peso do animal. Assim, a ureia como composto de excreção se explica, pois, embora os anfíbios estejam ligados à água, nem sempre dispõem dela em volume grande o suficiente para diluir compostos tóxicos.

Os rins dos anfíbios são compostos por unidades filtradoras muito parecidas às dos peixes, chamadas *mesonefros* – e se assemelham muito às unidades filtradoras encontradas em rins de embriões de outros vertebrados, inclusive dos humanos.

Regulação da temperatura corporal e defesa dos anfíbios

A evaporação da água através da pele é o principal mecanismo de controle da temperatura corporal nos anfíbios adultos, porque as formas larvais geralmente ficam totalmente imersas na água (**Figura 7.7**). Quando não estão com a pele úmida, ficam impossibilitados de perder água por evaporação; em condições normais de insolação, a temperatura corporal ultrapassa o limite do suportável e o animal morre. Esse é outro fator limitante da distribuição geográfica dos anfíbios.

Os anfíbios são animais ectotérmicos, ou seja, sua temperatura corporal depende de fontes de calor do meio externo. Animais ectotérmicos que vivem em ambientes com grande variação de temperatura não conseguem manter a temperatura de seu corpo constante.

O sistema sensorial dos anfíbios está adaptado ao meio aéreo. Não possuem a linha lateral dos peixes, mas sim olfato e audição bastante desenvolvidos. Na maioria das espécies, os olhos possuem pálpebras e glândulas lacrimais, que os protegem e os lubrificam.

FABIO COLOMBINI

Figura 7.7 Girino de rã-touro durante processo de metamorfose. Note o aparecimento das patas e a presença da cauda, que desaparece no adulto.

Figura 7.8 Sapo com duas enormes glândulas de veneno ao lado da cabeça. Ao contrário da crença popular, os sapos não são capazes de lançar o conteúdo dessas glândulas espontaneamente.

Certos sapos (**Figura 7.8**) possuem na região da cabeça glândulas que produzem e armazenam veneno, as *glândulas paratoides*. Quando um predador abocanha um sapo, ou o aperta com as patas, a pressão interna sobre as glândulas paratoides rompe uma fina camada de pele e o sapo lança jatos de veneno. É extremamente tóxico se tiver contato com a mucosa da boca, em especial para o coração. Mamíferos de pequeno peso, como filhotes de cães, podem morrer quando mordem um sapo-cururu.

Tudo o que o sapo pode fazer para se defender é inflar os pulmões e expor as paratoides: elas não têm musculatura capaz, por exemplo, de esguichar o veneno. Esse comportamento de defesa tem dupla utilidade: faz com que as glândulas fiquem no máximo de turgidez e simula um animal de tamanho corporal maior, o que pode desencorajar alguns predadores. O sapo também pode esvaziar a bexiga sobre o agressor, embora sua urina não seja muito tóxica.

2 Diversidade dos anfíbios

Há três grandes grupos de anfíbios: os *gimnofionas* (Gymnophiona), também denominados *ápodas* (Apoda), representados pelas cecílias; os *caudados* (Caudata) ou *urodelos* (Urodela), representados pelas salamandras; e os *anuros* (Anura), grupo dos sapos, das rãs e das pererecas.

Gimnofionas: os anfíbios sem pernas (ápodas)

A ordem *Gymnophiona* (do grego *gymno*, "nu", e *ophineos*, "de cobra") compreende cerca de 200 espécies conhecidas de anfíbios como o mostrado na **Figura 7.9**: parecem cobras nuas, isto é, sem as escamas.

Ocorrem em florestas tropicais, principalmente na América do Sul, mas também na África e sudeste da Ásia, sendo chamadas de *cecílias*, ou *cobras-cegas*. Vivem em galerias no solo e alimentam-se de vermes, larvas e insetos, fazendo pouco uso da visão, o que justifica um de seus nomes populares. Reproduzem-se de diversos modos, inclusive por viviparidade, e a fecundação é interna.

Figura 7.9 A cecília, também chamada de cobra-cega, é um gimnofiona, ou anfíbio ápoda. Há espécies que podem chegar a 1,5 m.

Urodelos, Caudata ou anfíbios com rabo: as salamandras

A ordem Urodela, ou Caudata, compreende quase 400 espécies conhecidas de animais comumente chamados *salamandras*, como a mostrada na **Figura 7.10**.

A maioria das espécies de salamandra tem corpo de proporções pequenas, mas existem exceções, como a salamandra-gigante-da-china (**Figura 7.11**).

MATT JEPPSON/SHUTTERSTOCK

Figura 7.10 Salamandras adultas, anfíbios urodelos cuja forma larval tem brânquias.

TOM MCHUGH/LATINSTOCK

Figura 7.11 Salamandra-gigante-da-china (*Andrias d. davidianus*), que chega a 1,8 m de comprimento.

As salamandras são carnívoras e habitam ambientes aquáticos e terrestres, sobretudo no hemisfério Norte. As espécies aquáticas têm *desenvolvimento indireto*, ou seja, apresentam forma larval e metamorfose.

> **Náuatle:** grupo de línguas e dialetos pertencentes à família linguística asteca, alguns ainda falados no México e em El Salvador. Provém do náuatle vocábulos como "chocolate", "abacate" e "tomate".

Observe na **Figura 7.12** a salamandra *Ambystoma mexicanum*, que ocorre naturalmente apenas no México e está criticamente ameaçada de extinção. Seu nome popular, *axolotle*, deriva de um vocábulo da língua **náuatle** e quer dizer "monstro aquático"; na mitologia dos astecas, está relacionado ao deus Xolotl, uma entidade que se transforma para fugir da morte.

O axolotle é muito estudado porque, apesar de manter as características larvais, como as brânquias, atinge a maturidade sexual e se reproduz (o adulto tem, em média, 20 centímetros de comprimento). Esse processo é denominado *pedomorfose*. Se o animal for tratado com hormônio produzido pela tireoide, se transformará num animal adulto, como os da **Figura 7.10**. Isso pode ocorrer na natureza, mas, caso não ocorra, a forma com brânquias pode desenvolver maturidade sexual.

Há salamandras que iniciam a metamorfose quando o corpo da água em que habitam começa a secar. Nesse caso, perdem as brânquias e realizam metamorfose, tomando a forma adulta. As salamandras completamente terrestres depositam seus ovos em cavidades do solo. Deles emergem miniaturas dos progenitores, ou seja, não passam por metamorfose (*desenvolvimento direto*).

A maioria das salamandras apresenta fecundação interna, mas em algumas espécies não há cópula. O macho deposita um pacote de espermatozoides (*espermatóforo*) em alguma folha ou ramo, de onde é resgatado pela fêmea através da abertura urogenital (*cloaca*).

SOMBRA/SHUTTERSTOCK

Figura 7.12 *Ambystoma mexicanum*, uma salamandra aquática que vive nos lagos próximos da Cidade do México. É muito estudada por ser uma forma larval que chega à maturidade sexual.

3 Anuros: anfíbios sem cauda

Existem mais de 3400 espécies de *sapos* e *rãs*. Bastante comuns em ambientes próximos de água doce nas regiões tropicais e temperadas, não são encontrados em regiões polares e subárticas. As brânquias aparecem nas formas larvais e nunca se mantêm nos adultos (diferentemente do que ocorre com algumas salamandras).

REPTILES4ALL/SHUTTERSTOCK

Figura 7.13 *Hyla leucophyllata*, perereca amazônica com tamanho aproximado de 3 cm.

Os *anuros* constituem um grupo bastante diversificado. As famílias mais conhecidas são: Ranidae, popularmente chamadas de rãs; Hylidae, as pererecas arborícolas; e Bufonidae, os sapos verdadeiros. As rãs têm membros adaptados para o deslocamento na água, com os dedos unidos por uma pele chamada membrana interdigital (reveja a **Figura 7.7**).

As conhecidas pererecas arborícolas (família Hylidae) têm ventosas nas pontas dos dedos (**Figura 7.13**). Os sapos verdadeiros (Bufonidae) possuem pernas curtas, corpo robusto e pele grossa com saliências protuberantes (reveja a **Figura 7.8**).

Quando adultos, os anuros respiram através da pele, da boca e dos pulmões. O ar alcança os pulmões por um mecanismo totalmente diferente daquele visto em outros animais, como os mamíferos. No caso dos sapos, o ar é literalmente empurrado para dentro dos pulmões por pressão positiva do assoalho da boca (**Figura 7.14**), sendo retido em seu interior, contra a pressão criada pela elasticidade das paredes internas.

ACERVO DA EDITORA

Representação fora de escala. Cores-fantasia.

Figura 7.14 Ao expandir o espaço interno da boca, o sapo leva o ar para seu interior, onde o comprime e o empurra para dentro dos pulmões. A contração dos músculos do corpo ajuda a esvaziá-los.

GERALD A. DEBOER/SHUTTERSTOCK

Figura 7.15 Sapo cantando, com o saco vocal cheio de ar.

A saída do ar dos pulmões ocorre por pressão interna, originada em parte pela elasticidade do colágeno das paredes dos pulmões, em parte pela contração dos músculos do corpo do animal. A laringe dos anuros, tanto machos como fêmeas, possui cordas vocais que, além de reter o ar dos pulmões, são amplamente utilizadas no período reprodutivo para produzir sons. Nessa época os anuros machos tornam-se bastante barulhentos, emitindo sons característicos para atração sexual das fêmeas. Possuem ainda *sacos vocais*, no assoalho da boca, que amplificam o som da vocalização (**Figura 7.15**).

Os anfíbios são ativos em épocas quentes, quando se alimentam muito e se reproduzem.

Em regiões de inverno rigoroso, costumam hibernar junto à lama dos corpos de água onde vivem e dependem exclusivamente da respiração cutânea. A reprodução se inicia com a vocalização, quando os machos cantam incessantemente para atrair as fêmeas.

4 Relações filogenéticas

Até pouco tempo atrás, os zoólogos acreditavam que o plano básico dos tetrápodes poderia ser representado por uma mão com cinco dedos e cinco artelhos nos pés. Fósseis encontrados recentemente demonstraram que no Devoniano ocorreram diversas variações desse plano básico. Os anfíbios se originaram de um desses ramos, no qual o plano de quatro dedos nos membros anteriores prevaleceu (**Figura 7.16**).

ACERVO DA EDITORA

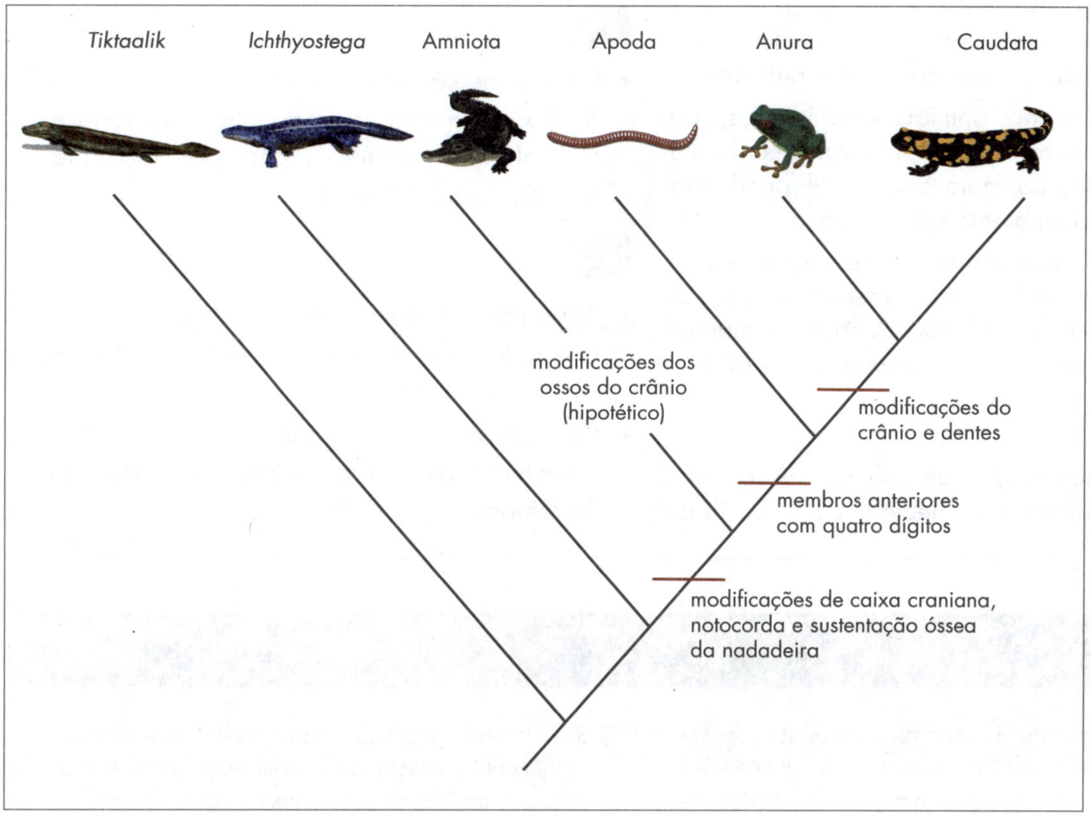

Representação fora de escala. Cores-fantasia.

Figura 7.16 Cladograma dos tetrápodes, mostrando a possível relação de parentesco entre espécies de anfíbios atuais e os primeiros tetrápodes.

Os fósseis de tetrápodes como o *Ichthyostega* são do Devoniano, com cerca de 365 milhões de anos. Os fósseis mais antigos dos anuros são do Jurássico, com cerca de 150 milhões de anos.

Os anfíbios da fauna atual possuem muitas características dos primeiros tetrápodes, mas desenvolveram várias outras características de maneira independente. São notáveis sua dependência de umidade e sua capacidade de colonizar ambientes, inclusive desérticos. No entanto, sempre dependem da proximidade de água, uma vez que sua pele, assim como o revestimento de seu ovo, perdem água com muita facilidade.

Essas limitações impediram a colonização de ambientes muito distantes de corpos de água, e as dificuldades que enfrentam hoje em dia devem ser muito semelhantes às enfrentadas pelos primeiros tetrápodes.

EM POUCAS PALAVRAS

1

- Os anfíbios são tetrápodes que vivem uma fase da vida na água e uma fase na terra.
- A sustentação corporal dos anfíbios é realizada por: patas, cintura pélvica e cintura escapular.
- Os anfíbios possuem coração com três câmaras e circulação dupla.
- A circulação dupla caracteriza os tetrápodes e ocorre em um circuito pulmonar e em um circuito sistêmico.
- Os anfíbios respiram por brânquias na fase aquática e quando se tornam adultos respiram pela pele, pela boca e pelos pulmões.
- Os anfíbios são animais ectotérmicos, ou seja, a temperatura do corpo varia conforme as variações do meio externo, dependendo do calor do ambiente para elevá-la.
- Os anfíbios possuem sexos separados, e a reprodução sexual ocorre, dependendo do grupo, mediante fecundação externa ou interna. Os jovens geralmente sofrem metamorfose.

2

- Os principais grupos de anfíbios são as gimnofionas, também conhecidas como cecílias; os Caudata, representados pelas salamandras; e os anuros, que são os sapos, as rãs e as pererecas.
- As cecílias não possuem pernas, muitas são cegas na fase adulta e reproduzem-se por fecundação interna.
- As salamandras são pequenas, com corpo formado por cabeça, tronco e pernas. De hábito carnívoro na fase adulta e, nas espécies com metamorfose, nas formas juvenis também.

3

- Os anuros são animais sem cauda na vida adulta. Os jovens sofrem uma metamorfose radical, que permite a passagem da vida aquática para a terrestre.

4

- Acreditava-se que todos os tetrápodes descendessem de um plano único, mas houve vários no Devoniano.
- Os anfíbios da fauna atual retiveram muitas características dos primeiros tetrápodes do Devoniano.

BIOCHAT

? É verdade que um sapo morto pode continuar a ser venenoso, se for lambido por um cachorro, por exemplo?

BC Sim, o veneno das glândulas não perde sua toxicidade facilmente, por isso os sapos devem ser manipulados com cuidado, mesmo depois de mortos. Acidentes com animais domésticos são frequentes.

? Por que um sapo morre se sua pele não estiver úmida? Por falta de oxigênio, por excesso de gás carbônico ou por elevação da temperatura?

BC Se a pele não estiver úmida, as trocas gasosas do sapo com o ambiente são prejudicadas, mas, se ele estiver no sol, não conseguirá evitar a rápida elevação da temperatura do corpo. Com temperatura elevada, a hemoglobina perde eficiência no transporte de oxigênio, que passa a faltar no cérebro e nos órgãos.

? Os anfíbios adultos também possuem hemoglobina no sangue? E glóbulos vermelhos, como os nossos?

BC Sim. Os peixes já possuíam hemoglobina como pigmento respiratório, que está presente também em todos os tetrápodes. Os anfíbios possuem glóbulos vermelhos, mas são um pouco diferentes dos nossos, pois possuem núcleo.

? Se os anfíbios são tetrápodes, ou seja, animais com quatro pernas, como se explica a inclusão das cecílias no grupo, uma vez que elas não possuem nenhuma perna?

BC Os zoólogos admitem que perder uma característica seja mais provável do que adquiri-la, do ponto de vista evolutivo. Eles chamam isso de perda secundária. Por exemplo, vimos os peixes sem escamas: eles seguramente se originaram de peixes com escamas, mas deixaram de desenvolvê-las. As cobras não têm pernas e são igualmente tetrápodes, pois se originaram de animais com quatro pernas.

ATIVIDADES DE REVISÃO

I Classifique as afirmações seguintes como Verdadeiras ou Falsas, justificando, em seu caderno, sua resposta:

1 **1.** Os anfíbios possuem circulação sanguínea dupla, com uma pequena circulação que liga o coração aos pulmões e uma grande circulação, que leva sangue do coração ao corpo.

1 **2.** Ocorre mistura de sangue rico em oxigênio com sangue pobre em oxigênio no coração dos anfíbios, por isso eles são sempre pequenos.

1 **3.** Assim como os peixes, os anfíbios excretam amônia, substância altamente tóxica.

1 **4.** O sangue dos anfíbios é filtrado nos glomérulos, rins semelhantes aos encontrados nos peixes.

2 **5.** As salamandras são carnívoras e possuem adaptações bucais para captura das presas.

2 **6.** O ar é empurrado para o pulmão nos anuros da mesma forma que a água é empurrada para as brânquias nos peixes.

2 **7.** Os anuros, como os que vivem na Caatinga, se tornaram independentes da água e respiram apenas pelos pulmões.

3 **8.** Os membros anteriores com quatro dedos são indícios de que não houve um plano básico único dos tetrápodes.

II Identifique a alternativa correta em seu caderno:

1 **9.** Os sapos, as rãs e as pererecas possuem brânquias na fase larval, mas respiram fora da água na fase adulta. Da mesma forma que os demais tetrápodes, possuem:

a) Esqueleto com cintura escapular e cintura pélvica.
b) Respiração pulmonar, complementada pela cutânea.
c) Sexos separados e ovos resistentes à dessecação.
d) Respiração cutânea, complementada pela pulmonar.
e) Sexos separados e ovos sensíveis à dessecação.

1 **10.** Indique a alternativa correta:

a) A reprodução dos anfíbios pode ser tanto sexual como assexual.
b) Os girinos são formas larvais que podem se reproduzir assexualmente.
c) Os sapos não conseguem esguichar o veneno das glândulas paratoides.
d) Desde a fase larval os sapos respiram pelos pulmões.
e) Os anfíbios dependem da água apenas na fase larval.

1 **11.** A pele úmida e permeável dos anfíbios permite que este órgão seja importante diretamente para a:

a) Reprodução e alimentação.
b) Respiração e reprodução.
c) Respiração e alimentação.
d) Alimentação e obtenção de água.
e) Obtenção de água e respiração.

1 **12.** Indique a alternativa incorreta sobre os anfíbios:

a) Durante a fase larval os girinos são comedores de algas e detritos.
b) Os sangues rico e pobre em oxigênio se misturam no coração.
c) Diferentes anfíbios podem produzir inúmeras toxinas muito potentes.
d) Quando a pele oxigena muito o sangue, o pulmão é pouco utilizado.
e) Mesmo com os pulmões ativos, o gás carbônico é eliminado pela pele.

1 **13.** Os anfíbios, como regra, não bebem água, pois:

a) como os peixes marinhos, a absorvem continuamente do meio.
b) podem viver indefinidamente reaproveitando sua urina.
c) como os peixes de água doce, a absorvem continuamente do meio.
d) ela é obtida continuamente por meio da respiração pulmonar.
e) seus alimentos são muito úmidos e suprem suas necessidades.

1 **14.** O controle da temperatura corpórea dos anfíbios é realizada por meio:

a) dos pulmões, que resfriam o sangue com a ventilação.
b) das glândulas sudoríparas, que revestem sua pele.
c) da boca, que pode se encher alternadamente de água e ar.
d) da pele úmida, ao favorecer a evaporação e resfriamento.
e) da pele seca, que aquece continuamente o animal.

2 **15.** Indique a alternativa incorreta:

a) Os anfíbios do grupo Ápoda não possuem patas e têm corpo alongado.
b) Os Urodelos não possuem cauda na fase adulta.
c) Os Anuros adultos respiram pela pele, boca e pulmões.

d) Os sapos e rãs são mais ativos em épocas de calor.

e) Os Ápodas são anfíbios que cavam o solo de ambientes úmidos.

2 **16.** Quanto à reprodução dos anfíbios é correto afirmar que:

a) Nos Anuros a fecundação é interna.

b) Nos Ápodas a fecundação é externa.

c) Nos Caudatas o desenvolvimento é exclusivamente indireto.

d) Nos Caudatas a fecundação é exclusivamente externa.

e) Nos Anuros o desenvolvimento é indireto.

2 **17.** O axolotle é um animal muito estudado por ter características incomuns. Entre elas, podemos citar:

a) são animais que vivem na América Central e estão ligados a certa mitologia.

b) o adulto tem, com a cauda, comprimento médio de vinte centímetros.

c) o indivíduo adulto com características larvais não consegue se reproduzir.

d) o adulto, que mantém as brânquias da forma larval, pode se reproduzir.

e) o hormônio da tireoide pode interferir no processo de metamorfose.

3 **18.** Os anfíbios da fauna atual possuem muitas características dos primeiros tetrápodes. Entre elas podemos citar:

a) têm cinco dedos nas mãos e cinco artelhos nos pés.

b) grande dependência da proximidade de água.

c) capacidade de viver em ambientes desérticos.

d) ovos capazes de desenvolvimento em locais secos.

e) grande acuidade visual nas espécies fossórias.

ATIVIDADES DE APROFUNDAMENTO

19. Indique falso ou verdadeiro para as seguintes afirmações, justificando-as em seu caderno.

a) Todos os tetrápodes são animais com quatro pernas.

b) A reprodução dos anfíbios depende invariavelmente da presença de rios, lagos ou mesmo de poças de água.

c) Os produtos de excreção dos anfíbios são os mesmos encontrados nos peixes.

d) Os anfíbios são animais que desenvolveram hábitos carnívoros de maneira quase invariável, pelo menos na fase adulta.

e) Os anfíbios conseguem perceber melhor o ambiente à sua volta no meio aquático do que no meio terrestre.

f) A reprodução dos anfíbios é sexual, embora nem sempre ocorra cópula.

g) As salamandras são animais anfíbios de hábitos carnívoros, tanto na fase adulta como na fase de larva.

h) A pele nua dos anfíbios os torna presas fáceis para todo tipo de parasitas e predadores.

20. Os anfíbios possuem adaptações para a vida terrestre que incluem:

a) hemoglobina como pigmento respiratório.

b) glóbulos vermelhos com núcleo celular.

c) ureia como composto nitrogenado de excreção.

d) rim com unidades do tipo mesonefros.

21. O sistema circulatório dos anfíbios adultos é duplo, com dois circuitos. A estrutura de seu coração inclui dois átrios e um ventrículo. Isso pode ser considerado:

a) uma desvantagem, pois o ventrículo único implica mistura entre sangue venoso e arterial.

b) uma vantagem, pois é possível alternar o trajeto do sangue no coração quando os pulmões estão inativos.

c) uma desvantagem, pois ocorre mistura de sangue, o que impede que os anfíbios vivam longe da água.

d) uma vantagem, pois o ventrículo único permite gastar menos energia com o bombeamento do sangue.

22. Indique a alternativa correta:

a) Os anfíbios conseguem controlar a temperatura do corpo de maneira muito limitada, pela evaporação da umidade da pele.

b) A reprodução das salamandras invariavelmente inclui uma fase larval, na qual a respiração ocorre por meio de brânquias.

c) A ventilação dos pulmões nos anfíbios é realizada de maneira praticamente idêntica à verificada nos mamíferos.

d) A reprodução dos anfíbios apresenta uma fase larval, na qual o hábito alimentar da larva nunca é igual ao da forma adulta.

ATENÇÃO: RESPONDA SEMPRE NO CADERNO, MESMO QUE A QUESTÃO TENHA OS VERBOS ASSINALE, ESCREVA ETC.

BIOLOGIA NO CONTEXTO

23. Os anfíbios são animais ectotérmicos. Isso significa que eles não conseguem influir em sua temperatura corporal? Justifique sua resposta.

24. A drenagem de áreas pantanosas tem sido cada vez mais frequente, com a finalidade de expansão imobiliária. Quais os possíveis impactos disso nas populações de anfíbios?

25. Os anfíbios têm sido apontados como importantes indicadores ambientais, em especial de alterações da atmosfera e suas consequências na irradiação solar. Quais características dos anfíbios os tornam mais sensíveis às mudanças da composição da luz solar?

26. As características especiais do axolotle chamam a atenção dos zoólogos. Elas se referem ao fato de esse animal:

a) Manter características larvais, ao mesmo tempo em que se revela adulto, evidenciando uma possibilidade evolutiva.

b) Ser capaz de praticar canibalismo, o que amedrontava o autor, diante da periculosidade de um animal fantasmagórico.

c) Ser incapaz de fechar os olhos, uma vez que não possuía pálpebras, demonstrando a incapacidade de ficar inconsciente.

d) Estar ligado à cultura asteca, pois em sua língua o nome remete à imagens amedrontadoras de uma máscara ou de um fantasma.

EXERCÍCIOS DE VESTIBULAR E ENEM

27. (UFV-MG) Em um experimento realizado com determinado vertebrado adulto, as funções relativas à tomada de oxigênio (entre 0 e 120 mL/kg/h) pelo pulmão e pela pele foram avaliadas em diferentes temperaturas ambientais ao longo do ano, conforme o gráfico abaixo:

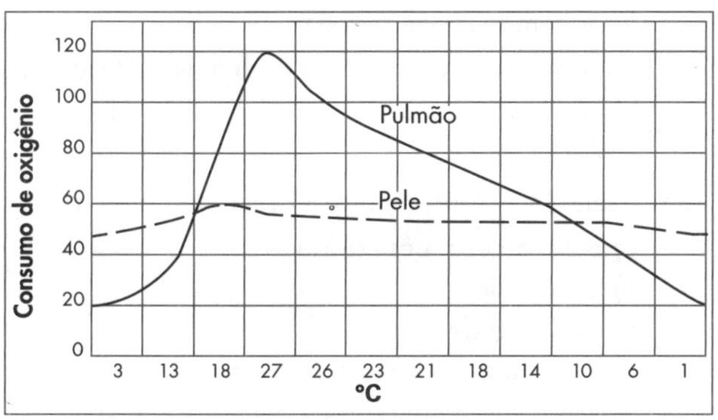

Tendo como referência os dados do gráfico, cite:

a) a classe do vertebrado analisado.

b) a classificação deste vertebrado quanto à regulação térmica.

c) o tipo de respiração predominante neste vertebrado na fase larval.

d) a causa fisiológica do aumento da respiração pulmonar deste vertebrado nos meses de temperaturas mais elevadas.

e) a adaptação presente neste vertebrado que permite a absorção de oxigênio pela pele.

f) a diferença de valor entre o maior consumo de oxigênio pelos dois órgãos deste vertebrado.

28. (Ufscar-SP) O sistema circulatório dos vertebrados mostra uma evolução ocorrida entre os grandes grupos. Na maioria das espécies de cada grupo, há um padrão na divisão das cavidades do coração. Isto pode ser confirmado na frase:

a) O coração dos peixes tem dois átrios e um ventrículo, ocorrendo a mistura do sangue venoso com o sangue arterial nos primeiros.

b) O coração dos anfíbios tem dois átrios e um ventrículo, ocorrendo a mistura de sangue venoso com o sangue arterial neste último.

c) O coração dos répteis tem dois átrios e um ventrículo, não ocorrendo mistura do sangue venoso com o sangue arterial.

d) O coração dos répteis é igual ao das aves, ocorrendo em ambos mistura do sangue venoso com sangue arterial.

e) O coração dos mamíferos apresenta dois átrios e dois ventrículos, parcialmente separados, ocorrendo mistura do sangue venoso com o sangue arterial em pequena escala.

29. (Fuvest-SP) O quadro abaixo mostra diferenças que ocorrem no reino animal quanto ao plano corporal e aos sistemas digestório, circulatório e nervoso.

	1	2	3
A: Simetria na fase adulta	Ausente	Radial	Bilateral
B: Sistema digestório	Ausente	Incompleto	Completo
C: Sistema circulatório	Ausente	Aberto	Fechado
D: Sistema nervoso	Ausente	Cordão nervoso central	Dorsal

Os anelídeos, por exemplo, apresentam as características A3, B3, C3, D2.

a) Que grupo animal apresenta as características A1, B1, C1 e D1?

b) Que características de A, B, C e D estão presentes em um crustáceo?

c) Que características de A, B, C e D estão presentes em um anfíbio?

30. (Fuvest-SP) Qual das alternativas relaciona corretamente cada um dos animais designados pelas letras de A a D com as características indicadas pelos números de I a IV?

A. Água-viva (celenterado).

C. Mosquito (inseto).

B. Lombriga (nematelminto).

D. Sapo (anfíbio).

I. Presença de pseudoceloma.

II. Sistema circulatório fechado.

III. Sistema respiratório traqueal.

IV. Sistema digestório incompleto.

a) A-I; B-IV; C-II; D-III.

b) A-I; B-II; C-III; D-IV.

c) A-II; B-I; C-III; D-IV.

d) A-IV; B-III; C-I; D-II.

e) A-IV; B-I; C-III; D-II.

31. (Enem) Em uma área observa-se o seguinte regime pluviométrico:

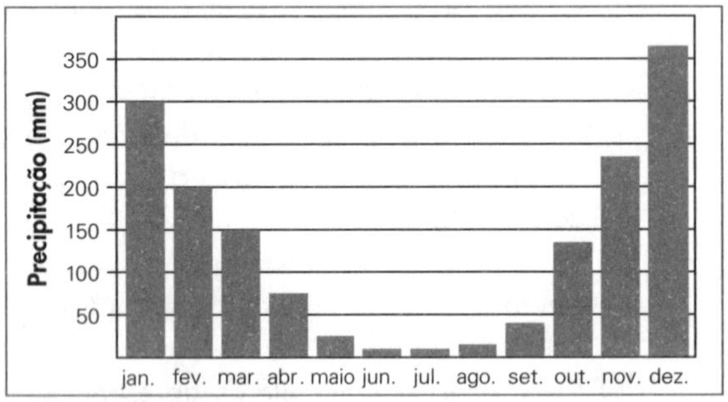

Os anfíbios são seres que podem ocupar tanto ambientes aquáticos como terrestres. Entretanto, há espécies de anfíbios que passam todo o tempo na terra ou então na água. Apesar disso, a maioria das espécies terrestres depende de água para se reproduzir e o faz quando essa existe em abundância. Os meses do ano em que, nessa área, esses anfíbios terrestres poderiam se reproduzir mais eficientemente são de:

a) setembro a dezembro.

b) novembro a fevereiro.

c) janeiro a abril.

d) março a julho.

e) maio a agosto.

32. (FGV-SP) Grupo pede US$ 400 mil para salvar os anfíbios. Extinção é risco para quase 2000 espécies na Terra. [...] os perigos que rondam o grupo vão além do binômio familiar "destruição do hábitat/caça". O grande assassino hoje parece ser um fungo, causador da doença conhecida como quitridiomicose. [...] Para piorar, o avanço do fungo parece estar ligado ao aquecimento global, quase impossível de se combater hoje. (*Folha de S.Paulo*, 11.07.2006) Suponha que, para justificar o pedido de verbas, o grupo de pesquisadores tenha, dentre outros motivos, alegado que:

I. Os anfíbios fazem parte de inúmeras cadeias alimentares que mantêm o equilíbrio do ecossistema. A extinção de muitas de suas espécies traria descontrole às populações dos organismos que lhes servem de presa ou que lhes são predadores.

II. Muitas espécies de anfíbios, ainda não totalmente conhecidas, poderiam ser de grande interesse farmacológico. As secreções de algumas dessas espécies poderiam apresentar propriedades terapêuticas.

III. As pesquisas sobre o fungo causador da quitridiomicose poderiam resultar em medicamentos que, administrados aos anfíbios, poderiam salvá-los da extinção.

IV. As pesquisas sobre a quitridiomicose poderiam ajudar a esclarecer as causas do aquecimento global.

Justificam-se as afirmações:

a) I e II, apenas.

b) I e III, apenas.

c) II e III, apenas.

d) II, III e IV, apenas.

e) I, II, III e IV.

33. (Cefet-MG) Não é característica dos anfíbios:

a) coração com três cavidades.

b) ectotermia.

c) presença de escamas.

d) reprodução por meio de ovos.

34. (UTF-PR) Os anfíbios são animais vertebrados, que apresentam uma grande diversidade de formas e tamanhos. Analise os itens a seguir e assinale a alternativa correta:

I. Apresentam esqueleto interno.

II. Apresentam brânquias durante uma fase da vida.

III. São ectotérmicos.

IV. Apresentam linha lateral.

V. Apresentam fase de larva denominada alevino.

Os itens corretos sobre este grupo são, somente:

a) I, II e III.

b) I, III, IV e V.

c) II, III e V.

d) III, IV e V.

e) I, II e IV.

35. (Uece) Sobre a evolução dos anfíbios, assinale o correto.

a) Estes animais foram os primeiros vertebrados a sobreviver em ambiente terrestre e, para tanto, desenvolveram uma pele áspera e rígida, capaz de suportar a dessecação imposta pelo meio terrestre.

b) A presença de uma língua musculosa, rápida, pegajosa e protrátil, possibilitou a captura de presas, facilitando a sobrevivência desses animais no ambiente terrestre.

c) Os anfíbios são animais bem adaptados ao ambiente terrestre, uma vez que produzem ovos com casca, resistentes à dessecação.

d) Embora sejam animais adaptados ao ambiente terrestre, os anfíbios não possuem pálpebras, essenciais à proteção ocular, e, somente por isso, precisam estar sempre próximos de ambientes aquáticos para realizar a lubrificação dos olhos.

36. (UFMG) Analise estas características de um animal na fase adulta:

– *Habitat*: brejos.

– Trocas gasosas: pele e/ou pulmões.

– Nutrição: carnívoros.

– Anatomia da boca: ausência de dentes e presença de língua protátil.

Considerando-se tais características, é INCORRETO afirmar que esse animal

a) apresenta variação de temperatura corporal.

b) se alimenta de insetos capturados com a língua.

c) se reproduz por fecundação interna e possui ovo com casca.

d) utiliza o oxigênio presente no ar ou dissolvido na água.

37. (UFPE) Com relação às características e a alguns avanços evolutivos observados em vertebrados, analise as proposições dadas.

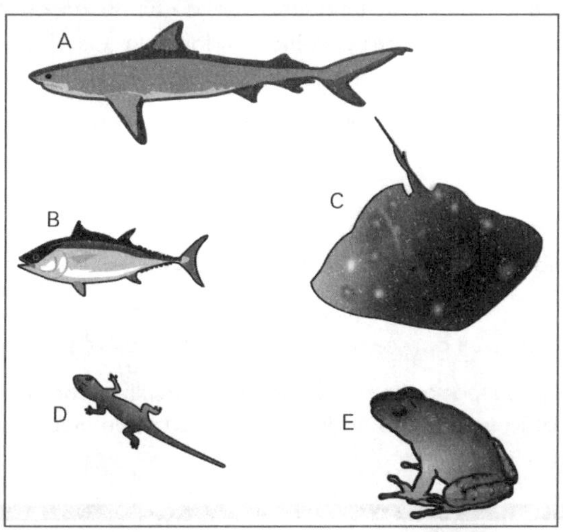

(//) A bexiga natatória é um órgão de equilíbrio hidrostático que permite aos tubarões (A) a sua manutenção em locais de baixa profundidade.

(//) A linha lateral, existente no animal ilustrado em (B), permite a detecção de vibrações nas águas onde ele se encontra.

(//) Na bexiga natatória das raias (C), a quantidade de gases para a flutuação é próxima de zero.

(//) São avanços evolutivos dos anfíbios (D) e (E), quando comparados aos peixes: presença de coração com três câmaras; epiderme permeável e desenvolvimento de pulmões.

(//) Na salamandra (D), um anfíbio do grupo Urodela, e no sapo (E), anfíbio do grupo Anura, a membrana timpânica fica rente à superfície do corpo.

38. (Vunesp-SP) Segundo crenças populares, é "muito perigoso se aproximar ou tocar em sapos comuns, devido ao veneno que produzem". Esse medo:

a) não tem fundamento, porque o veneno precisa ser lançado diretamente nos olhos da pessoa para fazer efeito.

b) tem fundamento, uma vez que os sapos conseguem injetar o veneno quando mordem a pessoa.

c) não tem fundamento, pois é preciso que a pele do sapo entre em contato com a mucosa da pessoa para que o veneno seja transferido.

d) tem fundamento, pois, quando ameaçados, os sapos podem utilizar seus esporões para injetar veneno em quem os tocar.

e) não tem fundamento, pois apenas espécies de sapos com cores muito vivas produzem veneno.

39. (UFT-TO) O principal órgão respiratório em peixes e anfíbios é respectivamente:

a) Brânquias e pele.

b) Pele e pulmão.

c) Brânquias e pulmão.

d) Pulmão e traqueia.

40. (Ufam) O axolotle é um exemplo de animal que:

a) só realiza metamorfose nas lagoas de águas frias do oeste dos Estados Unidos.

b) só é encontrado nos arredores da Cidade do México, apresentando pedomorfose.

c) apresenta respiração cutânea e pulmonar, mantendo hábitos herbívoros.

d) se reproduz tanto em terra como na água, contanto que em baixa temperatura.

e) se reproduz exclusivamente em terra, comprovando a evolução dos peixes.

PONTO FINAL

E A SUA OPINIÃO?

Um bicho assustador

KAZAKOV MAKSIM/SHUTTERSTOCK

O axolotle (*Ambystoma mexicanum*) mantém características larvais durante toda a vida (como as brânquias, estruturas plumosas em rosa).

Leia esse fragmento de texto do escritor argentino Julio Cortázar (1914-1984), que expressava seu sentimento diante do grande enigma representado pelo axolotle para os zoólogos:

"Os axolotles eram como testemunhas de algo, e às vezes como horríveis juízes. Sentia-me ignóbil diante deles; havia uma pureza tão espantosa nesses olhos transparentes. Eram larvas, mas larva quer dizer 'máscara' e também 'fantasma'. Atrás dessas caras astecas, inexpressivas e, entretanto, de uma crueldade implacável, que imagem esperava sua hora?

Temia-os. Acho que, se não sentisse a proximidade de outros visitantes e do guarda, não me teria atrevido a ficar só com eles. 'Você os come com os olhos', me dizia rindo o guarda, que devia imaginar-me um pouco desequilibrado. Não percebia que eram eles que me devoravam lentamente pelos olhos, em um canibalismo de ouro. Longe do aquário, não fazia mais que pensar neles; era como se me influenciassem a distância. Cheguei a ir [vê-los] todos os dias, e de noite os imaginava imóveis na escuridão, avançando lentamente uma mão que, de súbito, encontrava a de outro. Talvez seus olhos vissem em noite escura, e o dia continuava para eles indefinidamente. Os olhos dos axolotles não têm pálpebras."

(CORTÁZAR, JULIO. "AXOLOTL". FINAL DEL JUEGO, 1956, DISPONÍVEL EM: <www.literatura.us/cortazar/axolotl.html>; ACESSO EM: 5 mar. 2016; TRADUÇÃO LIVRE.)

QUESTÕES

A Com a ajuda de seu professor de Literatura ou de Espanhol, procure a etimologia da palavra "larva" e da razão do autor a chamar de "asteca".

B Qual é o fenômeno biológico incomum, presente no axolotle, que parece incomodar tanto o autor? Por quê?

C O axolotle vive em área restrita, que tem sido intensamente ocupada para habitação e agricultura, ao redor da Cidade do México. Faça uma pesquisa sobre essa região e sua densidade demográfica. Que medidas deveriam ser tomadas para evitar a extinção dessa espécie?

CONECTANDO OUTRAS ÁREAS

Retrato do Brasil por Monteiro Lobato

PAM FILMES CINEMA RADIO E TELEVISÃO LTDA, TAUBATÉ

Jeca Tatu, personagem de Monteiro Lobato, representado por Mazzaropi.

Monteiro Lobato (1882-1948) foi um importante intelectual e escritor brasileiro. Editorialista de um importante jornal de São Paulo, escrevia crônicas, entre elas uma sobre uma cidade litorânea paulista, Iguape. Ele denunciava a situação sanitária de seu tempo, um século atrás, com muitas pessoas doentes, chamadas opilados. Veja um trecho dessa crônica, chamada *Iguape*:

"O pai dessa pobre criatura (um opilado) já foi um bichado, como foi o avô e o bisavô. Deles recebeu uma vitalidade menor, uma tonicidade orgânica decaída, um índice fraco de defesa natural. E, por sua vez, transmitirá ao filho a má herança acrescida da sua contribuição pessoal da degenerescência, consecutiva à ação do verme em seu organismo. Isso explica por que e como dos Fernões Dias Paes Leme de outrora, terríveis varões enfibrados de aço, ressurtiu uma geração avelhentada, anemiada, feia e incapaz". Em uma comparação polêmica que revoltara os habitantes do Vale do Ribeira, ele daria mostras de suas ideias sobre o branco europeu e do país em que vivia, dizendo: "Descontadas as zonas vivas, criadas ou revigoradas pelo afluxo do sangue europeu emigrado, o Brasil é Iguape".

Essas linhas faziam parte de um artigo publicado no diário paulista e mais tarde integrou uma coletânea publicada no mesmo ano em que aparecia seu livro mais polêmico, *Urupês* (1918), no qual ele lança o personagem que sintetizaria o típico brasileiro: Jeca Tatu.

LOBATO, Monteiro. *Urupês*.
São Paulo: Revista do Brasil, 1918.

EXERCÍCIOS

A No livro em que Lobato descrevia Jeca Tatu, ele inseriu uma epígrafe emblemática: "Jeca não É assim, ele ESTÁ assim". O que você acha que ele quis dizer com isso? Compare esse significado mais profundo com a mensagem central do trecho acima reproduzido.

B Em sua opinião, a imagem de Jeca Tatu era justificável ou Monteiro Lobato deve ter feito um julgamento severo demais com os trabalhadores do campo de sua época? Como você descreveria os trabalhadores rurais da região onde você reside?

UNIDADE

3 CORDADOS E A VIDA TERRESTRE

MARK JONES ROVING TORTOISE PHOTOS/ GETTY IMAGES

A HARPIA (*Harpia harpyja*) É UMA AVE COMUM NA AMAZÔNIA, CUJA ENVERGADURA PODE SUPERAR 2,5 M, SENDO CONSIDERADA UMA DAS MAIS TEMÍVEIS PREDADORAS ALADAS.

CAPÍTULO 8

RÉPTEIS E AVES

A vida fora da água trouxe uma série de possibilidades novas para os tetrápodes. No entanto, aqueles que se afastavam muito de rios e lagos acabavam não conseguindo se reproduzir. Em algum momento, em torno de 300 milhões de anos atrás, alguns tetrápodes desenvolveram a capacidade de se reproduzir longe da água. Esse grupo promissor deu origem a répteis, aves e mamíferos.

ALEXANDRE BELEM/KINO

EDSON SILVA/FOLHA IMAGEM

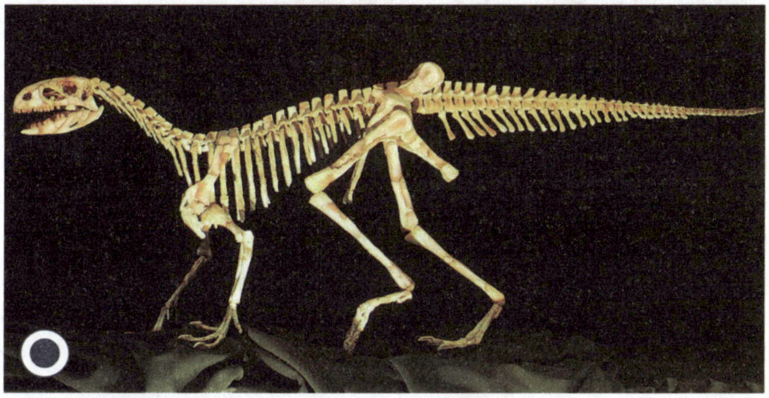

MICHAEL MESHCHERYAKOV/SHUTTERSTOCK

Figura 8.1 Na fotografia acima, as pegadas de um dinossauro em um sítio arqueológico no estado da Paraíba. Na imagem da esquerda, a réplica do esqueleto do *Sacisaurus agudoensis*, encontrado no Rio Grande do Sul. Na imagem da direita, a cigana, uma ave da Amazônia. Ela não voa bem e vive em árvores, de onde salta para fugir de predadores.

1 Os grandes tetrápodes terrestres

O hábito locomotor rastejante inspirou o nome do grupo: *répteis*. No entanto, como veremos adiante, isso significa pouca coisa em termos da classificação zoológica, pois os animais que chamamos de répteis descendem de diferentes ancestrais.

BIOSPHOTO/AFP

Figura 8.2 Filhote de tartaruga (cerca de 7 cm) saindo do ovo.

O âmnio e o ovo terrestre

Os tetrápodes terrestres desenvolveram uma série de características novas há pelo menos 300 milhões de anos, no Carbonífero. Uma das principais é o ovo que se desenvolve sem estar em meio à água (**Figura 8.2**). Esse ovo tem proteção contra choques mecânicos, pois possui uma membrana extraembionária, o âmnio, capaz de reter líquido e amortecer os possíveis choques e, adicionalmente, manter o embrião hidratado.

Esses ovos são envoltos externamente por uma rede de colágeno, que lhes dá resistência sem impedir a troca de gases ou o trânsito de água. Sobre o envoltório fibroso de colágeno, o ovo recebe deposição de quantidades variáveis de carbonato de cálcio, mais rígido, porém mantendo os poros da casca. Isso traz uma série de vantagens. A porosidade da casca permite o trânsito de gases respiratórios, ou seja, garante a entrada de oxigênio, que é realizada por um anexo embrionário chamado *alantoide*.

Nesse ovo, o embrião está envolvido pelo âmnio, que dispõe de uma reserva de água e de nutrientes. Essa estrutura reprodutiva inovadora é o chamado *ovo terrestre*. Os animais que têm essa membrana extraembrionária são chamados amniotas. Observe o esquema do ovo terrestre, ou ovo de amniota, na **Figura 8.3**. Note a área de estoque de alimento, o *saco vitelínico*, o *córion*, que envolve o embrião e os demais anexos embrionários, e o âmnio, que envolve o embrião. O alantoide cresce em direção à casca.

ACERVO DA EDITORA

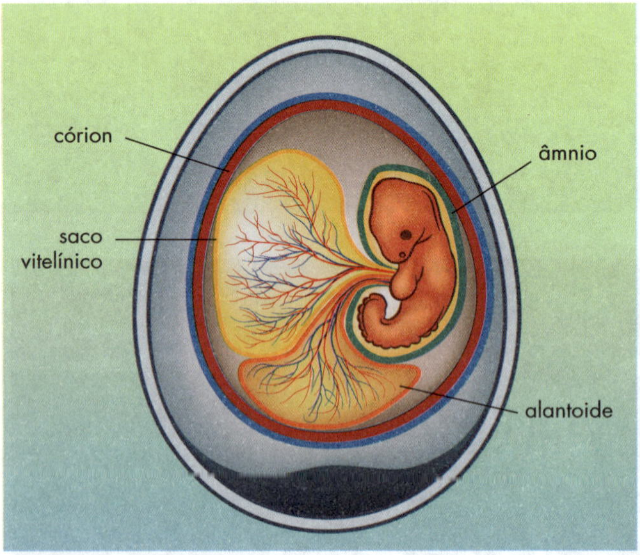

Representação fora de escala. Cores-fantasia.

Figura 8.3 Ovo de amniota e anexos embrionários. O âmnio banha o embrião com líquido amniótico, que o hidrata e protege contra choques mecânicos, principalmente nas fases iniciais do desenvolvimento.

O ovo terrestre é bem conhecido nas tartarugas, nos jacarés e nos lagartos, e é essencialmente o mesmo do das aves. Nos mamíferos placentários o embrião também fica protegido em uma cavidade amniótica, envolto por uma membrana (âmnio), e também possui outros anexos embrionários. Isso será visto com maior detalhe adiante.

2 Répteis atuais: características gerais

Os répteis formam um grupo muito heterogêneo e é difícil fazer grandes generalizações sobre eles. Já foram identificadas na fauna atual do Brasil cerca de 750 espécies de répteis, metade delas sendo serpentes e um terço de lagartos. Acredita-se que em nosso país ocorram 10% das espécies de répteis do planeta.

A diferença anatômica mais visível dos répteis em relação aos anfíbios é o revestimento do corpo. Os répteis têm uma pele resistente, seca, altamente queratinizada, que garante a proteção mecânica durante o deslocamento terrestre, ao mesmo tempo em que impede a perda de água do corpo. A pele pode ser recoberta por escamas epidérmicas ou por placas dérmicas ósseas (**Figura 8.4**).

ALFREDO CERRA/SHUTTERSTOCK

Figura 8.4 Teiú, um lagarto sul-americano de cerca de 1,5 m.

Respiração

Essa pele resistente e impermeável dos répteis implica outra diferença crucial em relação aos anfíbios: não permite o trânsito de gases respiratórios. Isso significa que os pulmões são praticamente a única superfície de troca respiratória dos répteis.

Esses pulmões mais desenvolvidos se enchem de ar pela expansão do volume interno da caixa torácica, gerada pelos movimentos do corpo, que forçam o ar para dentro e para fora dos pulmões. Não está presente nos répteis o *diafragma muscular*, que aparece apenas nos mamíferos, para controlar a entrada e saída de ar nos pulmões. Por isso, a respiração pulmonar ocorre por mudanças de forma e pressão na cavidade torácica, intermediadas pela musculatura intercostal, exceto em tartarugas, que têm as costelas fundidas ao casco. Nesse caso, o próprio movimento do animal contribui para o processo ventilatório.

Alguns répteis, como as serpentes marinhas, conseguem obter algum oxigênio por respiração cutânea, sob a água, embora o volume seja pequeno.

Excreção

Vimos que a maioria dos peixes elimina um composto muito tóxico, a amônia, que é bastante solúvel em água e se dispersa facilmente no ambiente aquático, inclusive pelas brânquias. Vimos também que os anfíbios adultos produzem ureia a partir de amônia, podendo assim armazenar urina na bexiga urinária e eventualmente aproveitar sua água sem se intoxicar.

Já os répteis eliminam os resíduos nitrogenados na forma de *ácido úrico*, um composto pouco tóxico, o que permite economizar ainda mais água. A defecação de um réptil é constituída tipicamente por uma massa fecal escura com uma parte branca pastosa, justamente o resíduo da excreção nitrogenada. Como é pouco solúvel em água, pode ser eliminado sem comprometer a reserva de água do organismo. A tabela da **Figura 8.5** compara os resíduos nitrogenados dos vertebrados.

Excreção dos vertebrados			
Produto nitrogenado	Amônia	Ureia	Ácido úrico
Toxicidade	+++	++	+
Solubilidade em água	+++	++	+

Figura 8.5 A amônia é muito tóxica, enquanto o ácido úrico é pouco tóxico, com a ureia em uma posição intermediária. A solubilidade em água está indicada pela cor azul.

Embora os rins dos répteis sejam muito eficientes, algumas espécies marinhas desenvolveram um mecanismo excretor de sal adicional, as *glândulas de sal*. Certas tartarugas-marinhas parecem chorar ao expelir uma secreção salina junto aos olhos ou narinas, o que constitui outro mecanismo para economia de água. Essas glândulas secretam um líquido salino hiperosmótico, fazendo com que o organismo mantenha o equilíbrio hídrico do corpo em ambientes marinhos.

Circulação e respiração

Os répteis têm coração com *três câmaras*: dois átrios e um ventrículo. O ventrículo único dos répteis, no entanto, difere daquele dos anfíbios, pois ele possui uma divisão física entre os ventrículos, o *septo ventricular*. Nos crocodilianos (jacarés, crocodilos e gavial), esse septo é quase completo e existem efetivamente quatro, em lugar de três, câmaras cardíacas.

O coração de três câmaras dos répteis como as tartarugas se especializou em bombear sangue isolando efetivamente o circuito pulmonar. Além do septo ventricular, o ventrículo único desses répteis possui uma crista muscular que funciona como uma válvula de retenção para o bombeamento de sangue para os pulmões (**Figura 8.6**). Embora haja um canal intraventricular (CIV), que permite a passagem de sangue de um lado a outro do coração, ele é obstruído pela crista muscular (CIM) quando ocorre a contração do ventrículo.

Quando ocorre a ventilação dos pulmões, o sistema circulatório desses répteis de ventrículo único é funcionalmente eficiente, com circulação dupla, sem mistura de sangue.

Mesmo os répteis com separação entre os lados do ventrículo (septo ventricular) conseguem realizar ajustes entre os sistemas pulmonar e sistêmico, pois possuem três artérias de grosso calibre saindo do coração. Normalmente uma delas leva sangue aos pulmões (artéria pulmonar), mas as outras duas (ramos aórticos) podem conduzir sangue rico em oxigênio, como nas tartarugas, ou uma delas, de localização central, pode receber uma mistura de sangue venoso e arterial (**Figura 8.7**).

O coração de três câmaras de anfíbios e répteis não deve ser visto como um "defeito", ao contrário, pois lhes permite desviar sangue entre os circuitos pulmonar e sistêmico, de acordo com as demandas de diferentes situações.

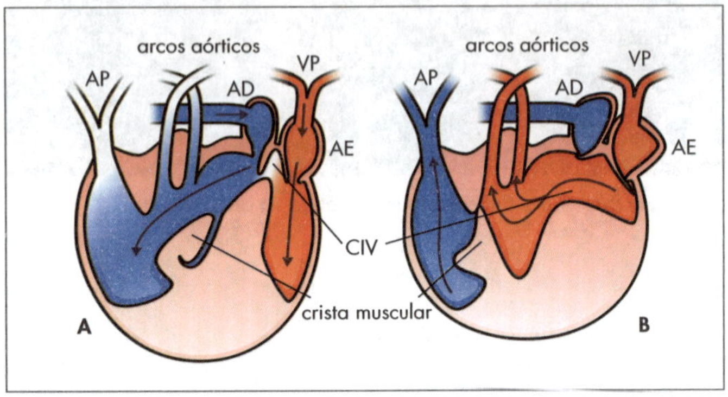

ACERVO DA EDITORA

Figura 8.6 A circulação dos répteis, como as tartarugas, com ventrículo único. O Átrio Direito (AD) recebe sangue pobre em oxigênio proveniente do corpo, e o Átrio Esquerdo (AE) sangue rico em oxigênio proveniente dos pulmões. Com a contração dos átrios (A), compartimentos diferentes do ventrículo se enchem de sangue, sem que ocorra mistura. Com a contração do ventrículo (B), a crista muscular forma uma barreira física e o canal intraventricular (CIV) é obstruído.

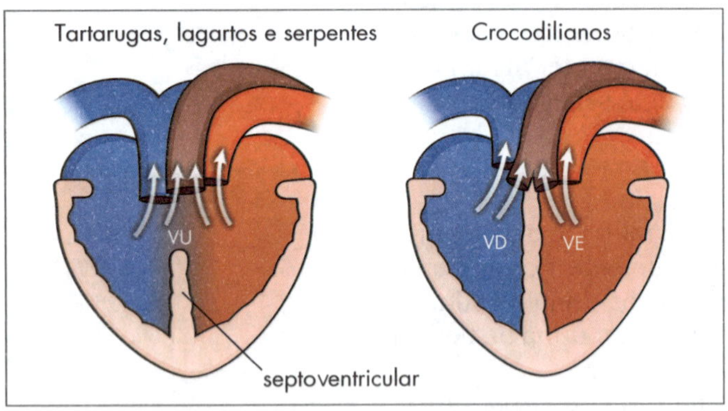

ACERVO DA EDITORA

Figura 8.7 Representação esquemática do coração de répteis, nos quais o Ventrículo Único (VU) tem uma divisão física, o septo ventricular, que é completo no coração dos crocodilianos, nos quais há um ventrículo direito (VD) e um ventrículo esquerdo (VE).

Controle da temperatura do corpo e reprodução

Como regra, os répteis são animais *ectotérmicos*, ou seja, aquecem o corpo com energia do ambiente, como os anfíbios. Pelo fato de não manterem a temperatura do corpo constante, são também animais *heterotérmicos*. Contudo, a regulação da temperatura corporal dos répteis é realizada de maneira mais eficiente que nos anfíbios.

Por terem uma proteção bastante eficiente contra os raios solares, os répteis podem se expor ao Sol e, com isso, controlar melhor a temperatura do corpo. Eles têm a capacidade de mandar mais sangue para o corpo, evitando o circuito pulmonar, aproveitando melhor o calor do Sol. Com isso, distribuem o calor pelo corpo mais rapidamente. Uma imagem muito comum é a de pequenas tartarugas tomando sol em uma praia fluvial (**Figura 8.8**).

Figura 8.8 Tartaruga-da-amazônia em banho de sol (casco atinge 90 cm de comprimento).

As grandes tartarugas-marinhas conseguem razoável controle de temperatura corporal, retendo o calor produzido pelo movimento muscular intenso e constante, atingindo considerável grau de endotermia. É o caso das tartarugas de grande porte, algumas que chegam a 2 metros de comprimento e mais de 700 quilos, como a tartaruga-de-couro.

A maioria dos répteis se reproduz por fecundação interna. O macho tem um órgão copulador e a fêmea deposita os ovos fecundados no ambiente, embora algumas espécies sejam ovovivíparas. Há espécies hermafroditas e **partenogenéticas**, em especial entre lagartos e serpentes.

Partenogênese: reprodução sem a participação dos dois sexos. Fêmeas partenogenéticas dão origem a filhotes em algumas espécies, inclusive de lagartos.

A parte final do sistema reprodutor se comunica com a parte final do sistema digestório e excretor, formando uma cloaca. As especializações reprodutivas serão vistas adiante, em cada grupo.

3 Diversidade dos répteis

Os antigos tetrápodes amniotas são classificados em três grandes grupos tendo por base características de seu crânio. Ele poderia ter uma, duas ou nenhuma fossa temporal, o que caracteriza os sinápsidos, diápsidos e os anápsidos (**Figura 8.9**). Os sinápsidos deram origem aos mamíferos, e os outros dois padrões estão na origem de répteis e aves.

O padrão de crânio sem fossa temporal originou os anápsidos atuais (subclasse Anapsida, do grego *apsida* = abertura, e o "a" é um prefixo de negação), que constituem o grupo das tartarugas, chamado também de *quelônios* ou *testudines*. Possuem como principal característica uma carapaça dorsal e um plastrão ventral, compostos de uma camada externa de queratina e uma camada interna óssea.

A camada óssea é o resultado da fusão dos ossos das costelas, das vértebras e de elementos de origem dérmica. As cinturas pélvica e escapular localizam-se no interior das costelas, fato único dentre os vertebrados.

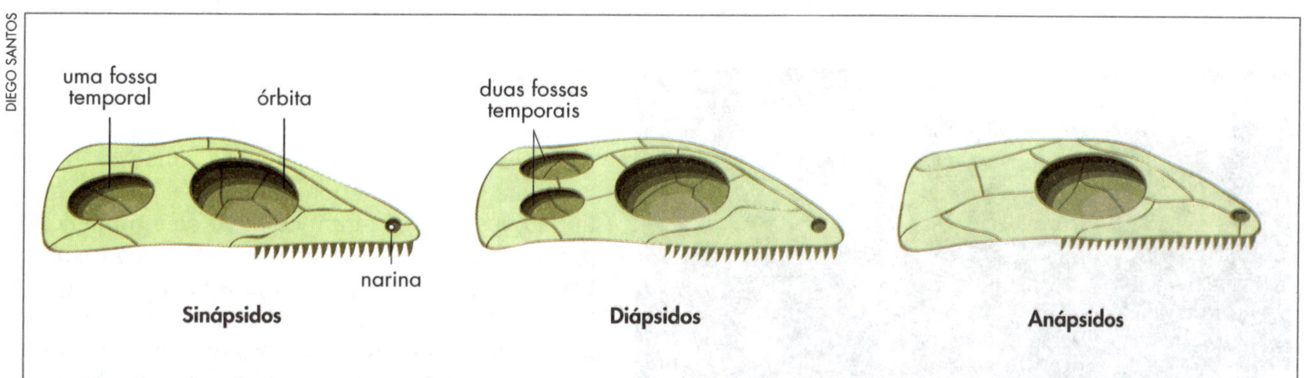

Figura 8.9 A presença e a forma da fossa temporal é a característica distintiva dos três grupos básicos dos grandes tetrápodes do passado.

As tartarugas não possuem dentes, e nas suas maxilas há placas córneas rígidas que auxiliam na apreensão do alimento. Os sistemas sensoriais mais desenvolvidos são a visão e o olfato, sendo a audição bastante deficiente.

Todas as tartarugas reproduzem-se por fecundação interna e são ovíparas. Enterram seus ovos no solo e nenhuma espécie de tartaruga cuida da prole. A temperatura da região do ninho na qual o ovo foi depositado determina o sexo da futura tartaruguinha: na parte superior, que recebe mais calor do Sol, as altas temperaturas produzem fêmeas; os ovos mais profundos permanecem mais frios e produzem machos. Assim, em um mesmo ninho há variação de temperatura, originando filhotes de ambos os sexos.

As tartarugas são vítimas frágeis das mudanças introduzidas pelas sociedades humanas. São presas fáceis para pescadores e têm sido intensamente predadas, com diversas extinções recentes registradas. O projeto brasileiro Tamar (**Figura 8.10**) é uma experiência bem-sucedida de enfrentamento dessa tendência ao declínio das populações e à extinção das espécies de tartarugas-marinhas, tendo liberado no ambiente mais de 20 milhões de filhotes em 35 anos de existência.

PROJETO TAMAR, MATA DE SÃO JOÃO

Figura 8.10 Tartarugas recém-nascidas, em uma ação do Projeto Tamar.

Os répteis diápsidos: lagartos, serpentes, jacarés e outros

Os *répteis* diápsidos atuais (subclasse Diapsida, do grego *di* "dois", *apsida* "abertura") são formados por duas linhagens: a primeira, dos *lepidossáurios* (do grego *lepídos*, "escama", e *saurios*, "lagarto"), é constituída pelos tuataras e também por lagartos, serpentes e anfisbenas. A segunda linhagem é formada pelos *crocodilianos*.

Figura 8.11 Tuatara (*Sphenodon* sp.), um réptil endêmico da Nova Zelândia.

CREATIVENATURE R.ZWERVER/SHUTTERSTOCK

Rincocéfalos: os tuataras

Esse grupo é constituído hoje por apenas duas espécies, que vivem em algumas ilhas da Nova Zelândia e foram denominadas *tuatara* (em sua língua, isso significa um coletivo de animais que possuem espinhos dorsais) pelos nativos maoris. São animais como o da **Figura 8.11**, semelhantes aos lagartos atuais, de crescimento lento e grande longevidade, mas possuem uma linha de escamas eréteis dorsais – o que demonstra que os nativos maoris perceberam sua característica distintiva entre os lagartos.

Atingem pouco mais de 60 centímetros e são carnívoros. São considerados fósseis vivos por guardarem grande semelhança com lagartos do início da Era Mesozoica. Diversas características distinguem os tuataras dos lagartos atuais. Uma delas é a dentição muito particular, que confere ao gênero o nome de *Sphenodon*, que significa "dentes em forma de lâmina".

Os tuataras foram alvo da primeira legislação de proteção ambiental do mundo, baixada pela Nova Zelândia ainda no século XIX. Isso impediu sua caça pelos colecionadores e preservou as pequenas populações existentes naquelas ilhas.

Os escamosos: lagartos, anfisbenas e serpentes

Os *escamosos* (Squamata) compreendem 95% das espécies atuais de répteis. Sua principal característica é a presença de um *crânio cinético*, articulado, que lhes confere uma movimentação excepcional da cabeça e uma forte mordida, capaz de apreender grandes presas.

A camada superficial do revestimento do corpo dos escamosos é trocada periodicamente, em um evento denominado *muda*. Reconhecem-se três grupos entre os escamosos: os lagartos, as anfisbenas e as serpentes.

Terrícola fossório: animal que tem capacidade escavatória no ambiente terrestre.

Os lagartos

Os *lagartos* constituem um grupo de animais com hábitos bastante diversificados, variando desde **terrícolas fossórios** até aquáticos e planadores. Costumam viver em locais quentes e secos. A pele grossa sem glândulas e a excreção de urina semissólida permitem que percam pouquíssima água.

A grande maioria possui corpo curto, com quatro membros locomotores, pálpebras móveis e excelente visão. Alguns lagartos grandes, como os *iguanas* (**Figura 8.12**), são herbívoros, mas isso não constitui regra. O maior lagarto da fauna atual, o dragão-de-komodo (**Figura 8.13**) pode atingir 3 metros e caça ativamente mamíferos, como veados, e devora carniça.

Grande parte dos lagartos são predadores, alimentando-se sobretudo de insetos. Algumas espécies apresentam adaptações especiais para captura, como *línguas protrácteis*, isto é, capazes de se projetar (**Figura 8.14**).

A?IGUIDE/SHUTTERSTOCK

Figura 8.12 Um lagarto chamado iguana, que pode atingir 1 m de comprimento, tem hábito arborícola e dieta herbívora.

RICHARD SUSANTO/SHUTTERSTOCK

Figura 8.13 Dragão-de-komodo em praia na Indonésia.

CATHY KEIFER/SHUTTERSTOCK

Figura 8.14 Camaleão captura um grilo.

Existem lagartos que perderam os membros locomotores se especializando em se deslocar rapidamente em meio a ervas densas e gravetos, ou mesmo por debaixo da areia fofa de lugares muito quentes, onde um corpo com quatro membros teria maior dificuldade de deslocamento. Chamados de *cobras-de-vidro*, são lagartos ápodes que evoluíram de maneira independente em todos os continentes (**Figura 8.15**). Eles têm uma série de características que os diferenciam das serpentes, apesar de sua aparente semelhança.

Figura 8.15 Lagarto ápode (*Anguis fragilis*), também conhecido como cobra-de-vidro.

As anfisbenas

As *anfisbenas*, popularmente chamadas *cobras-de-duas-cabeças*, são animais fossórios. Seu nome popular tem origem na habilidade de movimentar-se com destreza para a frente e para trás. Possuem corpo cilíndrico e alongado, a grande maioria sem membros exteriores, com a pele dividida em anéis; os olhos e ouvidos parecem ausentes, mas são recobertos por pele (**Figura 8.16**). Não são animais perigosos, mas defendem-se com mordidas dolorosas, que podem produzir infecções graves.

Embora a maioria das pouco mais de 150 espécies de anfisbenas tenha perdido os quatro membros, algumas preservaram parcialmente o par anterior de membros.

Figura 8.16 Cobra-de-duas-cabeça, um réptil sem membros (*Blanus cinereus*).

As serpentes

Sem membros locomotores e sem cintura pélvica e escapular, as *serpentes* possuem coluna vertebral e órgãos interiores muito alongados. O pulmão direito, por exemplo, é maior que o esquerdo (em alguns casos, este é totalmente reduzido).

O crânio altamente cinético confere à maioria das serpentes a capacidade de abocanhar e deglutir animais muito maiores do que elas mesmas. Suas mandíbulas, unidas apenas por pele e músculos, conseguem abrir-se amplamente (**Figura 8.17**).

As serpentes são sensíveis a vibrações do solo, apesar de não possuírem um pavilhão auditivo externo nem tampouco tímpano. Seu sentido mais desenvolvido, entretanto, é o olfato: junto às narinas encontram-se os *órgãos de Jacobson*, localizados no teto da boca, que possuem células olfativas extremamente sensíveis.

Figura 8.17 Serpente engolindo ovo de outro animal.

Algumas serpentes possuem um órgão denominado *fosseta loreal*, que se situa entre cada narina e os olhos, e é sensível ao calor. É uma característica de serpentes com um par de dentes inoculadores de veneno muito salientes, que utilizam a fosseta loreal para localizar suas presas, normalmente pequenos mamíferos, já que conseguem detectar mínimas variações de temperatura sobre uma superfície, da ordem de 0,003 °C.

Entre as escamas labiais de algumas serpentes da família da jiboia (*Boidae*, **Figura 8.18**) existem fossetas labiais, também muito sensíveis a variações de temperatura, embora as jiboias não sejam serpentes peçonhentas.

De acordo com a dentição, as serpentes podem ser classificadas em quadro tipos.

Áglifas: são serpentes sem dentes especializados para inoculação de veneno, como a jiboia (**Figura 8.19**). Têm uma glândula supralabial cuja secreção lubrifica o alimento.

Opistóglifas: serpentes que possuem dois dentes salientes no fundo da maxila superior, com sulcos, por onde escorre uma secreção glandular com substâncias que atuam como veneno (**Figura 8.20**). Para injetá-la é necessário morder a presa diversas vezes.

Proteróglifas: nessas serpentes os dentes sulcados estão na posição anterior da boca (**Figura 8.21**). Embora o sulco não seja completamente aberto, permite a inoculação de pequena quantidade de veneno. No Brasil, o destaque desse tipo de cobras são as corais-verdadeiras, serpentes da família *Elapidae*, que possuem um veneno muito potente.

AUDREY SNIDER-BELL/SHUTTERSTOCK

Figura 8.18 A cobra-papagaio-da-amazônia, também chamada periquitamboia (*Corallus caninus*), é da família da jiboia. Tem hábito arborícola e possui fossetas labiais, órgãos capazes de detectar variações mínimas de temperatura à sua volta.

ROY PALMER/SHUTTERSTOCK

Figura 8.19 A jiboia (*Boa constrictor*) é uma serpente de dentição áglifa, sem dentes especializados na inoculação de veneno.

As corais-verdadeiras podem apresentar variações no padrão de cor, por isso não se pode identificar uma coral como verdadeira ou não apenas pela coloração: é a dentição proteróglifa que diferencia uma coral-verdadeira (e perigosa) da falsa.

CONRADO

Figura 8.20 Cobra-verde (*Philodryas olfersii*), uma serpente venenosa que raramente causa acidentes ofídicos.

JAY ANDREICKA/SHUTTERSTOCK

Figura 8.21 Coral-verdadeira (*Micrurus fulvius*), praticamente impossível de diferenciar da falsa pelo padrão de cor das corais falsas.

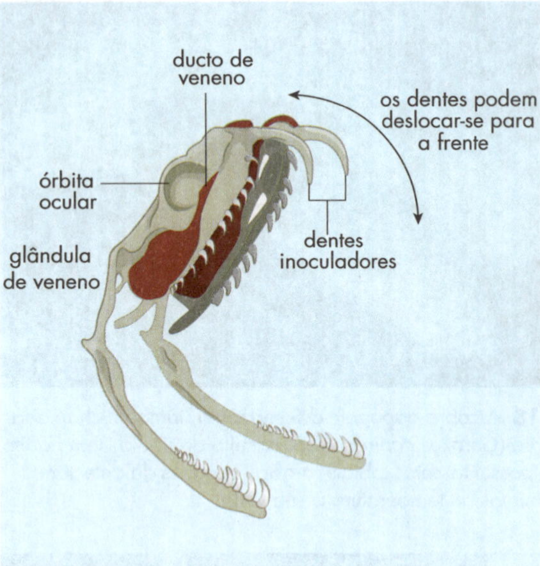

Figura 8.22 A dentição solenóglifa, capaz de injetar veneno de maneira eficiente, caracteriza as serpentes peçonhentas. Quando a boca se fecha, os dentes salientes se retraem.

Solenóglifas: serpentes com um par de dentes inoculadores muito salientes na parte anterior da maxila superior (**Figura 8.22**). Esses dentes têm um ducto através do qual o veneno é inoculado de maneira eficiente. O osso maxilar é muito móvel, permitindo que os dentes inoculadores se projetem para a frente quando a serpente abre a boca.

Embora quase todas as serpentes possuam veneno, no Brasil as serpentes que conseguem injetá-lo de maneira eficiente são as chamadas *serpentes peçonhentas*. Além das corais-verdadeiras, responsáveis por cerca de 1% dos acidentes ofídicos, as serpentes solenóglifas, da família Viperidae, são responsáveis pelos 99% restantes. Nas Américas, todas as espécies dessa família (**Figura 8.23**) têm fosseta loreal.

Figura 8.23 Jararaca encontrada na Serra do Mar (SP), com destaque para a fosseta loreal. Essa espécie atinge 1,2 m de comprimento.

Os crocodilianos

Os *crocodilianos* atuais constituem um grupo com cerca de 25 espécies provenientes de três linhagens: dos jacarés (**Figura 8.24**) e *caimans*, dos crocodilos e do gavial.

Apesar de ter coração com quatro câmaras, com ventrículos bem separados, o coração dos crocodilianos atuais possui a capacidade de desviar o sangue com pouco oxigênio do lado direito para o esquerdo do coração, o que leva o sangue à região posterior do corpo, evitando o circuito pulmonar. Isso permite que o animal regule a temperatura do corpo de maneira mais eficiente distribuindo mais rapidamente o calor que recebe do Sol.

Além da artéria pulmonar, o ventrículo direito manda sangue com pouco oxigênio para o corpo por um ramo aórtico, como ocorre com outros répteis. No entanto, em exercício vigoroso, esse ramo aórtico pode receber sangue oxigenado proveniente do outro ramo aórtico, por meio de uma comunicação chamada *forame de Panizza*, que existe apenas nos crocodilianos. Assim, mais sangue oxigenado é distribuído pelo corpo pelos dois ramos aórticos, uma adaptação exclusiva dos crocodilianos.

Figura 8.24 Jacaré-do-pantanal (*Caiman crocodilus yacare*) na margem de um rio do Pantanal Mato-Grossense.

Os crocodilianos possuem crânio alongado e robusto, mandíbula com grande abertura e dentes **tecodontes (Figura 8.25)**, que também são encontrados nas primeiras aves do Cretáceo.

Tecodontes: diz-se dos dentes inseridos em cavidades chamadas tecas, típicas dos crocodilianos e das primeiras paleoaves.

FABIO COLOMBINI

Figura 8.25 Crânio de jacaré, com os dentes tecodontes.

Os crocodilianos são animais ovíparos. Em muitas espécies, a temperatura da incubação dos ovos determina o sexo dos filhotes. No entanto, ao contrário das tartarugas, as altas temperaturas produzem machos e as baixas temperaturas produzem fêmeas. Estudos recentes indicam que, ao contrário de outros répteis, os crocodilianos defendem o ninho e têm cuidados com a prole.

ACERVO DA EDITORA

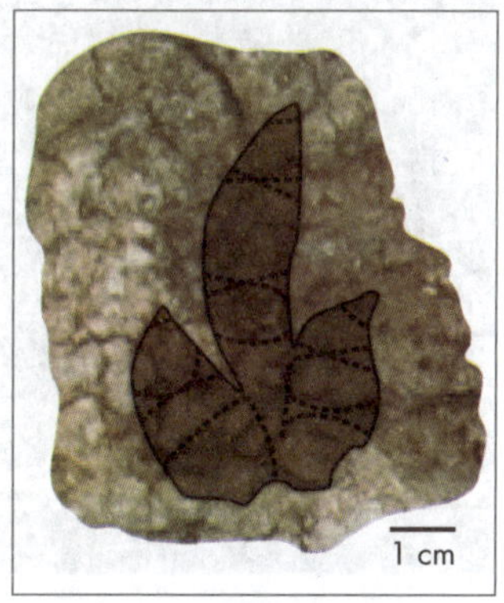

Figura 8.27 Fóssil de pegada de dinossauro, encontrado no interior do Rio Grande do Sul, próximo a Santa Maria.

4 Os diápsidos do Mesozoico

A Era Mesozoica é chamada de "idade dos répteis", justamente pelo fato de ter ocorrido uma grande diversificação de amniotas.

Diversos amniotas, entre eles os pterossauros, passaram a explorar novos ambientes e se diversificaram incrivelmente. Alguns desenvolveram ossos ocos, chamados ossos pneumáticos, uma extraordinária adaptação para o voo **(Figura 8.26)**. Os pterossauros se espalharam por todos os continentes da época. Das cerca de 120 espécies fósseis catalogadas, há desde pequenos exemplares, do tamanho de um pardal, até animais com 12 metros de envergadura.

São encontrados fósseis desses animais em lugares tão distantes uns dos outros quanto Estados Unidos, Alemanha e o interior do Brasil, como o Ceará.

Na pegada do dinossauro, veem-se três dígitos de uma maneira muito característica, a chamada *tridactilia típica* **(Figura 8.27)**. Já os pterossauros, que não eram dinossauros, podiam ter uma pegada com quatro dígitos. Eles se diversificaram muito, o que foi evidenciado pelo grande número de espécies, que deixaram muitos fósseis.

JULIUS T. CSOTONYI/WWW.CSOTONYI.COM

Figura 8.26 Há pouco mais de 150 milhões de anos esse dinossauro – que mais parece uma ave – habitava a região onde hoje fica a China. Era um animal pequeno, com cerca de 30 cm e com pouco mais de 100 g. Ele foi chamado de *Anchiornis huxleyi*.

Há dois grupos principais de dinossauros conhecidos: os que têm ossos da cintura parecidos com os de aves, os dinossauros ornitísquios (em latim *Ornithischia*, de *ornito*, "aves", e *ísquio*, "osso do púbis") e aqueles que os possuem parecidos com os de lagartos, os saurísquios (em latim *Saurischia*, de *sauro*, "lagarto", e *ísquio*, "osso do púbis").

Neste último grupo de dinossauros estão os conhecidos *terópodes*, que desenvolveram hábitos carnívoros com muita frequência (**Figura 8.28**).

LOUIE PSIHOYOS/CORBIS/LATINSTOC

Figura 8.28 Comparação entre o *Mononykus*, dinossauro terópode que viveu há 70 milhões de anos em ambiente desértico na região da Mongólia, e uma galinha da fauna atual.

Na **Figura 8.29**, vemos, no destaque os pés de um animal que poderia ser tanto um dinossauro como uma ave grande da fauna atual, como uma ema sul-americana (*Rhea americana*) ou um avestruz africano; e, de fato, é um emu australiano (*Dromarius novaehollandie*). Além dos três dígitos, as escamas e as garras dessas aves atuais são muito parecidas com as que portavam diversas espécies de dinossauros.

ANAN KAEWKHAMMUL/SHUTTERSTOCK

EMCL/SHUTTERSTOCK

Figura 8.29 O emu tem um pé com escamas e garras, semelhante ao de muitos dinossauros.

Alguns desses dinossauros tinham como cobertura do corpo estruturas até pouco tempo atrás vistas como exclusivas das aves: as *penas*.

Em 2009 foram achados fósseis de dinossauros que trouxeram nova luz sobre a origem das aves. O *Limusaurus* e o *Anchiornis* foram descritos na China como dinossauros plumados, pequenos e parecidos com aves (**Figura 8.30**).

Representação fora de escala. Cores-fantasia.

FELIPE ELIAS

Figura 8.30 Dois dinossauros que não tinham a pele nua: o *Limusaurus*, que deveria ser herbívoro, um bom corredor e talvez tivesse penas; e o *Anchiornis*, que deveria ser carnívoro, provavelmente arborícola e certamente tinha penas. Os dois viveram no Jurássico e atingiam cerca de 40 cm.

Algumas características do *Anchiornis* lembram as primeiras aves, como o arqueoptérix (*Archaeopteryx lithographica*), cujo primeiro fóssil foi encontrado na Alemanha ainda no século XIX, logo depois da proposição da Teoria da Evolução, por Charles Darwin.

Na ponta das asas, o *Archaeopteryx* tinha três dedos (tridactilia) salientes e essa característica pode ser encontrada, de certa forma, ainda hoje nas demais aves. A cigana, ave amazônica cuja fotografia está na abertura deste capítulo (**Figura 8.1**), tem filhotes que nascem com dois dedos funcionais na ponta das asas, e o terceiro fundido ao segundo.

Assim, a origem das aves já não é controversa, pois podem ser consideradas dinossauros especializados. O zoólogo inglês Thomas Huxley, no século XIX, examinou o *Arqueoptérix* e classificou as aves como dinossauros terópodes, uma vez que os dois grupos, aves e terópodes, compartilham diversas características.

5 Aves: características gerais

As aves formam um grupo com mais de 9 mil espécies conhecidas distribuídas por todo o globo, desde as regiões tropicais até os polos. Sua característica mais distintiva, comparada aos demais animais da fauna atual (lembre-se dos dinossauros plumados do passado), é a presença das penas, que protegem e isolam termicamente a pele.

Além das penas, as aves caracterizam-se por membros anteriores modificados em asas e outras adaptações para o voo. As aves atuais não possuem dentes (lembre-se das aves extintas – como o *Archaeopterix*, que os possuíam), mas sim bicos córneos, e são ovíparas, com ovos ricos em vitelo.

Ossos pneumáticos

Todas as aves atuais, mesmo as incapazes de voar, têm ossos pneumáticos, já descritos como ossos ocos. Observe na **Figura 8.31** um osso da asa de uma ave voadora, cortado de modo a mostrar, em seu interior, as lacunas, que tornam os ossos mais leves.

Como vimos, os ossos pneumáticos estiveram presentes em diversos grupos e não são exclusivos das aves. Até mesmo grandes dinossauros tinham ossos pneumáticos.

Figura 8.31 Osso da asa de um pelicano, cortado para revelar a estrutura interna cheia de lacunas, típica de ossos pneumáticos.

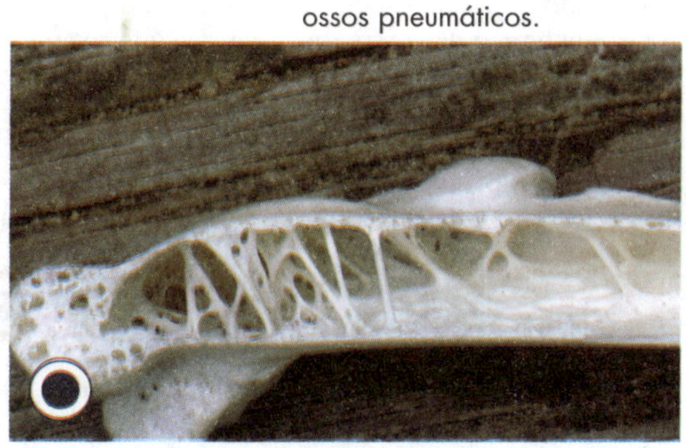

GILBERT S. GRANT/LATINSTOCK

Respiração

Uma ave voadora enfrenta problema parecido com aquele dos insetos voadores, pois o voo pressupõe alta eficiência energética. Assim, as aves precisam de um sistema de fornecimento de oxigênio muito eficiente.

As aves desenvolveram adaptações muito particulares. As lacunas dos ossos se comunicam com expansões na forma de sacos aéreos e estes se comunicam com os pulmões (**Figura 8.32**).

Figura 8.32 Os pulmões estão ligados a um sistema de sacos aéreos, aumentando o volume de ar em cerca de nove vezes.

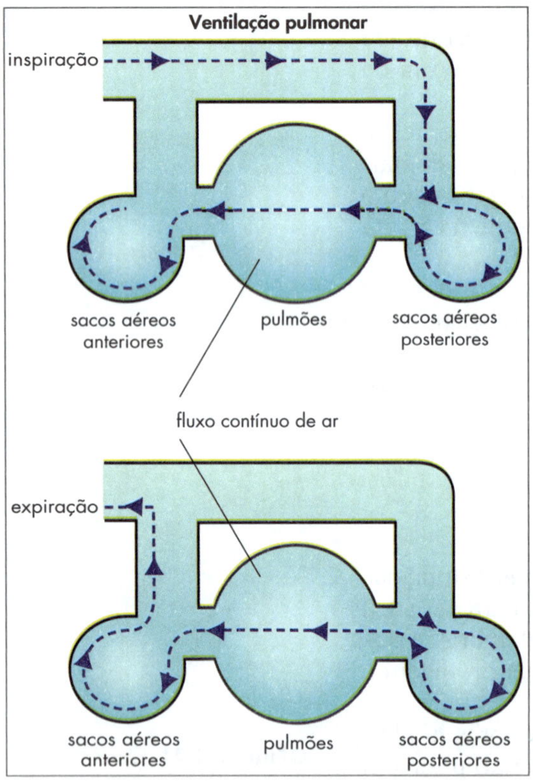

Figura 8.33 Esquema da ventilação pulmonar: os sacos aéreos e os pulmões estão interligados, garantindo a grande eficiência respiratória das aves. A inspiração e a expiração ocorrem sem interromper a oxigenação do sangue nos pulmões.

Os sacos aéreos são pobremente vascularizados, mas possuem grande volume, cerca de nove vezes o dos pulmões. Estes são relativamente pequenos, comparados com os de mamíferos de mesmo peso, o que é explicado por sua alta eficiência, decorrente de seu funcionamento especial, como veremos adiante.

Se você observar um mamífero qualquer, verá que sua respiração alterna a entrada e a saída de ar de maneira rítmica; já ao observar um canário, não encontrará a mesma regularidade.

As aves desenvolveram um sistema de fluxo de ar contínuo, que lhes permite manter a oxigenação do sangue de maneira contínua, em especial quando estão batendo as asas. Durante a ventilação pulmonar, o movimento de inspiração e expiração não interrompe a oxigenação do sangue (**Figura 8.33**). Isso dá segurança ao voo, pois permite longos deslocamentos sem o risco de fadiga. Provavelmente, as aves nunca ficam sem fôlego, ao contrário dos mamíferos.

Com um fluxo contínuo de ar, a oxigenação do sangue ocorre em contracorrente, o que aumenta ainda mais a eficiência do sistema.

O sistema de oxigenação é muito mais eficiente do que o dos mamíferos, por exemplo. O ar que a ave expira tem muito menos oxigênio do que o ar expirado pelas nossas narinas. Isso explica a razão de aves grandes, como o condor, conseguirem voar a 7 mil metros de altitude, onde nenhum mamífero consegue obter oxigênio suficiente apenas com seus pulmões. Ao mesmo tempo em que ganha oxigênio, o sangue perde gás carbônico, pelo mesmo princípio de contracorrente (**Figura 8.34**).

Associada ao sistema respiratório está a siringe, ou caixa vocal, o órgão que possibilita emissão de sons com o ar exalado.

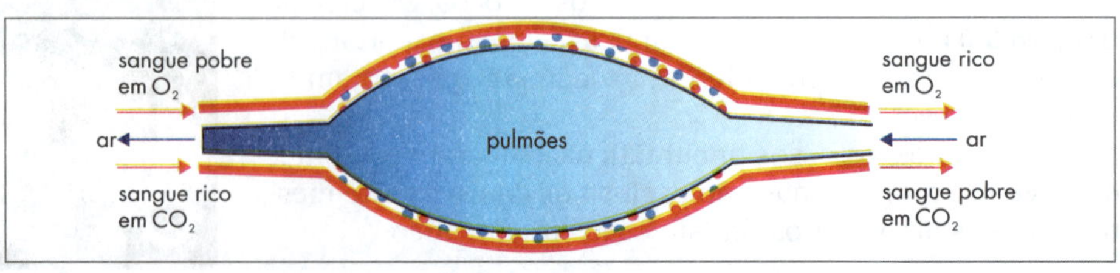

Figura 8.34 No sistema de contracorrente, o sangue ganha cada vez mais oxigênio, com aproveitamento muito eficiente.

Circulação

As aves requerem grande eficiência tanto do sistema de oxigenação do sangue como também de sua circulação. Isso significa que o sistema cardiovascular das aves também tem grande eficiência.

De fato, o sistema cardiovascular das aves é composto de um coração com quatro cavidades, dois átrios e dois ventrículos, com duas artérias deixando o coração, a artéria pulmonar e a artéria aorta, ao contrário dos répteis, que possuem dois ramos aórticos deixando o coração. Outra diferença é a impossibilidade de mistura ou desvio de sangue de um lado para outro do coração (**Figura 8.35**).

O coração das aves é relativamente grande, comparado ao dos mamíferos, por exemplo: pode atingir até 2,4% do peso da ave, enquanto nos mamíferos não alcança 0,8%. O único local de oxigenação do sangue é a superfície pulmonar; assim, o sangue é mandado do coração aos pulmões, de onde retorna oxigenado, como vimos, com grande eficiência. De volta ao coração, o sangue é bombeado para todo o corpo (**Figura 8.36**).

ACERVO DA EDITORA

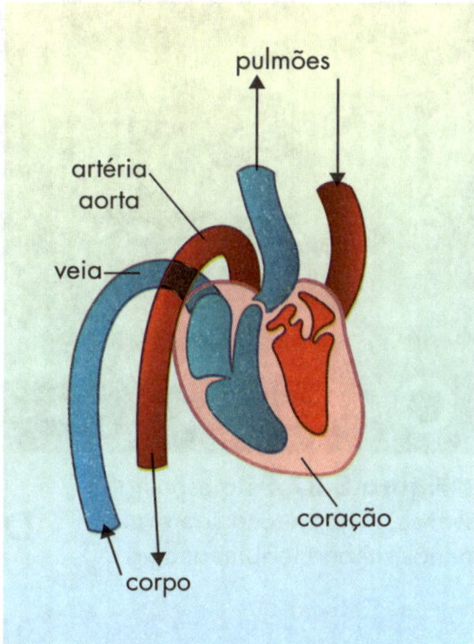

Representação fora de escala. Cores-fantasia.

Figura 8.35 O coração das aves tem dois átrios e dois ventrículos, sem que ocorra desvio de sangue rico e pobre em oxigênio.

ACERVO DA EDITORA

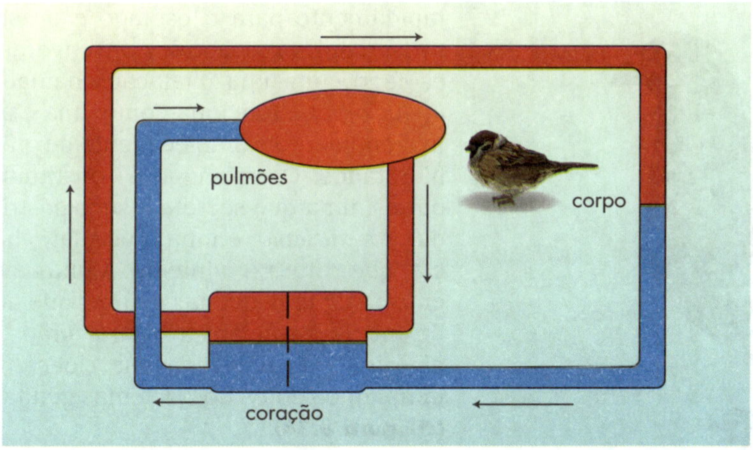

Figura 8.36 O sistema cardiovascular das aves.

Temperatura do corpo e metabolismo

As aves têm uma taxa metabólica muito alta. Isso significa que o ritmo cardíaco é elevado e a temperatura do corpo supera a de mamíferos de mesmo peso.

As aves são animais *endotérmicos*, isto é, o calor que aquece seus corpos provém do metabolismo. O ritmo cardíaco de um avestruz é de 60 a 70 batimentos por minuto, enquanto o de certos beija-flores pode chegar a mil batimentos por minuto.

A temperatura corporal das aves é, em média, de 41 graus centígrados, o que é relativamente alto. Aves que realizam longos voos não se superaquecem, pois a ventilação interna proporcionada pelo sistema respiratório elimina o excesso de calor. Os sacos aéreos cumprem função respiratória, como reservatórios de ar, e são também essenciais para a manutenção da temperatura. Além disso, como ocupam muito espaço interno, contribuem para que a ave tenha menor densidade, o que ajuda no voo. Aves que não voam podem bater as asas para acelerar a ventilação dos pulmões e, com isso, resfriar seu sangue. Se a temperatura do ar do local for maior do que a da ave, não ocorrerá resfriamento, o que poderá acarretar a perda de eficiência da hemoglobina do sangue e morte do animal. As aves não possuem glândulas sudoríparas, que abaixam a temperatura da superfície do corpo em certos mamíferos (como o ser humano).

As penas evitam que as aves, em especial as voadoras, sofram choques térmicos no voo. O movimento de ascensão pode expor o organismo a variações grandes de temperatura em virtude das mudanças de altitude.

ZADIRAKA EVGENII/SHUTTERSTOCK

Figura 8.37 Pato espalha secreção gordurosa sobre suas penas, impermeabilizando-as.

O isolamento térmico é realizado pelas penas, mas logo abaixo da pele há uma camada de gordura, que funciona ao mesmo tempo como proteção contra o frio e reserva energética.

As aves possuem uma glândula que lança seus produtos para o meio externo, *a glândula uropigiana*, ou *glândula do óleo*. Com o bico, certas aves alcançam a secreção gordurosa na região da cloaca e a espalham nas penas do corpo, impermeabilizando-as (**Figura 8.37**). Isso contribui para a flutuação das aves aquáticas e para a conservação do calor corpóreo.

Digestão e excreção

A demanda energética é tão elevada que aves pequenas passam quase todo o tempo procurando alimento. Para conseguirem com rapidez a energia necessária para seu metabolismo, desenvolveram um sistema digestório altamente eficiente: uma faringe curta conduz o alimento rapidamente para o esôfago e o estômago. As aves, com exceção das insetívoras, possuem esôfago com uma dilatação chamada *papo* (ou *inglúvio*), que funciona como uma câmara de armazenamento e amolecimento de grãos, que são hidratados. O estômago é constituído por duas partes: uma que secreta o suco gástrico, chamada *proventrículo*, e uma muscular, chamada moela, que tritura o alimento. Muitas aves incluem em sua dieta pequenas pedras, que ficam retidas na moela e ajudam a triturar grãos. O sistema digestório termina em uma cloaca, que recebe também os dutos dos sistemas genital e excretor (**Figura 8.38**).

Representação fora de escala. Cores-fantasia.

ACERVO DA EDITORA

Figura 8.38 O sistema digestório das aves possui adaptações que permitem triturar sementes duras.

A excreção das aves é realizada através de um par de **rins metanéfricos**, que filtram o sangue e excretam como produto nitrogenado o ácido úrico.

As aves não possuem bexiga, o que é uma importante adaptação ao voo. A excreção de ácido úrico é uma adaptação que se originou nos ovos com casca, uma vez que esta substância pode ser estocada no ovo de maneira concentrada, sem ser tóxica ao embrião. Nos adultos, o ácido úrico é excretado pela cloaca, junto com as fezes, assim como nos répteis.

> **Rim metanéfrico:** tipo de rim que possui alça com abertura para a cavidade celomática e para o meio externo.

Os rins das aves possuem baixa capacidade para concentrar solutos salinos. Por isso, no caso das espécies marinhas há *glândulas de sal*, localizadas acima dos olhos, que excretam pelas narinas o excesso de sal do sangue.

Sistema nervoso

O sistema nervoso das aves é bem desenvolvido, com encéfalo e doze pares de nervos cranianos. Comparativamente a outros vertebrados, as aves têm o cerebelo muito desenvolvido – o que seria mesmo de se esperar, uma vez que esse órgão é a sede da coordenação motora.

O olfato e a gustação são pouco desenvolvidos, porém as aves possuem ótima audição e a visão mais aguçada do Reino Animal, outras características essenciais para o voo. Os olhos das aves têm uma pálpebra semitransparente, a *membrana nictitante*, que permite voar sem ressecamento dos olhos, o que prejudicaria a visão.

Reprodução

As aves possuem um único ovário ativo, do lado esquerdo do corpo, o que muitos zoólogos entendem como mais uma adaptação ao voo, uma vez que os ovos têm muito vitelo e portanto pesam muito. A época da reprodução está ligada, em muitas aves, ao hábito da *migração*, quando por vezes alcançam lugares muito distantes, sem predadores, onde sem dúvida a taxa de sobrevivência dos filhotes aumenta. A migração permite ainda que as aves evitem temperaturas baixas, favorecendo seus processos fisiológicos, o que é especialmente importante para animais que vivem em regiões polares.

ARTUR KEUNECKE/PULSAR IMAGENS

Figura 8.39 Ninho da ave bico-de-prata na Chapada dos Guimarães, Mato Grosso.

Os sexos são separados e a fecundação é interna. Na época da reprodução as gônadas aumentam de tamanho. Na maioria das espécies os machos não possuem órgão copulador, e a fertilização ocorre através do contato das cloacas do macho e da fêmea.

Os ovos das aves possuem, como vimos, uma camada externa extremamente porosa, constituída por fibras de colágeno. Externamente há deposição de sais de cálcio, substâncias que os anexos embrionários conseguem aproveitar na construção do esqueleto do filhote que se desenvolve em seu interior. Ao mesmo tempo, o enfraquecimento da casca também torna mais fácil a eclosão do ovo.

A maioria das aves constrói um ninho para abrigar os filhotes e o cuidado com a prole é a regra entre as aves (**Figura 8.39**). Os ovos são incubados pelos pais, pois precisam de calor para seu desenvolvimento. Os filhotes são alimentados por eles.

A reprodução das aves depende de uma série de condições ambientais, entre elas da disponibilidade de materiais para a construção do ninho e de alimento, fator crucial para o sucesso reprodutivo das aves. O joão-de-barro, por exemplo, aguarda o início da estação chuvosa para construir seu ninho. Alguns beija-flores dependem da frutificação de árvores como a paineira, da qual retiram fibras parecidas com algodão. Com essas fibras constroem seus ninhos, que devem ser impermeáveis e resistentes à chuva.

O nascimento dos filhotes deve ocorrer em época de grande disponibilidade de alimento, o que faz coincidir o ciclo reprodutivo com o início das chuvas (aves insetívoras), com a frutificação (aves frugívoras e granívoras) ou com a floração (beija-flores).

6 Diversidade das aves

A diversidade de aves no Brasil é bastante grande, com quase 20% de todas as espécies conhecidas de aves do mundo. No passado, aves muito estranhas habitaram nosso continente: eram parentes de aves da fauna atual, algumas de tamanho espantoso, chamadas paleoaves.

As paleoaves brasileiras, como as mostradas na **Figura 8.40**, ilustram o grupo de aves que não são voadoras, chamadas *ratitas*, que não possuem o osso esterno.

DIEGO SANTOS

Representação fora de escala. Cores-fantasia.

Figura 8.40 O *Paraphysornis brasiliensis* (à esquerda) viveu entre 20 e 30 milhões de anos atrás, na região que hoje é o sudeste do Brasil, e alcançava mais de 2 m de altura. O *Diogenornis fragilis* (à direita) viveu há cerca de 55 milhões de anos e seus fósseis foram encontrados no Rio de Janeiro. Parecido com uma ema, não alcançava 1 m de altura.

GLENDA/SHUTTERSTOCK

Figura 8.41 Ema (*Rhea americana*), uma ave paleognata, chocando ovos.

As aves ratitas estão agrupadas em quatro grupos principais, que incluem as emas sul-americanas (**Figura 8.41**), os avestruzes africanos, os emus e casuares, que são grandes aves da Oceania, além das aves com asas atrofiadas, os kiwis, da Nova Zelândia.

As aves voadoras formam um grupo muito numeroso e diversificado. São as chamadas *carenatas*. Elas têm a habilidade de voo, tendo para isso um extraordinário desenvolvimento do osso onde os músculos peitorais se prendem, o *esterno*, que assume a forma de quilha (ou carena).

A **Figura 8.42** mostra o esqueleto de um pombo, uma ave conhecida pela sua grande capacidade de voar. Observe como o esterno, realçado em seu esqueleto, tem uma área grande.

Nem todas as carenatas são aves voadoras. Os pinguins, por exemplo, possuem o esterno bem desenvolvido, mas obviamente eles não voam (**Figura 8.43**). Seus potentes músculos peitorais movem vigorosamente suas asas, o que lhes proporciona grande impulsão na água.

As ratitas, junto com as aves do grupo dos tinamiformes (como o macuco e a codorna), formam o grupo das aves *paleognatas*. As demais aves são chamadas *neognatas*.

Representação fora de escala. Cores-fantasia.

DIEGO SANTOS

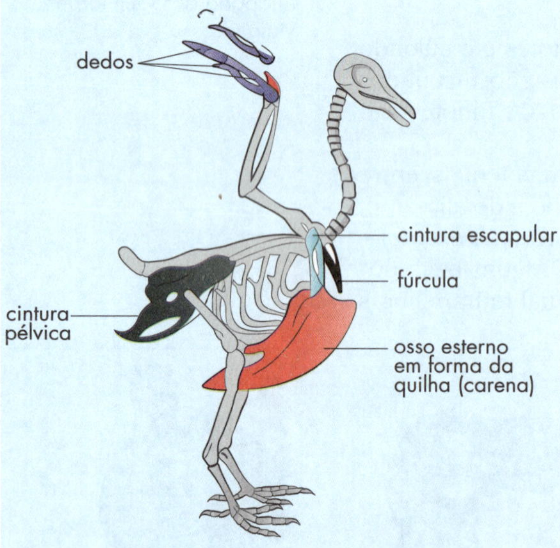

Figura 8.42 Esqueleto de pombo, com destaque para o osso esterno, onde se fixam os músculos que movimentam as asas; e para a fúrcula, que as estabiliza. Observe as cinturas escapular e pélvica, e os dedos, que estão presentes na ponta da asa.

ONDREJ PROSICKY/SHUTTERSTOCK

Figura 8.43 Pinguim-de-magalhães, exemplo de ave neognata que não voa, da ordem Sphenisciformes; mede cerca de 70 cm.

7 Relações filogenéticas

No Carbonífero havia geleiras muito extensas, e a África e a América formavam um bloco único, junto com a Índia, a Austrália e a Antártica, em um supercontinente chamado Gondwana. Numerosos fósseis encontrados nesses continentes são das mesmas espécies, comprovando a hipótese de que eram um bloco único.

Os aminotas se diferenciaram em três tipos básicos na Era Paleozoica (**Figura 8.44**). No Mesozoico, os répteis se diversificaram acentuadamente e além deles apareceram os grandes grupos atuais: as aves e os mamíferos.

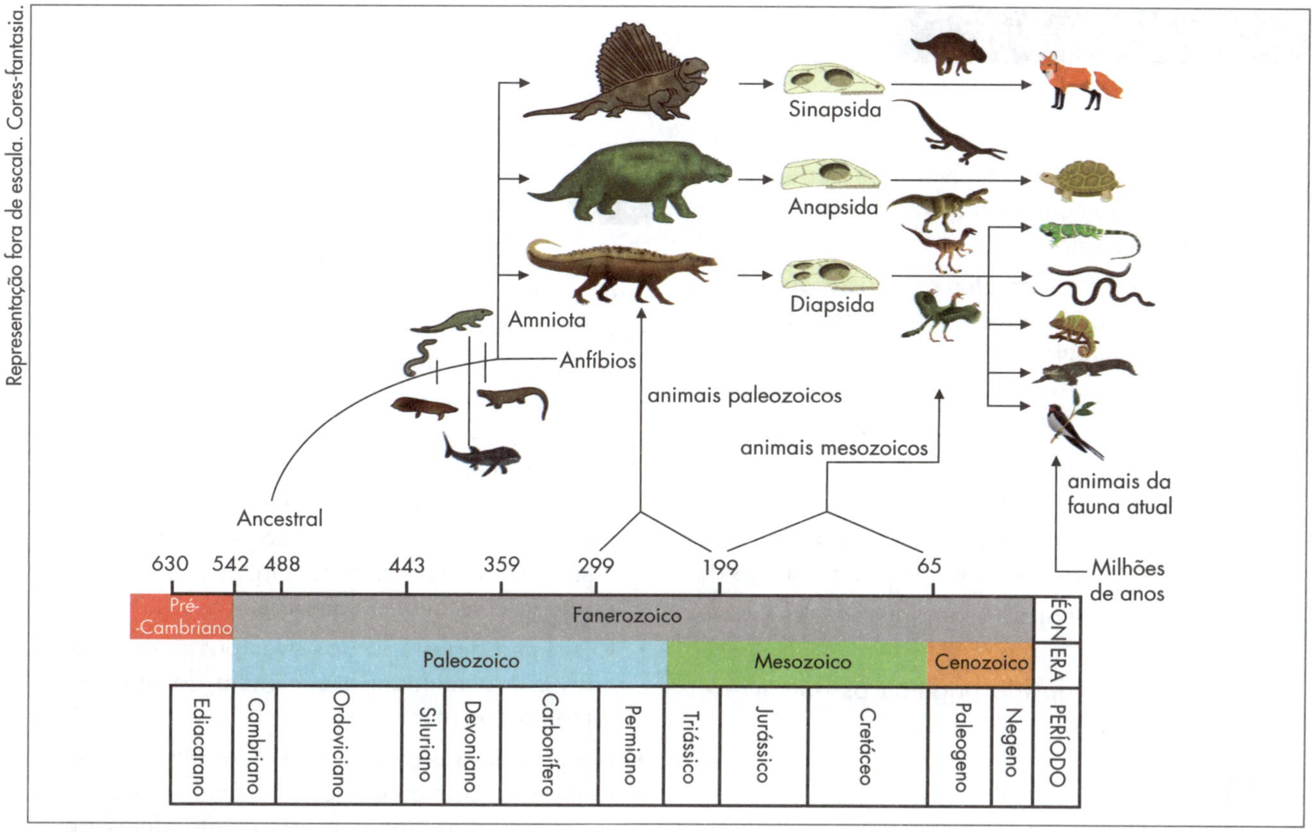

Figura 8.44 Origem dos amniotas.

Na Era Mesozoica, os animais de padrão diápsida deram origem aos lagartos, serpentes e dinossauros, que se diversificaram muito no Jurássico e no Cretáceo. Além deles, surgiram as aves, que também se diversificaram bastante. O padrão anápsida tem as tartarugas como descendentes e o padrão sinapsida tem os mamíferos como representantes na fauna atual.

O padrão do crânio nos permite agrupar os amniotas atuais, revelando um quadro no qual as aves estão mais próximas dos crocodilos que de outros animais, como os mamíferos (**Figura 8.45**).

As aves tradicionalmente foram vistas como uma classe de animais à parte. São animais que possuem penas e uma cintura escapular típica, que inclui a fúrcula (reveja a **Figura 8.42**), delimitando o grupo das aves. No entanto, esse grupo tem semelhanças com os dinossauros terópodes, inclusive comprovadas por fósseis muito bem conservados. Assim como eles, tem pescoço alongado, com vértebras articuladas que permitem o movimento em "S", pé tridáctilo, que se apoia sobre os dedos, articulação do tornozelo típica e ossos pneumáticos ocos.

Isso convenceu os cientistas de que as aves da fauna atual são um grupo de dinossauros terópodes especializados, denominado neórnites (em latim *Neornithes*), que ganhou algumas características (como as adaptações para o voo) e perdeu outras (como os dentes e a cauda óssea).

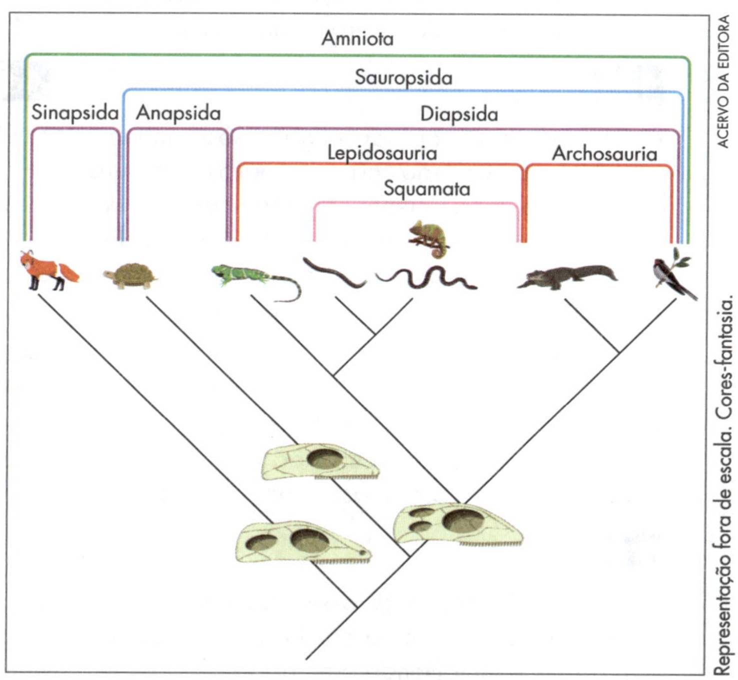

Figura 8.45 Cladograma resumido dos amniotas.

EM POUCAS PALAVRAS

1

- Os tetrápodes desenvolveram independência da água ao conseguir se reproduzir por meio do ovo terrestre.
- O ovo terrestre caracteriza-se pelo âmnio, um envoltório que mantém o embrião dentro do líquido amniótico.
- Os primeiros tetrápodes amniotas surgiram há cerca de 300 milhões de anos, quando diversos continentes formavam um único bloco chamado Gondwana.
- Três grupos básicos de amniotas apareceram na Era Paleozoica: anapsida, diapsida e sinapsida.
- O padrão anapsida originou as tartarugas atuais.
- O padrão diapsida originou os demais répteis e as aves.

2

- Os répteis excretam ácido úrico, um composto pouco solúvel em água.
- A circulação dos répteis é dupla e envolve diferentes adaptações. Os crocodilianos têm coração com quatro cavidades, enquanto os demais répteis têm apenas três.
- Os répteis são animais ectotérmicos, ainda que algumas espécies tenham desenvolvido razoável poder de controle endotérmico.

3

- Os quelônios, ou tartarugas, são animais característicos: são todos ovíparos e alguns deles são parcialmente endotérmicos. O sexo da prole depende da temperatura de incubação: temperaturas elevadas geram fêmeas.
- Os lepidossáurios incluem tuataras, lagartos, serpentes e anfisbenas. São animais com o corpo coberto por escamas e ectotérmicos.
- O sexo da prole nos lepidossáurios depende da temperatura de incubação dos ovos: temperaturas mais elevadas geram machos.

4

- As aves são amniotas, assim como os répteis; possuem ovos com casca dura e anexos embrionários envolvendo o embrião.
- O corpo das aves é coberto por penas, estruturas leves que auxiliam no voo.

5

- A capacidade do voo está ligada ao reduzido peso corporal, possível graças aos ossos pneumáticos e sacos aéreos, que diminuem a densidade do animal.
- A potência necessária para o voo provém de músculos bem desenvolvidos e do osso esterno dotado de quilha, que oferece boa superfície de ancoragem para os músculos. É obtida também graças a um sistema respiratório eficiente, com sacos aéreos, circulação dupla e coração com quatro câmaras.
- O sistema digestório das aves possui adaptações que aumentam a eficiência do aproveitamento dos alimentos.
- A excreção das aves ocorre mediante rins metanéfricos, com eliminação de ácido úrico. As aves marinhas possuem ainda glândulas de sal, que auxiliam na eliminação do excesso de sal do organismo.
- As aves são endotérmicas, ou seja, conseguem gerar e reter calor a partir de processos metabólicos.
- A reprodução das aves se dá por fecundação interna. Elas são ovíparas e a maioria constrói ninhos para abrigar os filhotes.

6

- Os dois principais grupos de aves são as paleognatas, aves que não possuem quilha e não voam, e as neognatas, que possuem quilha.
- Nem todas as neognatas voam, os pinguins são exemplo disso.

7

- As aves tradicionalmente foram vistas como um grupo à parte, mas a classificação atual questiona essa separação.
- Muitos zoólogos veem as aves como um grupo especializado de dinossauros terópodes.
- Nas classificações modernas, os parentes da fauna atual mais próximos das aves são os crocodilianos.

BIOCHAT

? **As serpentes peçonhentas se alimentam de pequenos mamíferos, certo? Mas, se os mamíferos surgiram depois dos répteis, como elas se alimentavam?**

BC Acredita-se que as primeiras serpentes fossem as não peçonhentas, de dentição áglifa, sem fossetas loreais ou labiais. Depois surgiram outras formas. Acredita-se que as serpentes solenóglifas, que são as que se alimentam de pequenos mamíferos, tenham sido as últimas a surgirem.

? **Por que não se usou a palavra cobra neste capítulo? Afinal, as serpentes não são cobras?**

BC Em latim o nome que designa as serpentes é *coluber*, que se aplica a todo e qualquer animal cilíndrico, como as anfisbenas e mesmo as "cobras-de-vidro". O Português incorporou essa tradição e o termo cobra foi dicionarizado designando um amplo leque de animais, que o olhar leigo reconhece como potencialmente perigosos. Isso explica as expressões "cobra-de-duas cabeças" e "cobra-de-vidro". No entanto, o uso mais rigoroso da linguagem aconselha reservar uma palavra diferente para o grupo de répteis que chamamos "ofídios", utilizando o nome serpente. Assim, sabemos que não estamos nos referindo a nenhum animal que não seja ofídio. Mas, fique claro, trata-se de uma preferência linguística e não de um termo técnico.

? **Se eu der de cara com uma cobra-de-vidro, como posso saber se é de fato um lagarto sem pernas ou uma serpente?**

BC Há uma série de características, mas repare no olho: se piscar, como os lagartos, não é uma serpente. As serpentes nunca piscam!

? **Ocorre de fato "mistura de sangue" no coração dos répteis? Isso não os prejudica?**

BC É totalmente equivocada a ideia de que os répteis, assim como os anfíbios, sejam animais "defeituosos" por terem um coração de três câmaras. Na verdade, o que pode ocorrer é um desvio de sangue de um circuito para outro, alternando sangue do circuito pulmonar para o sistêmico, o que traz alguma vantagem para o animal em certas situações, inclusive com mistura de sangue proveniente dos pulmões (oxigenado) e do corpo (com pouco oxigênio).

? **Mas, qual é a vantagem em desviar o sangue do circuito pulmonar?**

BC Embora não exista um consenso a respeito, é preciso antes de mais nada lembrar que os répteis não têm a mesma demanda de oxigênio que os mamíferos e as aves, por exemplo. No entanto, têm grande demanda de calor do meio externo. Assim, é vantajoso mandar sangue, mesmo com pouco oxigênio, para os membros que estão se aquecendo quando o animal está sob o Sol, por exemplo.

? **Eu entendi que os pterossauros não são nem aves nem dinossauros. Mas não entendi por que são tão diferentes. Afinal, eles não tinham ossos pneumáticos e voavam? Será que as aves não descendem diretamente deles?**

BC Se você observar a anatomia dos animais e os detalhes de seus ossos, que a fossilização conserva bem, verá que há muitas diferenças no esqueleto deles, e que as asas dos pterossauros são muito diferentes das asas das aves. Com certeza foram adaptações distintas, assim como a asa dos morcegos. Além disso, uma pegada de pterossauro é diferente daquela de dinossauros, que tem tridactilia típica.

ATIVIDADES DE REVISÃO

I Classifique as afirmações seguintes como Verdadeiras ou Falsas, justificando, em seu caderno, sua resposta:

1 **1.** A casca do ovo dos répteis é impermeabilizada, portanto, não permite as trocas gasosas do embrião com o meio.

1 **2.** A presença do âmnio no embrião dos répteis garante a hidratação e a proteção durante seu desenvolvimento.

2 **3.** A circulação dupla é uma característica exclusiva de amniotas.

2 **4.** Os crocodilianos têm sistema circulatório mais parecido com o das aves.

3 **5.** Nas serpentes o órgão de Jacobson auxilia a perceber as variações de temperatura do meio.

4 **6.** Ossos pneumáticos são características exclusivas das aves.

5 **7.** As penas são características exclusivas das aves.

6 **8.** As aves voadoras possuem o osso esterno muito desenvolvido, em forma de quilha ou carena.

6 **9.** As aves possuem as cinturas escapular e pélvica, típica dos tetrápodes.

7 **10.** Não há dúvida de que as aves formam uma classe à parte, tal qual os répteis, uma vez que suas caraterísticas morfológicas são únicas.

II Identifique a alternativa correta em seu caderno.

1 **11.** O chamado ovo terrestre possui inovações importantes em relação ao de anfíbios. Entre elas podemos destacar:

a) Uma estrutura que protege e hidrata o embrião.
b) A membrana que envolve externamente o ovo.
c) A presença de colágeno protegendo o embrião.
d) A disponibilidade de cálcio para o embrião.
e) O revestimento externo poroso ao ar e à água.

2 **12.** Os anfíbios excretam nitrogênio por meio de um composto que é relativamente solúvel em água, mas é pouco tóxico. Já os peixes excretam um produto muito tóxico, mas que é muito solúvel em água. Os répteis tipicamente excretam:

a) ureia, pois são descendentes diretos dos anfíbios tetrápodes.
b) ácido úrico, produto nitrogenado que permite economizar água.
c) amônia, pois os répteis são do grupo dos sarcopterígeos.
d) ureia e amônia, pois são descendentes de peixes e anfíbios.
e) amônia e ácido úrico, compostos presentes igualmente nas aves.

3 **13.** O grupo Squamata é o mais abundante dentre os répteis. Quais são as principais características deste grupo?

a) São diapsídeos, crânio articulado e pele coberta por escamas.
b) São anapsídeos, terceiro olho rudimentar e pele coberta por placas ósseas.
c) São diapsídeos, carapaça dorsal e pele coberta por escamas.
d) São anapsídeos, plastrão dorsal e pele coberta por placas ósseas.
e) São sinapsídeos, terceiro olho rudimentar e pele coberta placas ósseas.

3 **14.** Selecione a alternativa correta:

a) As tartarugas possuem carapaça dorsal com cobertura externa de colágeno.
b) O coração dos crocodilianos têm quatro câmaras, dois átrios e dois ventrículos.
c) A fecundação das serpentes é externa e todas as espécies do grupo são ovíparas.
d) As tartarugas e tuataras possuem em comum os dentes em forma de lâmina.
e) As serpentes opistóglifas possuem fossetas loreais com as quais localizam anfíbios.

4 **15.** Considere as afirmações a seguir:

I. Os pterossauros não eram apenas planadores, mas controlavam muito bem seu voo.
II. Os registros fósseis dos pterossauros podem ser encontrados apenas no Ceará.
III. Os pterossauros colonizaram apenas as regiões úmidas da Era Mesozoica.
IV. O desenvolvimento de ossos pneumáticos é uma característica compartilhada entre os dinossauros saurísquios e pterossauros.
V. Os dinossauros terópodes são conhecidos como dinossauros ornitísquios.

Assinale a alternativa que indica as afirmações corretas:

a) I e II.
b) III e IV.
c) I e IV.
d) III e IV.
e) IV e V.

5 **16.** Selecione V para afirmações verdadeiras e F para afirmações falsas:

(//) Ossos pneumáticos constituem uma característica exclusiva das aves atuais que são capazes de voar.
(//) A respiração das aves ocorre pelos pulmões, mas contam com o auxílio dos sacos aéreos.
(//) O coração das aves possui duas cavidades, sendo um átrio e um ventrículo.
(//) Apenas as aves voadoras necessitam do sistema de ventilação interna, pois têm metabolismo elevado.
(//) As aves possuem abaixo das penas glândulas sudoríparas que atuam na excreção.
(//) As aves possuem um par de rins metanéfricos e ácido úrico como produto final da excreção nitrogenada.

Selecione a alternativa correspondente:

a) V, V, V, F, V, F.
b) F, V, F, V, F, V.
c) V, F, V, V, V, F.
d) F, V, F, F, F, V.
e) V, V, F, F, V, F.

5 **17.** Selecione a alternativa incorreta:

a) A moela das aves exerce a mesma função dos dentes.
b) As aves possuem visão e audição bem desenvolvidas.
c) Aves voadoras possuem bexiga urinária que acumula água.
d) Nas aves os sexos são separados e a fecundação é interna.
e) Os rins das aves têm baixa capacidade para eliminar cloreto de sódio.

18. Selecione a alternativa incorreta:

a) Avestruz é um exemplar de ave neognata, pois possui o osso esterno em forma de quilha.

b) As aves paleognatas não possuem o osso esterno desenvolvido, portanto não desenvolveram habilidades para o voo.

c) Os crocodilianos, pterossauros e dinossauros surgiram a partir dos amniotas no período Triássico.

d) Características como cintura escapular e pélvica, ausência dos dentes e perda da cauda óssea são encontradas nos grupos das paleognatas e neognatas.

e) Os parentes mais próximos das aves atuais são os crocodilianos.

19. O fato de existirem fósseis de amniotas idênticos na África e na América do Sul é um indício de que:

a) Eles eram capazes de realizar migrações transoceânicas.

b) O clima dos dois lados do Atlântico era praticamente igual.

c) Os dois continentes estavam unidos ou muito próximos.

d) A reprodução dos amniotas não é impedida por água salgada.

e) Esses animais não eram predados por peixes carnívoros.

20. Os espécimes fósseis conhecidos desde o século XIX de Archaeopterix possuem penas iguais às das aves atuais, e fúrcula (osso da sorte) bem desenvolvida; um espécime descoberto mais recentemente apresente osso esterno retangular, de grande área. Isso sugere que esses animais deveriam ser:

a) capazes de nadar com rapidez, com esterno em forma de quilha.

b) aparentados com as aves paleognatas, pois possuem fúrcula.

c) muito próximos dos pterossauros, que eram bons planadores.

d) capazes de voar, com muitas semelhanças com as aves atuais.

e) mais próximos dos escamosos, por causa das características ósseas.

ATIVIDADES DE APROFUNDAMENTO

21. Indique falso ou verdadeiro para as seguintes afirmações, justificando-as em seu caderno.

a) Animais marinhos, em especial quelônios, possuem glândulas de sal que auxiliam a eliminar o excesso de sal dos líquidos do corpo.

b) A partenogênese ocorre em alguns insetos, mas nunca ocorre em vertebrados.

c) A temperatura do ambiente determina o sexo dos filhotes de tartarugas e crocodilianos.

d) A fosseta labial é um órgão extremamente sensível a variações de temperatura, presente apenas nas serpentes peçonhentas.

e) A pele dos répteis é seca e sem glândulas, de forma a evitar a perda de água.

f) Os répteis obtêm oxigênio através dos pulmões e eliminam gás carbônico através da pele.

g) Tanto o coração de tartarugas e lagartos como o de crocodilos permite a troca de sangue entre o circuito pulmonar e o sistêmico.

h) Os primeiros amniotas deveriam ser herbívoros, pois seu deslocamento para o interior dos continentes não lhes permitia encontrar nenhum outro animal que pudesse servir de presa.

i) A glândula de sal é uma característica exclusiva dos répteis, as aves possuem apenas glândula uropigiana.

j) As aves, e certas tartarugas, conseguem gerar calor através de processos fisiológicos internos.

k) O esôfago das aves possui uma dilatação chamada papo, que é utilizada para armazenar e triturar o alimento.

l) Os sacos aéreos não são simples bolsas de ar destinadas a aliviar o peso das aves voadoras.

m) A maioria dos machos das aves possui órgão copulador, sem o qual a fecundação interna seria impossível.

n) A característica que diferencia os principais grupos de aves é a presença da quilha.

o) As aves são descendentes dos pterossauros, uma vez que suas asas são muito semelhantes.

22. Sobre os quelônios, é correto afirmar:

a) São animais anápsidos, com carapaça dorsal e plastrão ventral, ovíparos.

b) São animais sinápsidos, com carapaça dorsal e plastrão ventral, ovíparos.

c) São animais anápsidos, com carapaça ventral e plastrão dorsal, ovíparos.

d) São animais anápsidos, com carapaça ventral e plastrão dorsal, ovovivíparos.

23. Um dos fatores indispensáveis para que haja potência muscular suficiente para o voo das aves se deve à:

a) Capacidade de eliminar resíduos fecais e ácido úrico ao mesmo tempo através da cloaca.

b) Ao osso esterno com quilha, que oferece suporte para os músculos peitorais que movimentam as asas.

c) Ao sistema digestório com moela que tritura o alimento, que substitui os dentes.

d) Alta capacidade reprodutiva das aves, que conseguem botar diversos ovos de uma só vez.

BIOLOGIA NO CONTEXTO

24. Granjas são grandes criações de galinhas, que são refrigeradas em dias muito quentes, por meio de aspersores de água, que funcionam com grandes ventiladores elétricos. Durante uma pane elétrica, propriedades rurais ficaram sem eletricidade e houve morte de todos os animais das granjas da região em poucas horas. Os proprietários estão reivindicando reparação do prejuízo junto à companhia fornecedora de energia elétrica. Ela, no entanto, se nega a indenizar os proprietários dizendo que as aves não eram vacinadas e deve ter ocorrido uma epidemia. Quem deve estar com a razão? Justifique sua resposta.

25. No sul da África e da América do Sul foram encontrados fósseis de um réptil extinto, o Mesossaurus, que não poderia ter atravessado o Oceano Atlântico a nado. Essa descoberta fortalece qual das seguintes ideias?

a) Todos os lagartos descendem de formas de tetrápodes diápsidos.

b) Os dinossauros e as aves são dois grupos muito próximos, talvez um mesmo e único grupo.

c) Os continentes atuais estavam unidos no passado, em especial África e América do Sul.

d) A evolução biológica prevê que uma espécie se extingue após alguns milhões de anos.

e) Os répteis surgiram ao mesmo tempo no interior de diferentes continentes.

26. A falta de dentes nas aves atuais é considerada uma característica que poderia comprometer a eficiência do aproveitamento nutricional de alimentos como grãos e sementes. Como as aves conseguem compensar a falta de dentes a fim de facilitar o aproveitamento dos alimentos?

27. Insetos e aves desenvolveram a habilidade do voo com soluções anatomofisiológicas diferentes para alguns problemas comuns. Um deles é a demanda de energia (a), outro é o fornecimento de oxigênio para as células musculares (b). O esqueleto é um problema adicional (c), pois o voo exige uma estrutura rígida. Pergunta-se: Que adaptações podem ser encontradas nesses dois grupos para esses três problemas?

EXERCÍCIOS DE VESTIBULAR E ENEM

28. (Fuvest-SP) Qual das estruturas abaixo é a melhor explicação para a expansão e o domínio dos répteis durante a Era Mesozoica, incluindo o aparecimento dos dinossauros e sua ampla distribuição em diversos nichos do ambiente terrestre?

a) prolongado cuidado com a prole, garantindo proteção contra os predadores naturais;

b) aparecimento de ovo com casca, capaz de evitar o dessecamento;

c) vantagens sobre os anfíbios na competição pelo alimento;

d) extinção dos predadores naturais e consequente explosão populacional;

e) abundância de alimento nos ambientes aquáticos abandonados pelos anfíbios.

29. (Unifesp) Pela primeira vez na história evolutiva, o embrião é protegido por um envoltório que o protege e impede que desidrate. Ali, há também substâncias de reserva que o nutrirão até que saia do envoltório e passe a ter vida livre.

a) Se essa frase for relacionada a um grupo animal, a que grupo ela se aplica com propriedade? Cite outra característica, reprodutiva ou do desenvolvimento do embrião, que também aparece nesse grupo pela primeira vez.

b) Se essa frase for relacionada a um grupo vegetal, a que grupo ela se aplica com propriedade? Cite outra característica, reprodutiva ou do desenvolvimento do embrião, que também aparece nesse grupo pela primeira vez.

30. (Vunesp) "A Falsa Tartaruga suspirou profundamente e enxugou os olhos com o dorso de uma patinha. Ela olhou para Alice e tentou falar, mas, durante um ou dois minutos, soluços impediram-na de dizer qualquer coisa." (*Alice no País das Maravilhas*, Lewis Carroll.)

Suspeita-se que o autor criou esse personagem observando tartarugas-marinhas, que derramam "lágrimas" ao desovar nas praias. A que correspondem as "lágrimas" das tartarugas-marinhas e por que essas tartarugas "choram"?

31. (PUC-PR) De acordo com a teoria mais corrente, este grupo animal constitui os primeiros vertebrados efetivamente equipados para a vida terrestre em lugares secos, em decorrência das adaptações abaixo enunciadas:

– Presença de pele seca e relativamente impermeável;

– Presença de órgãos respiratórios internos;

– Fecundação interna e independente da água;

– Presença de ovos com casca grossa;

– Presença de âmnio e alantoide;

– Excretam ácido úrico.

O grupo animal vertebrado em questão são:

a) os mamíferos.
b) as aves.
c) os répteis.
d) os anfíbios.
e) os peixes.

32. (UEG-GO) Observe as figuras dos animais e selecione a alternativa correta:

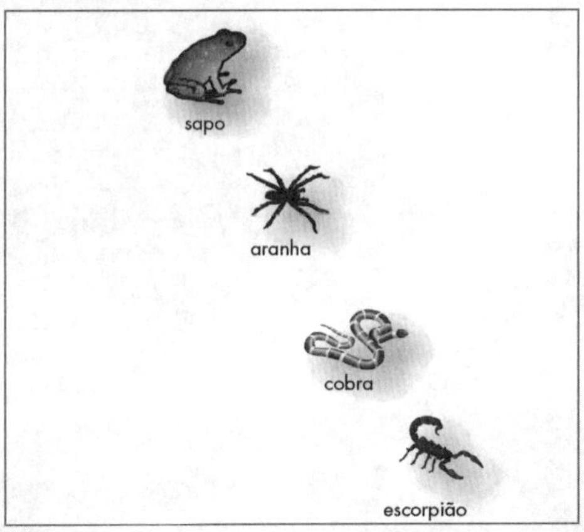

a) Todos os animais representados têm em comum o fato de serem animais peçonhentos que injetam veneno em suas presas.
b) Esses animais pertencem respectivamente a quatro classes: "Amphibia", "Reptilia", "Aracnida" e "Insecta".
c) O escorpião utiliza suas pinças com dupla finalidade: imobilizar sua presa e inocular o veneno.
d) Em acidentes com picada de cobra, o socorro mais eficaz é a imobilização da vítima, a preparação de torniquete e a extração do veneno do local da picada, o mais rápido possível.
e) Esses animais apresentam diversos comportamentos reprodutivos, sendo que apenas o sapo tem fecundação externa.

33. (UEL-PR) Tanto o tegumento das aves como o dos mamíferos contribuem para o seguinte mecanismo homeostático:

a) regulação da taxa respiratória.
b) regulação da temperatura do corpo.
c) regulação do teor de açúcar no sangue.
d) regulação do teor de ureia no sangue.
e) regulação do teor de água no organismo.

34. (Enem) No mapa é apresentada a distribuição geográfica de aves de grande porte e que não voam.

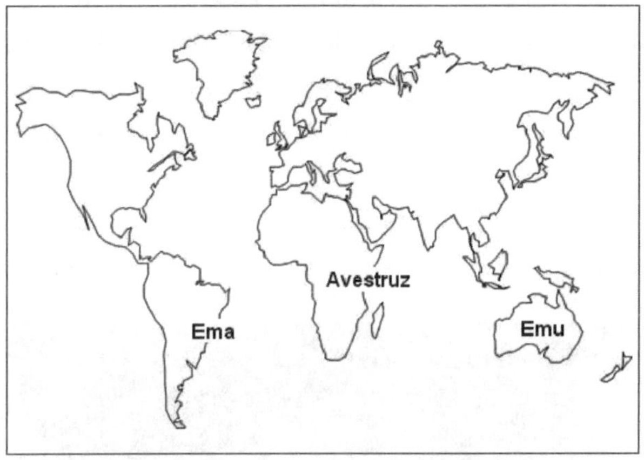

Há evidências mostrando que essas aves, que podem ser originárias de um mesmo ancestral, sejam, portanto, parentes. Considerando que, de fato, esse parentesco ocorra, uma explicação possível para a separação geográfica dessas aves, como mostrada no mapa, poderia ser:

a) a grande atividade vulcânica, ocorrida há milhões de anos, eliminou essas aves do Hemisfério Norte.
b) Na origem da vida, essas aves eram capazes de voar, o que permitiu que atravessassem as águas oceânicas, ocupando vários continentes.
c) O ser humano, em seus deslocamentos, transportou essas aves, assim que elas surgiram na Terra, distribuindo-as pelos diferentes continentes.
d) O afastamento das massas continentais, formadas pela ruptura de um continente único, dispersou essas aves que habitavam ambientes adjacentes.
e) A existência de períodos glaciais muito rigorosos, no Hemisfério Norte, provocou um gradativo deslocamento dessas aves para o Sul, mais quente.

35. (UFU-MG) De todos os grupos de vertebrados, as aves possuem o maior número de adaptações para que possam realizar o voo. Cite as adaptações que são encontradas nos sistemas:

a) dérmico.
b) esquelético.
c) respiratório.
d) excretório.

CAPÍTULO 9

MAMÍFEROS

Na Era Paleozoica, os tetrápodes se diversificaram em três padrões básicos, com crânios diferentes. Vimos como os répteis e as aves derivam de dois desses padrões. Os animais do terceiro padrão eram os sinapsídeos, que passaram a Era Mesozoica sem se expandir significativamente, mas resistiram às extinções do Cretáceo. Desse padrão descendem todos os mamíferos, grupo em que se inclui a jaguatirica. Eles possuíam adaptações importantes que os ajudaram a enfrentar a Era Cenozoica. Essa Era teve grandes variações climáticas, com muito frio e glaciações que cobriram de gelo o Hemisfério Norte em alguns períodos, levando à extinção muitas espécies. Esse foi o caso do mamute.

GETTY IMAGES/PHOTO RESEARCHERS RM

ELITRAVO/SHUTTERSTOCK

Figura 9.1 Acima, representação artística de um mamífero do passado, o mamute (*Mammuthus primigenius*), animal já extinto, que atingia entre 2,8 m e 4 m de altura. Ao lado, foto de uma jaguatirica (*Leopardus pardalis*), mamífero atual de pequeno porte (atinge, no máximo, 50 cm de altura, fora a cabeça) que ocorre nas Américas.

1 Origem e características dos mamíferos

No fim da Era Paleozoica, viviam os amniotas sinapsídeos que deram origem aos terapsídeos, animais semelhantes a répteis, mas que estão na linhagem ancestral dos mamíferos.

Um desses terapsídeos foi o cinognato, um réptil com um crânio muito particular que viveu no início da Era Mesozoica, há cerca de 230 milhões de anos (**Figura 9.2**). Sua maxila, parecida com a do cão, deu origem ao nome científico: *Cynognathus*, de *cyno*, "cão", e *gnathus*, "maxila, queixo".

Fósseis do cinognato foram encontrados na América do Sul, na África, na China e na Antártica, evidenciando que essas regiões eram parte de um grande continente contínuo no passado remoto. As espécies de *Cynognathus* foram classificadas no grupo dos cinodontes.

Na fauna atual há quase 5 mil espécies de mamíferos, animais dos mais distintos tamanhos, desde alguns gramas até muitas toneladas, que habitam os mais inóspitos e diferentes ambientes.

SCIENCE PHOTO LIBRARY/LATINSTOCK

Figura 9.2 O *Cynognathus* era um predador com cerca de 1 m de comprimento e especializações dentárias, como demonstram os notáveis caninos.

Animais endotérmicos e termorregulação

Os mamíferos são animais endotérmicos. Eles mantêm seus corpos em temperaturas que requerem uma demanda energética alta. Isso deve ter sido importante para enfrentar os climas frios da Era Cenozoica. Os pelos têm uma função correspondente à das penas das aves. São formados pela queratina, uma proteína que também forma as unhas, as garras, os cascos (e as penas das aves).

Além de atuar principalmente como isolante térmico, os pelos podem assumir funções diversas, como camuflagem, proteção (no caso dos pelos modificados em espinhos, como o do ouriço da **Figura 9.3**) ou elementos sensoriais (função dos pelos do tipo vibrissas, ou bigodes, presentes em gatos, por exemplo).

Outra importante característica é o *panículo adiposo*, uma adaptação mamaliana exclusiva. Trata-se de um depósito de gordura sob a pele que protege o corpo contra choques físicos e funciona como estoque de energia e isolante térmico.

A proteção contra o frio tem como contrapartida o risco de superaquecimento. Os mamíferos mantêm a temperatura corporal constante, isto é, são homeotermos. Eles desenvolveram uma série de adaptações para resfriar-se (termorregulação). O sistema respiratório faz parte da estratégia de resfriamento de muitos mamíferos. O arfar do cão é um exemplo disso: a evaporação da saliva e da umidade da região bucal abaixa a temperatura da região e resfria o sangue.

LIGHTPOET/SHUTTERSTOCK

Figura 9.3 Os ouriços (*Coendou villosus*) têm os pelos modificados em espinhos.

Mamíferos grandes, como búfalos e elefantes, não podem viver longe de corpos de água, onde se banham nos períodos mais quentes do dia. A *transpiração* é outro recurso da termorregulação, embora ocorra em poucos mamíferos. As *glândulas sudoríparas* são inteiramente ausentes em grupos mais antigos de mamíferos, indicando que são aquisições recentes. A termorregulação por meio do suor é um traço peculiarmente humano, observado em outros poucos animais, como certos ungulados, como os cavalos.

A pele dos mamíferos é única. Há muitas glândulas, de vários tipos, relacionadas a aspectos do ciclo reprodutivo e comportamentais, ou mesmo para proteção, umidificação, lubrificação e, como vimos, termorregulação em alguns casos.

Dentes de mamíferos

Os dentes dos mamíferos, como o do *Cynognathus*, se especializaram, isto é, há dentes que cortam, outros que trituram etc. Mas outra característica única é a *oclusão dentária*, ou seja, existe um encaixe entre a arcada superior e inferior que permite cortar e triturar o alimento antes de engoli-lo (**Figura 9.4**), facilitando a atuação das enzimas digestivas e aumentando a eficiência da alimentação. Como nas aves, a endotermia requer consumo energético alto e a eficiência da mastigação auxilia no melhor aproveitamento de todo o potencial energético do alimento.

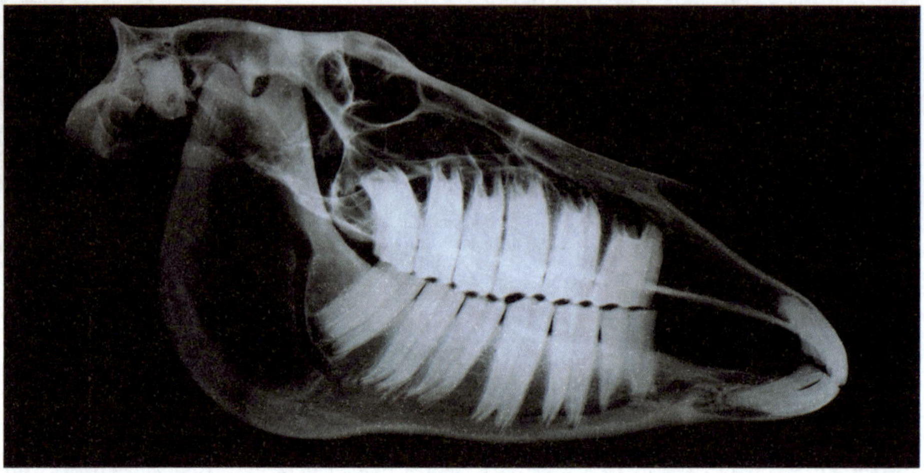

SCIENCE PHOTO LIBRARY/LATINSTOCK

Figura 9.4 Radiografia do crânio de um cavalo. Observe a perfeita oclusão dentária dos molares, especialização dentária que é uma característica exclusiva dos mamíferos. O cavalo conta também com dentes especializados para cortar vegetais (os incisivos) e para triturá-los (os molares).

Os dentes parecem, portanto, ser detalhes essenciais para a sobrevivência dos mamíferos.

Outra característica dos mamíferos, que confirma a importância, são as duas dentições presentes na maioria das espécies: os dentes ditos "de leite" (ou dentição decídua, porque cai) e uma segunda dentição, a permanente, cujos dentes devem durar a vida toda do animal. Essa característica é chamada pelos zoólogos de *difiodontia*, ou *dentição difiodonte*, e os animais que a possuem, de *difiodontes*.

Os dentes dos mamíferos têm ainda outra característica única que é o revestimento por uma camada especial, lustrosa e muito resistente, chamada *esmalte prismático*. Ele se forma no decorrer de muitos anos, o que explica o longo período necessário para a segunda dentição nos seres humanos, e possibilita que os dentes tenham longa vida útil. Formado a partir de tecido vivo que concentra lentamente sais de cálcio, trata-se do tecido mais mineralizado de todos os vertebrados. As formas e a estrutura dos dentes dos mamíferos, incluindo esse revestimento especial, são encontradas apenas nesses animais.

Digestão nos mamíferos

A dentição não é a única especialização que os mamíferos desenvolveram para aproveitar o máximo possível o alimento. Seu sistema digestório permite alto grau de aproveitamento dos alimentos, com adaptações muito diversas, em especial nos herbívoros.

A lignina e a celulose não são digeridas por enzimas produzidas pelos metazoários. Os mamíferos herbívoros mantêm uma associação com microrganismos capazes de digerir essas substâncias e, além delas, substâncias tóxicas diversas. Isso faz a digestão dos mamíferos herbívoros ser longa e demorada, de modo a permitir a ação enzimática dos microrganismos.

Animais como os cavalos têm um trânsito lento do alimento pelo intestino, onde ocorre a fermentação e a ação dos microrganismos sobre a celulose e a lignina. Eles têm dentes muito especializados para triturar os vegetais, rompendo a parede celular da matéria vegetal ingerida. Microrganismos que colonizam seu intestino realizam a maior parte do trabalho de digestão do alimento.

Outros animais, como os coelhos, mastigam pouco o alimento e têm trânsito intestinal relativamente rápido, mas com pouca eficiência digestiva. Eles desenvolveram a estratégia de comer as próprias fezes (coprofagia), o que permite melhorar o aproveitamento do alimento. O animal se curva e parece se limpar quando, na verdade está ingerindo fezes pastosas. As características fezes em forma de pelotas ressecadas dos roedores são fruto do segundo trânsito do alimento pelo intestino do animal e não são ingeridas novamente.

Outros animais ainda desenvolveram um estômago com compartimentos, onde ocorre a fermentação por ação microbiana, como os camelídeos (camelo, lhama), bovídeos (vaca, búfalo), caprinos e ovinos (cabras e ovelhas), cervídeos (cervos e veados) e os girafídeos (girafas e ocapis africanos). A digestão ocorre em diferentes compartimentos (**Figura 9.5**).

Representação fora de escala. Cores-fantasia.

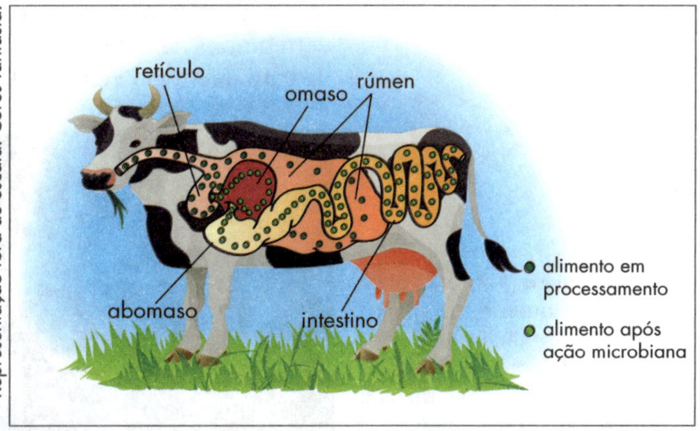

ACERVO DA EDITORA

Figura 9.5 Compartimentos do sistema digestório em bovídeos, como as vacas, e outros mamíferos herbívoros.

Depois de ingerida, a massa vegetal é hidratada com a grande quantidade de saliva produzida pelo animal e fica em contato com os microrganismos (bactérias e protozoários) que colonizam o *rúmen* ou *pança*, realizando a digestão química da celulose, produzindo vitaminas e proteínas e quebrando moléculas de substâncias tóxicas ou antinutricionais, eventualmente presentes nos vegetais ingeridos.

A massa liquefeita passa pelo *retículo* ou *barrete*, cujas paredes lembram um favo de mel. Elas retêm partículas maiores, que são mandadas de volta pelo esôfago até a boca do animal para serem trituradas. A massa liquefeita depois de circular pelo rúmen é encaminhada ao *omaso* ou *folhoso*, um compartimento com paredes dobradas, que absorve grande parte do bolo alimentar.

O estômago propriamente dito, *abomaso* ou *coagulador*, secreta enzimas digestivas próprias do animal, promovendo a digestão química, na qual os microrganismos acabam por morrer, fornecendo boa quantidade de nutrientes.

O intestino do animal possui rica microbiota, com bactérias, muitas das quais podem viver no intestino de outros animais endotérmicos, inclusive da espécie humana e grande número de aves.

Ossos turbinados

Outras adaptações são ainda necessárias para que a endotermia não comprometa a sobrevivência do animal. Para alguns zoólogos, a presença de *ossos nasais turbinados* pode ser considerada sinal certo de endotermia.

Observe na **Figura 9.6** o interior dos ossos nasais de um cão. Trata-se de um labirinto ósseo por onde o ar é turbilhonado e obrigado a fazer voltas, retardando sua passagem e prolongando seu contato com a superfície úmida que o reveste.

Nessa passagem, o ar retira calor da superfície úmida, aquecendo-se e umidificando-se. E essa região fica, portanto, mais fria. O ar da expiração, que continua quente e úmido, ao sair encontra essa região mais fria, onde então boa parte da umidade se condensa. Assim, os ossos nasais turbinados funcionam como mecanismos de proteção dos pulmões e, ao mesmo tempo, economia de água, principalmente para os animais com alta taxa de ventilação pulmonar.

Esses ossos não são exclusivos dos mamíferos, pois formas semelhantes são encontradas também no grupo das aves.

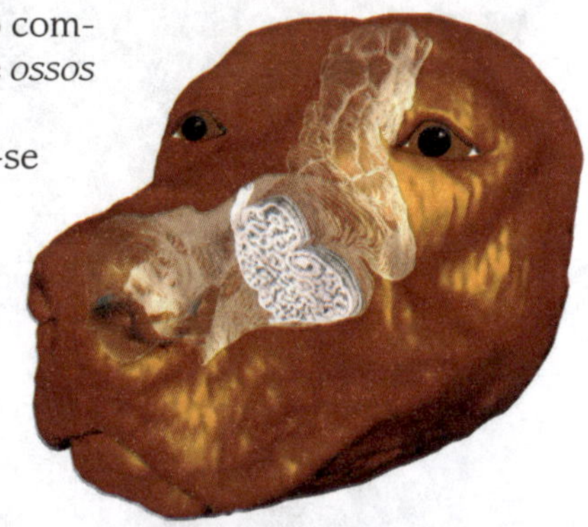

SCIENCE PHOTO LIBRARY/LATINSTOCK

Figura 9.6 Ossos nasais de um cão, em imagem real, obtida com um equipamento de ressonância magnética.

Crescimento ósseo

Os mamíferos não crescem continuamente ao longo da vida, mas apenas em uma fase dela. Isso decorre da estrutura dos ossos longos, nos quais há discos de cartilagem, chamados *epífises ósseas*, a partir das quais o osso pode se alongar. Esse é um traço unicamente mamaliano.

Os mamíferos param de crescer quando essas epífises se ossificam. Em outros vertebrados há vários centros de crescimento ósseo e não se formam esses discos de cartilagem (**Figura 9.7**).

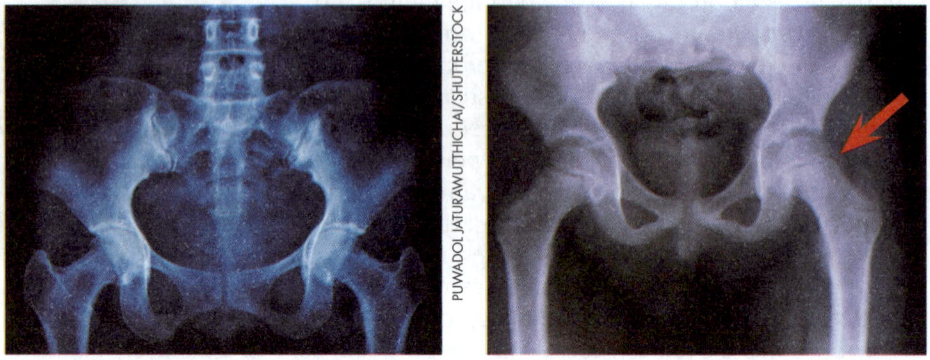

PUWADOL JATURAWUTTHICHAI/SHUTTERSTOCK

GREEN APPLE/SHUTTERSTOCK

Figura 9.7 Um homem adulto (esquerda, azul) tem a epífise do fêmur ossificada. No adolescente (à direita), a epífise forma um disco de cartilagem na extremidade do fêmur (seta vermelha). Imagens obtidas por radiografia.

Leite: alimento de mamíferos

Uma das mais distintivas características de mamíferos é a produção de leite por glândulas especializadas. A *lactação* é vista como um dos fatores de sucesso evolutivo dos mamíferos, pois tornou sua reprodução menos dependente da oferta de alimento do ambiente. Enquanto as aves alimentam seus filhotes com o que encontram no local onde nidificam, os mamíferos podem simplesmente estocar gordura e manter a alimentação de seus filhotes, mesmo se houver baixa disponibilidade de alimento.

Outra vantagem da lactação é tornar a viviparidade menos extenuante para a fêmea, pois os filhotes completam seu desenvolvimento fora do corpo da mãe.

Para alimentar-se com o leite materno, o filhote depende da eficiência de seus músculos faciais. A boca deve ser capaz de fazer movimento de sucção desde as primeiras horas fora do útero. O grande desenvolvimento dos músculos faciais é uma característica exclusiva de mamíferos, ausente nos demais vertebrados.

Figura 9.8 Lobo mostra os dentes em uma postura claramente agressiva.

KEITHSZAFRANSKI/ISTOCKPHOTO

Com essa musculatura, alguns mamíferos, além de mamar, moldam feições faciais que transmitem mensagens importantes para a vida em grupo e até mesmo na defesa contra predadores.

Ao ver um lobo mostrando os dentes (**Figura 9.8**) sabemos que estamos diante de uma postura ameaçadora. E essa disposição não se restringe a carnívoros. Os primatas figuram entre os campeões da expressividade facial. Uma postura agressiva é facilmente identificável e aparece também nos primatas.

Respiração e circulação dos mamíferos

O sistema respiratório dos mamíferos conta com pulmões grandes, por causa de sua natureza lacunar. O ar ingressa por um sistema tubular, altamente ramificado, que termina em câmaras microscópicas fechadas, de paredes finas, os *alvéolos*, local onde ocorre a troca gasosa entre o sangue e o ar atmosférico (*hematose*).

Como mostra o esquema da **Figura 9.9**, o ar inspirado deixa menos da metade de seu oxigênio nos alvéolos dos mamíferos. Isso significa que ainda existe muito oxigênio no ar expirado. Já o gás carbônico, que está quase ausente no ar inspirado, se difunde rapidamente no ar alveolar, chegando a perfazer cerca de 5% do ar que sai dos pulmões (contra 0,03% do ar atmosférico).

A ventilação pulmonar é intermitente, movida por um sistema muscular responsável pela inspiração e pela expiração, em especial um músculo chamado *diafragma*, exclusivo dos mamíferos. Ele é capaz de expandir o volume da caixa torácica, abaixando sua pressão interna. Isso implica enchimento dos pulmões até o ponto de equilíbrio das pressões interna e externa. O movimento contrário, ao aumentar a pressão interna, força o ar para fora.

Representação fora de escala. Cores-fantasia.

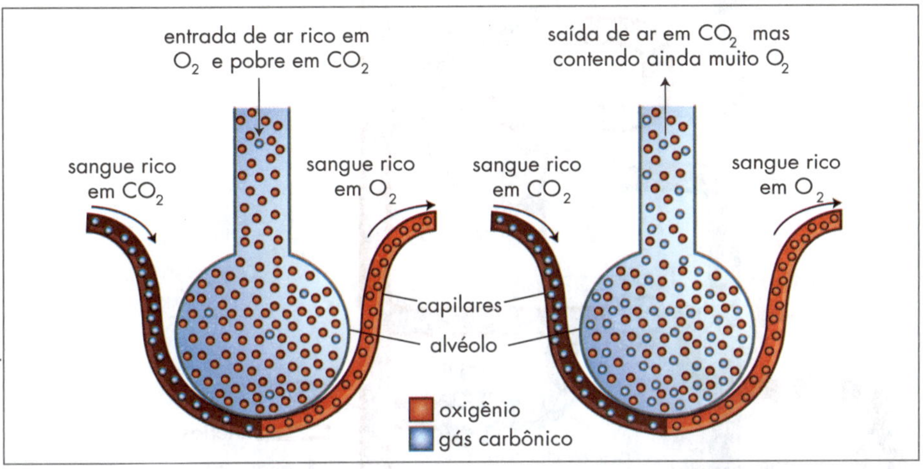

ILUSTRAÇÕES: ACERVO DA EDITORA

Figura 9.9 A troca gasosa no pulmão dos mamíferos ocorre nos alvéolos.

O sistema circulatório dos mamíferos é composto de um coração com quatro câmaras (**Figura 9.10**), e circuitos pulmonar e sistêmico similares aos das aves, pois não há possibilidade de mistura de sangue entre eles (**Figura 9.11**).

Nos mamíferos placentários, o período intrauterino é relativamente longo, o que inviabiliza o pleno funcionamento do circuito pulmonar. Nesse período o sangue é oxigenado pela placenta e retorna ao corpo pela veia umbilical, que se funde à veia cava inferior, por meio de uma junção chamada *duto venoso*, próximo ao fígado do feto. Aí ocorre mistura de sangue rico em oxigênio com pobre em oxigênio (seta 1, **Figura 9.12**, na página seguinte).

Ao chegar ao coração, esse sangue já misturado recebe mais sangue pobre em oxigênio proveniente da cabeça. Ao entrar no coração, o circuito pulmonar não está plenamente ativo e o fluxo sanguíneo é pequeno. O pulmão, ao invés de ser fornecedor de oxigênio ao sangue, é consumidor, ou seja, o pouco sangue que nele chega acaba por ceder oxigênio às células pulmonares. Essa situação gera uma pressão muito grande no lado direito do pulmão, o que acaba por forçar um desvio de sangue

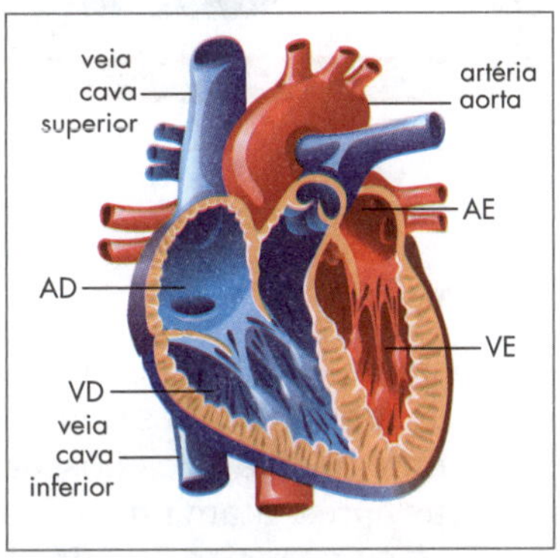

Figura 9.10 Coração de quatro câmaras típico dos mamíferos (AE = Átrio Esquerdo, AD = Átrio Direito, VE = Ventrículo Esquerdo, VD = Ventrículo Direito), com a artéria aorta com torção à esquerda e as duas veias cavas (inferior e superior).

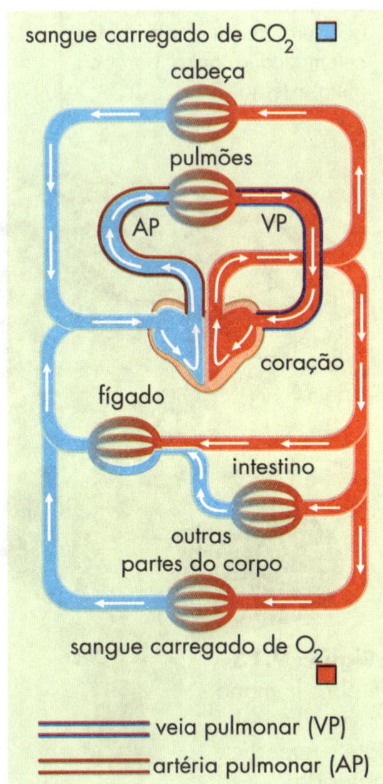

Figura 9.11 Sistema circulatório dos mamíferos: coração com quatro câmaras, sem mistura de sangue. Observe que nem sempre as artérias carregam sangue rico em oxigênio, e, analogamente, as veias nem sempre carregam sangue rico em gás carbônico. A circulação do feto dos animais placentários tem situações semelhantes.

direita-esquerda, dentro do coração fetal, por meio de uma comunicação entre os átrios, chamada *janela oval* (seta 2, **Figura 9.12**). Ainda assim, existe uma segunda comunicação entre a artéria que deixa o ventrículo direito e a aorta, denominado *duto arterial* (seta 3, **Figura 9.12**). Essa configuração lembra o desvio de sangue dos répteis, em situações em que não estão ventilando os pulmões.

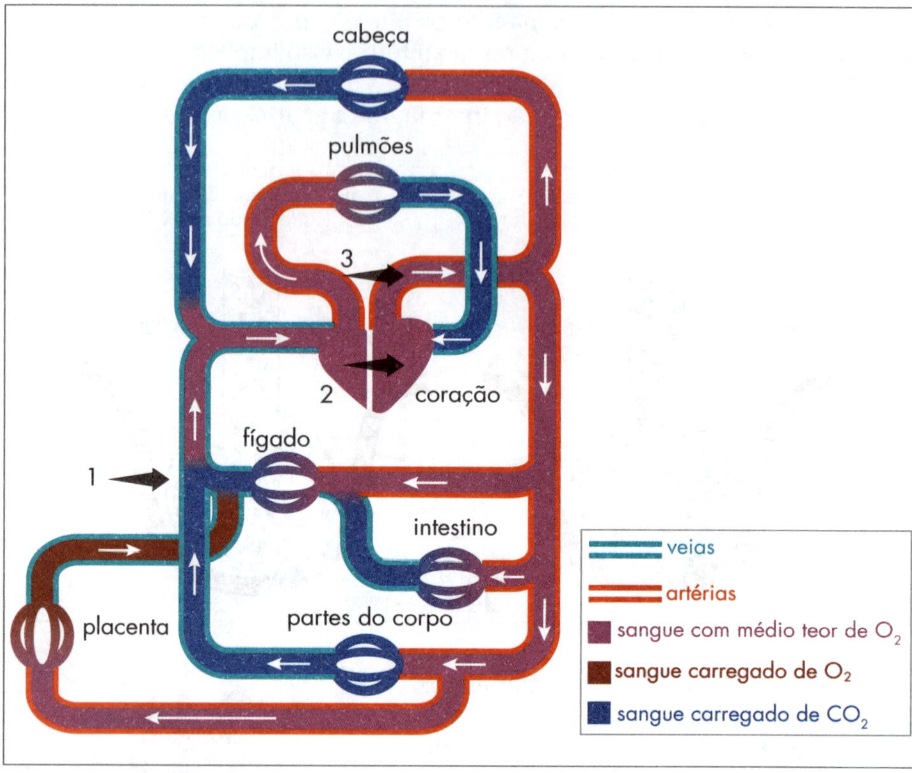

Figura 9.12 Sistema circulatório dos mamíferos placentários no período intrauterino.

Rim metanéfrico: tipo de rim que possui uma alça com abertura para a cavidade celomática e outra para o meio externo.

Excreção

O sistema excretor dos mamíferos é composto, de forma geral, de um par de rins ligados a ureteres que se abrem em uma bexiga. Esta acumula urina relativamente diluída. Eles possuem **rins metanéfricos** e as unidades excretoras apresentam uma nova estrutura, capaz de reabsorver seletivamente substâncias da urina inicialmente produzida.

Os produtos de excreção dos mamíferos são ureia e ácido úrico, que fazem parte da urina. O suor, como vimos, é produzido por relativamente poucos mamíferos e participa do mecanismo de termorregulação. É conceitualmente errônea a suposição de que o suor auxilia o trabalho dos rins, pois, em vez disso, o dificulta: a redução do volume de líquido do sangue, que é consequência da transpiração, dificulta o trabalho renal. Após suar, devemos repor a água perdida.

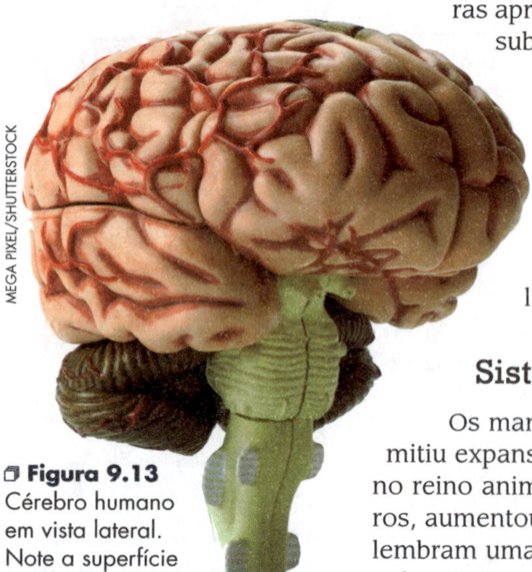

Figura 9.13 Cérebro humano em vista lateral. Note a superfície enrugada.

Sistema nervoso e sistemas sensoriais

Os mamíferos possuem o encéfalo altamente desenvolvido, o que permitiu expansão da memória e uma capacidade de aprendizagem inigualável no reino animal. A superfície do cérebro (*córtex cerebral*), em certos mamíferos, aumentou extraordinariamente, criando as circunvoluções cerebrais, que lembram uma superfície enrugada, caso típico do ser humano (**Figura 9.13**) e de primatas.

Os mamíferos evoluíram como animais noturnos. Assim, é fácil entender a razão de mamíferos possuírem, como regra, olfato mais desenvolvido e visão com menor acuidade do que aves e lagartos.

A estrutura interna do olho dos vertebrados (retina) é especialmente adaptada para a visão noturna, embora algumas linhagens (como a do ser humano) tenham perdido algumas de suas estruturas especiais. Ao apontar uma lanterna à noite para o olho de um felino (**Figura 9.14**), ou de um cachorro, percebemos um reflexo que evidencia uma dessas estruturas (chamada *tapetum lucidum*), uma camada refletora situada atrás da retina.

MARY BETH ANGELO/LATINSTOCK

Figura 9.14 A noite, os olhos de felinos e outros mamíferos refletem a luz, evidenciando uma estrutura chamada *tapetum lucidum*.

Reprodução

A maioria dos mamíferos possui, em vez de cloaca, aberturas separadas para o trato genital, urinário e digestório. As exceções são os ornitorrincos e as équidnas (**Figura 9.15**), mamíferos que possuem cloaca e se reproduzem por meio de ovos.

Nas fêmeas da maioria dos mamíferos as aberturas urinária e genital permanecem compartilhadas, com exceção apenas para primatas e alguns roedores. Os sexos são separados e a fecundação é interna.

Os machos são sexualmente férteis em qualquer época; já as fêmeas se mantêm receptivas para cópula por um período relativamente curto chamado de *estro* ou *cio*, dentro de um ciclo estral. Os primatas do Velho Mundo e os seres humanos são uma exceção nos mamíferos, pois desenvolveram ciclos menstruais, nos quais não há estro.

MARK HIGGINS/SHUTTERSTOCK

Figura 9.15 Équidna-de-bico-curto (*Tachyglossus aculeatus*), animal de ampla distribuição na Austrália e na Nova Guiné (cerca de 30 cm de comprimento).

2 Diversidade dos mamíferos

Os mamíferos da fauna atual formam três grupos, representados em verde, vermelho e azul-claro no esquema da **Figura 9.16**: os monotremados ou prototérios, os eutérios e os metatérios. Muitas famílias de mamíferos foram extintas em período relativamente recente.

Prototérios ou monotremados

Representados na fauna atual pelo ornitorrinco (**Figura 9.17**) e pelas espécies de équidna (reveja a **Figura 9.15**), os prototérios são os mamíferos mais primitivos e não possuem dentes. As espécies de équidna são o grupo mais amplamente distribuído geograficamente na Austrália, chegando à Nova Guiné, enquanto o ornitorrinco tem distribuição mais restrita, no leste da Austrália.

WORLDSWILDLIFEWONDERS/SHUTTERSTOCK

Figura 9.17 Ornitorrinco, animal prototério com pelos, bico córneo, nadadeiras (pés adaptados ao deslocamento em água), que nasce de ovos. Atinge 40 cm.

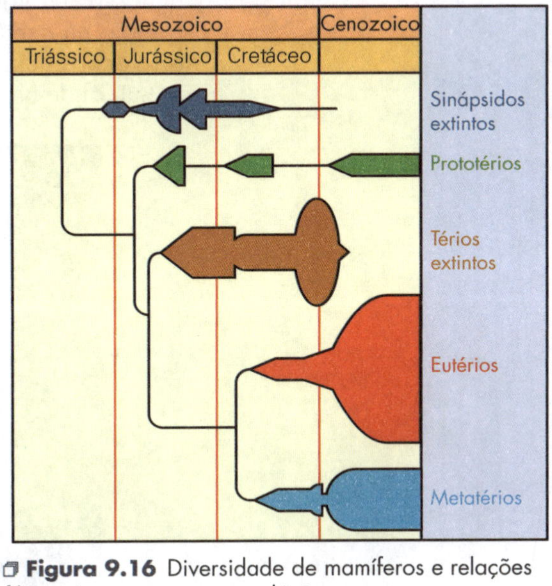

LNO, ZHE-XI. TRANSFORMATION AND DIVERSIFICATION IN EARLY MAMMALIAN EVOLUTION. NATURE 450:104-1019 (2007)

Figura 9.16 Diversidade de mamíferos e relações filogenéticas no tempo geológico.

Os prototérios são ovíparos e as fêmeas possuem glândulas mamárias. Contudo, não possuem mamilos: os filhotes lambem o leite que escorre pelo corpo da mãe.

Metatérios ou marsupiais

Nos marsupiais, representados na fauna atual pelo gambá, pela cuíca--verdadeira, pelos cangurus e outros animais, as fêmeas possuem uma bolsa chamada *marsúpio* (**Figura 9.18**), dentro da qual os filhotes completam seu desenvolvimento.

JIRI HAURELJUK/SHUTTERSTOCK

ANDAMAN/SHUTTERSTOCK

Figura 9.18 À esquerda, canguru (*Macropus giganteus*) com seu filho no marsúpio, animal do grupo dos térios; e, à direita, forma juvenil da cuíca-verdadeira (ou cuíca-de-quatro-olhos, *Philander opossum*).

A gestação é breve e leva ao nascimento de pequenos embriões (**Figura 9.19**), que completam seu desenvolvimento tipicamente dentro do marsúpio, onde ficam ligados ao mamilo e mamam enquanto completam seu desenvolvimento embrionário. A maioria dos pequenos marsupiais sul-americanos não possui marsúpio, e os filhotes ficam aderidos aos mamilos da mãe, na região inguinal/abdominal, como a cuíca-verdadeira (**Figura 9.18**).

Hoje há cerca de 250 espécies conhecidas de marsupiais no mundo, com forte ocorrência na Austrália e algumas espécies nas Américas, sobretudo na do Sul, onde há cerca de 100 espécies catalogados.

KENNETH M. HIGHFILL/LATINSTOCK

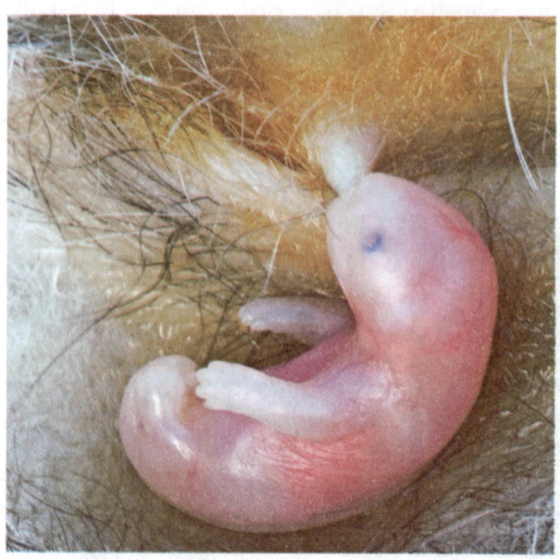

Figura 9.19 Recém-nascido de um gambá (*Didelphis virginiana*), com cerca de 14 mm, animal que não possui placenta desenvolvida.

Eutérios ou placentários

Das cerca de 5 mil espécies conhecidas de mamíferos, 95% são eutérios, ou seja, animais vivíparos com placenta desenvolvida. Ao contrário dos metatérios, têm gestação prolongada e o embrião permanece no útero recebendo alimento da mãe. Como se vê nos exemplos da **Figura 9.20**, a diversidade dos eutérios é acentuada.

O termo "placenta" é utilizado em diversos grupos animais, desde tubarões, porém não se trata da mesma estrutura, mas sim de estruturas que os zoólogos chamam de *análogas* (em contraste com as *homólogas*). Elas são explicadas por convergência evolutiva, ou seja, diferentes linhagens chegaram ao mesmo resultado sem que um grupo tenha herdado diretamente a característica do outro. As asas da galinha e as asas de uma mosca são estruturas análogas, já os membros dianteiros dos tetrápodes e as nadadeiras peitorais das baleias são estruturas homólogas.

PETERMOOIJ/SHUTTERSTOCK

ERNI/SHUTTERSTOCK

PRUIT PHATSRIVONG/SHUTTERSTOC

Figura 9.20 Acima, Mico-leão-da-cara-dourada (*Leontopithecus chrysomelas*), mamífero eutério brasileiro do grupo dos primatas. À esquerda, anta (*Tapirus terrestris*), mamífero eutério brasileiro do grupo dos perissodactilos. À direita, boto-cor-de-rosa (*Inia geoffrensis*), mamífero eutério que pertence ao grupo dos cetáceos e ocorre na Amazônia.

3 Relações filogenéticas

Os mamíferos da fauna atual descendem de uma das três formas básicas de tetrápodes da Era Paleozoica. Vimos que os répteis se originaram de duas daquelas formas (anapsídeos e diapsídeos) e os sinapsídeos tiveram pouca diversificação no Mesozoico.

Um dos passos cruciais na evolução dos seres vivos ocorreu no Devoniano, com os vertebrados conquistando o meio terrestre.

Se o Devoniano foi a "idade dos peixes", o Carbonífero é chamado por alguns de "idade dos anfíbios" e a Era Mesozoica é conhecida como "idade dos répteis", a Era Cenozoica bem poderia ser chamada de a "Era dos mamíferos" (**Figura 9.21**). Embora os mais antigos mamíferos conhecidos sejam do início do Jurássico, foi na Era mais recente que os mamíferos se diversificaram, passando a colonizar ambientes diversos.

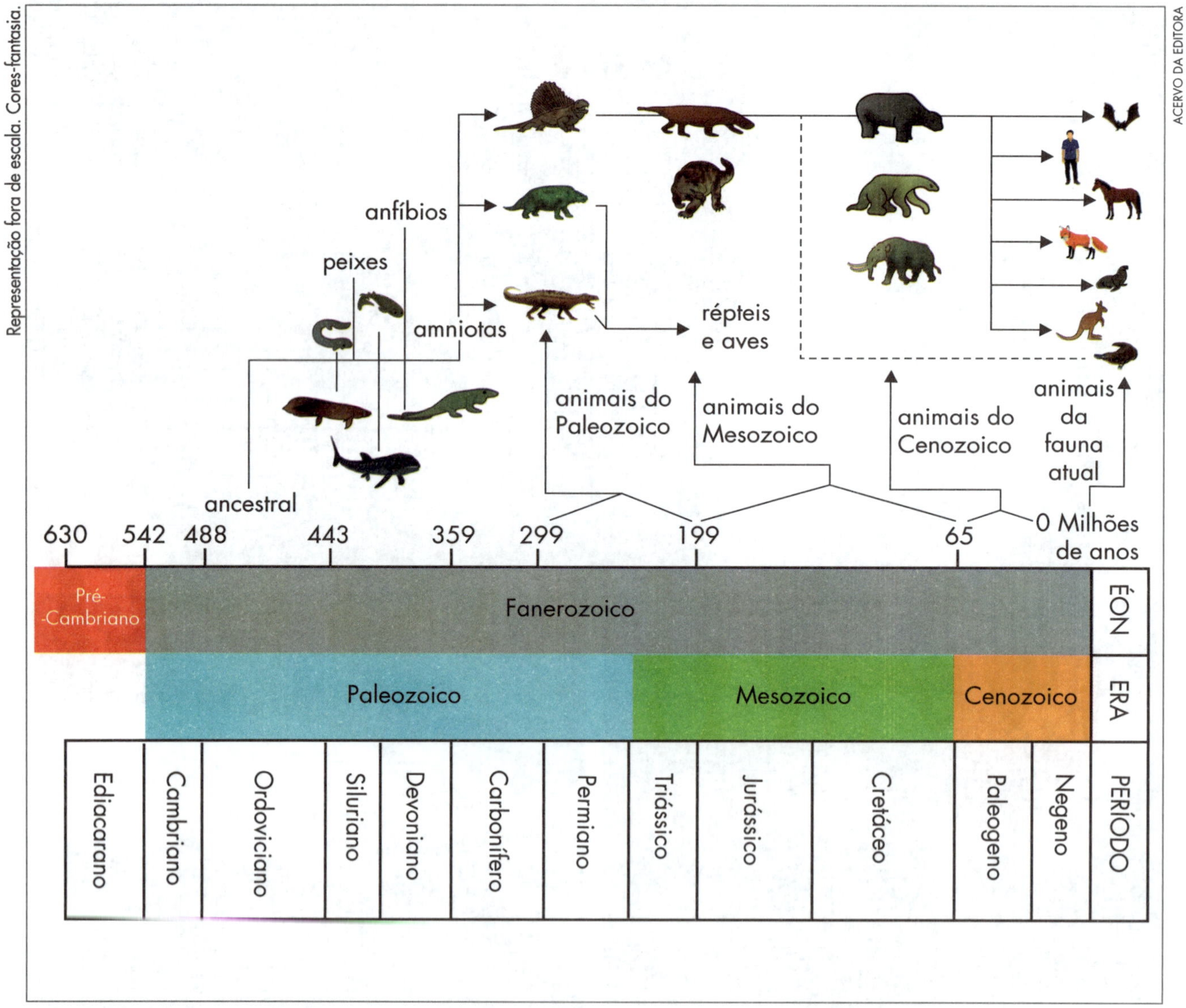

Figura 9.21 Origem e diversificação dos mamíferos. A partir dos sinapsídeos, vários animais no Mesozoico se diversificaram e deram origem aos mamíferos da Era Cenozoica, quando os continentes já estavam relativamente separados. Mamutes, preguiças gigantes e animais como o Toxodon foram extintos há apenas cerca de 10 mil anos.

EM POUCAS PALAVRAS

1

- Os mamíferos são amniotas com glândulas mamárias, que secretam leite para alimentar seus filhotes.
- Os pelos, exclusivos dos mamíferos, recobrem a pele, são isolantes térmicos e podem constituir também elementos de camuflagem ou sensoriais.

2

- A pele dos mamíferos possui diversas glândulas (sebáceas, mamárias ou, em alguns casos, sudoríparas).
- Os mamíferos são endotérmicos e homeotérmicos.
- Possuem dentes heterodontes (dentes diferenciados pela forma e pela função) e, na maioria, dentição difiodonte (os dentes são substituídos apenas uma vez, não têm troca contínua como nos tubarões).
- O crescimento ósseo dos mamíferos é único, pois cessa após a ossificação das epífises.
- O coração dos mamíferos possui quatro câmaras, sem mistura de sangue entre os circuitos pulmonar e sistêmico.
- O sistema respiratório dos mamíferos é constituído de pulmões com alvéolos, ventilados por um diafragma muscular.
- O sistema excretor é constituído por rins metanéfricos, ureteres e bexiga, com unidades excretoras mais eficientes, que permitem a excreção de sal.
- O sistema nervoso é altamente desenvolvido, com capacidade de memória e aprendizagem.

3

- Os mamíferos primitivos, os prototérios, são ovíparos e os filhotes se alimentam de leite.
- Um grupo de mamíferos vivíparos, os metatérios, desenvolveu o marsúpio, onde os filhotes completam seu desenvolvimento embrionário.
- Os vivíparos com placenta desenvolvida são chamados de eutérios, ou placentários, e constituem o maior e mais diversificado grupo de mamíferos.

BIO*CHAT*

? Os prototérios e os eutérios têm âmnio, certo? Mas e os marsupiais? Eles também são amniotas?

BC Sim, os metatérios têm anexos embrionários, ainda que rudimentares, incluindo âmnio e placenta. Isso significa que a gestação é breve e o embrião se desenvolve no marsúpio.

? Os mamíferos dominam o planeta porque são mais eficientes do que as aves e os répteis?

BC Os mamíferos possuem muitas adaptações que lhes permitem viver onde outros animais não conseguiriam, mas isso não significa que sejam mais eficientes. A visão e a respiração dos mamíferos são menos eficientes do que as de aves, principalmente, mas a capacidade de excreção é maior, com rins que dão conta inclusive de excretar o excesso de sal, o que para os animais marinhos é muito importante. Em ambientes extremos, como a Antártica, há muitos peixes, mamíferos e aves, como os pinguins. Portanto, é questionável se os mamíferos "dominam o planeta"; é possível que os insetos e, talvez com mais razão, as bactérias e fungos reivindicassem essa prerrogativa para si (se pudessem).

? De que forma a placenta desenvolvida constitui uma vantagem adaptativa dos mamíferos eutérios?

BC Durante muito tempo se afirmou que a forma placentária de reprodução seria mais eficiente do que a marsupial, mas isso esteve influenciado pela interpretação de que a troca de faunas entre a América do Sul, onde predominavam os marsupiais, e a América do Norte, onde predominavam os placentários, conduziu a um resultado desbalanceado em favor dos placentários. Essa afirmação é questionada recentemente, por vários motivos. Um deles é o de que a introdução de espécies exóticas afeta animais placentários e não apenas marsupiais. Talvez outras razões possam explicar esse desbalanço e ele pode não ser indicação de eficiência.

ATENÇÃO: NUNCA ESCREVA NO LIVRO.
RESPONDA SEMPRE NO CADERNO.

ATIVIDADES DE REVISÃO

I Classifique as afirmações seguintes como Verdadeiras ou Falsas, justificando, em seu caderno, sua resposta.

1 **1.** O cinognato não era mamífero, viveu há cerca de 230 milhões de anos e tinha dentes caninos.

1 **2.** Foram encontrados fósseis das mesmas espécies de cinognatos e mamíferos da Era Mesozoica em diversos continentes.

1 **3.** Ao encontrar um dente fóssil, é possível saber, apenas por ele, se se trata de um dente de mamífero ou não.

1 **4.** Os ossos turbinados permitem economia de energia e de água e são encontrados apenas em mamíferos.

1 **5.** Os discos de cartilagem nas epífises ósseas são uma característica única dos mamíferos.

1 **6.** O pulmão dos mamíferos é mais eficiente do que o pulmão das aves.

2 **7.** A nutrição do embrião de todos os mamíferos é essencialmente a mesma, por meio da placenta uterina.

2 **8.** O único continente que possui marsupiais é a Oceania.

II Identifique a alternativa correta em seu caderno:

1 **9.** Selecione a alternativa correta:

a) Os mamíferos apresentam distribuição geográfica restrita, pois não apresentam estruturas adaptativas ao frio.
b) Algumas espécies de mamíferos, como os ouriços, conseguem produzir calor interno, mas não mantê-lo.
c) Os pelos e o panículo adiposo apresentam funções de isolante térmico.
d) A maioria dos mamíferos depende do suor para resfriar o corpo.
e) O aumento do calor corporal dos mamíferos favorece o transporte de oxigênio do sangue.

1 **10.** Sobre os dentes dos mamíferos, todas as afirmações abaixo estão corretas, exceto:

a) Os dentes especializados favorecem a nutrição e a sobrevivência animal.
b) Os dentes dos mamíferos se renovam diariamente.
c) São resistentes e duráveis.
d) Possuem características únicas e exclusivas dos mamíferos.
e) Permitem triturar o alimento antes de engolir.

1 **11.** Sobre os ossos dos mamíferos é correto afirmar:

a) As epífises ósseas permitem que os ossos continuem a crescer ao longo da vida.
b) Os ossos nasais turbinados protegem os pulmões e aumentam a perda de água.
c) Enquanto praticar exercícios físicos e se alimentar corretamente, os humanos crescem.
d) O crescimento dos mamíferos é limitado pela ossificação das extremidades dos ossos longos.
e) As células ósseas estão em constante multiplicação, o que favorece o crescimento constante.

1 **12.** Indique a alternativa correta:

a) Os mamíferos e aves possuem diafragma, que auxilia na respiração.
b) Os mamíferos excretam amônia e acido úrico pela urina.
c) O sistema circulatório dos mamíferos e aves é semelhante.
d) Córtex cerebral bem desenvolvido é notável nos mamíferos.
e) Os humanos são mamíferos que possuem ciclo estral definido.

1 **13.** Ao comparar a circulação sanguínea de mamíferos placentários adultos com a de fetos em sua vida intrauterina, há diferenças notáveis. Entre elas podemos citar:

a) Existência de desvio de sangue no coração dos fetos, de modo a evitar os pulmões.
b) Mistura de sangue arterial do feto e sangue venoso proveniente da mãe.
c) Inversão do fluxo sanguíneos das artérias com sangue rico em oxigênio.
d) Veias fetais transportando apenas sangue pobre em oxigênio.
e) As veias que chegam ao coração do feto estão pobres em oxigênio.

1 **14.** A digestão dos mamíferos se caracteriza por possuir uma série de especializações que tornam mais eficiente o aproveitamento da energia dos alimentos. Entre elas podemos citar:

a) Todos os mamíferos possuem dentes incisivos, caninos e molares.
b) Associações simbióticas com microrganismos que digerem celulose.
c) Produção própria de enzimas que digerem celulose e lignina.
d) Todos os mamíferos herbívoros são ruminantes com quatro estômagos.
e) Alguns mamíferos ruminantes desenvolveram coprofagia.

1 **15.** Selecione a alternativa incorreta:

a) O que distingue aves e mamíferos é a reprodução por meio de ovos, presente nas aves e ausente nos mamíferos.

b) O ar entra no pulmão dos mamíferos por sistema tubular e termina nos alvéolos onde ocorrem as trocas gasosas.

c) Os filhotes dos mamíferos não dependem de maneira direta da disponibilidade de alimento no ambiente.

d) A musculatura facial bem desenvolvida é exclusividade dos mamíferos, essencial para a alimentação dos filhotes.

e) Em muitos mamíferos, os músculos faciais possibilitam a comunicação pela sua contração.

1 **16.** Sobre a reprodução dos mamíferos é correto afirmar:

a) É vivípara, com nutrição embrionária por meio de placenta.

b) Algumas espécies de mamíferos reproduzem por ovos.

c) Os sexos são separados, mas a fecundação pode ser externa.

d) As fêmeas sempre possuem período reprodutivo (ciclo estral).

e) Fecundação é interna, mas o desenvolvimento é indireto.

2 **17.** É correto afirmar sobre os marsupiais:

a) A placenta é o principal anexo protetor do embrião.

b) As fêmeas não possuem mamas funcionais nem mamilos.

c) No marsúpio o embrião se nutre pelo cordão umbilical.

d) O desenvolvimento do embrião se completa fora do útero.

e) A alimentação do embrião se dá dentro do útero.

2 **18.** Ornitorrinco, anta, gambá são representantes de quais grupos de mamíferos, respectivamente:

a) Eutérios, metatérios, eutérios.

b) Metatérios, monotremadas, metatérios.

c) Monotremadas, metatérios, eutérios.

d) Metatérios, metatérios, monotremadas.

e) Monotremadas, eutérios, metatérios.

2 **19.** Qual a característica distintiva dos eutérios?

a) Presença de mamilos nas fêmeas.

b) Nutrição do embrião pela placenta.

c) Marsúpio bem desenvolvido.

d) Fendas na faringe no embrião.

e) Desenvolvimento extrauterino.

ATIVIDADES DE APROFUNDAMENTO

20. Indique falso ou verdadeiro para as seguintes afirmações, justificando-as em seu caderno.

a) Os pulmões das aves são semelhantes aos dos mamíferos.

b) Tanto as aves como os mamíferos são endotérmicos e homeotérmicos.

c) Os ornitorrincos não são considerados mamíferos verdadeiros por serem ovíparos e não terem dentes.

d) O período gestacional dos mamíferos eutérios é menor que dos mamíferos térios.

e) Os dentes dos mamíferos são iguais aos de certos répteis, como os dinossauros.

f) Os prototérios são mamíferos não placentários que não possuem glândulas mamárias.

g) A pele dos mamíferos é recoberta de pelos, estrutura exclusiva deste grupo.

h) Todos os mamíferos possuem coração com quatro cavidades.

21. São características exclusivas dos mamíferos:

a) Cobertura do corpo, homeotermia e endotermia.

b) Reprodução sexual com placenta.

c) Presença de glândulas sebáceas na pele.

d) Ventilação pulmonar realizada por músculos.

e) Dentes pontiagudos e perfurantes.

22. Uma das características que pode ser encontrada em todos os mamíferos, e apenas neles, é:

a) Crescimento ósseo limitado pela ossificação das epífises.

b) Embriões sendo nutridos pela mãe por meio de placenta intrauterina.

c) Termorregulação realizada por glândulas sudoríparas dérmicas.

d) Reprodução sexual, com fecundação interna e viviparidade.

23. Indique a alternativa que representa um mamífero do grupo dos prototérios, um dos metatérios e outro de eutérios, respectivamente:

a) Équidna, ornitorrinco, porco.

b) Équidna, gambá, camundongo.

c) Ornitorrinco, canguru, ser humano.

d) Ser humano, leão, baleia.

e) Cuíca, capivara, ornitorrinco.

BIOLOGIA NO CONTEXTO

24. É conhecida a história de um estudante, em um trote estudantil violento, que teria sido pintado com petróleo e, após algum tempo, morrido. A interpretação dada ao episódio foi a de que o petróleo não permitiria a respiração da pele e o estudante teria morrido asfixiado. Pergunta-se:

a) Essa história tem fundamento no que foi estudado sobre a respiração dos mamíferos?

b) Qual deveria ser o resultado imediato da impermeabilização da pele de um sapo, de um lagarto, de uma pomba e de uma baleia?

25. Leia atentamente o relato a seguir, feito por um cientista do passado, ao observar determinado animal:

"Ele parece se movimentar sem ter um objetivo perceptível, enfrentando o calor do deserto. Isso leva a crer que seu deslocamento, mesmo parecendo atabalhoado, seja essencial para sua sobrevivência. Talvez o balanço de seu corpo, ao caminhar e correr, exerça pressão sobre seus pulmões, enchendo-os e esvaziando-os de ar. Se essa interpretação estiver correta, é possível que o diafragma muscular tenha sido uma conquista evolutiva mais importante na evolução dos mamíferos do que se admitiu até o momento."

O animal que tinha sido observado no deserto deveria ser:

a) um sapo.
b) uma hiena.
c) uma águia.
d) um rato do deserto.
e) um lagarto.

26. O período de gestação de um animal depende em grande parte do seu tamanho: os elefantes, por exemplo, possuem o maior período gestacional dos mamíferos, 22 meses, enquanto os ratos não ultrapassam 22 dias. Os cangurus-vermelhos, apesar de porte maior que os camundongos, possuem período gestacional de 33 dias. Explique como isso é possível.

27. Compare a respiração dos tetrápodes, procurando encontrar razões pelas quais uma rã não poderia ter a temperatura corporal das aves.

28. Observe o cladograma a seguir. Cada retângulo representa uma característica que é compartilhada por todos os animais que estão acima daquele ponto.

Indique a alternativa que apresenta as quatro características compartilhadas, na ordem em que aparecem (I, II, III e IV):

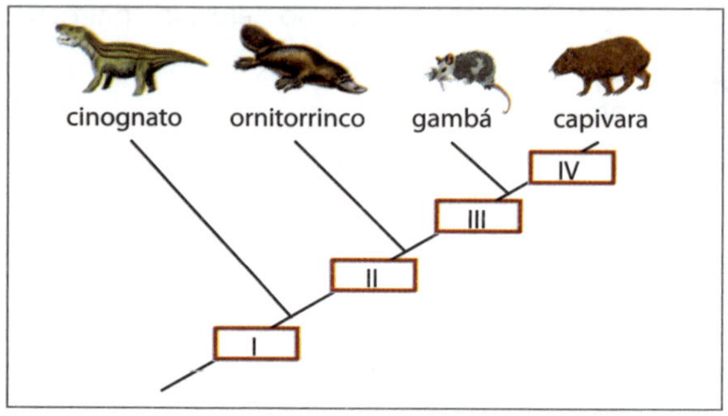

ACERVO DA EDITORA

1 – ureia como produto de excreção
2 – presença de glândulas mamárias.
3 – heterodontia.
4 – placenta desenvolvida.
5 – reprodução vivípara.

a) 1, 2, 3, 4.
b) 5, 3, 2, 1.
c) 2, 3, 5, 4.
d) 3, 2, 5, 4.
e) 4, 1, 5, 3.

29. Muitos mamíferos possuem ossos nasais turbinados. No entanto, eles não lhes são exclusivos, porque as aves também os possuem. Pergunta-se:

a) Se você encontrar ossos turbinados no focinho de um sinapsídeo da Era Mesozoica, o que poderá concluir sobre ele?

b) Esses ossos em mamíferos e aves podem ser considerados homólogos? Por quê?

EXERCÍCIOS DE VESTIBULAR E ENEM

30. (Cefet-CE) Os espaços a seguir ficam corretamente preenchidos com as palavras da opção:

"Nos mamíferos, o filhote se desenvolve totalmente dentro do útero, nutrido pela placenta e protegido pelo âmnio. Isto vale para os placentários que são, portanto, vivíparos. Apenas num pequeno grupo de mamíferos, os //////////////, há animais //////////////, cujo desenvolvimento embrionário acontece dentro de um ovo. É o caso, por exemplo, do ornitorrinco".

a) carnívoros – ovíparos.
b) monotremados – vivíparos.
c) marsupiais – ovíparos.
d) marsupiais – ovovivíparos.
e) monotremados – ovíparos.

31. (UFV-MG) As temperaturas corporais de um felino e de uma serpente foram registradas em diferentes condições de temperatura ambiental. Os resultados estão apresentados na tabela:

Temperatura (°C)		
Ambiente	**Felino**	**Serpente**
10	37	11
20	38	21
30	38	30

Com base nesses resultados, pode-se considerar que:

a) A serpente é ectotérmica, pois sua temperatura corporal é variável e independe da temperatura ambiente.

b) O felino é ectotérmico, pois a variação da temperatura ambiente não interfere na sua temperatura corporal.

c) A serpente e o felino podem ser considerados ectotérmicos, pois na temperatura ambiente de 10 °C apresentam as menores temperaturas corporais.

d) O felino é endotérmico, pois sua temperatura corporal é pouco variável e independe da temperatura ambiente.

e) A serpente é endotérmica, pois a variação de sua temperatura corporal acompanha a variação da temperatura ambiente.

32. (UFJF-MG) Os mamíferos apresentam mais de quatro mil espécies, incluindo a baleia-azul, com 160 toneladas de peso e 30 metros de comprimento, e o pequeno musaranho, com 3 gramas e 8 centímetros. Seus representantes possuem uma grande diversidade morfofisiológica, o que permitiu a ocupação de diferentes ambientes (terra, ar, água doce e mar).

a) Cite duas características que distinguem os mamíferos dos demais vertebrados.

b) O período de gestação dos mamíferos está diretamente relacionado ao tamanho do corpo. O elefante, por exemplo, apresenta uma gestação de 22 meses e o rato doméstico, de 19 dias. Entretanto, o gambá, que é maior que o rato doméstico, apresenta uma gestação de apenas 13 dias. Explique a diferença entre o tempo de gestação do gambá e do rato doméstico.

33. (Fuvest-SP) Considere o coração dos vertebrados.

a) Que característica do coração dos mamíferos impede a mistura do sangue venoso e arterial?

b) Que outros vertebrados possuem coração com essa estrutura?

c) Por quais câmaras cardíacas o sangue desses animais passa desde que sai dos pulmões até seu retorno a esses mesmos órgãos?

34. (Unifesp) Um ser humano de aproximadamente 60 kg, em repouso, à temperatura de 20 °C, despende cerca de 1 500 kcal por dia. Um jacaré, de mesma massa, nas mesmas condições, despende cerca de 60 kcal por dia.

a) Cite um animal que tenha comportamento semelhante ao do jacaré e outro animal que tenha comportamento semelhante ao do ser humano no que diz respeito ao gasto de energia, mas não sejam nem réptil nem mamífero.

b) Explique por que o ser humano despende mais energia que o jacaré e se há alguma vantagem adaptativa nessa situação.

35. (PUCC-SP) Na escuridão, morcegos navegam e procuram suas presas emitindo ondas de ultrassom e depois detectando as suas reflexões. Estas são ondas sonoras com frequências maiores do que as que podem ser ouvidas por um ser humano. Depois de o som ser emitido através das narinas do morcego, ele poderia se refletir em uma mariposa, e então retornar aos ouvidos do morcego. Os movimentos do morcego e da mariposa em relação ao ar fazem com que a frequência ouvida pelo morcego seja diferente da frequência que ele emite. O morcego automaticamente traduz esta diferença em uma velocidade relativa entre ele e a mariposa. Algumas mariposas conseguem escapar da captura voando para longe da direção em que elas ouvem ondas ultrassônicas, o que reduz a diferença de frequência entre o que o morcego emite e o que escuta, fazendo com que o morcego possivelmente não perceba o eco.

(HALLIDAY, RESNICK e WALKER, *Fundamentos de física*, v. 2, 6. ed: Rio de Janeiro: LTC, 2002. p. 131)

Considere os caracteres a seguir:

I. Pelos.

II. Glândulas mamárias.

III. Endotermia.

IV. Coração com quatro cavidades.

V. Diafragma.

Desses caracteres, os que são exclusivos da classe à qual pertencem os morcegos, são os de números:

a) I, II e III.

b) I, II e IV.

c) I, II e V.

d) II, III e IV.

e) III, IV e V.

PONTO FINAL

E A SUA OPINIÃO?

ANOLIS01/ISTOCKPHOTO
ANOLIS01/ISTOCKPHOTO
RICARDO DE PAULA FERREIRA/SHUTTERSTOCK
BRETTCHARLTON/ISTOCKPHOTO

Em sentido horário, mico-leão-dourado (30 cm), salamandra (20 cm), lagarto (15 cm) e sabiá-laranjeira (20 cm), vertebrados que podem ocupar vários ambientes graças a diferentes adaptações.

Estudamos diversos grupos de vertebrados e percebemos como eles são diversos, no sentido de terem diferentes adaptações para problemas semelhantes. Por exemplo, a circulação de anfíbios, répteis, aves e mamíferos são diferentes, bem como suas formas de respiração.

QUESTÕES

A Imagine que você possa planejar um vertebrado a partir de diferentes sistemas de órgãos. O que você escolheria para ele, a partir do que conheceu em cada grupo animal? Em seu projeto especifique como seria:

- o controle de temperatura;
- a reprodução;
- a excreção dos resíduos nitrogenados;
- a respiração e a circulação;
- a alimentação.

B Em sua opinião, a modificação de seres vivos, a partir das técnicas antigas de melhoramento genético (cruzando apenas os exemplares selecionados) ou as modernas técnicas, nas quais o DNA do organismo é alterado (os chamados organismos geneticamente modificados) devem ser pesquisadas pelos seres humanos?

CONECTANDO OUTRAS ÁREAS

O dente do iguana gigante

Em 1825 foi apresentada, na reunião da Royal Geological Society de Londres, a descrição de um animal enorme que teria vivido no Cretáceo. Alguns críticos diziam que aquele achado só poderia ser um dente de rinoceronte, por causa de seu tamanho, mas seu descritor, o médico Gideon Mantell (1790-1852), insistia que os dentes de mamíferos eram diferentes, pois já conhecia os detalhes de seu esmalte. Além disso, sabia que naquele estrato geológico (cuja idade correta não se sabia ainda) nunca tinham sido achados mamíferos ou aves.

Mantell tinha ficado muito impressionado com as descobertas de uma jovem inglesa, reconhecida como paleontóloga pioneira, Mary Anning (1799-1847), que encontrara fósseis de répteis enormes, como um crocodilo gigante e, pouco depois, um ictiossauro.

LOUIE PSIHOYOS/CORBIS/LATINSTOCK

A partir desses fósseis, descobertos em 1822, e da conclusão de que não pertenciam a rinocerontes, mas que eram semelhantes a dentes de iguanas atuais, foi descrito na Inglaterra, em 1825 o Iguanodon, um lagarto gigante.

Ao mostrar o fóssil do dente a um zoólogo, recebeu a informação de que se parecia com o dente de um iguana, um lagarto da fauna atual, mas muito maior. Confirmada a semelhança, ele foi descrito como Iguanodon, que significa "dente de iguana". Em outras palavras, o início do estudo dos enormes dinossauros teve início com um único dente!

O Cenozoico foi uma era na qual ocorreu a diversificação dos mamíferos. Nas terras sul-americanas, no entanto, essa diversificação foi condicionada pela separação da América do Norte e do Sul, que perdurou por quase todo o período. O restabelecimento de uma ligação terrestre entre os dois continentes foi evento relativamente recente, remontando há cerca de três milhões de anos.

Por essa razão, os mamíferos herbívoros que aqui se desenvolveram estiveram livres da predação promovida pelos grandes carnívoros da América do Norte. Assim, a América do Sul foi cenário de uma diversificação de grandes herbívoros, alguns com formas consideradas bizarras. Em contraste, a flora sul-americana não se distinguia essencialmente da atual, com predomínio absoluto de angiospermas. O único aspecto notável foi a maior presença de gimnospermas, sobretudo coníferas, nas florestas brasileiras.

Com o restabelecimento da ligação continental, as terras ocupadas pelo Brasil foram invadidas por hordas de formas procedentes do Hemisfério Norte, notadamente mastodontes, tigres-dente-de-sabre, onças, ursos, cavalos, porcos-do-mato, antas, ratos, esquilos, ariranhas, canídeos e cervídeos.

Fonte: RUDWICK, M. J. S. *Lyell and Darwin, geologists*: studies in the Earth Sciences in the Age of Reform. Hampshire [UK]: Ashgate Variorum, 2005.

EXERCÍCIOS

A Com a ajuda de seu professor de Química, planeje um teste prático, que possa ser realizado em campo, sem a necessidade de material sofisticado, capaz de verificar se um fragmento de rocha é composto por sais de cálcio.

B De que forma esse teste poderia ser adaptado para verificar se um dente é de mamífero?

C Os primeiros mamíferos, de acordo com o que foi estudado neste Capítulo, foram encontrados na forma de fragmentos fósseis, datando do início do Jurássico. Elabore uma conjectura de que tipo de fragmento poderia ter sido encontrado e de que maneira se poderia ter certeza de se tratar de um mamífero.

UNIDADE

4 FUNGOS, ALGAS E PLANTAS

RENDERY/ISTOCKPHOTO

NOSSO ENTENDIMENTO SOBRE OS ORGANISMOS VIVOS E EVENTOS BIOLÓGICOS AINDA ENGATINHA DIANTE DA ENORME COMPLEXIDADE EXISTENTE NO PLANETA TERRA. ESTUDAR A BIODIVERSIDADE DOS SERES VIVOS, COMO FUNGOS, ALGAS E PLANTAS, E RECONHECER A IMPORTÂNCIA DAS INTERAÇÕES ENTRE OS ELEMENTOS DA NATUREZA E ESSAS ESPÉCIES É ESSENCIAL PARA CRIAR MECANISMOS DE RESGATE E CONSERVAÇÃO DAS ÁREAS NATURAIS.

CAPÍTULO 10

FUNGOS

A diversidade da vida na Terra só pode ser entendida quando consideramos as interações entre os seres vivos. Ao lado das bactérias, os fungos desempenham funções ecológicas muito importantes, que se tornaram indispensáveis para a sobrevivência dos mais diversos seres vivos, incluindo os seres humanos. Embora sua imagem esteja ligada a certas doenças, os fungos são indispensáveis para a humanidade desde tempos imemoriais. A produção de alimentos, entre os quais se destaca o pão, e mesmo a indústria farmacêutica, como no caso de antibióticos, depende da utilização dos mais diversos fungos, o que justifica seu estudo mais detalhado.

FABIO COLOMBINI

SCIENCE PHOTO LIBRARY/LATINSTOCK

Figura 10.1 A ciclagem de nutrientes é uma função ecológica desempenhada pelos fungos, que tornou possível a vida das plantas fora da água. (Acima) cogumelos crescendo na vegetação. Abaixo, uma placa de cultura do fungo *Penicillium chrysagenum*, fonte de vários antibióticos.

1 Características gerais dos fungos

Uma tábua ou um suporte de plástico usado para cortar carne, peças comuns em nossa cozinha, depois de lavados com detergente, parecem limpos. Examinadas ao microscópio, no entanto, essas superfícies revelam uma profusão de seres vivos (**Figura 10.2**). Alguns deles, em forma de células isoladas, como pequenos bastonetes ou esferas, são bactérias; outros, com estruturas bem maiores e filamentosas, são fungos. Junto com as bactérias e arqueas os fungos ocupam todos os ambientes da Terra e são capazes de secretar enzimas que decompõem praticamente todas as substâncias orgânicas disponíveis.

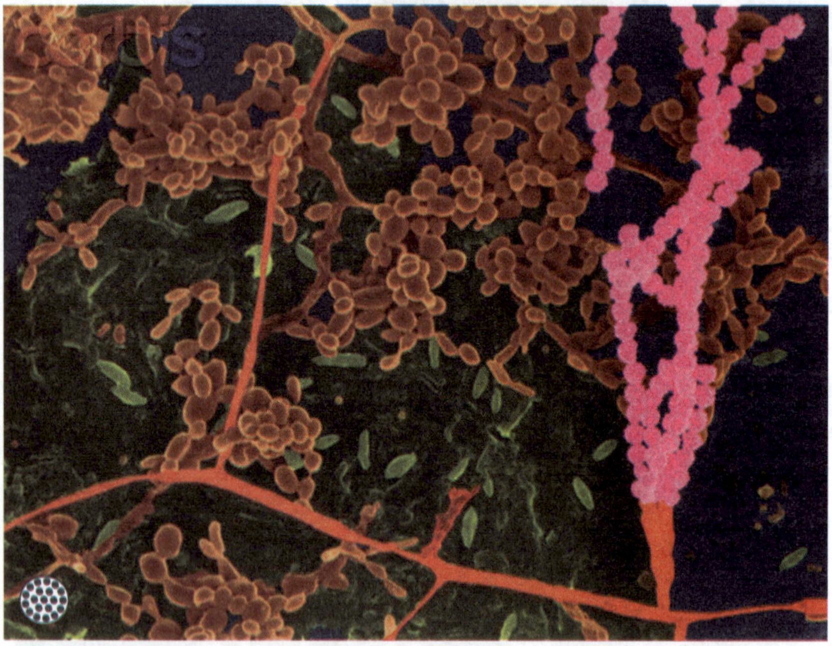

DENNIS KUNKEL MICROSCOPY, INC./VISUALS UNLIMITED/CORBIS/LATINSTOCK

Figura 10.2 Fotomicrografia da superfície de um suporte plástico para cortar carne, colorida por computador: em verde e em marrom, aparecem bactérias; em laranja, as hifas de fungo, estruturas que produzem esporos (em rosa). Aumento de cerca de 300 vezes.

Os fungos são organismos eucariotos, cujas células têm paredes celulares rígidas, que lembram a forma da célula vegetal. Mas as semelhanças terminam aí, pois são heterótrofos (sem exceções), saprófitas, parasitas, comensais ou mutualistas, e não possuem reserva hídrica como a célula vegetal, que normalmente possui um vacúolo intracelular. Além disso, o reforço da parede celular não é de celulose, mas de quitina, uma substância muito diversa. Os fungos possuem uma série de especializações não encontradas em nenhum outro reino da natureza, constituindo um grande grupo especial.

Vimos no Capítulo 1 que, na classificação de Whittaker, esse grupo mereceu um reino à parte, denominado Fungi (ao lado de Monera, Protista, Animalia e Plantae). Vimos também que, no esquema dos três domínios de Woese, os fungos formam um dos reinos incluído no domínio dos eucariotos (ou Eukarya) ao lado dos reinos de organismos como amebas, animais, plantas, ciliados, flagelados e esporozoários (os outros dois domínios são Archaea e Bacteria).

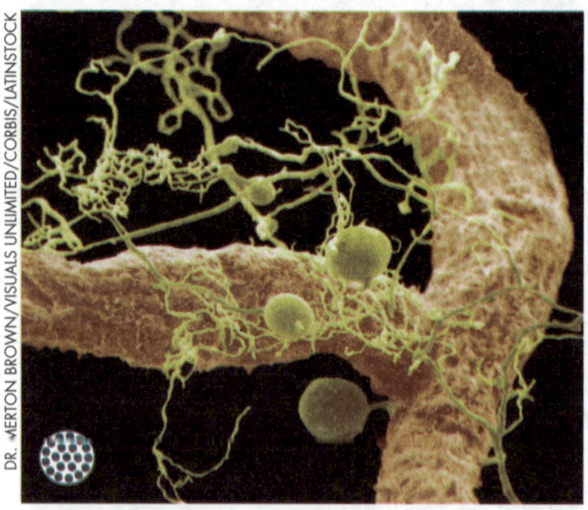

DR. MERTON BROWN/VISUALS UNLIMITED/CORBIS/LATINSTOCK

Figura 10.3 Hifa de fungo simbiótico (em amarelo) em raiz de soja (em laranja). As estruturas produtoras de esporos (esporângios) aparecem como esferas amarelas. Fotomicrografia eletrônica de varredura, com aumento de cerca de 150 vezes.

Esses organismos são tão especiais que mesmo sua mitose e sua meiose são peculiares: elas ocorrem conservando o envelope nuclear quase até o fim do processo.

Além de heterótrofos, os fungos são organismos decompositores, pela capacidade de se nutrir a partir da decomposição de uma ampla gama de substâncias orgânicas. Assim, desempenham um importante papel nos ecossistemas, reciclando materiais e vivendo de maneira associada com a maior parte dos vegetais. Os fungos mantêm uma interação ecológica colaborativa com as raízes de muitas plantas, as chamadas *micorrizas* (**Figura 10.3**). Acredita-se que a maior parte das plantas dependa dos fungos para que suas raízes possam assimilar materiais do solo.

A associação dos fungos com as plantas não se restringe às raízes, pois podem ocorrer nos tecidos sadios de partes aéreas da planta, em algum tempo do seu ciclo de vida, sem lhe causar danos aparentes. São os chamados *fungos endófitos*, os quais só recentemente têm despertado o interesse da comunidade científica, especialmente por seus potenciais na produção de metabólitos de interesse econômico. Testes realizados com endófitos de plantas nativas do continente sul-americano revelaram que, ao contrário das micorrizas, os fungos envolvidos nesse tipo de relação são sempre de um único filo (Ascomycota, que veremos adiante). Esses fungos produzem substâncias muito ativas contra bactérias e protistas, além de fatores antinutricionais ou substâncias tóxicas para animais herbívoros. Todas as plantas analisadas com técnicas de detecção de fungos endófitos tiveram resultado positivo.

Outras particularidades dos fungos são a produção de uma substância estrutural só encontrada em artrópodes, a quitina, e o armazenamento de glicose na forma de glicogênio, como os animais.

Muitas espécies de fungos se especializaram em parasitar seres vivos. Delas, algumas são agentes causais de doenças em plantas (como a vassoura-de-bruxa, que ataca o cacau, e a ferrugem do café) ou em animais, inclusive no ser humano (como as micoses e as alergias). Ambientes úmidos são muito propícios para o desenvolvimento de *hifas* (**Figura 10.3**), que são estruturas filamentosas dos fungos produtoras de esporos microscópicos. Produzidos em grande quantidade, os esporos ficam em suspensão no ar e podem causar problemas respiratórios e alergias.

A nutrição dos fungos

Como seres heterotróficos, os fungos não são capazes de produzir o próprio alimento e, a exemplo das bactérias, não possuem estruturas capazes de ingeri-lo, realizando digestão extracelular. Os animais deglutem o alimento, depois o diluem em sucos digestivos e o digerem no interior do organismo, de forma que as substâncias resultantes possam ser aproveitadas pelas células. Nos fungos, a digestão ocorre no meio externo: as enzimas digestivas são secretadas, vão para fora do organismo e entram em contato com o alimento; depois os nutrientes são assimilados e entram nas células. Isso explica duas conhecidas características dos fungos. Uma delas é a dificuldade de fungos e bactérias se desenvolverem em meios com muito sal (como carne salgada) ou muito açúcar (como doces e compotas). Em um meio hipertônico, esses seres vivos perdem água por osmose e, assim, os nutrientes não se difundem para dentro de suas células. A outra é o conhecido odor que emana de recipientes onde haja fungos degradando alimentos.

Saprófita: ser vivo que se alimenta de matéria em decomposição.

Fungos multicelulares crescem como um emaranhado de filamento, as hifas, que se projetam por entre as substâncias orgânicas das quais o fungo se alimenta e eliminam substâncias digestivas no meio, absorvendo os nutrientes liberados. Quando isso ocorre em folhas e animais mortos, os fungos são ditos **saprófitas**. Mas eles crescem também em muitos meios que nos servem de alimento, como queijos e pães, ou em locais que empregamos na cozinha para cortar carne e outros alimentos.

Os fungos conseguem se alimentar de celulose e praticamente todas as substâncias orgânicas disponíveis. Por sua incrível especialização bioquímica, os fungos são utilizados em um grande número de processos industriais e têm grande potencial para o desenvolvimento de estratégias de biorremediação. A trama de hifas se chama *micélio* e, em condições favoráveis, tem crescimento vertiginoso.

Alguns fungos assumem a forma de hifas quando estão em meio pouco favorável e, quando estão em meios com condições ótimas, adotam a forma de células isoladas, chamadas *leveduras*. Este é o caso da levedura *Saccharomices cerevisae*, o conhecido fermento de padeiro (**Figura 10.4**).

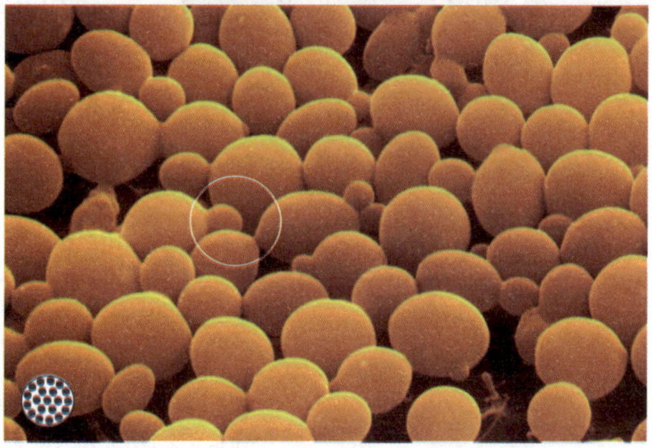

Figura 10.4 Fermento de padeiro visto ao microscópio eletrônico de varredura, mostrando células individuais se reproduzindo assexuadamente por brotamento (detalhe). As células esféricas medem cerca de 16 μm de diâmetro.

A fermentação alcoólica, realizada pelos fermentos *S. cerevisae* é largamente utilizada pela indústria de bebidas, na fabricação de cerveja e vinho. Na cerveja e nos vinhos espumantes, o álcool e o gás carbônico resultantes da fermentação são retidos no produto. Na fermentação do pão, por outro lado, o produto de interesse é o gás carbônico, que forma bolhas na massa, tornando-a macia. O álcool, que também é produzido, é vaporizado nos processos de cozimento da massa.

Muitos animais se alimentam de fungos, inclusive os seres humanos. A nutrição mineral das plantas depende de substâncias que eles acabam por disponibilizar no solo, como no caso das micorrizas. Isso significa que as substâncias orgânicas e minerais que estavam incorporadas nos seres vivos de uma geração podem ser utilizadas por seres vivos de outras gerações, constituindo uma função ecológica indispensável para a manutenção da vida no planeta.

A trama de hifas traz grandes vantagens, pois permite um contato íntimo com o substrato e facilita a assimilação de materiais digeridos. No entanto, traz desvantagens, entre elas o risco de dessecação, pois sua superfície é muito grande. Em ambiente seco, isso acarreta uma perda de umidade muito rápida. Os fungos dependem da disponibilidade constante de água; muitos são aquáticos, outros vivem em ambientes úmidos ou ficam dormentes e se desenvolvem apenas nos períodos nos quais a água fica disponível, como após chuvas.

Reprodução dos fungos

KICHIGIN/SHUTTERSTOCK

Figura 10.5 Corpos de frutificação liberando esporos após uma chuva.

No estudo da célula vegetal, observamos que uma boa parte de seu volume é ocupada por um grande reservatório de água: o vacúolo. Nos fungos, essa reserva não ocorre, de modo que a dessecação é frequente. A produção de grande quantidade de esporos permite a sobrevivência dos fungos nessas condições.

Os fungos podem produzir esporos como resultado de processos de reprodução sexual, sendo resultado de meiose, ou por processos muito mais rápidos de produção de grande quantidade de esporos por mecanismos assexuais, sendo resultado de mitose. Os esporos dos fungos são estruturas que resistem a longos períodos sem água, com metabolismo suspenso, que é retomado em condições favoráveis. Assim, uma mesma espécie de fungo pode ter duas estruturas diferentes de produção de esporos. Outra forma muito comum de reprodução assexual ocorre por fragmentação das hifas. Todos os fungos que formam hifas se reproduzem por fragmentação.

Observe o fungo da micorriza da soja (reveja a **Figura 10.3**). Note as estruturas globulares microscópicas; elas produzem esporos, que são microscópicos, mas podem ser vistos em certos casos, como o mostrado na **Figura 10.5**. Os fungos do chão da floresta tropical soltam nuvens de esporos quando são atingidos por gotas de chuva.

Muitas espécies de fungos iniciam o processo de reprodução sexual quando hifas haploides de dois organismos se fundem, produzindo células com dois núcleos haploides. Elas se multiplicam e podem permanecer meses ou até anos nessa situação, compostas por células conhecidas como *dicários* (que significa "dois núcleos").

Em certo momento os núcleos haploides se fundem, formando um zigoto (diploide), que logo entra em meiose, produzindo esporos haploides. A fase diploide do fungo, portanto, é extremamente breve e se limita ao zigoto.

Este ciclo de vida é muito raro na natureza, uma vez que a meiose ocorre logo após a formação do zigoto (meiose zigótica), dando origem à fase mais duradoura da vida do organismo, que é haploide. Este é o caso do cogumelo conhecido como *champignon*, um fungo muito usado em culinária, e de quase todas as espécies conhecidas de fungos, inclusive unicelulares. Há apenas alguns protistas unicelulares que apresentam esse mesmo tipo de ciclo de vida, com meiose zigótica.

2 Diversidade de fungos

O crescimento na forma de células isoladas (leveduriforme) ocorre em fungos de diferentes grupos; portanto, essa característica não serve como critério de classificação.

São reconhecidos quatro filos de fungos, que se acredita que tenham uma origem comum, a partir de um tipo de protozoário flagelado chamado *coanoflagelado*. Como visto no Capítulo 2 (verificar "Poríferos"), acredita-se que os animais também tenham uma origem próxima, a partir de organismos coanoflagelados.

Quitrídias: o filo Chytridiomycota

Pouco conhecidas do grande público, as quitrídias são fungos aquáticos de grande importância para os estudos de biologia evolutiva. De dimensões microscópicas, unicelulares ou formando **hifas cenocíticas**, possuem algumas características típicas dos fungos, como parede celular com quitina e fabricação de glicogênio como substância de reserva. A maioria das espécies tem hábitos saprófitas, ou seja, vivem da decomposição de restos de animais e vegetais.

Hifas cenocíticas: hifas formadas por uma massa citoplasmática comum, com núcleos que não estão separados por septos.

Ao contrário dos demais fungos, as quitrídias têm gametas e esporos que se deslocam com auxílio de um flagelo. Por outro lado, como os demais fungos, têm ciclo de vida com *meiose zigótica*, encontrada também em alguns protistas. Isso leva a crer que sejam o grupo mais antigo de fungos, possivelmente originado de um protozoário flagelado.

Cogumelos, bolotas, urupês e micorrizas: o filo Basidiomycota

O filo dos basidiomicetos inclui cerca de 23 mil espécies, entre elas os mais conhecidos fungos, como o mostrado na **Figura 10.6**. No entanto, poucas pessoas se dão conta de que ao avistar um *cogumelo*, estamos diante de uma enorme rede de hifas: a parte visível desses fungos, ou o cogumelo, é a estrutura que sustenta os esporângios; as hifas ficam invisíveis e espalhadas em larga área sob o solo.

ARIE V.D. WOLDE/SHUTTERSTOCK

Figura 10.6 Estrutura reprodutiva de *Amanita muscaria*, um basidiomiceto muito venenoso. Estrutura com cerca de 10 cm de altura.

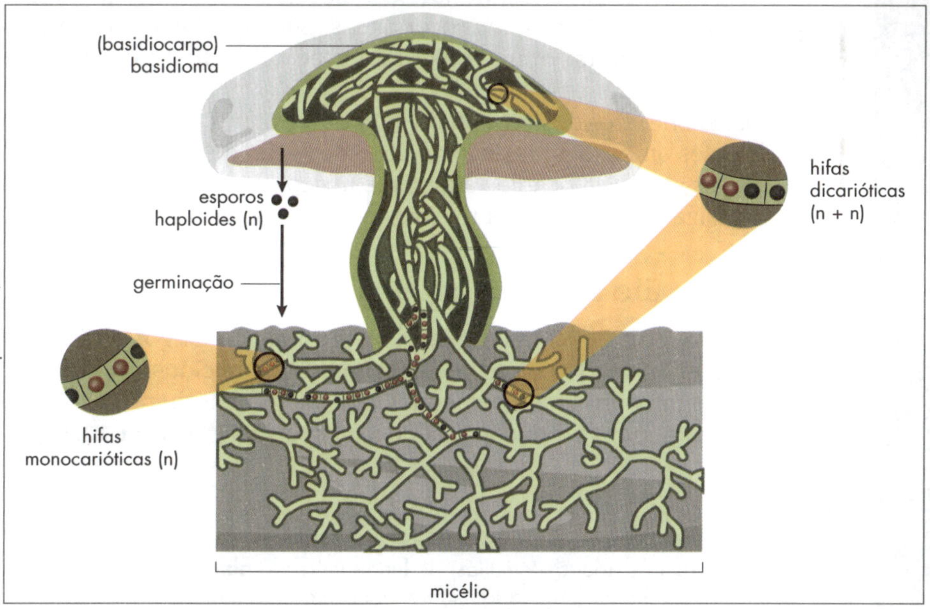

DIEGO SANTOS

Figura 10.7 Esquema mostrando estruturas dos basidiomicetos (em ampliação), os fungos mais conhecidos como cogumelos.

A **Figura 10.7** (página anterior) mostra o esquema de um fungo basidiomiceto. A parte visível é chamada *basidiocarpo*, ou basidioma, formado de hifas dicarióticas. Centenas de milhares de hifas terão a fusão dos dois núcleos, que passarão por meiose e formarão esporos haploides (basidiósporos). Os fungos das outras classes deste filo não produzem esses corpos de frutificação, podendo formar "bolotas", como na **Figura 10.5**. Estas dependem de agentes mecânicos externos para expelir os esporos, como o impacto das gotas de chuva. Outras espécies formam urupês, ou orelhas de pau (**Figura 10.8**).

A parte que não fica visível de um basidiomiceto é o micélio, composto de hifas monocarióticas (n) e dicarióticas (2n). Dentro dos basidiomas (basidiocarpo) ficam os esporângios chamados basídios, estruturas com forma típica produtoras de esporos ou basidiósporos (**Figura 10.9**). A germinação dos esporos dá origem a hifas monocarióticas (n).

DIMEDROL68/SHUTTERSTOCK

Figura 10.8 Corpo de frutificação de um basidiomiceto conhecido como urupê ou orelha de pau.

GETTY IMAGES

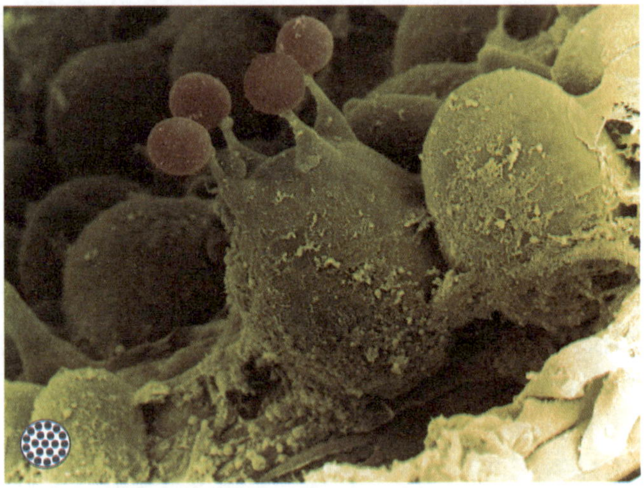

Figura 10.9 Basídio, um esporângio com forma típica, com quatro basidiósporos haploides (em marrom). Aumento de 1 250 vezes, colorida por computador.

SCIENCE PHOTO LIBRARY/LATINSTOCK

Os basidiósporos, encontrando condições favoráveis, germinam originando hifas haploides, monocarióticas. Seu crescimento eventualmente leva a encontrar outras hifas e pode ocorrer a fusão celular, que origina hifas dicarióticas.

Os basidiomicetos desempenham importantes funções ecológicas nos mais diversos ambientes, realizando decomposição de matéria orgânica. Embora existam basidiocarpos altamente tóxicos e venenosos, há outros que são utilizados como alimento e mesmo muito apreciados na culinária.

Bolores: o filo Ascomycota

Há pouco mais de 32 mil espécies conhecidas de fungos no filo dos ascomicetos, entre eles vários bolores muito conhecidos. Um deles é responsável pela produção de penicilina, sendo muito parecido com o fungo utilizado para produção de queijos especiais (**Figura 10.10**).

Figura 10.10 Imagem de microscopia eletrônica de varredura colorida por computador mostrando a produção de esporos (em amarelo) em estruturas abertas (em lilás) do fungo utilizado para produção do queijo Roquefort. Cada esporo tem cerca de 3 μm.

Os fungos desse filo se reproduzem sexualmente de maneira muito semelhante aos basidiomicetos. As hifas septadas possuem núcleos haploides, que eventualmente se fundem formando células dicarióticas. A fusão dos núcleos haploides gera um zigoto, que entra em meiose, formando um esporângio saculiforme típico (daí deriva o nome do filo, pois *asco* = saco).

Muitas espécies desse filo formam esporos por mitose, por processo assexuado, em estruturas abertas, denominadas *conídios*, as quais, na verdade, não são esporângios, mas conjuntos de hifas que formam, por constrição de sua extremidade livre, pequenas células que funcionam como esporos haploides e são chamados conidiósporos.

A grande maioria dos liquens – algo como 98% – é constituída por fungos desse filo. Muitos alimentos são preparados com fungos desse filo, como pães, cerveja, vinho e diversos queijos. A especificidade de muitos desses alimentos decorre justamente da linhagem de fungos e leveduras utilizada.

Mofos: o filo Zygomycota

Os fungos do filo dos zigomicetos são pouco mais de mil espécies, embora se acredite que no futuro serão descritas muitas mais. Há fungos parasitas, saprófitas e outros que formam micorrizas simbióticas com diversas plantas.

A **Figura 10.11** mostra o bolor negro dos pães, uma estrutura **cotonosa** que se forma nas superfícies úmidas de alimentos ricos em carboidratos. Observe como o esporângio é diferente de outras formas vistas até aqui.

Cotonoso: que tem aspecto de algodão, que é formado por fios; filamentoso.

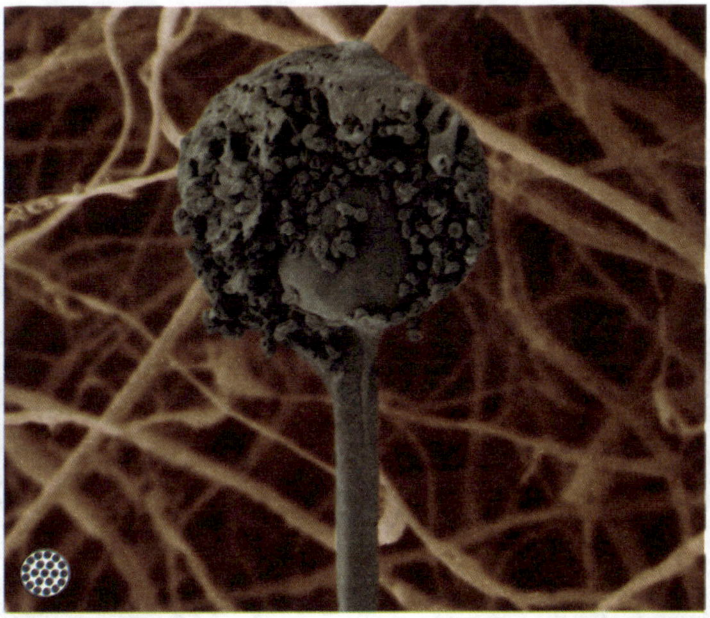

DR. MERTON BROWN/VISUALS UNLIMITED/CORBIS/LATINSTOCK

Figura 10.11 Imagem de microscopia eletrônica de varredura colorida por computador mostrando a produção de esporos (em preto) do bolor do pão. Note as hifas do fungo ao fundo (marrom). Aumento de cerca de 900 vezes.

3 Liquens: fungos e algas

Os liquens são associações de algas e fungos. Como veremos a seguir, o termo "alga" é muito amplo e inclui seres vivos que estão hoje agrupados até mesmo em domínios diversos, por exemplo, Eukarya e Bacteria. Antigamente as cianobactérias eram chamadas algas azuis, e elas são um exemplo de parceiro dessa associação. Os liquens podem apresentar três aspectos básicos: *folhosos* (como *Parmelia sulcata*, da **Figura 10.12**, na página seguinte), *incrustantes*, ou *fruticosos*. Todos eles, no entanto, observados ao microscópio, revelam um fungo filamentoso e um organismo fotossintetizante (**Figura 10.13**).

JUSTIN GROVES/THE UNIVERSITY OF READING

Figura 10.12 Líquen folhoso (*Parmelia sulcata*) em tronco de árvore, crescendo sem prejudicar a planta.

Note como as hifas do fungo, neste caso chamado *micobionte* ou *fungo liquenizado*, estão associadas a algas, os *fotobiontes* – seres vivos fotossintetizantes, que podem fornecer alimento ao fungo. São poucas espécies de fotobiontes que podem formar liquens, pois eles devem ser capazes de viver em ambiente terrestre, embora úmido. No caso do líquen das **Figuras 10.12** e **10.13**, trata-se de algas verdes do gênero *Trebouxia* spp.

Os liquens conseguem se instalar em ambientes tão inóspitos quanto uma rocha nua, desde o equador até os pólos. A capacidade de obter água e nutrientes figura entre as mais importantes do fungo, enquanto as cianobactérias e algas conseguem realizar fotossíntese e produzir alimento. A troca dessas capacidades é a base dessa associação. Ao contrário do mito muito difundido de que todos são indicadores de boas condições ambientais, muitas espécies (como *Parmelia sulcata*, da **Figura 10.12**) são bastante tolerantes à poluição e são comumente encontrados em árvores de ruas de grandes cidades, instalando-se sobre a casca de árvores. Não há nenhum prejuízo para a planta, uma vez que o líquen nada retira da parte viva da planta.

Os liquens têm diferentes origens evolutivas, e as algas e os fungos que vivem associados em certos locais podem igualmente viver de maneira isolada em outros locais, com condições mais favoráveis.

Ao viverem na forma associada, conseguem colonizar ambientes novos, nos quais nenhum dos dois simbiontes conseguiria sobreviver isoladamente. Em certos locais os liquens são as únicas formas de vida encontradas. Por isso, considera-se que tenham grande importância ecológica, sendo organismos pioneiros em muitos contextos ecológicos na atualidade e, provavelmente, no passado. Ao fixar nitrogênio (como vimos, as cianobactérias são fixadoras eficientes), criam uma base para a instalação de outros seres vivos.

SCIENCE PHOTO LIBRARY/LATINSTOCK

Figura 10.13 Detalhe de um líquen que aparece na parte superior do tronco da foto anterior, em fotografia de microscópio eletrônico de varredura, com coloração artificial. As formas esféricas verdes, com 10 μm de diâmetro, são as algas e as formas filamentosas são hifas do fungo.

É interessante que, ao viverem associados, os mutualistas se reproduzem de maneira a manter a associação. Os liquens normalmente se reproduzem por simples fragmentação, mas podem produzir partículas constituídas por células de algas envoltas por hifas de fungo, chamadas *sorédios*. Essas estruturas são as únicas formas de propagação do líquen. Os ciclos reprodutivos dos micobiontes continuam, embora os esporos do fungo deem origem apenas a hifas de fungos. As algas associadas no líquen só se reproduzem vegetativamente.

4 Relações filogenéticas

Os fósseis de fungos, embora não sejam raros, são relativamente pouco estudados. No entanto, sabe-se que já estavam associados a raízes de plantas no Devoniano, quando as primeiras árvores colonizavam os ambientes terrestres. Acredita-se que eles tenham sido essenciais para essa colonização. Há registros ainda mais antigos, anteriores ao Cambriano, demonstrando que os fungos estão entre as formas mais antigas de vida eucariótica. As associações com algas formando liquens são mais recentes, e há registros dessas associações nos últimos 400 milhões de anos. Acredita-se que nessa época já existiam todos os grupos de fungos estudados neste capítulo (**Figura 10.14**).

Acredita-se que as quitrídias sejam "fósseis vivos" a comprovar que os fungos podem ter se originado de protozoários flagelados. Vivendo principalmente em água doce, são saprófitas e possuem quitina em sua parede celular, uma característica ausente nos protistas. Além do gameta flagelado, as quitrídias têm o ciclo de vida mais comum entre os fungos e é compartilhado por poucos protistas, já que têm uma breve existência como organismos diploides. Uma vez formado o zigoto diploide, ele logo entra em meiose, gerando células haploides que se reproduzem por mitose. Essas são as formas "adultas" desses organismos unicelulares, que gerarão gametas por mitose. Esse ciclo de vida pouco comum, em que a meiose ocorre logo após a formação do zigoto, chamada meiose zigótica, é outro indício da origem dos fungos a partir de protistas unicelulares.

A estrutura celular dos fungos tem o típico padrão dos eucariotos, com ribossomos de tamanho igual ao de protistas, vegetais e animais. Da mesma forma, possuem mitocôndrias com o mesmo padrão de atividade, mesmo organismos com alta capacidade de fermentação, como as leveduras utilizadas industrialmente.

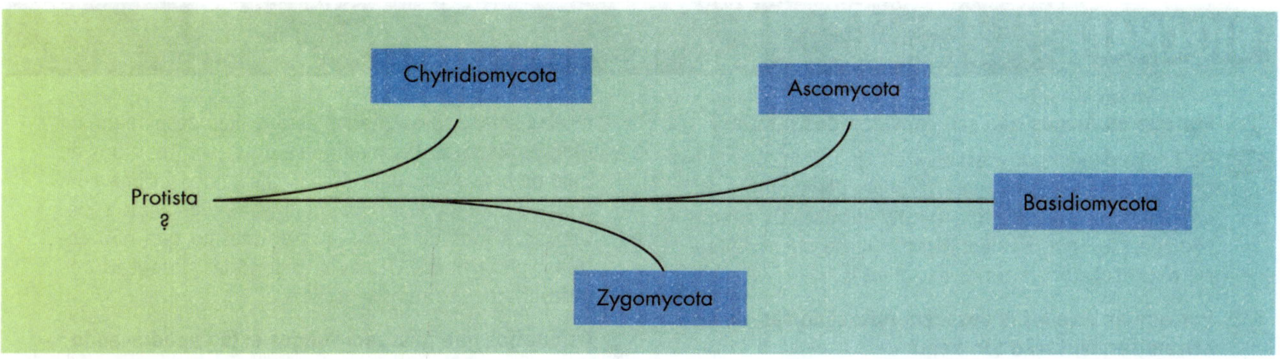

Figura 10.14 Há cerca de 400 milhões de anos já existiam os principais grupos de fungos. O grupo Chytridiomycota é considerado o ramo divergente mais antigo.

EM POUCAS PALAVRAS

1

- Os fungos são organismos eucariotos, heterótrofos, com digestão extracelular, e com uma série de especializações, constituindo um reino à parte, pois possuem características únicas.
- Parede celular com quitina, um polímero que aparece apenas em artrópodes, e substância de reserva que não aparece em vegetais, o glicogênio, são exemplos de especializações dos fungos.
- Todos os fungos são heterótrofos que absorvem nutrientes do meio, e muitos são saprófitas; há espécies parasitas, e muitos são capazes de formar associações com raízes de plantas (micorrizas).
- Os fungos têm elevada capacidade de sintetizar substâncias capazes de digerir a grande maioria das substâncias orgânicas conhecidas.
- O ciclo de vida dos fungos inclui reprodução sexual com meiose zigótica, pois as formas perenes dos fungos (micélios) são haploides e a fase diploide é efêmera.
- Os fungos se reproduzem comumente por reprodução assexuada, seja por meio de esporos originados por mitose, seja pelo desmembramento de hifas.

2

- Muitos grupos de fungos podem apresentar, ao lado de uma trama de hifas (micélio), a forma de células isoladas, leveduriforme.
- Existem quatro filos principais de fungos, sendo o mais primitivo o Chytridiomycota, constituído por seres microscópicos, o único filo do Reino dos Fungos com gameta flagelado.
- O filo dos basidiomicetos inclui organismos que possuem esporângios típicos (basídios), sendo que as hifas dos fungos de uma das classes do filo (os basidiomicetes) formam corpo de frutificação típico, em forma de chapéu. Embora haja espécies comestíveis, muitas espécies são tóxicas.
- O filo dos ascomicetos inclui organismos com esporângios em forma de saco, que produzem ascósporos por meiose.
- O filo dos zigomicetos tem esporângios característicos, e formam os bolores.

3

- Os liquens são formados por associações entre fungos e algas, tendo ocorrência registrada em fósseis há pelo menos 400 milhões de anos. Esses organismos também podem viver isoladamente em locais com condições favoráveis.

4

- As quitrídias são fungos considerados "fósseis vivos", pois produzem gametas flagelados, que nenhum outro grupo de fungos possui.
- Os fungos têm células eucarióticas típicas, inclusive do ponto de vista das organelas de seu citoplasma.

BIOCHAT

? Por que os fungos não são considerados plantas?

BC Do ponto de vista da classificação científica, as plantas são caracterizadas pela presença de clorofila em organelas, os cloroplastos (entre outras). Os fungos não têm clorofila, e, além disso, não possuem celulose, outra substância típica das plantas.

? Por que as leveduras possuem mitocôndrias, se realizam fermentação tão bem?

BC É uma ótima pergunta. Na verdade, as funções da mitocôndria não se resumem a produzir energia, embora elas sejam apresentadas assim. Elas desempenham funções importantes na síntese de diferentes tipos de lipídios e mantêm uma associação muito íntima com o retículo endoplasmático, com transferência de substâncias e íons de cálcio. Assim, mesmo que não estejam produzindo ATP, as mitocôndrias de eucariotos unicelulares são indispensáveis.

? Os queijos que possuem fungos estão apodrecendo?

BC Chamamos de apodrecimento ou putrefação processos que combinam ação de fungos e bactérias, normalmente anaeróbicos, de muitas espécies e cepas diferentes, capazes de produzir diferentes substâncias, tóxicas inclusive. No caso da indústria de queijos, são utilizadas espécies de fungos especialmente cultivadas há muitos anos e que sabidamente não produzem toxinas perigosas para pessoas acostumadas a consumi-los.

? **Os liquens podem prejudicar as árvores frutíferas quando crescem em suas cascas? Eles são um bom ou mau sinal da qualidade dos frutos?**

BC Não. Os liquens não prejudicam as plantas sobre as quais eventualmente crescem. Eles não indicam diretamente a qualidade das frutas e é bom lembrar que muitos deles crescem em locais com poluição do ar.

? **Na massa de pão se forma álcool? Podemos ficar embriagados ao comer pão?**

BC A fermentação que ocorre na massa de pão é alcoólica, ou seja, forma-se álcool e gás carbônico. No entanto, ao cozinhar a massa, a temperaturas acima de 200 °C, o álcool é vaporizado e praticamente nada resta na massa.

ATIVIDADES DE REVISÃO

I Classifique as afirmações seguintes como Verdadeiras ou Falsas, justificando, em seu caderno, sua resposta:

1 **1.** Os fungos são organismos autótrofos e pertencem ao Reino Monera, no Domínio Archea.

1 **2.** O RNA ribossômico permite classificar os organismos em três grandes grupos: Archaea, Bacteria e Eukarya.

1 **3.** Os fungos têm RNA ribossômico mais parecido com uma ameba do que com uma bactéria.

1 **4.** Os fungos endófitos podem prejudicar as plantas, mas só foram encontrados poucos casos até o momento.

1 **5.** A fase predominante no ciclo de vida dos fungos é haploide, sendo que a meiose ocorre logo após a formação do zigoto, sendo chamada meiose zigótica.

2 **6.** Chytridiomycota são fungos macroscópicos e popularmente conhecidos como champignon.

2 **7.** É muito provável que Poríferos e Fungos tenham uma origem comum, a partir de um mesmo grupo de protistas.

2 **8.** Quitrídias são fungos que não possuem quitina na sua estrutura e armazenamento de glicose.

2 **9.** Os ascomicetos podem se reproduzir sexualmente por ascósporos e assexualmente por conidiósporos.

3 **10.** Os ascomicetos são os fungos que mais realizam associações mutualísticas.

II Identifique a alternativa correta em seu caderno:

1 **11.** Considere as seguintes afirmações:

I. Os fungos conservam o envelope nuclear até o fim da meiose e da mitose.

II. Os fungos endófitos prejudicam o desenvolvimento da planta hospedeira.

III. As micorrizas são associações de parasitas, onde os fungos retiram alimento das plantas, podendo levá-las à morte.

IV. Os fungos têm importante participação na reciclagem do solo.

V. Alguns fungos podem causar micoses e alergias em seres humanos.

A alternativa que contém apenas afirmações corretas é:

a) I, II e V.
b) II e III.
c) I, III e V.
d) I, IV e V.
e) I e V.

1 **12.** Selecione a alternativa incorreta:

a) Os fungos têm fase haploide efêmera, que dura poucas horas.
b) Os primeiros fósseis de plantas indicam que as micorrizas foram importantes para seu o desenvolvimento e sucesso adaptativo.
c) Foram encontrados fósseis de fungos datados do antigo Cambriano.
d) Os fungos são produtores do polissacarídeo quitina.
e) Todos os fungos endófitos conhecidos são ascomicetos.

1 **13.** Sobre a nutrição dos fungos, é correto afirmar:

a) Algumas espécies realizam digestão intracelular.
b) O odor típico da putrefação é indício de digestão extracelular.
c) Os fungos dependem de luz solar para sua nutrição.
d) Durante a alimentação são eliminadas as hifas e os micélios.
e) A degradação das moléculas orgânicas causadas pela alimentação dos fungos causam apenas prejuízos para os seres humanos.

ATENÇÃO: NUNCA ESCREVA NO LIVRO.
RESPONDA SEMPRE NO CADERNO.

1 **14.** Sobre a reprodução dos fungos é correto afirmar que:

a) A reprodução dos fungos é exclusivamente assexuada.
b) Quando os fungos se reproduzem por fragmentação ocorre fusão de núcleos.
c) A fase haploide dos fungos é muito breve e se origina sempre de meiose espórica.
d) Os fungos se caracterizam por não possuir gametas flagelados.
e) A reprodução tanto sexual como assexual dá origem a esporos haploides.

1 **15.** Localize a alternativa que identifica corretamente afirmações verdadeiras (V) e falsas (F):

I. As leveduras são fungos com célula isolada;

II. Os fungos endófitos formam associações mutualísticas na parte aérea da planta;

III. A parede celular dos fungos comprova sua proximidade evolutiva com as plantas;

IV. As células dos fungos possuem a capacidade de armazenar água;

V. Fatores físicos como a chuva podem iniciar a liberação dos esporos.

Indique a alternativa correta:

a) F, F, F, V, F.
b) F, V, V, V, F.
c) V, V, F, F, F.
d) F, V, F, V, V.
e) V, V, F, F, V.

3 **16.** Os liquens podem ser vistos vivendo sobre superfícies como rochas, fios elétricos, troncos e ramos de árvores. Sobre a nutrição de liquens é correto afirmar:

a) Em todas essas situações a nutrição do fungo ocorre exclusivamente pela atividade fotossintética realizada pela alga simbionte.
b) Quando a planta morre os liquens morrem logo em seguida, o que demonstra que o fungo retira alimento da planta e o repassa à alga.
c) A vida em fios elétricos evidencia o fato de que os liquens precisam de uma fonte de energia durante os períodos sem luz solar.
d) As micorrizas são os únicos liquens que não realizam fotossíntese, uma vez que vivem debaixo da terra, sem acesso à luz solar.
e) Os liquens são formados exclusivamente por espécies eucariotas, por isso, são definidas como heterotróficas estritas.

4 **17.** Do ponto de vista da origem evolutiva, as quitrídias podem ser comparadas a certos animais de outros grupos, que demonstram possibilidades evolutivas. Assim, podemos compará-las a:

a) Cianobactérias, a indicar a origem procarionte comum.
b) Liquens, demonstrando que a vida está inter-relacionada.
c) Micorrizas, sem as quais não teria ocorrido a evolução.
d) Arqueopterix, evidenciando formas primitivas extintas.
e) Celacantos, formas primitivas consideradas fósseis vivos.

ATIVIDADES DE APROFUNDAMENTO

18. Indique falso ou verdadeiro para as seguintes afirmações, justificando-as em seu caderno.

a) Os basidiomicetos são fungos que vivem a maior parte do tempo como hifas haploides.
b) A levedura responsável pelo crescimento do pão não precisa de oxigênio para sobreviver.
c) Os fungos utilizados na produção de queijos e mesmo de penicilina podem ser multiplicados por meio de esporos originados de hifas haploides.
d) Os fungos se reproduzem de maneira sexual, com meiose espórica.
e) Os liquens são formados por fungos e algas incapazes de sobreviver sozinhos em qualquer tipo de ambiente.
f) As micorrizas são ataques que os fungos realizam contra as raízes de alguns vegetais e acabam por privá-los de certos nutrientes do solo.

19. Uma casa úmida é tida como um ambiente pouco saudável, principalmente para pessoas com problemas respiratórios. Isso é devido ao fato de a disponibilidade de água favorecer:

a) o desenvolvimento de fungos, que são grandes produtores de esporos.
b) a realização de fotossíntese, caso haja gás carbônico disponível.
c) o deslocamento de anterozoides nos protalos das pteridófitas.
d) a produção de gametas pelo pólen de gimnospermas trazido pelo vento.

20. Uma samambaia e o bolor do pão são semelhantes, pois são verdes e produzem esporos. Ao examinar as células desses dois organismos é possível reconhecer uma semelhança e uma diferença, pois as células de ambos possuem:

a) paredes rígidas, mas apenas a samambaia realiza reprodução sexual com meiose.
b) paredes rígidas, mas apenas a samambaia é autótrofa e possui clorofila.

c) núcleo celular, mas apenas o fungo possui mitocôndrias em seu citoplasma.

d) ribossomos, mas apenas a samambaia tem o núcleo envolvido por membrana dupla.

21. Indique a alternativa correta:

a) A formação de conidiósporos ocorre imediatamente após a formação do zigoto, que é diploide, por meiose zigótica.

b) Todos os esporos se formam em estruturas pluricelulares denominadas esporângios, onde ocorre meiose espórica.

c) Os fungos e leveduras utilizados na preparação de alimentos secretam enzimas que digerem substâncias.

d) Os fungos endófitos são parasitas que vivem no interior de plantas, sendo conhecidos apenas ascomicetos.

BIOLOGIA NO CONTEXTO

22. Os liquens são associações de organismos que permitem a colonização de ambientes nos quais nenhum outro ser vivo consegue sobreviver. Explique a razão dessa capacidade incomum.

23. Até pouco tempo, organismos denominados oomicetos e mixomicetos, como seus nomes indicam, eram classificados como fungos verdadeiros. Sua aparência assim o confirmava, pois formam hifas e produzem esporos. Na década de 1980, no entanto, ficou estabelecido que se tratava de organismos originados de plantas, que tinham perdido a capacidade fotossintetizante, e portanto não pertenciam ao Reino Fungi. Para chegar a essa conclusão, os cientistas devem ter comprovado que:

a) suas paredes celulares possuem quitina.

b) têm glicogênio como substância de reserva.

c) suas paredes celulares possuem celulose.

d) não possuem membrana nuclear organizada.

e) possuem organelas membranosas, como plastos.

24. Uma dona de casa, ao assistir a uma matéria da TV sobre as tábuas de carne das casas, resolveu examinar a que tinha em uso em casa. Para seu espanto, comprovou as características que tinham sido apresentadas no programa: a madeira tinha um cheiro ruim e havia fios brancos em sua superfície. Ela realizou então o que tinha sido recomendado: lavou com água quente e em seguida a limpou com um pano com álcool. Para sua surpresa, na semana seguinte, constatou que aquelas mesmas características tinham retornado. Como se explica isso?

EXERCÍCIOS DE VESTIBULAR E ENEM

25. (Fuvest-SP) Frequentemente, os fungos são estudados juntamente com as plantas, na área da Botânica. Em termos biológicos, é correto afirmar que essa aproximação:

a) não se justifica, pois a organização dos tecidos nos fungos assemelha-se muito mais à dos animais que à das plantas.

b) se justifica, pois as células dos fungos têm o mesmo tipo de revestimento que as células vegetais.

c) não se justifica, pois a forma de obtenção e armazenamento de energia nos fungos é diferente da encontrada nas plantas.

d) se justifica, pois os fungos possuem as mesmas organelas celulares que as plantas.

e) se justifica, pois os fungos e as algas verdes têm o mesmo mecanismo de reprodução.

26. (Ufop-MG) Nos sistemas mais antigos de classificação, os fungos e as plantas pertenciam ao mesmo reino, o que não ocorre atualmente. Com base nesse fato:

a) Cite duas características que justifiquem a retirada dos fungos do Reino das Plantas.

b) Cite os atuais reinos de classificação biológica.

c) Dê exemplos de seres vivos pertencentes a cada reino de classificação biológica.

27. (Enem) Há milhares de anos o homem faz uso da biotecnologia para a produção de alimentos como pães, cervejas e vinhos. Na fabricação de pães, por exemplo, são usados fungos unicelulares, chamados de leveduras, que são comercializados como fermento biológico. Eles são usados para o crescimento da massa do pão, deixando-a leve e macia. O crescimento da massa do pão pelo processo citado é resultante da:

a) liberação de gás carbônico.

b) formação de ácido lático.

c) formação de água.

d) produção de ATP.

e) liberação de calor.

28. (Unicamp-SP) Até há algum tempo, considerava-se que fungos e bactérias pertenciam ao Reino Vegetal. Com o reconhecimento das diferenças entre eucariotos e procariotos, as bactérias foram separadas, mas os fungos permaneceram incluídos no Reino Vegetal. Mais recentemente, porém, tornou-se claro que os organismos agrupados como fungos definitivamente não são plantas.

a) Apresente uma característica comum a bactérias e fungos que permitiu considerá-los como plantas.

b) Apresente uma característica das bactérias que demonstra serem elas pertencentes a outro reino. Qual é esse reino?

c) Cite duas características das plantas que não são encontradas nos fungos.

29. (Unicamp-SP, adaptado) O impressionante exército de argila de Xian, na China, enfrenta finalmente um inimigo. O oponente é um batalhão composto por mais de quarenta tipos de fungos, que ameaça a integridade dos 6 000 guerreiros e cavalos moldados em tamanho natural. Os fungos que agora os atacam se alimentam da umidade provocada pela respiração das milhares de pessoas que visitam a atração a cada ano. (Adaptado de *Veja*, 27/09/2000). Baseando-se nesse texto, pergunta-se:

I. Ao contrário do que está escrito no texto, a umidade não é suficiente para alimentar os fungos, pois eles são:

a) seres fotossintetizantes, portanto autotróficos.

b) seres parasitas e saprófitas com digestão extracelular.

c) heterotróficos facultativos, com digestão intracelular.

d) decompositores com parede celular de peptidoglicano.

e) leveduriformes, realizando apenas fermentação alcoólica.

II. Os fungos são encontrados em qualquer ambiente. Como se explica essa grande capacidade de disseminação? Os fungos:

a) são compostos por hifas que crescem indefinidamente nas mais diversas condições.

b) podem se originar a partir do seccionamento de hifas haploides ou diploides.

c) originam-se por meiose espórica, o que é incomum entre plantas e animais.

d) produzem grande quantidade de esporos, que resistem às mais diversas condições.

e) reproduzem-se por meiose, o que garante grande variabilidade genética

30. (Fuvest, adaptado) O molho de soja mofado vem sendo usado na China, há mais de 2 500 anos, no combate a infecções de pele. Durante a Segunda Guerra Mundial, prisioneiros russos das prisões alemãs, que aceitavam comer pão mofado, sofriam menos infecções de pele que os demais prisioneiros, os quais recusavam esse alimento. A possível ligação entre os dois casos pode decorrer do fato de:

a) os mofos serem fungos produtores de substâncias antibióticas.

b) o mofo possuir alto valor nutritivo e revigorar as defesas naturais.

c) os russos terem a mesma ascendência mongólica dos chineses.

d) fatores casuais sem qualquer explicação lógica até o momento.

e) o pão e molho de soja possuírem carboidratos com alto teor de fibras.

31. (UFSC) Os seres humanos desenvolveram uma sociedade baseada na utilização de combustíveis fósseis, entre eles o carvão. O acúmulo de matéria orgânica vegetal, ocorrido no período Carbonífero há 300 milhões de anos, gerou as reservas de carvão hoje exploradas. Porém, este processo de acúmulo não mais aconteceu em função do surgimento dos fungos, seres vivos capazes de degradar lignina e celulose. Considerando o exposto acima, assinale a(s) proposição(ões) correta(s).

(01) Os fungos são seres heterótrofos que apresentam parede celular composta de quitina, característica compartilhada por algumas espécies de algas unicelulares.

(02) Juntamente com as bactérias, os fungos compõem um grupo de seres vivos decompositores da matéria orgânica e responsáveis pela ciclagem dos nutrientes na cadeia trófica.

(04) A lignina e a celulose são moléculas encontradas principalmente no citoplasma de células vegetais.

(08) As leveduras são fungos unicelulares capazes de realizar a fermentação, processo bioquímico utilizado na produção de alimentos como o iogurte.

(16) Alguns fungos podem ser encontrados em associações simbióticas com outros organismos. A associação de fungos com plantas forma as micorrizas e a de fungos com algas, os liquens.

32. (UFRN, adaptado) Uma das doenças do algodoeiro é provocada pelo acúmulo de micélios e esporos de um fungo do gênero Fusarium no interior dos vasos da planta, prejudicando o fluxo de seiva. Para o fungo, essas estruturas são importantes, pois estão relacionadas, respectivamente, com:

a) endofitose e reprodução

b) fixação e digestão.

c) crescimento e reprodução.

d) dispersão e toxicidade.

e) armazenamento e respiração.

CAPÍTULO 11

DIVERSIDADE DE AUTÓTROFOS

A vida das plantas teve início no meio aquático, seguida de importantes passos evolutivos que levaram a estender com sucesso sua distribuição ao meio terrestre. Entre outras adaptações das plantas, destacam-se a presença de pigmentos fotossintetizantes, parede celular, cutícula e diversas associações com fungos. A reprodução e os ciclos de vida dos diversos grupos se modificaram no sentido de se tornarem cada vez mais independentes do meio aquático.

Figura 11.1 A sequoia é uma gimnosperma gigante que pode atingir 90 m de altura. À esquerda, em imagem obtida em microscópio eletrônico de varredura e colorida artificialmente, grãos de pólen em flor de lírio. Diâmetro aproximado de cada grão: 0,2 mm.

1 Algas: uma coleção de seres fotossintetizantes

As algas ilustram bem os progressos da pesquisa biológica e o que a análise bioquímica revela em termos de detalhes moleculares dos seres vivos. Assim, o que muitos entendiam como um grupo de seres vivos de mesma origem revelou-se, ao contrário, um conjunto de organismos com origens muito diferentes.

Chamamos de "algas" seres vivos que compartilham poucas características em comum: são seres eucariotos, predominantemente habitam o ambiente aquático, possuem clorofila de um ou mais tipos, mas não possuem tecidos verdadeiros nem um sistema condutor de seiva. Como esses organismos não descendem de um mesmo ancestral comum, "algas" não tem significado taxonômico.

Em praias e mesmo na culinária podemos encontrar algumas algas que provavelmente pertencem a um dos três filos mais conhecidos: o das algas vermelhas, o das algas pardas e o das algas verdes.

O tipo de clorofila varia de acordo com o grupo, mas existem basicamente quatro tipos, designados pelas letras *a*, *b*, *c* e *d*.

Algas vermelhas, o filo Rodophyta

DOUGLAS P. WILSON/FLPA/CORBIS/LATINSTOCK

Figura 11.2 Alga vermelha *Bonnemaisonia hamifera* e sua estrutura basicamente filamentosa, com alguns filamentos em forma de ganchos.

DAVID WROBEL/VISUALS UNLIMITED/CORBIS/LATINSTOCK

Figura 11.3 Para quem não é especialista, não é fácil distinguir certas algas vermelhas com esqueleto de carbonato de cálcio dos corais verdadeiros.

Este grupo de organismos eucariotos pluricelulares pode ser encontrado em ambientes que variam desde os costões rochosos até grande profundidade do mar. Trata-se do filo das rodófitas, ou algas vermelhas (**Figura 11.2**), assim denominadas porque possuem pigmentos avermelhados e azulados que camuflam a coloração da clorofila, conferindo à maioria das algas que fazem parte desse grupo sua coloração avermelhada típica.

A maioria das algas rodófitas é pluricelular, embora existam espécies unicelulares. Estas, no entanto, não possuem flagelo.

Há algas vermelhas de grande significado ecológico, as chamadas *algas calcárias*. Elas depositam carbonato de cálcio em suas paredes celulares e contribuem para a formação de recifes em águas quentes (**Figura 11.3**). No Mar Mediterrâneo há fósseis de algas calcárias, indicando ambiente tropical de águas quentes, em depósitos de 5 a 7 milhões de anos atrás. Esses depósitos fósseis documentam importantes mudanças no clima do planeta. Os fósseis de algas vermelhas mais antigos remontam ao Pré-Cambriano e têm cerca de 1,2 bilhão de anos.

A maioria das quase 6 000 espécies conhecidas de algas vermelhas é marinha, mas há algumas espécies de água doce. Suas paredes celulares possuem substâncias gelatinosas como ágar-ágar e carragena, de grande interesse econômico. Os cloroplastos das algas vermelhas, assim como os das algas verdes e das plantas, têm membrana dupla. Possuem clorofila *a* e outros pigmentos, mas não possuem clorofila *b*.

Algas pardas, o filo Phaeophyta

São cerca de 1 500 espécies conhecidas, e constituem um grupo que predomina em certos ambientes marinhos, em especial em regiões frias, boreais e polares, formando organismos talosos de grande porte. Nas áreas tropicais há grandes extensões de mar ocupadas por massas flutuantes, os chamados sargaços, que também podem viver fixos em costões rochosos.

Existem algas pardas de tamanho avantajado, com indivíduos que atingem até 60 metros de comprimento e 300 quilos. As algas pardas embora não possuam tecidos organizados, têm células com especializações: por exemplo, em flutuação, na forma de vesículas de ar (**Figura 11.4**); em fixação, na forma de apressórios (parecidos com raízes).

LYNDA RICHARDSON/CORBIS/LATINSTOCK

Figura 11.4 Um filhote de tartaruga nada próximo a um banco de algas pardas. Observe os flutuadores, especializações na forma de vesículas, típicas desse grupo de algas.

Algas verdes, o filo Chlorophyta

Cerca de 17 mil espécies são incluídas no filo das clorófitas, variando desde seres microscópicos até algas de tamanho macroscópico. Uma poça em um costão rochoso, em maré baixa, nos permite perceber um pouco da diversidade de algas (**Figura 11.5**).

ATLASPIX/SHUTTERSTOCK

Figura 11.5 Algas em uma poça em costão rochoso.

As algas verdes possuem celulose e os dois tipos de clorofila (*a* e *b*); a exemplo das algas vermelhas, possuem cloroplastos com membrana dupla. As clorófitas são consideradas o grupo mais primitivo da linhagem evolutiva, que inclui também os organismos do reino das plantas. Já as algas vermelhas são o grupo-irmão (aquele evolutivamente mais próximo) de toda essa "linhagem verde" (**Figura 11.6**). No entanto, as algas pardas são um grupo bem distante das demais algas.

As relações filogenéticas entre dois filos de algas e as plantas estão resumidas na **Figura 11.6**.

As algas verdes mantêm suas populações em tamanho estável em rios, lagos e mares, pois certos nutrientes como o fósforo e o nitrogênio são limitados. No entanto, o aumento desses nutrientes – que ocorre no caso de locais poluídos – detemina um crescimento vertiginoso de algas verdes, cianobactérias e dinoflagelados.

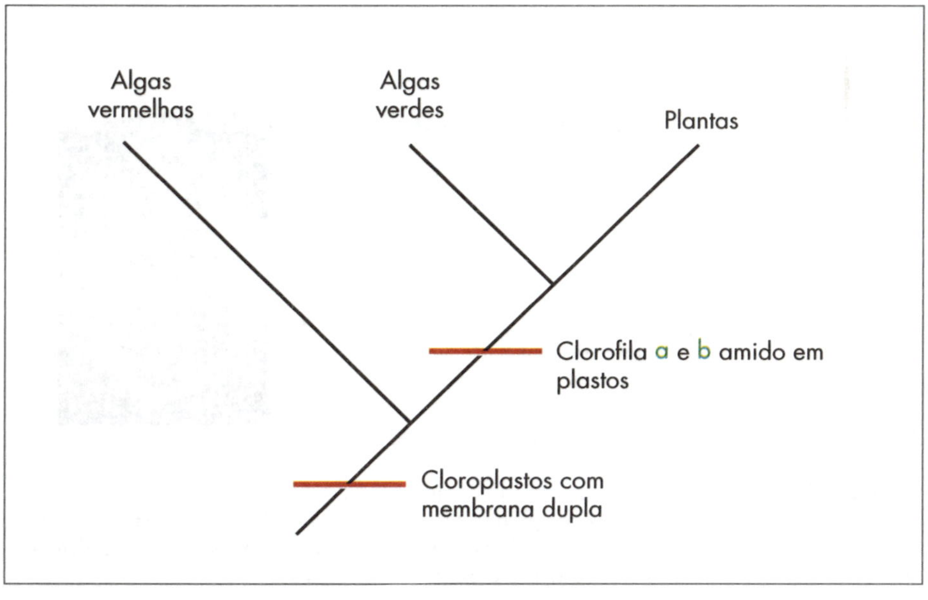

ACERVO DA EDITORA

Figura 11.6 Cladograma resumido mostrando a relação de dois grupos de algas com as plantas.

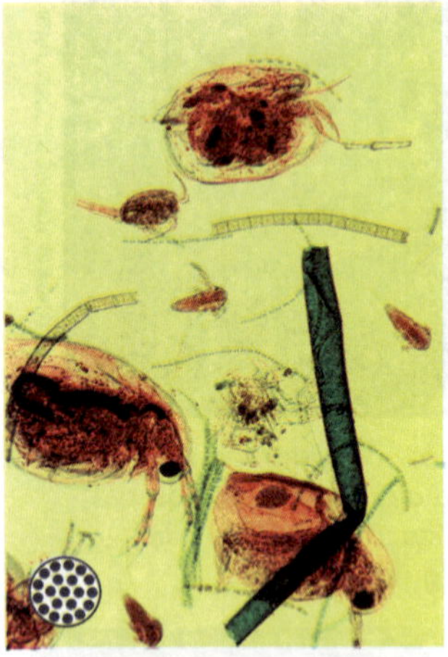

Figura 11.7 O plâncton é formado por zooplâncton, composto principalmente de minúsculos crustáceos, como a *Daphnia* (animais maiores), cujo comprimento varia de 0,2 a 5 mm, e por fitoplâncton, a fração fotossintetizante, composta de microalgas e cianobactérias.

Importância ecológica das algas

As algas formam a base das teias alimentares aquáticas, tanto por sua capacidade de produzir matéria orgânica como também pela sua capacidade de fixar nitrogênio.

As formações coralinas, como vimos no Capítulo 2 (**Figura 2.17**), são importantes locais de fixação de nitrogênio, em especial quando estão associadas a cianobactérias diazotróficas. Além delas, há organismos do grupo dos dinoflagelados, mas alguns ainda chamam de algas, as *zooxantelas*. Elas realizam fotossíntese e vivem associadas aos animais que constituem os corais. Estima-se que haja cerca de 30 mil dinoflagelados simbiônticos por milímetro cúbico, principalmente nas células que revestem sua cavidade digestiva. Isso explicaria a ausência de corais em águas mais profundas e a sensibilidade dos corais. O fenômeno de branqueamento dos corais se explica pela morte das zooxantelas.

A importância ecológica das algas fica evidente quando observamos que os ecossistemas aquáticos têm nelas e nas cianobactérias a parcela fotossintetizante do chamado plâncton (de uma palavra grega que significa "errante, sem local fixo"). Ele é composto de zooplâncton (principalmente microcrustáceos) e fitoplâncton (microalgas e cianobactérias) e constitui a base das teias alimentares (**Figura 11.7**).

O fitoplâncton é o maior responsável pela liberação de gás oxigênio na atmosfera. Isso se deve ao fato de o ciclo de vida das microalgas ser muito rápido e ocuparem uma área muito mais extensa do que a ocupada por florestas, uma vez que mares e oceanos perfazerem quase ¾ da superfície do planeta.

Caso o fitoplâncton não se desenvolva em um rio, por exemplo, a quantidade de peixes nesse rio será muito menor. Essa é a base da explicação para o número muito reduzido de peixes no Rio Negro em relação ao Solimões. Acredita-se que as microalgas no Rio Negro sejam destruídas pela ação combinada de um pigmento produzido por certas bactérias e a luz do Sol.

2 Reino Plantae I: musgos e samambaias

Os primeiros fósseis de eucariotos fotossintetizantes datam de 2,1 bilhões de anos e os fósseis mais antigos de organismos autótrofos incluídos no Reino das Plantas foram datados em cerca de 400 milhões de anos, como o mostrado na **Figura 11.8**.

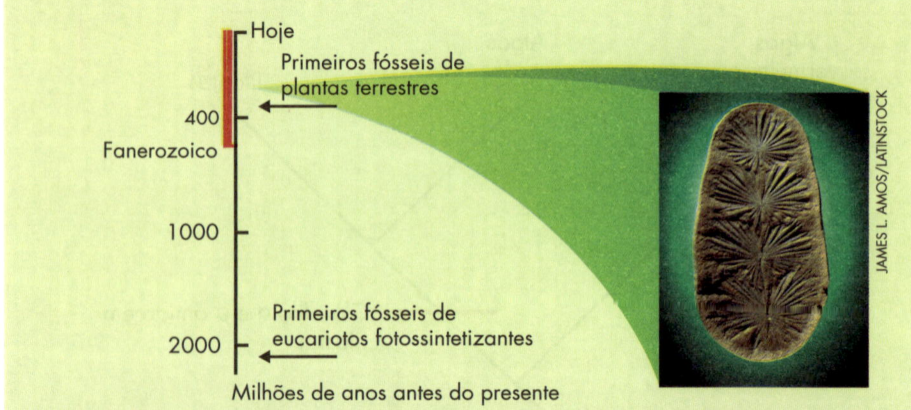

Figura 11.8 Linha do tempo mostrando o intervalo entre o aparecimento dos primeiros seres fotossintetizantes e as primeiras plantas terrestres. Na foto, belíssimo fóssil de uma planta do Devoniano, de um grupo de plantas terrestres semelhantes ao gênero *Calamites*, que poderiam ultrapassar 18 m de altura e 30 cm de diâmetro.

É provável que pesquisas futuras consigam encontrar fósseis mais antigos, mas esse intervalo de quase 2 bilhões de anos nos dá uma boa ideia da extensão de tempo entre o surgimento de um ser vivo fotossintetizante multicelular aquático, como uma alga, e o aparecimento de um organismo terrestre, como uma planta do tipo que veremos a seguir.

Ao viverem imersas em água, as algas não enfrentavam o problema de reter e distribuir água para todas as células, pois era substância abundante. No entanto, em terra firme, a retenção e a distribuição de água tornou-se um ponto crítico para a manutenção da vida. Assim, o aparecimento de uma cutícula impermeável e de conjuntos de células especializadas na condução de líquidos (tecidos condutores de seiva) pode ser considerado especializações das plantas terrestres.

Ao observar os ciclos de vida dos organismos autótrofos que chamamos "algas", foi possível perceber uma característica comum: a formação de um novo organismo não é cercada de estruturas especiais para nutrir o novo ser. Assim como nos fungos, não existe nada semelhante com um "embrião" no ciclo de vida das algas. Nas plantas, ao contrário, o novo ser multicelular não produz o próprio alimento, que é fornecido por estruturas especiais, que também o protegem da dessecação. Isso permite dizer que outra característica distintiva das plantas é justamente a presença de um embrião, ser multicelular nutrido e protegido por estruturas especializadas.

Ao lado dessas características, a obtenção de gás carbônico passou a ser outro fator crítico. Não seria mais possível aproveitar o que a própria água trazia, esse gás deveria ser retirado do ar atmosférico. Expor as células ao ar traz o risco de dessecação. Assim, um conjunto de células especializadas em controlar a entrada e saída de ar na planta, que existe nas folhas das plantas terrestres da flora atual, foi crucial para a vida fora da água: os *estômatos* (**Figura 11.9**). Mesmo assim, para cada molécula de gás carbônico retirado do ar, a planta perde cerca de 200 moléculas de água.

Os estômatos são também importantes para liberar o excesso de oxigênio produzido na fotossíntese e para obter esse mesmo gás durante a noite. Outro elemento indispensável para a vida fora da água é a raiz, ainda que na forma rudimentar de finíssimos pelos absorventes (que dificilmente deixam marcas em fósseis), ao contrário de elementos condutores e estômatos (**Figura 11.10**).

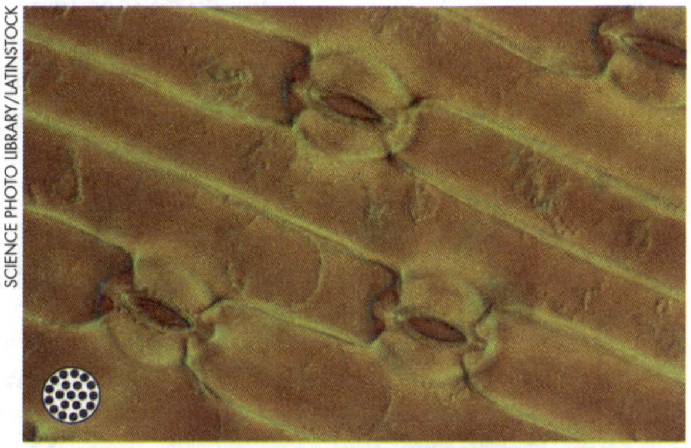

Figura 11.9 Aberturas microscópicas nas células da face inferior de uma folha; são os estômatos, com cerca de 4 µm de comprimento. Foto colorida por computador.

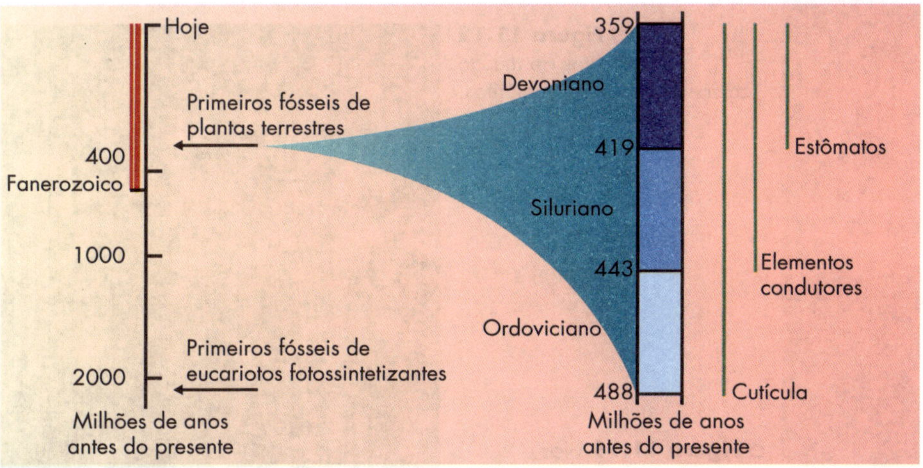

Figura 11.10 Linha do tempo que indica o aparecimento no registro fóssil de três estruturas indispensáveis à vida das plantas fora da água.

FABIO COLOMBINI

Figura 11.11 Musgos formando tapetes verdes sobre rochas em Urubici, SC, um local que tem as mais baixas temperaturas no inverno brasileiro. Neste local se alterna uma estação fria e seca com outra quente e úmida.

Briófitas: os musgos

Em lugares úmidos podemos encontrar plantas que possuem uma série de adaptações que não podem ser encontradas em algas. São as *briófitas*, um grupo amplo de plantas, que, assim como ocorre com as algas, não são descendentes de um ancentral exclusivo. As briófitas mais conhecidas são os musgos (**Figura 11.11**).

Os musgos não possuem estômatos nem vasos condutores desenvolvidos; portanto, são plantas terrestres que dependem muito da água. De fato, sua ocorrência está restrita a locais úmidos ou sombreados. Os musgos possuem células alongadas, especializadas em captação de água, que formam *rizoides*, ou seja, raízes primitivas. Além disso, a reprodução dos musgos depende da presença de água líquida no ambiente, dado que seus gametas masculinos são flagelados e só conseguem se deslocar em meio aquoso.

Do ponto de vista bioquímico, as briófitas se assemelham tanto a algas verdes como outras plantas, pois possuem clorofilas *a* e *b*, parede celulósica e, como substância de reserva, o amido, que está contido em plastos. No entanto, diferentemente das algas, possuem adaptações inovadoras, que lhes permitiu sobreviver no meio terrestre. Os musgos têm cutícula impermeável e conjuntos de células especializadas em reter água, além de primórdios de um sistema para condução de seiva (não possuem um sistema condutor propriamente dito). Possuem também poros microscópicos, que não são estômatos funcionais, mas permitem a entrada de ar em espaços lacunares internos.

Ao observar com maior detalhe os musgos, podemos ver, em certas épocas do ano, estruturas que se destacam. Essas estruturas se projetam acima dos *filoides* e do *cauloide* dos musgos e terminam com uma estrutura bojuda, chamada *cápsula* (**Figura 11.12**). Essa estrutura é a fase diploide (2n) do ciclo do musgo, *o esporófito*, que está se projetando acima da parte folhosa, que constitui a fase haploide (n) do ciclo, o *gametófito* (**Figura 11.13**). Embora presente em algas, essa alternância de gerações é típica das plantas, havendo poucas exceções.

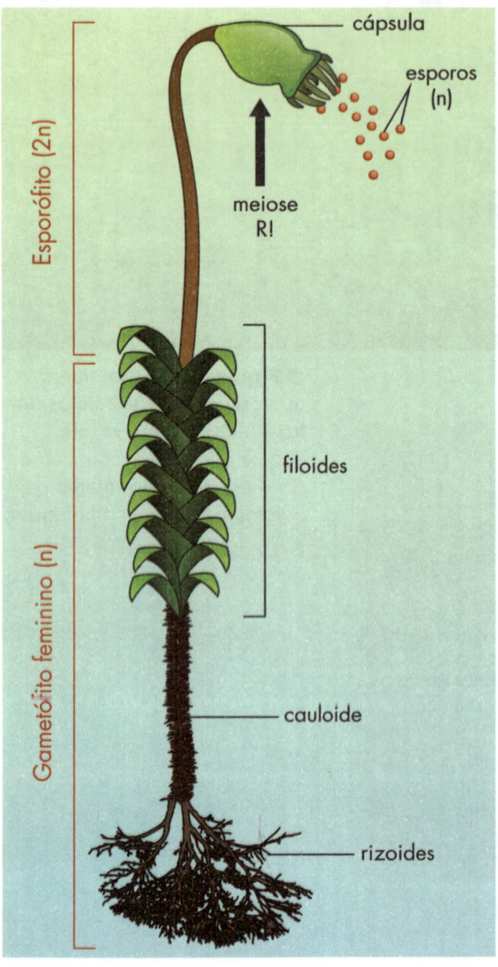

ACERVO DA EDITORA

Figura 11.13 Nos musgos o esporófito se desenvolve nutrido pelo gametófito feminino.

LUKAS GOJDA/SHUTTERSTOCK

Figura 11.12 Esporófitos de musgo crescendo sobre gametófitos.

Os esporos produzidos por musgos são bastante diferentes dos produzidos pelos fungos, uma vez que são bem maiores. A germinação dos esporos dá origem aos gametófitos masculino e feminino, que, quando ficam maduros, produzem gametas. O gametófito masculino possui *anterídeos*, que produzem *anterozoides* móveis. As gotas de chuva os levam até os gametófitos femininos, onde estão os arquegônios e, dentro de cada um deles, um gameta feminino, a *oosfera* (**Figura 11.14**).

ACERVO DA EDITORA

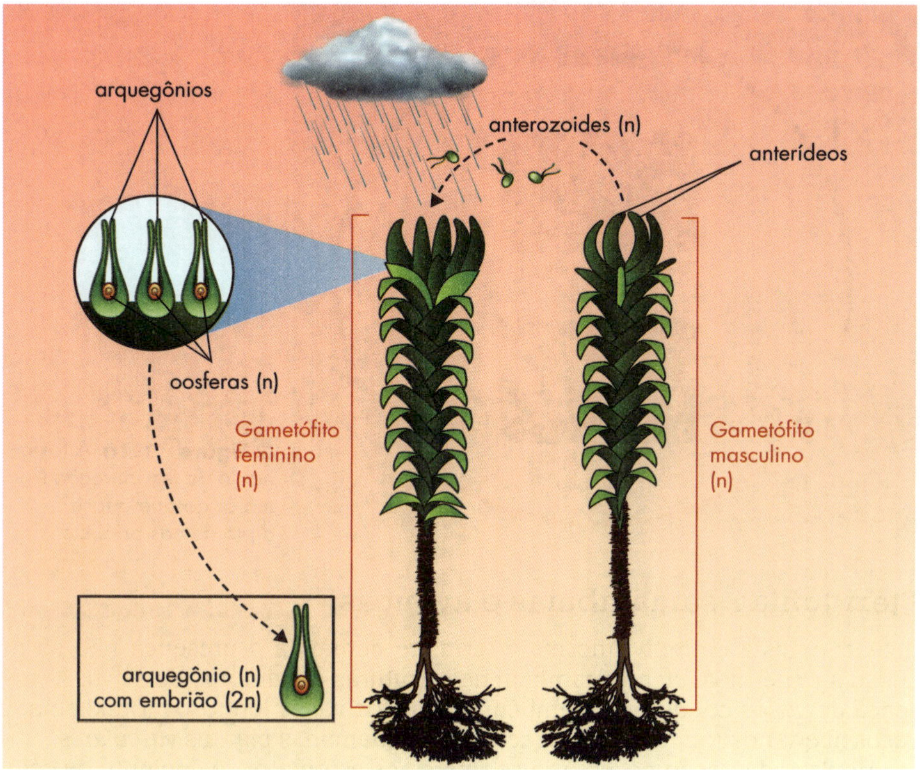

Figura 11.14 Gametófitos masculino e feminino. Com a fecundação da oosfera, forma-se um embrião diploide.

A formação do embrião é outra característica das plantas terrestres que pode ser encontrada nos musgos. A visualização ao microscópio dos arquegônios mostra estruturas pequenas e numerosas, parecidas com as que aparecem na **Figura 11.15**.

Observe como os arquegônios estão separados por numerosas células estéreis, que formam pelos. Acredita-se que, nas briófitas, eles tenham por função ajudar a acumular água, que é necessária para o deslocamento dos anterozoides.

O crescimento dos musgos ocorre de maneira similar ao das demais plantas, por meio do tecido meristemático, que será estudado no próximo capítulo. Nas briófitas ocorre também a formação de um embrião diploide, que multiplica suas células por mitoses formando uma nova estrutura, nutricionalmente dependente da planta haploide. Nesse embrião, que recebe água e nutrientes, um grupo de células passa por meiose e produz esporos, recomeçando o ciclo.

SCIENCE PHOTO LIBRARY/LATINSTOCK

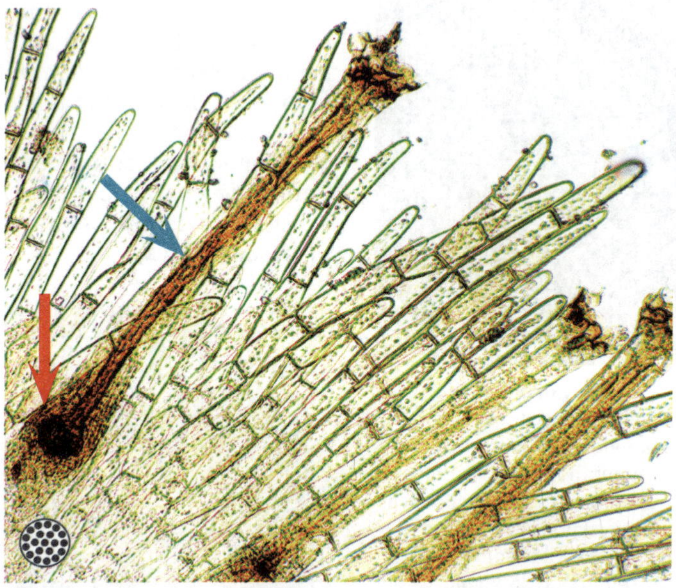

Figura 11.15 O musgo *Mnium* sp., com arquegônios de cerca 0,6 mm de comprimento (seta azul), com a oosfera na base (seta vermelha).

Assim, podemos perceber que as fases haploide e diploide se alteram no ciclo de vida dos musgos, como fase gametofítica e fase esporofítica, sendo que esta última tem duração muito menor do que a gametofítica (**Figura 11.16**).

É também notável que a formação do esporófito deva estar sincronizada com a época chuvosa, caso contrário não há possibilidade de os anterozoides se deslocarem até os arquegônios.

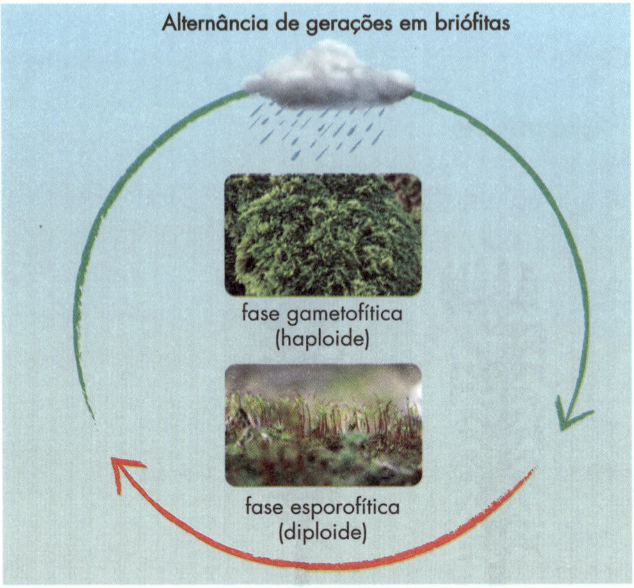

Figura 11.16 A fase haploide tem duração maior do que a fase diploide nas briófitas.

Pteridófitas: samambaias e avencas

A conquista definitiva do meio terrestre demanda a presença não só de cutícula impermeável, mas também de estruturas condutoras de seiva. A presença de vasos condutores, também chamados vasos lenhosos (ou xilema) e vasos liberianos (ou floema), caracteriza as chamadas plantas *vasculares*.

A outra adaptação necessária se refere aos estômatos, o conjunto de células que regula a exposição da parte úmida da folha ao ar.

O desenvolvimento de tronco com a resistência necessária para sustentar o conjunto aéreo de uma planta não podia depender somente da celulose. Com o desenvolvimento da *lignina*, um polímero que confere grande resistência mecânica às fibras de celulose, foi possível o aparecimento de plantas arborescentes como as samambaiaçus da **Figura 11.17**. A lignina reforça os vasos lenhosos, tornando mais eficiente a condução da seiva.

A reprodução das pteridófitas tem uma modificação importante em relação aos musgos, mas mantém uma fase na qual depende fortemente de água líquida do meio. Observando a parte da folha de uma samambaia voltada para o chão, podemos perceber estruturas produtoras de esporos, chamadas *soros* (**Figura 11.18**).

Figura 11.17 Samambaiaçus (*Dicksonia sellowiana*), espécies de samambaias arborescentes que quase foram extintas em várias regiões brasileiras por causa do valor comercial do seu tronco, o xaxim, largamente usado como suporte para o crescimento de plantas ornamentais.

Figura 11.18 Soros visíveis a olho nu em uma folha de samambaia. Cada soro é um conjunto de muitos esporângios, que formam esporos por meiose.

Os esporos das pteridófitas têm dimensões avantajadas, pelo menos em relação aos esporos dos fungos, e são muito resistentes à decomposição. Assim, se fossilizam com relativa facilidade. Isso significa que eles são muito procurados pelos paleontólogos como indicadores de floras extintas.

A produção de esporos depende de *esporângios* que existem no interior dos soros. Ao observar essas estruturas com auxílio de um microscópio eletrônico de varredura, os esporângios ficam muito evidentes (**Figura 11.19**). Eles são estruturas diploides (2n) e suas células originarão, por meiose, células haploides, os esporos.

Nas épocas em que os soros amadurecem, seus esporângios liberam esporos em grande quantidade. Em lugares úmidos, eles germinam e dão origem a uma estrutura chamada *protalo*, que é o gametófito das pteridófitas (**Figura 11.20**).

SCIENCE PHOTO LIBRARY/LATINSTOCK

Figura 11.19 Dois soros de samambaia em micrografia eletrônica de varredura. Note que, dentro de cada soro, existem muitos esporângios (seta vermelha), cada um deles com muitos esporos (seta azul). A imagem foi colorida artificialmente; cada esporângio possui aproximadamente 25 μm.

FABIO COLOMBINI

Figura 11.20 Fotografia de gametófitos (protalos) de samambaias. Aumento de 3 vezes.

O gametófito é uma estrutura fotossintetizante que possui rizoides, sendo pouco resistente à dessecação.

O gametófito tem uma vida curta. Ele desenvolverá estruturas produtoras de gametas, os *anterídeos* e os *arquegônios*, que produzirão respectivamente *antezoides* (n) e *oosfera* (n). Observe a semelhança com os musgos, de fato, os anterozoides são haploides e flagelados; além disso, dependem de água líquida do ambiente para penetrar no arquegônio. Isso evidencia a necessidade de sincronia entre essa fase do ciclo da planta e a estação úmida do local. A grande diferença reside no fato de os dois sexos estarem no mesmo gametófito que é dito hermafrodita.

A fecundação da oosfera leva à formação de um embrião que se desenvolve no esporófito, que é fotossintetizante e logo ganha tamanho, tornando-se uma planta autotrófica independente.

Assim, podemos notar uma marcada diferença da duração das fases do ciclo das pteridófitas em relação ao das briófitas (**Figura 11.21**).

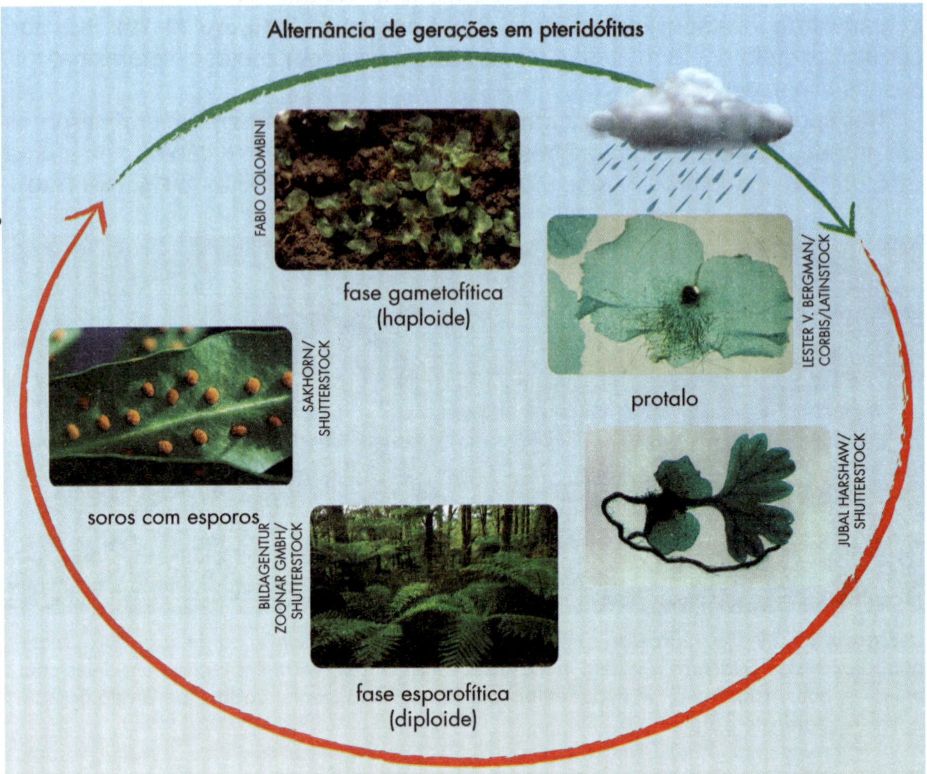

Figura 11.21 No ciclo de vida das pteridófitas, predomina a fase esporofítica. A fase haploide é breve e deve coincidir com o período úmido.

Figura 11.22 A avenca, uma planta muito comum em jardins, fotografada de maneira a evidenciar os soros.

Percebe-se nítida redução da fase gametofítica das pteridófitas em relação às briófitas, tendência que será mantida nas plantas de origem mais recente no planeta.

As samambaias não são as únicas pteridófitas, mas nos serviram de exemplo. Na verdade, existem mais de 11 mil espécies de pteridófitas com origens evolutivas distintas, entre elas as avencas (**Figura 11.22**).

Existe abundância de fósseis de pteridófitas, que permitiram estudos detalhados, inclusive de sua anatomia interna e foram datados desde o Devoniano. As florestas do fim do Devoniano e do Carbonífero eram constituídas de peteridófitas com mais de 30 metros de altura (**Figura 11.23**).

Figura 11.23 Ilustração artística de floresta do Devoniano de pteridófitas do gênero *Calamites* (feita com base em informações extraídas de registros fósseis, como o da **Figura 11.8**).

3 Reino Plantae II: sementes nuas

Uma das características da reprodução de briófitas e pteridófitas é sua limitação de dispersão. Enquanto diversas algas apresentavam estruturas zigóticas resistentes à dessecação e facilmente transportadas pelo vento, briófitas e pteridófitas produziram um embrião que só pode ser nutrido no local em que ocorreu a fecundação e mantiveram a dependência de umidade abundante em pelo menos uma época do ano. Por isso, as primeiras florestas do planeta, ainda no Devoniano, não conseguiam se expandir para longe das áreas mais úmidas.

A superação dessas limitações dependia do aparecimento de estruturas que permitissem a ocorrência da fecundação sem a necessidade de água líquida do ambiente. Além disso, o embrião passou a dispor de reservas nutritivas, que lhe permitiam crescer em outro momento e em outro lugar que não aquele onde ocorria a fecundação. Isso possibilitou colonizar locais distantes de praias, rios e lagos, que possivelmente estavam ocupados apenas por líquens.

As primeiras plantas com essas novidades evolutivas são as gimnospermas (do grego *gymno*, "nua", e *sperma*, "semente"), também conhecidas como coníferas, pois suas estruturas de reprodução, os estróbilos, têm a forma de cone. Entre essas plantas, existem grupos com diferentes origens evolutivas, no entanto, todos esses organismos compartilham essas novidades.

A formação da semente

A autonomia da planta cresceu com uma nova modalidade de gametas que não mais dependia de água do ambiente para locomoção. Eles passaram a ser mantidos dentro de estruturas celulares que resultavam da germinação do esporo.

O esporo que origina o gametófito feminino é chamado megásporo e a estrutura que o produz é chamada megasporângio, que é uma estrutura carnosa, com reserva nutritiva, também conhecida como *nucelo* (**Figura 11.24**).

Revestindo todo o conjunto existe o tegumento, que, no entanto, tem uma abertura chamada micrópila. Este conjunto de estruturas é denominado óvulo, um termo que nos animais designa um gameta unicelular, mas nas plantas com sementes tem outro significado. Nas plantas, o óvulo não é um gameta, uma vez que em seu interior é que será formado o gameta feminino, a *oosfera* (n).

Caso ocorra fecundação, o óvulo desenvolve um envoltório, que protege a reserva nutritiva e um pequeno embrião. Esse conjunto é a *semente*.

Nas gimnospermas os óvulos são produzidos em estruturas denominadas *estróbilos*, onde ocorre a formação da semente. Os estróbilos femininos são maiores do que os estróbilos masculinos (**Figura 11.25**).

Representação fora de escala. Cores-fantasia.

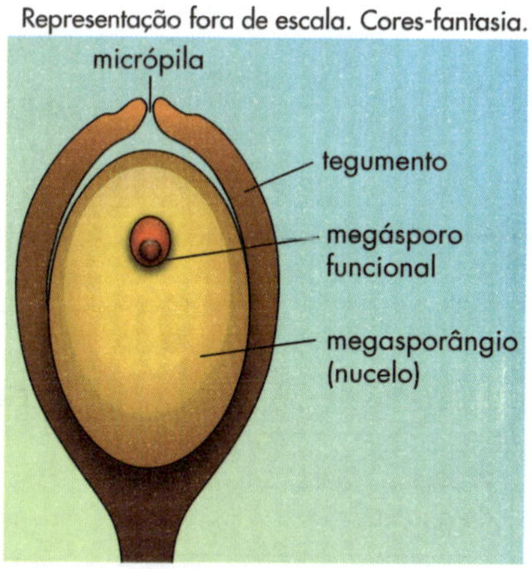

Figura 11.24 Seção longitudinal de um óvulo de gimnosperma, antes da formação do gameta feminino (oosfera).

PETER TURNER PHOTOGRAPHY/SHUTTERSTOCK

VALERIUS VAHRUSEVS/SHUTTERSTOCK

Figura 11.25 Estróbilos masculino (à direita) e feminino (à esquerda) do pinheiro *Pinus* sp.

JULIA TIMOFEEVA/SHUTTERSTOCK

Figura 11.26 Mata de araucárias do sul do Brasil. Nas pontas dos ramos se formam os gametas masculino e feminino.

No interior dos estróbilos masculinos ocorre a meiose, que origina os micrósporos, que são, portanto, haploides. Nos pinheiros, cada célula mãe de esporos, como resultado da meiose, gera quatro micrósporos, que se mantêm unidos e vão gerar um *grão de pólen*, que é o gametófito masculino imaturo. Ele pode ser transportado pelo vento, em muitas gimnospermas, para longe. Caso alcance a proximidade de um gametófito feminino, continuará seu desenvolvimento. Esse não é um evento raro, pois as gimnospermas formam bosques de árvores da mesma espécie, como no exemplo da araucária brasileira (**Figura 11.26**).

Na região da micrópila é produzida uma substância viscosa à qual aderem os grãos de pólen. Essa adesão é denominada *polinização* e ocorre muito antes da fecundação: por vezes, os dois eventos são separados por um ano ou mais.

Após a polinização, o esporo feminino germina, originando um gametófito. Ao contrário das outras plantas que vimos até aqui, o gametófito é muito reduzido e fica confinado ao interior do óvulo. Algumas de suas células originarão as oosferas (n): os gametas femininos haploides.

O grão de pólen desenvolve uma longa estrutura chamada tubo polínico, que corresponde ao gametófito masculino maduro. Também bastante reduzido e confinado ao interior do óvulo, ele cresce lentamente, digerindo as reservas nutritivas do nucelo.

Dois gametas masculinos, chamados *células espermáticas* (n), percorrem o interior do tubo polínico, mas apenas um fecunda a oosfera (n) formando o zigoto (2n). Esse processo pode demorar 15 meses. A pequena planta é um novo esporófito, e, como tal, é diploide e está dormente no interior da semente (**Figura 11.27**).

Uma das características distintivas das gimnospermas é o fato de ocorrer apenas uma fecundação por tubo polínico. O novo esporófito (2n), envolto pelas estruturas nutritivas de células haploides (nucelo) e pelo envoltório (casca), forma a semente (**Figura 11.28**). Na germinação, a pequena planta utilizará os nutrientes estocados na semente, com a ajuda de estruturas chamadas cotilédones. Nas gimnospermas cada semente tem vários cotilédones, em geral, oito.

Nas briófitas e pteridótifas a nutrição do embrião depende inteiramente da realização de fotossíntese. Nas gimnospermas e angiospermas, ao contrário, a atividade fotossintética requerida para a nutrição do embrião é realizada previamente, ou seja, quando o embrião se desenvolve, no processo de germinação, ele não é dependente de atividade fotossintética simultânea. Essa nova característica aumentou muito as chances de sobrevivência das **plântulas** que se formavam a partir da germinação das sementes.

Plântula: planta no início da germinação.

Representação fora de escala. Cores-fantasia.

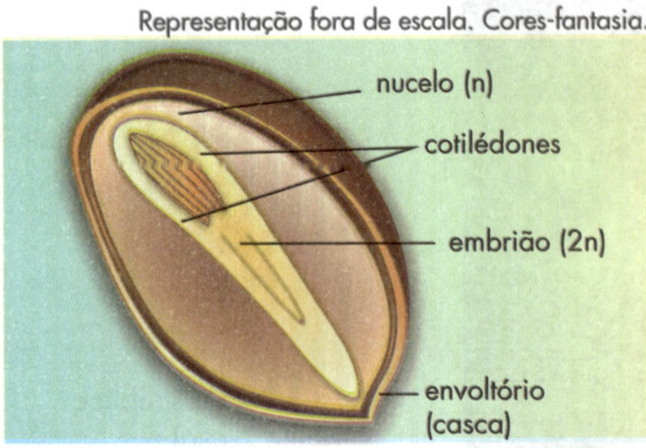

ACERVO DA EDITORA

Figura 11.27 A semente das gimnospermas tem a substância nutritiva.

JULIA TIMOFEEVA/SHUTTERSTOCK

Figura 11.28 Sementes de araucária (o conhecido pinhão; cerca de 5 cm).

Ciclo de vida

Esse novo ciclo de vida altera a proporção entre os períodos que se alternam entre a fase que produz esporos (diploide) e a que produz gametas (haploide; **Figura 11.29**). Esta última acabou sendo muito reduzida, pois ocorre apenas dentro do óvulo (é microscópica).

Existem fósseis de gimnospermas no Devoniano, com cerca de 360 milhões de anos, e elas foram muito bem-sucedidas em colonizar ambientes nos quais pteridófitas e briófitas não conseguiam sobreviver. Até hoje há grandes florestas de gimnospermas no mundo, sobretudo nas regiões que possuem um inverno rigoroso e condições amenas no verão (zonas temperadas), como a mostrada na **Figura 11.30**. Nos trópicos, há poucas espécies de gimnospermas.

Figura 11.30 Floresta temperada em Alberta, Canadá.

Figura 11.29 As gimnospermas não dependem da presença de água líquida no ambiente para a ocorrência de fecundação; o vento (representado no esquema por um sinal de trânsito) é necessário na maioria das espécies do grupo para a dispersão dos esporos masculinos (pólen). A fase gametofítica é muito reduzida.

4 Reino Plantae III: sementes dentro de frutos

As plantas cujas sementes se desenvolvem em um envoltório que forma um fruto são chamadas angiospermas (do grego *angeion*, "vaso, recipiente", e *sperma*, "semente"). Esse grupo surgiu há cerca de 130 milhões de anos e se diversificou incrivelmente, contando hoje mais de 250 mil espécies. Com grande diversidade de adaptações, as angiospermas variam desde árvores de mais de 60 metros de altura, como as da floresta Amazônica (**Figura 11.31**) até pequenas plantas aquáticas de 2 milímetros de comprimento.

Esse grupo de plantas desenvolveu diversas adaptações que aumentaram o sucesso reprodutivo dos indivíduos, levando-os a praticamente todos os ambientes da Terra. A manutenção da semente como forma de dispersão aliou-se a uma série de modificações que tornaram a fecundação um evento muito mais frequente e previsível, ampliando as populações de plantas.

Figura 11.31 Imagem aérea da floresta Amazônica, Acre, Brasil.

Gametófito masculino

A maior diferença das angiospermas em relação às gimnospermas é a presença de *flores* e *frutos*. As flores constituem centros de produção de esporos e preparam as sementes envolvendo-as em envelopes adicionais que constituem o fruto.

BRIAN MAUDSLEY/SHUTTERSTOCK

Figura 11.32 Anteras de uma flor de lírio. No interior dessas estruturas se forma o pólen.

BIODISC/VISUALS UNLIMITED/CORBIS/LATINSTOCK

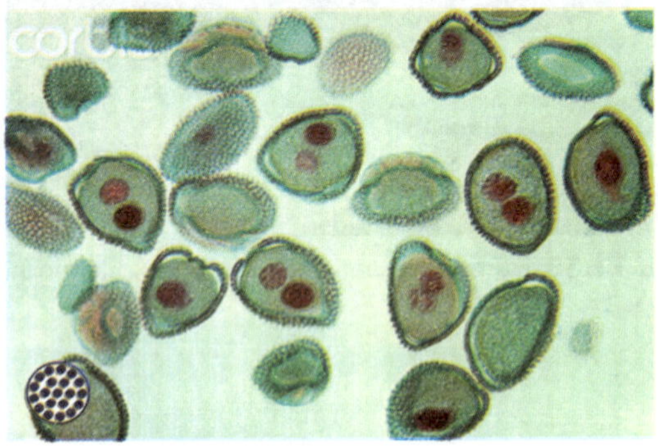

Figura 11.33 O grão de pólen de uma angiosperma é uma estrutura com duas células haploides, que corresponde ao gametófito imaturo. Foto de microscópio de luz, com técnica de coloração que ressalta os núcleos em vermelho e o citoplasma e o revestimento do pólen em azul. Diâmetro do grão de pólen é de 0,1 mm.

Basta pensar na floresta Amazônica para entender a probabilidade muito remota de um grão de pólen ser levado pelo vento e cair no local exato de uma planta da mesma espécie que o produziu. Isso só acontece realmente nas florestas temperadas, onde há poucas espécies de plantas. Mas a diversificação das espécies só ocorre de maneira sustentada se for garantida a fecundação.

As flores permitiram que o transporte de pólen fosse realizado de maneira mais eficiente e especializada por animais, em especial por insetos. Como veremos adiante, isso trouxe novas oportunidades de exploração dos ambientes, não apenas para as plantas como também para os animais. Os grupos de insetos com hábitos polinizadores, como borboletas, abelhas e moscas, se diversificaram muito depois da aparição das angiospermas.

Nas angiospermas o pólen se forma no interior das *anteras* (**Figura 11.32**). Dentro delas existem estruturas que formarão os grãos de pólen, as tétrades de micrósporos.

Cada um dos quatro micrósporos vai se dividir por mitose e originar uma célula binucleada, que corresponde ao gametófito masculino imaturo, o grão de pólen (**Figura 11.33**). Observe que o grão de pólen é formado por duas células. Ao chegar à parte feminina da flor (estigma, **Figura 11.34**), uma delas formará o tubo polínico (célula do tubo) e a outra (célula geradora) se dividirá por mitose e gerará duas células espermáticas, os gametas masculinos. O grão de pólen germinando, com o núcleo da célula do tubo e as duas células espermáticas, constitui o gametófito masculino maduro, que crescerá ao longo do estilete feminino (**Figura 11.34**).

ACERVO DA EDITORA

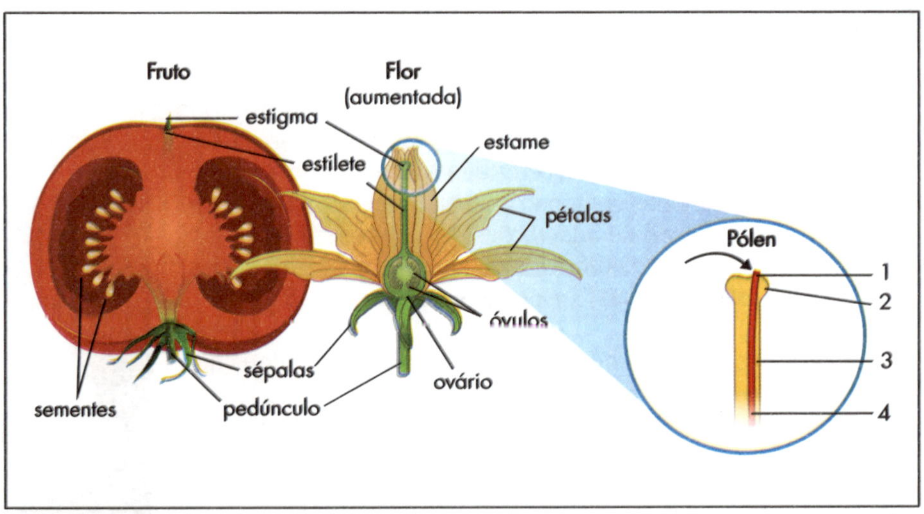

Representação fora de escala. Cores-fantasia.

Figura 11.34 Esquema com a localização das estruturas masculinas e femininas na flor do tomateiro. O pólen (1), ao atingir o estigma (2), forma o tubo polínico (4) que percorre o estilete (3). Depois de fecundados os óvulos, o ovário cresce formando o fruto.

Gametófito feminino

Dentro do óvulo, a célula que vai dar origem aos esporos passa por meiose e gera quatro células haploides, mas apenas uma prossegue seu desenvolvimento. Esse megásporo haploide passa por divisões mitóticas e forma o saco embrionário (**Figura 11.35**).

O gametófito feminino maduro é uma estrutura formada por sete células e oito núcleos haploides. Este gametófito será atingido pelo tubo polínico na polinização.

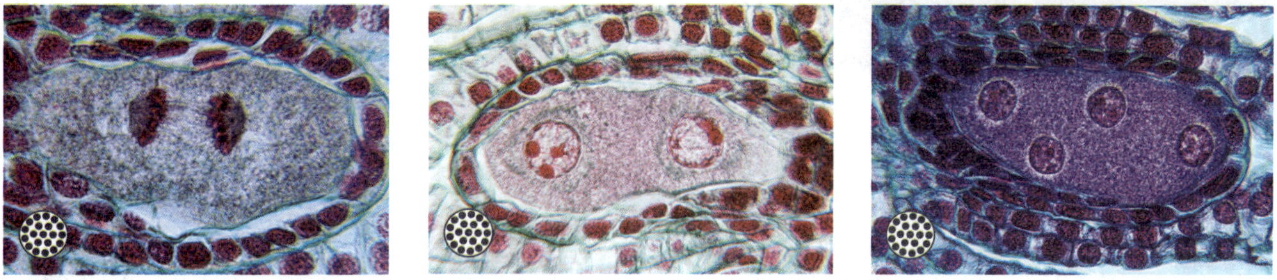

FOTOS: VISUALS UNLIMITED/CORBIS/ LATINSTOCK

Figura 11.35 Saco embrionário de uma angiosperma mostrando a primeira divisão do esporo feminino (à esquerda), gerando um saco embrionário com dois núcleos (centro). Nova divisão mitótica resulta em quatro núcleos haploides (à direita). Fotografia de microscopia ótica, com técnica de coloração que ressalta os núcleos em vermelho e o citoplasma em azul. Cada núcleo do saco embrionário tem cerca de 0,2 mm de diâmetro.

Caráter diagnóstico

As angiospermas são um grupo extremamente diversificado, com mais de 250 mil espécies. Algumas dão frutos com grandes sementes, como no caso do abacate, e outras dão frutos pequenos, que são levados pelo vento, como no caso da planta dente-de-leão (**Figura 11.36**).

No entanto, um grupo de seres vivos que parece ter se originado de um único e exclusivo ancestral costuma conservar características comuns, relativas a processos básicos. De fato, as técnicas recentes encontraram evidências disso ao estudar as sequências de nucleotídeos dos ácidos nucleicos, porém já se conhecia uma característica das angiospermas que permite distingui-las das gimnospermas de maneira muito objetiva.

A semente das gimnospermas possui, como vimos, tecido de reserva haploide (nucelo), ao passo que o tecido de reserva das sementes das angiospermas é triploide. Veremos como ele se forma no Capítulo 12, por ora o que nos interessa é mostrar esse contraste nítido.

Isso é possível pelo fato de os gametas das angiospermas se envolverem em uma *fecundação dupla*, algo que não ocorre nas gimnospermas. Nos pinheiros, apenas um dos núcleos espermáticos é funcional, o outro degenera. Nas angiospermas, os dois gametas masculinos haploides são funcionais. Um deles se funde com o núcleo da oosfera (n) e forma um zigoto diploide (2n), que originará o embrião. O outro núcleo se funde com os dois núcleos haploides (núcleos polares) da grande célula central do gametófito feminino, que se multiplica formando o tecido de reserva, ou endosperma, que é triploide (3n).

Assim, o fruto, que (como veremos) é revestido de tecidos diploides do ovário da planta, possui na semente tecido triploide, que envolve o embrião, o qual, por sua vez, é diploide.

ALBO003/SHUTTERSTOCK

Figura 11.36 Certos frutos de angiospermas, caso dos frutos do dente-de-leão, mais parecem sementes.

VASILIUS/SHUTTERSTOCK

Figura 11.37
Germinação da soja, com seus dois cotilédones, que nutrirão a plântula. As primeiras folhas verdadeiras aparecerão em seguida.

Cotilédones nas angiospermas

Nas gimnospermas o número de cotilédones varia de um a dezoito, mas nas angiospermas pode ser um ou dois.

Nas angiospermas, a estrutura responsável pela nutrição de uma plântula de feijão ou de soja, por exemplo, logo após a germinação da semente, é formada por um par de cotilédones.

Ao observar a germinação de uma semente de feijão, da mamona ou de soja, podemos perceber os dois cotilédones que emergem da terra. Entre eles notam-se as primeiras folhas da plântula (**Figura 11.37**).

Os dois cotilédones cheios de nutrientes são característicos de algumas sementes, como o feijão. Observe na **Figura 11.38** como as reservas alimentares da semente estão nos cotilédones. Ao germinar, apenas a pequena raiz permanece na terra.

CHARLES BRUTLAG/SHUTTERSTOCK

DALEEN LOEST/SHUTTERSTOCK

Figura 11.38 A germinação do feijão (direita) demonstra como os cotilédones podem absorver todas as reservas da semente. Na germinação da semente do grão de milho (esquerda) o cotilédone pouco acumula.

A germinação da semente do milho é bem diferente da do feijão, pois não expõe o cotilédone, que permanece na semente, debaixo da terra. O milho tem apenas um cotilédone e o feijão possui dois: essa é a base da distinção entre os dois grandes grupos de angiospermas, as *monocotiledôneas* e as *dicotiledôneas*.

Os dois grupos de angiospermas têm outras diferenças marcantes, que serão vistas no capítulo 12. Entre elas citam-se as nervuras das folhas; o crescimento em diâmetro do caule, raro em monocotiledôneas; e a estrutura da flor. Nas monocotiledôneas normalmente há três partes florais, e nas dicotiledôneas, quatro ou cinco (**Figura 11.39**).

TEXTURIS/SHUTTERSTOCK

FOTO76/SHUTTERSTOCK

Figura 11.39 Comparação entre as nervuras das folhas de dicotiledôneas (esquerda) e monocotiledôneas (direita).

Ciclo de vida das angiospermas

O ciclo de vida das angiospermas têm muita similaridade com o das gimnospermas, e estas com pteridófitas e briófitas, no sentido de que todas têm em comum o início da vida como um pequeno embrião diploide, que produzirá gametas haploides após uma meiose espórica. O que muda comparativamente nesses grupos é a duração relativa dessas fases. A tendência que percebemos entre a duração das fases gametofítica e esporofítica se mantém, ou seja, a fase gametofítica se reduz ainda mais nas angiospermas em relação às gimnospermas.

O gametófito feminino é microscópico, pois se reduz a sete células (uma delas com dois núcleos), e o gametófito masculino, também microscópico, constitui-se de apenas duas ou três células. Portanto, enquanto nas briófitas a fase gametofítica era evidente, nas angiospermas (como um enorme jequitibá, que chega a 50 metros de altura), ela participa de sua vida na reduzida condição de cerca de 10 células. Além disso, a duração da fase gametofítica é muito mais breve e o intervalo entre a polinização e a fecundação pode ser de alguns dias ou mesmo horas (**Figura 11.40**).

ACERVO DA EDITORA

As imagens estão fora de escala.

Figura 11.40 O ciclo de vida das angiospermas compreende uma fase gametofítica extremamente reduzida e restrita a estruturas microscópicas que se originam nas flores. A polinização da planta do exemplo, o maracujá, é extremamente específica, e depende de um certo tipo de inseto.

O fruto é outra inovação importante, que amplia a possibilidade de dispersão das sementes. Quando uma semente germina muito próximo à planta-mãe, pode se tornar uma competidora, disputando nutrientes minerais do solo e luz. Assim, a mera existência de sementes já significou uma solução para este problema, mas o fruto ampliou seu alcance. Muitas sementes são resistentes aos sucos digestivos de animais dispersores (morcegos, por exemplo) e em alguns casos só germinam após sofrerem sua ação química. Outras ainda, como muitas espécies do Cerrado, germinam apenas depois de expostas a altas temperaturas, o que normalmente ocorre com as queimadas naturais.

5 Relações filogenéticas

Como vimos, o primeiro registro de um ser eucarioto autotrófico remonta a cerca de 2,1 bilhões de anos. Sabemos que antes do início do Fanerozoico as algas já povoavam os oceanos, os mares e possivelmente a região entre marés dos costões rochosos (**Figura 11.41**).

ACERVO DA EDITORA

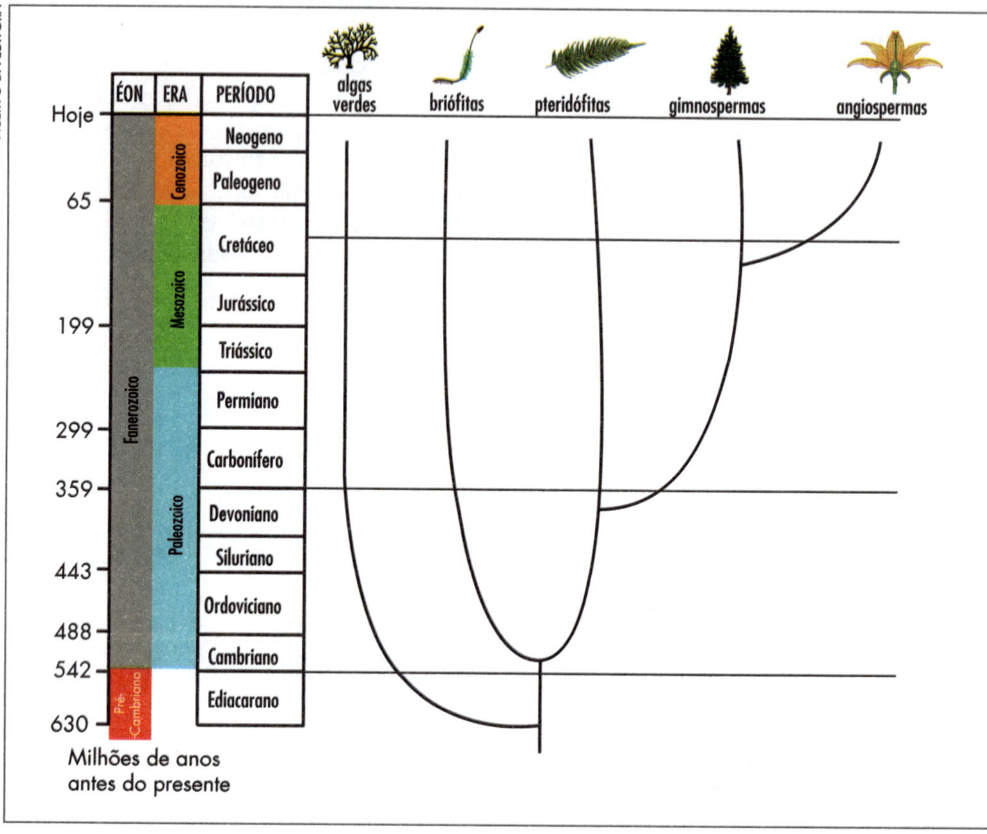

Representação fora de escala. Cores-fantasia.

Figura 11.41 Relações filogenéticas entre os grandes grupos de eucariotos fotossintetizantes.

Ao final do Cambriano ou no início do Ordoviciano, no entanto, o ambiente terrestre começa a ser colonizado, e as primeiras briófitas começaram a se instalar em locais úmidos, sempre muito próximas do chão. Elas já possuíam uma cutícula impermeável e rudimentos de tecidos condutores e poros na epiderme.

As pteridófitas apresentavam adaptações características que demonstraram ser essenciais para a conquista do ambiente terrestre e são consideradas as primeiras plantas verdadeiramente terrestres. Elas possuíam vasos condutores de seiva e estômatos, além da cutícula impermeável. Elas desenvolveram uma substância que confere grande rigidez à celulose, a lignina, o que permitiu o desenvolvimento do porte arbóreo.

As gimnospermas apareceram ainda no Devoniano com grande inovação da semente, que permitiu colonizar ambientes distantes, sem depender de chuvas para que ocorresse a fecundação. As angiospermas são uma aparição muito mais recente e bem-sucedida, que constituiu um grupo extremamente diversificado (**Figura 11.42**).

ACERVO DA EDITORA

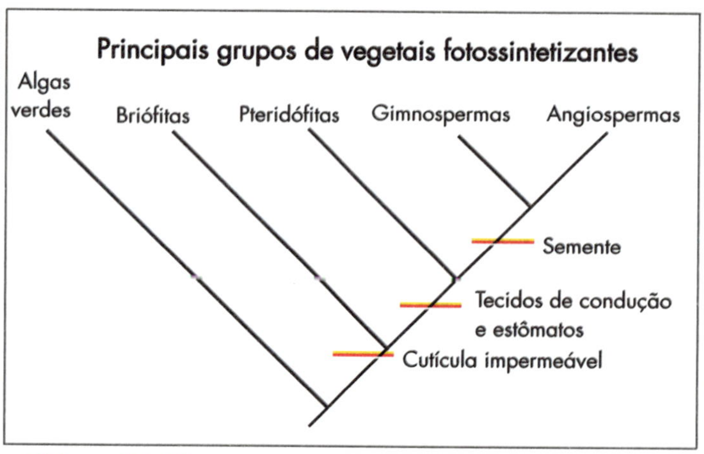

Figura 11.42 Cladograma com as principais aquisições evolutivas dos grandes grupos de organismos eucariotos fotossintetizantes.

EM POUCAS PALAVRAS

1

- As algas são organismos eucariotos autotróficos que não possuem tecidos de condução de seiva, tampouco cutícula impermeável ou estômatos.
- O grupo das algas não tem significado taxonômico, constituindo três principais filos: Rodophyta (algas vermelhas), Phaeophyta (algas pardas) e Chlorophyta (algas verdes).

2

- As briófitas são plantas classificadas como terrestres, mas se mantêm extremamente dependentes da presença de água na forma líquida no ambiente, sem a qual não ocorre fecundação.
- As pteridófitas são os vegetais terrestres, apresentando tecidos condutores e estômatos, mas dependendo de água líquida para a ocorrência de fecundação.

3

- As gimnospermas produzem semente com embrião, o que aumenta a eficiência reprodutiva.
- O grão de pólen é a aquisição evolutiva que propiciou independência da água líquida para a fecundação às gimnospermas e angiospermas.

4

- As angiospermas possuem flores e frutos, o que aumenta a eficiência da polinização e da dispersão das sementes.
- O endosperma das angiospermas é triploide, oriundo da fecundação, enquanto o das gimnospermas é haploide, originário de tecidos da planta-mãe.
- As angiospermas podem ser divididas em dois grandes grupos: as monocotiledôneas e as dicotiledôneas.

5

- O ciclo de vida das plantas apresenta uma tendência evolutiva de redução da fase gametofítica em relação à fase esporofítica.
- As angiospermas constituem as formas mais bem-sucedidas na conquista do meio terrestre, reunido adaptações que lhes permitiram colonizar ambientes inacessíveis a outros grupos.

BIOCHAT

? **Por que o abacate sempre tem uma semente e o tomate sempre tem muitas?**

BC Trata-se de uma diferença do número de óvulos que o ovário produz. O abacate tem apenas um e o tomate tem dezenas.

? **E a uva sem sementes? Sua flor não tem óvulos?**

BC Na verdade, tem sim. Trata-se de um exemplo de planta que é cultivada em uma variedade selecionada. Esta surgiu ao acaso e não conseguia formar sementes duras a partir dos óvulos fecundados. Na verdade, essa uva tem sementes, mas são inviáveis e macias, ao contrário das sementes comuns.

? **Mas é possível "fabricar" uma fruta sem semente ou é preciso esperar que ela apareça por acaso?**

BC Algumas plantas dão frutas sem sementes quando são pulverizadas com um hormônio vegetal que induz o desenvolvimento do fruto sem que haja fecundação. Outra estratégia é produzir plantas com número de cromossomos que inviabilize a formação de um zigoto viável ou do endosperma triploide: é o caso da melancia sem semente. As sementes utilizadas no plantio são triploides ($3n = 33$) e isso atrapalha tanto a formação do endosperma (que já seria triploide) como a formação do zigoto, que seria $2n = 22$. Ocorre a fecundação, o fruto se desenvolve, mas as sementes não se formam completamente. A Embrapa oferece uma variedade de melancia sem sementes desde o ano 2000, adaptada para o semiárido nordestino.

? **Quando estudamos reprodução humana, vimos que o gameta feminino resulta de meiose, mas de cada meiose só se aproveita um gameta, os outros três degeneram. Agora, nas plantas, assim que ocorre a meiose para a formação do esporo feminino, formam-se quatro células, mas apenas uma é aproveitada as outras três degeneram. Afinal, por que as células femininas são tão "desperdiçadas"?**

De fato, a formação dos gametas é marcadamente diferente e não apenas nos animais. Provavelmente isso está relacionado com a necessidade de citoplasma e da maquinaria de produção de proteínas. Na verdade, as células que degeneram "doam" seu citoplasma para a célula que prossegue no processo. No caso do ser humano, o citoplasma do ovócito tem cerca de 60 vezes mais proteína, 100 vezes mais mitocôndrias, 200 vezes mais RNA e 1 000 vezes mais ribossomos do que uma célula somática!

ATIVIDADES DE REVISÃO

I Classifique as afirmações seguintes como Verdadeiras ou Falsas, justificando, em seu caderno, sua resposta:

1 **1.** Algas são organismos fotossintetizantes, exclusivamente aquáticos.

1 **2.** As Rodophyta são caracterizadas pela organização unicelular, com presença de flagelo, e tipo de clorofila a e b.

1 **3.** Os componentes gelatinosos da parede celular das algas vermelhas são principalmente celulose e quitina.

1 **4.** As algas verdes são evolutivamente mais próximas dos musgos do que as algas vermelhas.

2 **5.** Os estômatos são estruturas que não existem nas algas, mas estão presentes nas briófitas.

2 **6.** O desenvolvimento de embriões é uma característica comum a briófitas e pteridótifas, ausente nas algas.

3 **7.** Nas gimnospermas, assim como nas briófitas e pteridófitas, a fecundação sempre depende de água.

4 **8.** A fase gametofítica das gimnospermas e angiospermas é muito reduzida, se comparada à fase haploide do ciclo de vida de briófitas e pteridófitas.

4 **9.** A fecundação dupla ocorre nas angiospermas, mas não nas gimnospermas e isso explica a diferença de diploidia dos diferentes tecidos das sementes envolvidas por frutos.

6 **10.** As primeiras plantas verdadeiramente terrestres que apareceram no planeta foram as gimnospermas.

II Identifique a alternativa correta em seu caderno.

1 **11.** Selecione a alternativa correta:

a) Algas vermelhas cultivadas no Japão possuem flagelo.

b) Algas pardas diferentemente das vermelhas possuem tecidos verdadeiros.

c) As Phaeophyta possuem quitina na parede celular e flagelo.

d) A parede celular das algas verdes é formada por sílica e pectinas.

e) As algas verdes possuem pigmentos de clorofila do tipo a e b.

1 **12.** Sobre as algas verdes podemos afirmar que:

a) não possuem parede celular e cloroplastos, embora possuam a clorofila a em seu citoplasma.

b) a reprodução ocorre por divisão binária, pois são unicelulares, e sempre envolve organismos haploides.

c) possuem ciclo de vida complexo, alternando gerações de indivíduos haploides e diploides.

d) o aumento de fósforo e nitrogênio no meio aquático reduz o crescimento de algas verdes.

e) após a divisão meiótica o zigoto dá origem a quatro células haplóides sem flagelos.

2 **13.** Indique alternativa que apresenta características de uma planta terrestre:

a) Parede celular formada por agar-agar e carragena.

b) Cutícula impermeável, vasos condutores e estômatos.

c) Estruturas especializadas em retirar gás oxigênio da água.

d) Ausência de embrião protegido de dessecação.

e) Ausência de raízes e cloroplastos.

2 **14.** Sobre as Briófitas é correto afirmar que:

a) possuem representantes marinhos.

b) absorvem água através dos estômatos.

c) possuem vasos condutores de seiva.

d) não apresenta alternância de gerações haploides e diploides.

e) possui um embrião diploide, mas não tem semente.

2 **15.** Todas as afirmações abaixo sobre as samambaias estão corretas, exceto:

a) Apresentam raízes, caules e folhas bem diferenciadas.

b) Possuem vasos lenhosos que conduzem água e sais minerais da raiz até as folhas.

c) Lignina confere resistência para a parede celular.

d) São independentes da água para reprodução.

e) Nos esporângios há células que sofrem meiose e originam esporos.

2 **16.** Sobre a reprodução das Pteridófitas é correto afirmar:

a) Desenvolvem estruturas chamadas soros, localizados nas raízes.
b) O protalo é um gametófito que produz a semente triploide.
c) Nos anterídios formam-se os anterozoides e em cada arquegônio uma oosfera.
d) Cada anterozoide possui a capacidade de divisão binária, e dá origem a um esporófito haploide.
e) Os esporófitos passam pela meiose e darão origem a esporos diploides.

3 **17.** Selecione a alternativa que apresenta estrutura responsável por armazenar e transferir nutrientes da semente para o embrião de gimnospermas.

a) Estróbilo
b) Corola
c) Cotilédone
d) Oosfera
e) Androceu

4 **18.** Sobre fecundação dupla das angiospermas é correto afirmar:

a) Duas células espermáticas deslizam pelo tubo polínico, uma penetra o óvulo e a outra degenera.
b) A célula espermática se funde com a oosfera e forma o endosperma haploide.
c) A célula triploide formada pela união da célula espermática e a oosfera multiplica-se através da meiose.
d) Uma célula espermática funde-se com a oosfera e forma o zigoto e a outra se funde com dois núcleos polares e forma uma célula triploide.
e) O tecido que reveste a semente é diploide e o embrião triploide.

4 **19.** Sobre o ciclo de vida das angiospermas, indique a alternativa correta:

a) A vida inicia a partir de um embrião haploide.
b) A reprodução é exclusivamente assexuada.
c) A fase gametofítica é mais extensa do que nas gimnospermas.
d) Gametófito feminino é grande, arredondado e haploide.
e) O fruto aumentou as chances de dispersão e protege as sementes.

5 **20.** O grupo fotossintetizante que apareceu há menos tempo, e pode ser considerado o mais bem-sucedido na conquista do meio terrestre, pode ser exemplificado por:

a) um pinheiro, pois as gimnospermas aparecem desde o Devoniano.
b) uma gramínea, pois as angiospermas aparecem desde o Cretáceo.
c) uma samambaia, pois as briófitas apareceram no Pré-Cambriano.
d) um musgo, pois as pteridófitas então presentes desde o Jurássico.
e) uma alga verde terrestre, pois elas apareceram apenas no Neogeno.

ATIVIDADES DE APROFUNDAMENTO

21. Indique falso (F) ou verdadeiro (V) para as seguintes afirmações, justificando-as em seu caderno.

a) O pinheiro-do-paraná pertence ao grupo das angiospermas, pois forma um fruto que é conhecido popularmente como pinhão.
b) A floresta Amazônica possui muitas espécies de gimnospermas, pois o vento circula livremente pela mata realizando a polinização de milhares de espécies diferentes de pinheiros.
c) Embora as briófitas possuam células alongadas que formam pequenos pelos que realizam a função de coletar água e minerais do solo, elas não possuem raízes nem vasos condutores de seiva.
d) As briófitas e as pteridófitas apresentam, no ciclo reprodutivo, uma fase esporofítica predominante, ao contrário das gimnospermas e das angiospermas, nas quais predomina a fase gametofítica.
e) Em samambaias, avencas e xaxins o corpo das plantas é diferenciado em raízes, caules e folhas e não produzem sementes.
f) As angiospermas compreendem representantes como a bananeira e o maracujá. Nessas plantas a polinização é feita pelo vento.

22. O desenvolvimento do porte arbóreo foi observado a partir das (I), por causa de uma substância que não é encontrada em nenhuma alga, a (II).

Assinale a alternativa que completa as lacunas I e II respectivamente:

a) briófitas, lignina.
b) pteridófitas, celulose.
c) gimnospermas, lignina.
d) pteridófitas, lignina.

23. Indique a alternativa que contém afirmações erradas:

a) As algas verdes possuem ciclo de vida com alternância de gerações, mas não possuem pólen.
b) As angiospermas e as gimnospermas não possuem fase gametofítica, pois produzem pólen.

c) As pteridófitas possuem vasos condutores de seiva e estômatos e reprodução sexual.

d) As angiospermas têm endosperma triploide, que é haploide nas gimnospermas.

24. Indique a alternativa correta:

a) A maioria das monocotiledôneas tem caules que crescem no sentido do diâmetro.

b) As gimnospermas foram as primeiras plantas que apresentaram estômatos.

c) A cutícula impermeável está presente nos musgos, ao contrário das algas.

d) Os vasos condutores estão presentes nas algas verdes, mas não nas vermelhas.

BIOLOGIA NO CONTEXTO

25. Compare o ciclo de vida de um musgo com o de uma samambaia. Destaque uma semelhança e uma diferença marcante.

26. De que maneira as sementes podem ter contribuído para diminuição da competição intraespecífica nas plantas? Explique.

27. Leia o seguinte texto: A bracatinga (*Mimosa scabrella*) é uma árvore que cresce rapidamente em regiões originalmente ocupadas por araucárias. Ela é uma espécie altamente indicada para recuperar áreas degradadas, pois estabelece numerosas interações com animais, micorrizas e bactérias nitrificantes. Sua produção de sementes é abundante e forma um estoque no chão da mata, o que garante a reposição de árvores mesmo nas áreas exploradas economicamente. Apesar da abundância das sementes, elas não são comercializadas para plantio em outras regiões, mas sim as mudas plantadas em torrões, que são consideradas a única forma garantida de proporcionar crescimento da árvore em outros terrenos.

Elabore uma hipótese para explicar a razão de as sementes proporcionarem o crescimento da árvore apenas nos lugares já colonizados pela mesma espécie.

28. Observe o esquema do ciclo reprodutivo com alternância de gerações, no qual uma fase haploide se alterna com uma fase diploide. Sabendo-se que a melancia é uma espécie diploide, com 2n = 22, pergunta-se: quantos cromossomos você espera encontrar em um núcleo das seguintes células:

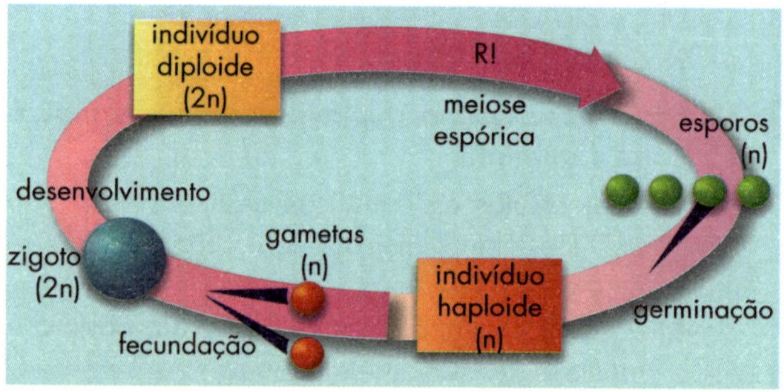

ACERVO DA EDITORA

a) base da flor

b) gameta masculino

c) oosfera

d) embrião

e) folha

f) grão de pólen

g) endosperma

EXERCÍCIOS DE VESTIBULAR E ENEM

29. (PUC-SP) Não é característico das algas verdes:

a) alimento armazenado como gordura.

b) núcleo individualizado.

c) clorofila presente em cloroplastos individualizados.

d) membrana de celulose.

e) flagelo.

30. (UECE) No processo de reprodução de uma Gimnosperma:

a) não há formação de tubo polínico.

b) os óvulos, de tamanho microscópicos, estão contidos em grandes ovários.

c) os óvulos não estão contidos num ovário.

d) há formação de frutos sem sementes.

31. (Fatec-SP) Considere as seguintes características dos vegetais:

I. sistema vascular

II. grãos de pólen e tubo polínico

III. sementes nuas

Dessas, são comuns às gimnospermas e angiospermas

a) somente I.

b) somente II.

c) somente III.

d) I e II apenas.

e) I, II e III.

32. (Enem) Quando adquirimos frutas no comércio, observamos com mais frequência frutos sem ou com poucas sementes. Essas frutas têm grande apelo comercial e são preferidas por uma parcela cada vez maior da população. Em plantas que normalmente são diploides, isto é, apresentam dois cromossomos de cada par, uma das maneiras de produzir frutas sem sementes é gerar plantas com uma ploidia diferente de dois, geralmente triploide. Uma das técnicas de produção dessas plantas triploides é a geração de uma planta tetraploide (com quatro conjuntos de cromossomos), que produz gametas diploides, e promover a reprodução dessa planta com uma planta diploide normal.

A planta triploide oriunda desse cruzamento apresentará uma grande dificuldade de gerar gametas viáveis, pois como a segregação dos cromossomos homólogos na meiose I é aleatória e independente, espera-se que:

a) os gametas gerados sejam diploides.

b) as cromátides-irmãs sejam separadas ao final desse evento.

c) o número de cromossomos encontrados no gameta seja 23.

d) um cromossomo de cada par seja direcionado para uma célula-filha.

e) um gameta raramente terá o número correto de cromossomos da espécie.

33. (Vunesp-SP) Na aula de Biologia, a professora comentou que as briófitas poderiam ser consideradas "os anfíbios do reino vegetal". Esta afirmação é válida se considerarmos que as briófitas, assim como alguns anfíbios,

a) apresentam um sistema de distribuição de água pelo corpo que se dá de célula para célula, por osmose.

b) reproduzem-se por alternância de gerações (metagênese).

c) têm uma fase do desenvolvimento (gametófito) que ocorre exclusivamente na água.

d) sofrem um processo de metamorfose, durante o qual se alteram os mecanismos de captação de oxigênio.

e) vivem em ambientes úmidos e dependem da água para a fecundação.

34. (Unicamp-SP) Os grãos de pólen e os esporos das plantas vasculares sem sementes variam consideravelmente em forma e tamanho, o que permite que um grande número de famílias, gêneros e muitas espécies possam ser identificados através dessas estruturas. Os grãos de pólen e os esporos das plantas vasculares sem sementes permanecem inalterados em registros fósseis, em virtude do revestimento externo duro e altamente resistente, o que possibilita inferências valiosas sobre floras já extintas.

a) Suponha que em determinado local tenham sido encontrados apenas grãos de pólen fósseis. A vegetação desse local pode ter sido formada por musgos, samambaias, pinheiros e ipês? Justifique sua resposta.

b) Esporos de plantas vasculares sem sementes e grãos de pólen maduros, quando germinam, resultam em estruturas diferentes. Quais são essas estruturas?

35. (UEPG-PR) O reino Plantae é representado por mais de 300 mil espécies de vegetais. Entre eles estão as pteridófitas, importantes representantes do processo evolutivo vegetal. A respeito dessas plantas, assinale o que for correto.

(01) As pteridófitas deram um grande passo na conquista do meio terrestre, pois foram os primeiros vegetais vasculares, capazes, portanto, de transportar facilmente a água das raízes para seus órgãos aéreos, o caule e as folhas.

(02) As pteridófitas são chamadas traqueófitas, porque seu tecido condutor é representado pelas traqueias ou vasos lenhosos (xilema), que transportam água e sais absorvidos pelas raízes e pelos vasos liberianos (floema), os quais, por sua vez, transportam uma solução orgânica com os produtos da fotossíntese.

(04) Uma importante especialização dos vasos lenhosos das pteridófitas é a impregnação de suas paredes por uma substância de grande resistência, a lignina, que proporciona a sustentação mecânica do caule e das nervuras das folhas.

(08) As folhas das pteridófitas em geral têm função dupla: fotossíntese e reprodução. Na parte inferior dos folíolos estão os esporófitos, responsáveis pela sua disseminação.

(16) O mais importante grupo de pteridófitas é o das filicíneas, conhecidas popularmente como samambaias.

36. (UFRS-RS) A *Araucaria angustifolia*, gimnosperma nativa da região Sul do Brasil, produz anualmente cerca de 80 cones femininos, cada um originando em média 90 pinhões. Com base nessas informações, preencha as lacunas a seguir. As plantas femininas das araucárias produzem /////////////////, cada um deles originando muitos pinhões. O pinhão corresponde /////////////////, que é constituído(a) por casca, ///////////////// e /////////////////. Assinale a alternativa que preenche corretamente essas lacunas, na ordem em que aparecem.

a) megásporos – ao fruto – ovário – endosperma.

b) estróbilos – à semente – embrião – endosperma.

c) estróbilos – ao fruto – semente – cotilédone.

d) megasporângios – à inflorescência – embrião – tegumento.

e) megásporos – à semente – zigoto – cone.

CAPÍTULO 12

FORMA E FUNÇÃO NAS PLANTAS

Durante mais de 1 bilhão de anos a fotossíntese ocorreu exclusivamente em oceanos. Há pouco mais de 300 milhões de anos, no entanto, o ambiente terrestre começou a ser colonizado por plantas que não dependiam mais de estar submersas em água para completar seu ciclo reprodutivo. E essa era apenas uma das limitações que essas plantas tinham conseguido superar.

LISSANDRA MELO/SHUTTERSTOCK

FABIO COLOMBINI

Figura 12.1 No alto, floresta temperada de pinheiros em Emerald Lake Park, Colúmbia Britânica, Canadá. Na foto ao lado, floresta tropical inundada, Amazonas, Brasil.

1 Plantas com flores e frutos: reprodução

Os organismos fotossintetizantes têm formas extremamente diversificadas, com diferentes estratégias reprodutivas. Em nossa vida diária, temos bastante contato com exemplares de dois grandes grupos: as gimnospermas e as angiospermas. Como vimos no capítulo anterior, as plantas desses dois grupos têm sementes, mas as gimnospermas não possuem frutos nem flores, apesar de possuírem estruturas reprodutivas muito evidentes (estróbilos).

O estudo mais detalhado da reprodução das plantas será com o grupo mais comum entre nós, em especial dos trópicos, as angiospermas, que têm flores, sementes e frutos.

Observe os exemplos da **Figura 12.2**. A flor da planta de pimentão é a primeira etapa da formação das sementes, que estão dentro dos frutos, os pimentões. As flores do pimentão têm partes femininas (pistilo) e masculinas (estames) reunidas em uma mesma flor.

Indeiscente: diz-se do fruto que permanece fechado, como o pimentão. Quando um fruto se abre, como a vagem de feijão, é chamado deiscente.

LINDAROCKS/ISTOCKPHOTO

DAREZARE/SHUTTERSTOCK

Figura 12.2 Flor de pimentão (à esquerda), com uma estrutura feminina ao centro, circundada de estruturas masculinas, produtoras de pólen. À direita, as flores de pimentão fecundadas originam frutos que não se abrem sozinhos (**indeiscentes**). Dentro deles estão as sementes.

A diversidade das plantas com flores é muito grande. Há aquelas cujas flores têm partes masculinas e femininas bem visíveis. Mas há também flores que, mesmo grandes, têm as partes masculinas e femininas menos expostas.

Por exemplo, as flores de mandacaru (**Figura 12.3**), um cacto muito comum no Nordeste brasileiro, são pouco vistosas, mas se forem abertas revelarão muitos estames e uma estrutura finíssima central muito longa, que corresponde à parte feminina.

CIÊNCIA NA ESCOLA

SHAPENCOLOUR/ALAMY/LATINSTOCK

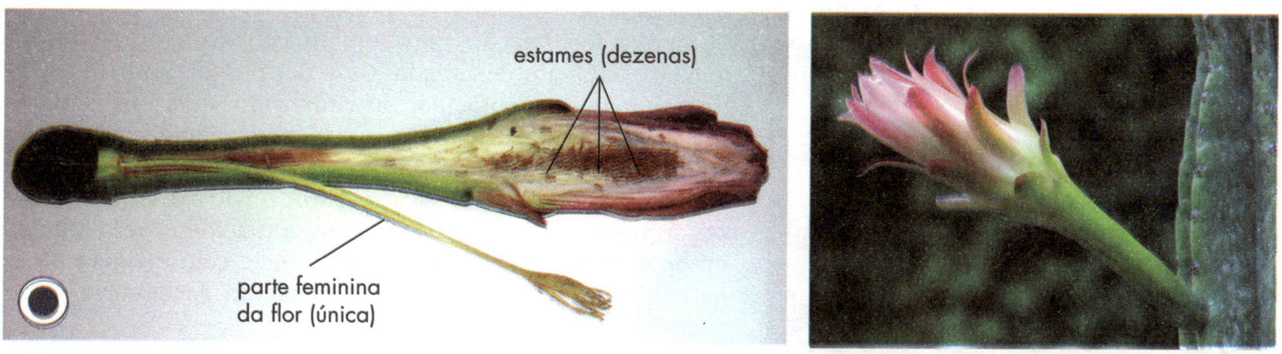

Figura 12.3 As flores de mandacaru (*Cereus* sp.), mesmo sendo grandes, não têm os elementos sexuais muito expostos. Em seu interior, podemos observar muitos estames e um elemento feminino central alongado.

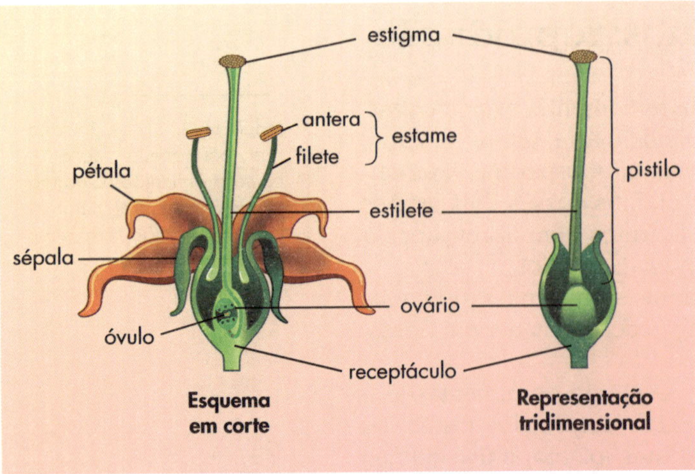

Figura 12.4 Estrutura básica de uma flor.

Os órgãos sexuais das plantas

Veja a **Figura 12.4**. As partes masculinas da flor são chamadas estames e produzem o pólen em estruturas denominadas anteras, que são sustentadas por órgãos tubulares denominados filetes. Em muitas espécies, há grande quantidade de estames em torno de apenas uma estrutura central feminina, que é o pistilo. Algumas espécies têm vários pistilos.

Na flor representada na **Figura 12.4**, o ovário está na base do pistilo, que se liga ao *estigma* por uma estrutura tubular denominada *estilete*.

Tomando a flor do tomateiro (**Figura 12.5**) como exemplo, podemos observar os estames ligados à base, que tem um conjunto de pétalas coloridas. Abaixo delas há um conjunto de *sépalas* e, no centro da flor, na base do estilete, há uma estrutura bojuda, o ovário. Após a polinização da flor, ele se desenvolve formando o *fruto* (**Figura 12.5**).

Figura 12.5 Flor e frutos do tomateiro.

Do ovário formam-se três camadas (*epicarpo*, *mesocarpo* e *endocarpo*) que, juntas, formam o pericarpo do fruto. Dentro do ovário, há uma ou mais estruturas denominadas *óvulos*, que são a base para o desenvolvimento das sementes.

Diversidade de frutos

A vagem é outro exemplo da grande variedade existente de frutos (**Figura 12.6**). Em seu interior estão as sementes (ervilhas).

Após a fecundação, nem sempre é o ovário que se desenvolve de maneira destacada. Uma flor possui também estruturas como o receptáculo, ou pedúnculo, que, em algumas espécies, formam estruturas suculentas. Popularmente são chamados de frutas, porém botanicamente não são frutos, porque não derivam do ovário da flor. São na verdade "falsos frutos" (ou *pseudofrutos*), como a maçã e a pera, que se desenvolvem do receptáculo da flor, ou o caju (**Figura 12.7**, na página seguinte), cuja parte suculenta desenvolve-se do pedúnculo da flor.

Figura 12.6 Vagens são frutos secos, deiscentes, do tipo legume. As ervilhas são as sementes.

A semente do caju (castanha) é envolta por um fruto seco (**Figura 12.7**), que apresenta uma casca bastante dura e cheia de um óleo viscoso e cáustico, conhecido como óleo de castanha de caju, ou LCC (líquido da casca da castanha de caju). Esse líquido tem sido estudado para uma série de aplicações, desde lubrificante de motores até a elaboração de biodiesel. Por ser cáustico, causa ferimentos na boca de quem morde inadvertidamente o fruto.

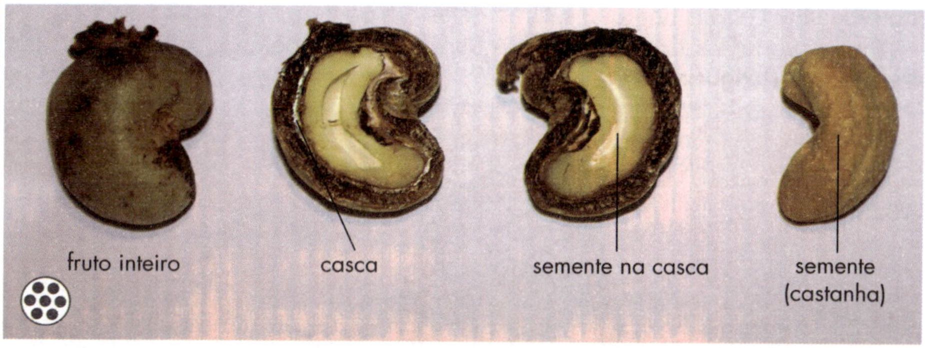

Figura 12.7 O que chamamos de fruto do cajueiro (caju) é um pseudofruto derivado do pedúnculo da flor. A rigor, o fruto dessa planta é um fruto seco, com casca dura. A castanha, vendida em saquinhos e latas, é a semente, em geral torrada e salgada. Observe na foto o fruto recém-cortado, que permite ver o líquido cáustico em sua casca.

Outro exemplo muito conhecido é a maçã. Na verdade, a parte comestível da maçã não se desenvolve do ovário da flor, mas do receptáculo floral, como se pode ver no esquema da **Figura 12.8**.

Existem também as *infrutescências*. Em geral, podem ser descritas como conjuntos de frutos derivados de conjuntos de pequenas flores, denominados *inflorescências*. Um exemplo bem conhecido é a amora (**Figura 12.9**).

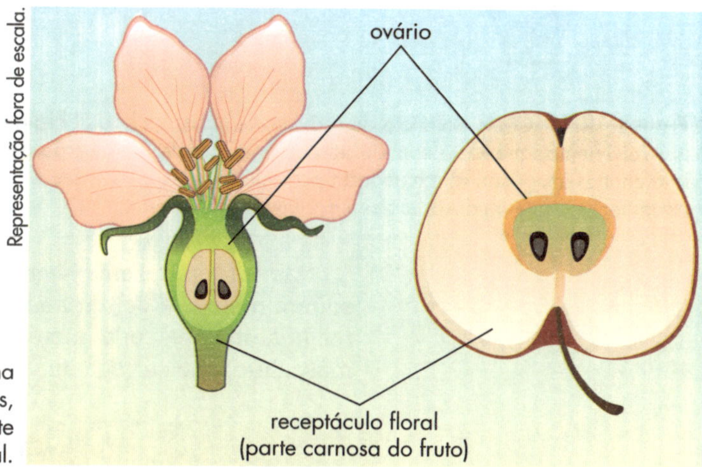

Figura 12.8 O desenvolvimento de uma maçã difere de grande número de frutos, pois não é o ovário que forma a parte carnosa, mas o receptáculo floral.

Figura 12.9 A amora é uma infrutescência. Observe os estiletes de cada gineceu: cada bolinha era uma flor que foi fecundada e formou seu fruto, e os vários frutos unidos formam a infrutescência.

A maturação sexual das plantas com flores

O início do desenvolvimento de um óvulo (**Figura 12.10**) corresponde à formação de um grande esporo, o *megásporo*, cercado por células especiais que formam tecidos que ajudarão em seu desenvolvimento. Esse conjunto formará a semente, que abrigará, em seu interior, uma pequena planta.

O megásporo se desenvolve por meio de divisões mitóticas e gera um conjunto de sete células haploides. Uma delas é a oosfera, o gameta feminino.

Um óvulo nessa fase está pronto para receber o pólen e dar início a uma nova planta (**Figura 12.11**).

ILUSTRAÇÕES: ACERVO DA EDITORA

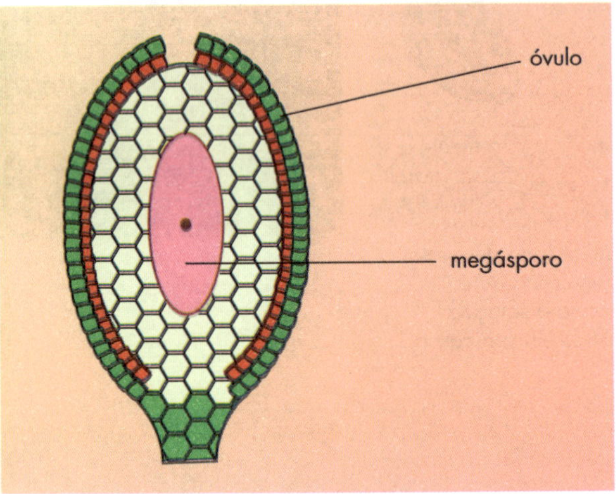

Figura 12.10 Óvulo no início de seu desenvolvimento, quando é constituído por uma grande célula central (megásporo) circundada por células que formam tecidos que ajudarão no seu desenvolvimento.

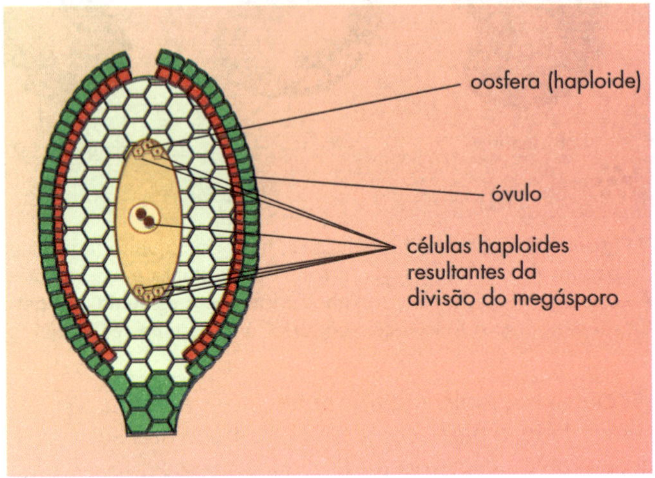

Representações fora de escala. Cores-fantasia.

Figura 12.11 Um óvulo maduro, pronto para receber um grão de pólen. Note a abertura na parte superior e a oosfera, que é o gameta feminino.

Nas anteras desenvolvem-se as células-mãe de pólen (microsporócitos), que sofrem meiose e geram *micrósporos* – células haploides. Após divisões celulares (maturação), cada micrósporo forma um grão de pólen. Este é o gametófito masculino, que carrega duas ou três células em seu interior (**Figura 12.12**).

Representação fora de escala. Cores-fantasia.

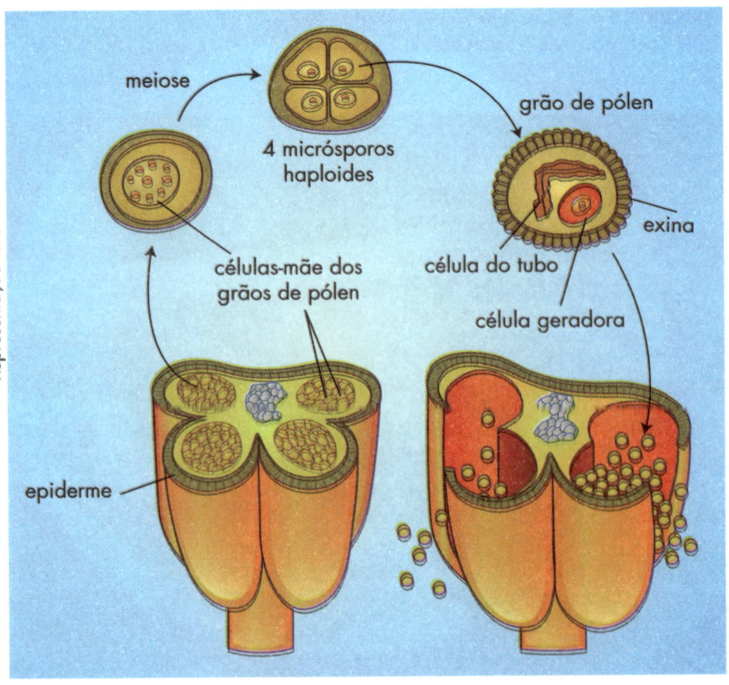

Figura 12.12 A maturação dos grãos de pólen decorre da meiose de células-mãe, que geram micrósporos haploides. Estes permanecem unidos, e cada um deles forma um grão de pólen, que tem duas ou três células em seu interior.

A parte externa do grão de pólen é formada por exina, uma parede extremamente resistente. A exina tem aberturas por onde se desenvolverá uma estrutura microscópica chamada *tubo polínico*, que tornará possível aos gametas masculinos (presentes no interior do grão de pólen) alcançar o gameta feminino, a oosfera, promovendo a *fecundação*.

Os grãos de pólen têm superfícies microscópicas características de cada espécie ou grupo de espécies. Além disso, por serem muito resistentes, se fossilizam com facilidade, sendo importantes fontes para os estudos **paleontológicos**.

Paleontologia: campo da Biologia que estuda os fósseis e o desenvolvimento da vida na Terra.

A polinização e a fecundação nas plantas com flores

O transporte do grão de pólen das anteras ao estigma é denominado *polinização*. Um grão de pólen maduro precisa encontrar um estigma preparado para recebê-lo, com certo grau de umidade, para que ocorra sua hidratação. Com isso, o grão de pólen germina: a partir das aberturas da exina começa a se formar o tubo polínico, que cresce em direção ao óvulo (**Figura 12.13**). Para que o tubo polínico cresça, ele precisa de água e de diversas substâncias, nutritivas inclusive, que são fornecidas pelas células do estilete, o que demanda uma íntima relação entre as células dos elementos masculinos e femininos. Essa é uma das razões de ser muito raro o fenômeno de fecundação entre plantas de duas espécies diferentes.

O crescimento do tubo polínico ao longo do estilete (**Figura 12.14, c**) leva a célula geradora do grão de pólen a se dividir e originar duas células espermáticas, que são os gametas masculinos. As células espermáticas são transportadas pelo interior do tubo polínico até chegarem ao óvulo (**Figura 12.14, d**).

A fecundação nas angiospermas envolve as duas células espermáticas (gametas masculinos haploides). Uma delas fecunda a oosfera e a outra se funde com dois núcleos haploides (os núcleos polares) do óvulo, formando uma célula triploide (3n) (**Figura 12.14, e**). Desta se origina um tecido que vai nutrir o embrião, chamado *endosperma*. Essa é a chamada *dupla fecundação*, característica das angiospermas.

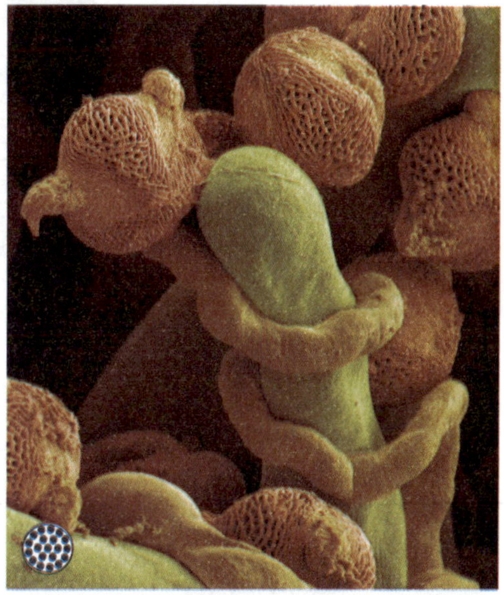

SCIENCE PHOTO LIBRARY/LATINSTOCK

Figura 12.13 Fotomicrografia ao microscópio eletrônico de varredura, colorida por computador, mostrando tubos polínicos (em alaranjado) em crescimento, no pistilo de uma flor.

ACERVO DA EDITORA

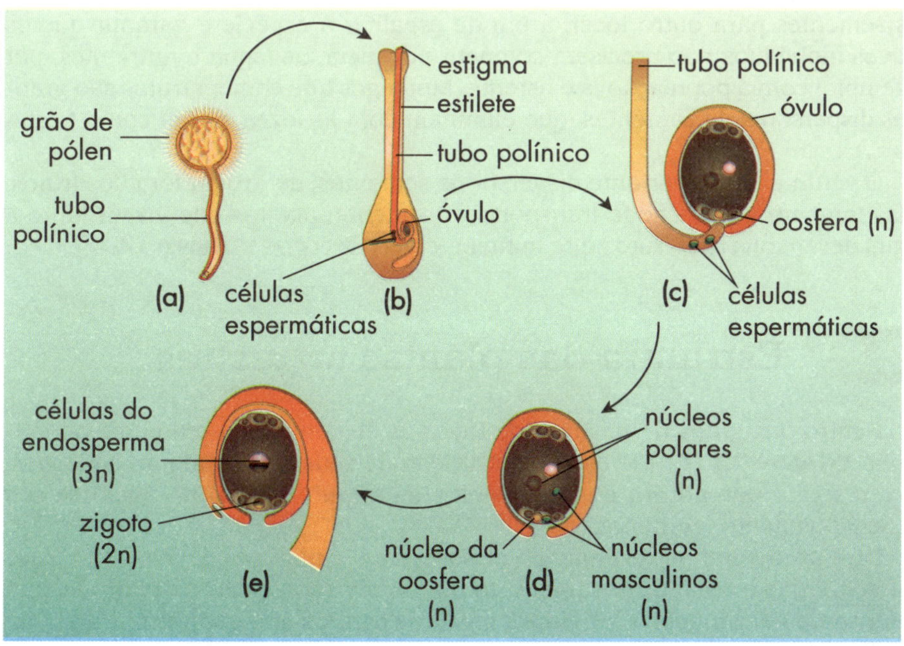

Representação fora de escala. Cores-fantasia.

Figura 12.14 A germinação do pólen origina o tubo polínico. A célula geradora se divide e origina duas células espermáticas, que promovem uma dupla fecundação.

Nas gimnospermas não ocorre essa dupla fecundação, e o tecido de reserva que vai nutrir o embrião é haploide (n), pois se origina das células do próprio *megagametófito* (gametófito feminino).

Logo após a fecundação, surge um fruto em início de desenvolvimento, e cai a porção superior da parte feminina da flor (**Figuras 12.15**). Caso não ocorra a fecundação da oosfera, normalmente a estrutura inteira da flor acaba por morrer, e não há formação de fruto.

REPRODUÇÃO/CIÊNCIA NA ESCOLA

Figura 12.15 Flor de jambo-branco (*Syzygium jambo*), antes da fecundação e dias depois. O desenvolvimento do ovário resultará no fruto (jambo).

ANDREA IZZOTTI/SHUTTERSTOCK

Figura 12.16 Abelhas brasileiras sem ferrão polinizam flor de cacto típico das formações do semiárido brasileiro (*Opuntia* sp.).

Agentes de polinização e de dispersão

O transporte do pólen desde as anteras, onde é produzido, até o estigma (polinização) é realizado de diversas formas em angiospermas e gimnospermas, podendo envolver agentes biológicos. Entre estes, que polinizam 80% das plantas, figuram insetos, aves, morcegos e outros animais. O restante das plantas (20%) que não dependem de agentes biológicos para se reproduzir, na esmagadora maioria (98%), depende do vento para transportar o pólen, e poucas espécies dependem da água (2%). O vento é um agente polinizador importante para muitas espécies, em especial para gimnospermas, e os insetos são mais importantes para as angiospermas (**Figura 12.16**). Aves e morcegos, em menor escala, também são importantes agentes biológicos polinizadores de angiospermas.

A dispersão das sementes é outra etapa importante para a reprodução das plantas. Muitas plantas atraem agentes biológicos que se encarregam de levar as sementes para outro local, a fim de espalhar a espécie e garantir que os novos indivíduos não precisem competir por recursos (água e nutrientes, por exemplo) com a população já existente. Morcegos que comem frutos são grandes dispersores de sementes, que eliminam com as fezes, assim como fazem as aves.

O vento é um importante dispersor de sementes, dentro ou fora dos frutos. Mas também a água pode transportar a semente; plantas que vivem junto à água desenvolveram frutos que flutuam, como os cocos (**Figura 12.17**).

GOPAUSE/SHUTTERSTOCK

Figura 12.17 A semente do coqueiro está no interior do fruto. Pode ser transportada pela água e germinar em lugar distante da planta-mãe.

2 Estrutura das plantas terrestres

Dentro dos grãos de feijão (e de todas as sementes) há um pequeno embrião (**Figura 12.18**). Ele está na escuridão da semente, ligado ao endosperma, o tecido que nutrirá uma pequena planta (ou plântula) no início de seu desenvolvimento (germinação).

Para aproveitar as reservas do endosperma, a plântula deve utilizar suas mitocôndrias e realizar respiração celular. A divisão celular na plântula será intensa na germinação e originará todos os tecidos que vão formar a planta adulta.

FABIO COLOMBINI

Figura 12.18 O embrião fica dentro da semente. Sua germinação origina uma plântula, popularmente conhecida como broto.

Tecidos vegetais

Ao observar uma plântula (**Figura 12.19**) ao microscópio percebe-se uma região de intensa atividade celular. As células que ali se dividem originarão partes do caule, folhas etc. Esses tecidos de intenso crescimento são denominados *meristemas*.

Os meristemas dão origem a outros tecidos. Ao retirar um broto de uma planta para multiplicá-la, estamos justamente explorando essa característica dos tecidos meristemáticos. O broto pode desenvolver uma raiz, mesmo que ainda não exista nenhum tecido típico das raízes.

À medida que a plântula cresce, suas células vão se diferenciando progressivamente em tecidos, ou seja, grupos de células especializadas. Os tecidos podem ser responsáveis pela condução de seiva (tecidos condutores); pelo armazenamento de substâncias, pelo preenchimento ou mesmo pela realização de fotossíntese (parênquimas); pelo revestimento e proteção da planta (tecidos de revestimento); pela sustentação (vários tipos de tecido) e pelo crescimento (meristemas).

Existem tecidos tumorais nas plantas. Elas podem ser invadidas por parasitas que provocam deformidades em seus tecidos, semelhantes a tumores. Um exemplo são as *galhas* (**Figura 12.20**), processos anormais que podem prejudicar o vegetal.

No passado as galhas eram tidas como fenômenos misteriosos, mas hoje já se conhecem muitos fatores que fazem os tecidos vegetais se modificarem profundamente. Estudaremos mais adiante a influência de hormônios em plantas.

Figura 12.19 Plântula (broto) ainda com a casca da semente, no solo da Mata Atlântica.

O eixo raiz-caule

Em uma raiz jovem, o meristema origina células especializadas no transporte de substâncias. Esses tecidos condutores estão presentes em todas as partes da planta. Uma parte dessas células se especializa em levar substâncias da raiz em direção às folhas, formando um tecido chamado *xilema*. O xilema ocupa a parte central da raiz e transporta *seiva xilemática*, composta por água, sais minerais, hormônios da planta, aminoácidos, entre outras substâncias.

O xilema apresenta diversos tipos de células, nem todas com a capacidade de conduzir seiva. Há células xilemáticas com parede celular fina, outras, ao contrário, com parede celular espessa, reforçada por lignina. As primeiras podem ser células especializadas no armazenamento de amido, chamadas *células parenquimáticas*, processando ativamente diversas substâncias. As outras, podem ser, na verdade, diversos tipos, inclusive células mortas, chamadas *elementos de vaso*, com grande capacidade de conduzir seiva xilemática.

Outra parte das células se especializa no transporte em sentido inverso, formando um tecido condutor chamado *floema*. Ele se localiza mais externamente, na raiz e no caule, e mais próximo à superfície inferior da folha. Ao contrário do xilema, ele é formado apenas por células vivas, especializadas em transportar seiva floemática, que difere da seiva xilemática essencialmente pelo seu conteúdo de açúcares, resultado da fotossíntese. Outra diferença em relação às células do xilema é a de que suas células não têm paredes reforçadas de lignina.

Figura 12.20 Galhas produzidas por vespa em folhas de planta do Cerrado. A vespa adulta coloca seus ovos no interior da folha e as larvas que saem deles provocam o desenvolvimento da galha.

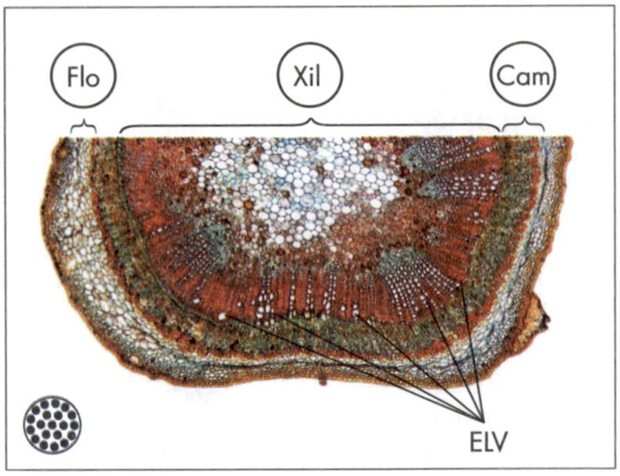

Figura 12.21 Seção transversal de raiz de algodoeiro, com técnicas de coloração. Flo = região do floema, Xil = região do xilema, Cam = região do câmbio, ElV = elementos de vaso. Observe os elementos de vaso do xilema com suas paredes reforçadas por lignina, característica ausente no xilema das gimnospermas.

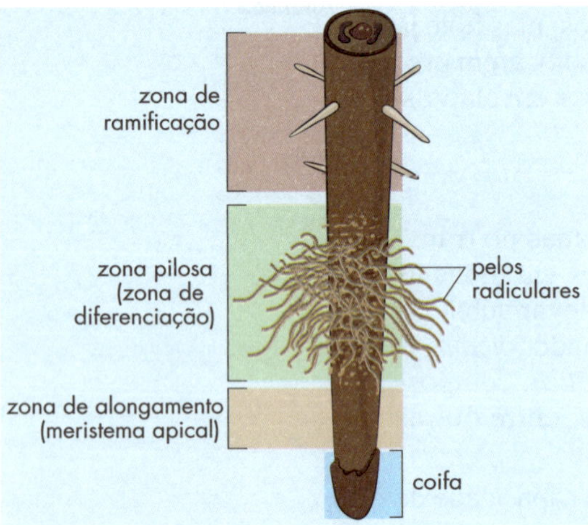

Figura 12.22 Esquema das regiões da raiz.

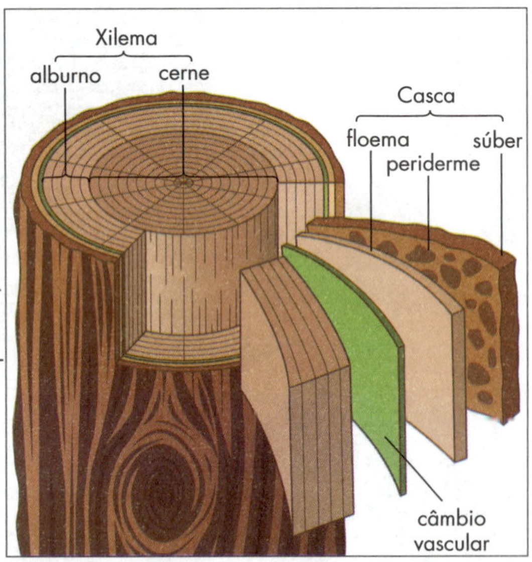

Figura 12.23 O câmbio vascular origina o floema secundário, do lado externo, e, do interno o xilema secundário, o que permite que plantas de porte arbustivo possam crescer em diâmetro e altura.

A fotografia de um corte de raiz de uma planta de algodão (**Figura 12.21**), mostra uma região central com os tipos celulares típicos do xilema, e o floema está na parte mais externa.

Observe que a parte central do xilema tem muitas células parenquimáticas e elementos de vaso com paredes muito reforçadas. Esse é o reforço de lignina que garante a sustentação da parte aérea da planta contra ventos, por exemplo. Observe que entre o floema e o xilema existe um tecido nitidamente diferente. Trata-se do câmbio, um tipo de meristema que tem o poder de originar outros tecidos e promover o crescimento em diâmetro nas plantas que o possuem.

A sustentação de um arbusto é garantida pela raiz tanto por sua extensão em profundidade como também por sua região mais próxima da superfície, a zona de ramificação. Um pouco mais abaixo fica a zona pilosa, onde ocorre a absorção de água e de sais minerais pelas raízes. Logo abaixo está a zona de alongamento, onde as células se reproduzem intensamente, sendo protegidas por uma estrutura flexível e resistente denominada *coifa* (**Figura 12.22**).

As monocotiledôneas caracteristicamente têm aspecto diverso das dicotiledôneas. Isso decorre de três novidades evolutivas muito marcantes e de fácil observação. A primeira delas é a perda do câmbio, aquele meristema que pode produzir tecidos condutores e é responsável pelo crescimento da planta no sentido do diâmetro. Sem esse tecido vegetal, as monocotiledôneas têm tendência a ter porte herbáceo. A outra característica, de certa forma ligada a essa primeira, é a formação de raízes fasciculadas diferentes daquelas típicas de árvores e arbustos. A grama, por exemplo, tem raízes em forma de cabeleira, pouco profundas, o que é adequado para o porte dessas plantas. Por fim, houve a redução e perda de um dos cotilédones.

A estrutura do caule

O crescimento das plantas afasta cada vez mais as regiões que captam água (as raízes) das regiões que realizam fotossíntese (as folhas e outras partes com clorofila). Os tecidos de condução (vasos condutores) são cruciais para ligar essas duas regiões da planta. O crescimento em altura de uma planta depende, em boa medida, da possibilidade de crescimento em diâmetro. Como vimos, o tecido vegetal que possibilita esse crescimento é o câmbio; os troncos e os galhos de todas as árvores e arbustos são formados basicamente por tecido condutor assim originado, chamado *xilema secundário*, popularmente conhecido como madeira. A parte metabolicamente ativa do xilema secundário é denominado *alburno*, que conduz seiva xilemática e é facilmente reconhecível pela sua umidade. A parte inativa do xilema secundário, que ocupa a região central, é denominada *cerne* (**Figura 12.23**).

O cerne do tronco, embora não conduza seiva, pode acumular substâncias que ajudam a preservá-lo do ataque de bactérias e fungos. Nas angiospermas, o xilema possui elementos de vaso, como vimos, células mortas com parede muito reforçada por lignina, o que endurece muito a madeira. As gimnospermas, no entanto, não possuem elementos de vaso e, além disso, a lignina que produzem é ligeiramente diferente, o que torna sua madeira mais macia.

Em climas com estações do ano bem demarcadas, a atividade do câmbio alterna períodos de intensa atividade com períodos de relativa inatividade, o que deixa marcas de crescimento, com a aparência de anéis. Ao contar o número de anéis é possível estimar a idade da árvore (**Figura 12.24**).

ANATOLII IYZUN/SHUTTERSTOCK

Figura 12.24 Tronco de árvore de região temperada, com ciclo anual bem marcado, que deixa marcas na forma de anéis de crescimento.

A origem da lignina

Entre 360 e 300 milhões de anos atrás, no período geológico conhecido como Carbonífero, a atividade fotossintética era muito grande, principalmente por causa da atividade das cianobactérias, a ponto de tornar o oxigênio muito abundante no ar atmosférico, mais do que atualmente (**Gráfico 12.1**). São desse período os fósseis de artrópodes gigantes, que não conseguiriam viver na atmosfera atual, libélulas com envergadura de 75 centímetros e animais semelhantes a escorpiões que atingiam 1 metro de comprimento.

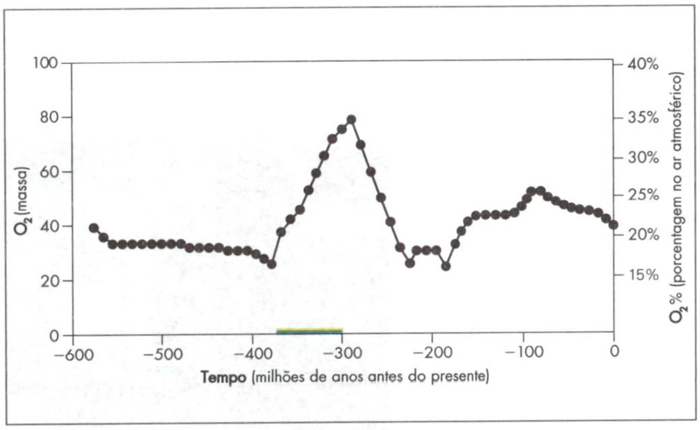

ACERVO DA EDITORA

Gráfico 12.1 Variação do teor de oxigênio no ar atmosférico nos últimos 550 milhões de anos. Há pouco menos de 400 milhões de anos o teor de oxigênio aumentou, chegando a ultrapassar os 35%, bem acima dos 21% atuais. Em verde, destaque para o período correspondente ao Carbonífero.

A grande disponibilidade de oxigênio na atmosfera tornou possível diversas reações químicas que tinham como produto a *lignina*, um polímero de compostos de cadeia curta de carbono, cuja síntese requer muito oxigênio para as ligações entre os monômeros.

Graças ao aparecimento da lignina, substância que não existe em algas verdes nem em musgos e que endurece a parede celulósica das células vegetais, surgiram muitas espécies de plantas de porte mais elevado, que dominaram as terras emersas, formando grandes florestas (**Figura 12.25**).

Alguns grupos de plantas conseguiram sintetizar diferentes tipos de lignina e formaram muito lenho em seus troncos.

Além de sustentar a planta, a lignina ajuda na eficiência da condução de seiva, tornando possível o aparecimento de espécies maiores. Quanto mais alta é a planta, maior a exposição de suas folhas à luz solar, o que aumenta a possibilidade de realização de fotossíntese, e menor o ataque de animais herbívoros de solo. Sabe-se que a lignina é praticamente indigerível à fauna atual. Mesmo animais capazes de digerir celulose não conseguem ingerir lignina.

WALTER B. MYERS/NOVAPIX

Figura 12.25 Reconstituição de uma floresta do Carbonífero, com pteridófitas de porte arbóreo, que atingiam 30 m de altura. Não havia vertebrados terrestres e plantas com sementes, mas havia artrópodes de até um metro de comprimento. O oxigênio atmosférico era mais abundante do que hoje.

Logo após o Carbonífero, surgiram florestas de árvores altas, capazes de atingir 100 metros de altura. Ao mesmo tempo, essas plantas desenvolveram a capacidade de se reproduzir com maior independência da água. E puderam colonizar o interior das terras emersas, longe de pântanos e charcos.

O transporte da seiva xilemática

A concentração de substâncias solúveis no interior das células dos pelos radiculares é maior do que nos solos férteis. Por isso dizemos que o potencial hídrico do solo é maior do que o dessas células.

Uma vez que o potencial hídrico dos líquidos do solo é maior que o dos líquidos internos da planta, e como a membrana das células é permeável à água e não às grandes moléculas de seu interior, o movimento da água ocorre do meio ambiente para o meio interno da planta (reveja a seção sobre osmose, no volume 1). Isso gera uma *pressão positiva* na raiz, que recebe água do meio, e a impulsiona contra a gravidade.

O experimento da **Figura 12.26** foi realizado com diversas plantas e permitiu demonstrar que a pressão positiva é significativa, em certos casos, mas não em todos. Há casos nos quais ela pode inclusive se tornar negativa. Dessa forma, a pressão osmótica exercida pela seiva xilemática e a pressão positiva da raiz não bastam para explicar como árvores altas levam a água até suas folhas. Os vasos xilemáticos são muito finos e há um efeito adicional, denominado *capilaridade*: ao se encostar um vaso capilar na água, ela sobe alguns centímetros (**Figura 12.27**).

SCIENCE PHOTO LIBRARY/LATINSTOCK

Figura 12.26 Experimento que evidencia a pressão positiva da raiz. Após ter o caule cortado, foi ajustado um tubo e o vaso foi regado continuamente, fazendo aparecer água no interior do tubo.

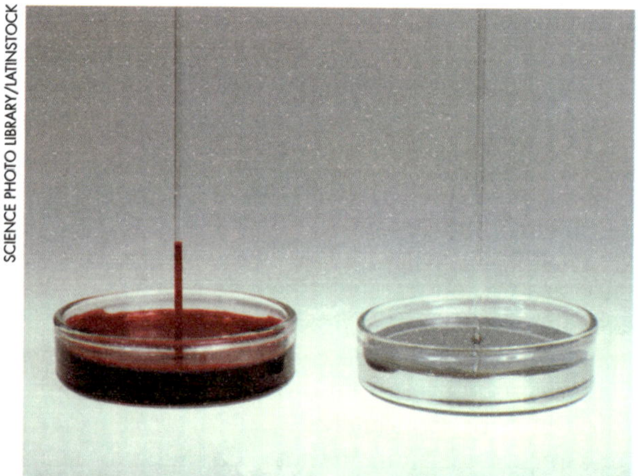

SCIENCE PHOTO LIBRARY/LATINSTOCK

Figura 12.27 Ao se encostar um tubo capilar em água (colorida em vermelho) ela sobre pelo tubo, ao passo que o mesmo não ocorre com o mercúrio, demonstrando o fenômeno da capilaridade.

Ainda assim, os dois efeitos juntos, pressão positiva da raiz e capilaridade, não são suficientes para explicar o deslocamento de água em árvores altas, algumas das quais atingem mais de 90 metros. Para entender o deslocamento dos líquidos em uma planta é necessário conhecer um pouco mais da anatomia do caule e da folha (**Figuras 12.28** e **12.29**).

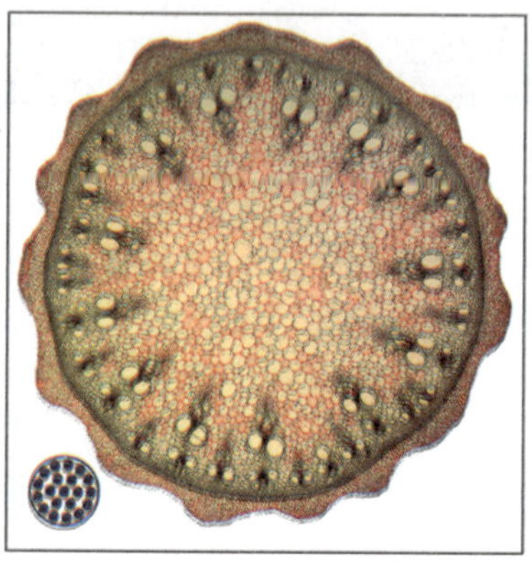

EDWARD KINSMAN/LATINSTOCK

Figura 12.28 Corte transversal de um caule de dicotiledônea, mostrando os vasos do xilema e o parênquima de preenchimento ao centro, e o floema na parte mais externa. Diâmetro do caule: aproximadamente 0,4 cm. (Colorida artificialmente).

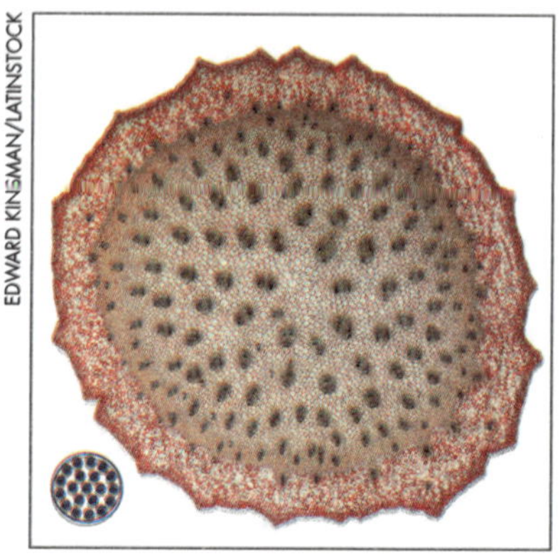

EDWARD KINSMAN/LATINSTOCK

Figura 12.29 Corte transversal de um caule de monocotiledônea, mostrando feixes de floema e de xilema dispersos ao longo do parênquima de preenchimento. Diâmetro do caule: aproximadamente 0,4 cm. (Colorida artificialmente).

O que possibilita o transporte de água em um vegetal é a evaporação de água pelas folhas, um fenômeno chamado *transpiração*. Isso pode ser simulado em um experimento engenhoso, mostrado na **Figura 12.30**.

O conjunto é montado de forma a não deixar nenhuma bolha de ar no interior. A balança indica que o conjunto perde massa continuamente, e isso prova que a evaporação da água, que ocorre pela membrana com orifícios microscópicos, forma um fluxo ascendente.

A explicação para a ascensão da seiva leva em consideração as características das moléculas da água no estado líquido e a atração que elas mantêm entre si. Formam-se ligações entre os átomos de hidrogênio de uma molécula e o átomo de oxigênio da molécula vizinha: as *ligações de hidrogênio*. Isso explica a grande coesão entre as moléculas de água, ou *coesão intermolecular* (que, por sua vez, explica outros fenômenos, como a tensão superficial).

Figura 12.30 Simulação da transpiração foliar através de uma membrana com orifícios microscópicos, adaptada em um funil acoplado a um longo tubo com água, ligado a um reservatório. Este está sobre uma balança de precisão, que registra uma constante diminuição da massa de água.

Quando a água evapora nas folhas, as moléculas que permanecem no estado líquido da superfície de evaporação da parte interna da folha passam a exercer uma pressão negativa maior sobre as moléculas a elas ligadas. Por causa da grande coesão intermolecular, esse potencial de pressão negativa – ou tensão – é transmitido a toda a coluna de água do caule, até a raiz. Assim, a água é "arrastada" através da planta, indo da raiz até as folhas mais altas.

Essa explicação foi originalmente apresentada no início do século XX, quando ficou conhecida como teoria da coesão-tensão, ou teoria de Dixon (em homenagem ao botânico irlandês Henry Dixon, 1869-1953). Ainda não se conheciam as ligações de hidrogênio, que posteriormente vieram a corroborar a teoria.

O transporte da seiva floemática

A seiva com alimento é distribuída das folhas, onde ocorre a fotossíntese, em direção à raiz pelos vasos do floema. Nas dicotiledôneas, o floema ocupa posição periférica no caule. Caso seja retirado um anel dos tecidos do caule, mas preservando o xilema, a ascensão de seiva será mantida, mas o caminho inverso estará comprometido. Se o corte atingir um ramo lateral, o alimento produzido pelas folhas daquele ramo ficará acumulado naquela região (**Figura 12.31**).

Se o corte for feito junto à base da planta, a raiz ficará privada de alimento e morrerá. Sem a raiz, a planta inteira acabará morrendo. Esse anel cortado é chamado *anel de Malpighi*, em homenagem ao cientista italiano Marcello Malpighi (1628-1694), que investigava o transporte de seiva nas plantas.

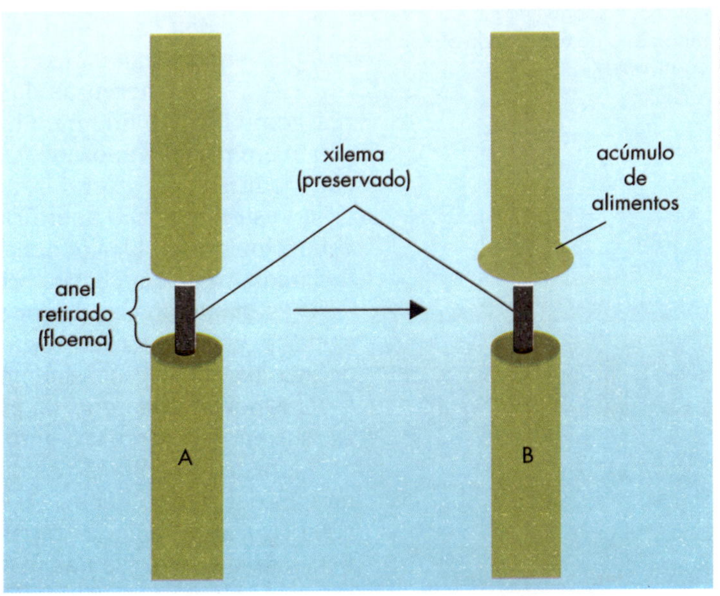

Figura 12.31 Esquema mostrando um anel de Malpighi cortado.

SCIENCE PHOTO LIBRARY/LATINSTOCK

Figura 12.32 Planta de camélia com sinais de deficiência de ferro nas folhas novas, um nutriente que a planta tem dificuldade de fazer circular pelo floema.

SCANERS3D/SHUTTERSTOCK

Figura 12.33 Inseto capturado na armadilha de *Drosera rotundifolia*, que consegue sobreviver em solos pobres em nitrogênio compensando-o pela dieta carnívora.

Ao contrário do que se possa pensar, o transporte da seiva floemática não ocorre por gravidade, mas envolve um complexo sistema de substâncias carregadoras e gasto de energia. A distribuição dos produtos energéticos da fotossíntese é realizada principalmente na forma de sacarose, que é mais solúvel em água, sendo que a glicose e a frutose quase nunca são encontradas no floema.

Outro aspecto a considerar, no entanto, é o fato de as diferentes partes da planta não necessitarem apenas de açúcares, mas de diversos compostos químicos, em especial de cálcio, ferro, fósforo e nitrogênio. As regiões que geram seiva floemática são chamadas "fonte" e as regiões para onde ela é transportada são chamadas "dreno". O cálcio e o ferro são nutrientes de baixa mobilidade na planta. Isso significa que, havendo deficiência desses nutrientes, ela não consegue reaproveitar substâncias de folhas velhas. Como resultado, as folhas novas (ou "folhas-dreno") apresentam sinais de deficiência.

Observe, na **Figura 12.32**, como as folhas novas de uma planta de camélia têm sinais evidentes de deficiência, enquanto as folhas mais velhas continuam bem verdes. A deficiência de ferro tem como efeito a diminuição da concentração de clorofila e outros pigmentos que captam energia da luz, daí o efeito na coloração das folhas novas, chamada clorose.

Por outro lado, quando há deficiência de fósforo ou nitrogênio, a planta consegue reaproveitar as substâncias das folhas velhas (ou "folhas-fonte"), fazendo-as circular pelo floema até chegar às folhas-dreno, que não demonstrarão sinais de deficiência. Nesse caso os indícios de clorose serão vistos antes nas folhas velhas.

O nitrogênio das folhas-fontes é transportado pelo floema na forma de aminoácidos, por exemplo, o que evidencia a alta mobilidade desse nutriente na planta. As chamadas plantas-carnívoras conseguem sobreviver em solos pobres em nitrogênio e fósforo graças à estratégia de obter esses nutrientes de insetos e pequenos animais que conseguem aprisionar e digerir (**Figura 12.33**).

A estrutura da folha: estômatos e transpiração

A transpiração da planta é, como vimos, essencial para realizar o movimento ascendente de seiva xilemática. A planta tem capacidade de controlar a transpiração por meio de estruturas denominadas *estômatos*.

As nervuras das folhas têm feixes mistos de tecidos condutores, com xilema e floema. Eles trazem água, que toma parte da fotossíntese, sendo em parte evaporada. Os vasos de floema, por outro lado, levam o açúcar produzido para ser distribuído a todas as partes da planta.

Os estômatos são aberturas que existem na superfície oposta à da que recebe a luz do sol. Eles podem estar abertos, e com isso a transpiração é muito facilitada, ou podem estar fechados, dificultando-a.

O estômato aberto, permite a saída da água na forma de vapor e também a saída de oxigênio (O_2) e/ou gás carbônico (CO_2). Quando o estômato está fechado, não há trocas gasosas nem transpiração.

O vapor de água que sai pelos estômatos constitui a *transpiração estomática*, que varia conforme o grau de abertura dos estômatos.

Além da transpiração estomática, a folha perde água de maneira constante através das suas células de revestimento, pelo fenômeno da transpiração cuticular. A transpiração estomática e a cuticular são responsáveis por 95% das necessidades de água das plantas vasculares. Apenas 5% de toda água absorvida pela planta é de fato utilizada em processos metabólicos.

Folhas: fábricas de alimento

As folhas são estruturas extremamente vascularizadas, nas quais ocorre grande circulação de água e nutrientes, além das substâncias orgânicas produzidas pela fotossíntese.

A forma da rede de vasos diferencia as monocotiledôneas, que possuem nervuras (vasos) longilíneas, como nas folhas do milho, das dicotiledôneas, cujas nervuras têm formato de rede (**Figura 12.34**).

Como regra geral (que admite exceções), as plantas de áreas sombreadas têm folhas grandes e as plantas expostas diretamente ao Sol têm geralmente folhas pequenas. O aumento da área da folha permite maior absorção dos raios solares, otimizando a realização da fotossíntese. No entanto, uma superfície maior da folha implica também maior perda de água pela transpiração.

Como vimos, o controle da perda de água é feito por meio do fechamento dos estômatos. Também contribui para reduzir a perda de água a localização estratégica dos estômatos, posicionados na superfície inferior da folha; evita-se assim sua exposição direta ao Sol.

EUROCHILD/ISTOCKPHOTO

Figura 12.34
Folha em decomposição, evidenciando as nervuras em forma de rede (reticuladas), que são os vasos condutores de nutrientes.

O dilema da água na folha

As plantas enfrentam dois problemas cotidianos: ao abrirem os estômatos, sofrem perda de água, que é essencial à sua sobrevivência e manutenção do equilíbrio hídrico; ao fechá-los, não conduzem água em velocidade adequada para nutrir todas as partes e atender à fotossíntese.

Se os estômatos estiverem fechados, a fim de evitar a perda de água por transpiração, há ainda outro problema: não ocorrem as trocas gasosas. Assim, não entra, por exemplo, o gás carbônico (CO_2), essencial para a fotossíntese.

Uma das adaptações mais comuns nas plantas consiste em manter os estômatos fechados ao longo da noite, porque sem luz a planta não faz fotossíntese e, fechando-os, ela evita uma perda desnecessária de água. Muitas plantas também podem fechar os estômatos em horários estratégicos do dia, quando o ar está muito quente e seco, por exemplo.

Os cactos adaptaram-se a condições extremas de falta de água e abrem seus estômatos à noite, quando capturam CO_2. Ele é armazenado pela planta e, na presença de luz, participa do processo de fotossíntese.

Fotossíntese e iluminação

Ocorrendo a fotossíntese, haverá produção de oxigênio, que será utilizado pela planta na sua respiração celular, mas poderá haver um excedente, que será liberado no ar por meio dos estômatos. O açúcar é o produto energético da fotossíntese; parte dele será consumida na respiração celular, outra parte será distribuída e estocada na planta. Assim, respiração e fotossíntese, durante o dia, são processos que ocorrem ao mesmo tempo (**Gráfico 12.2**).

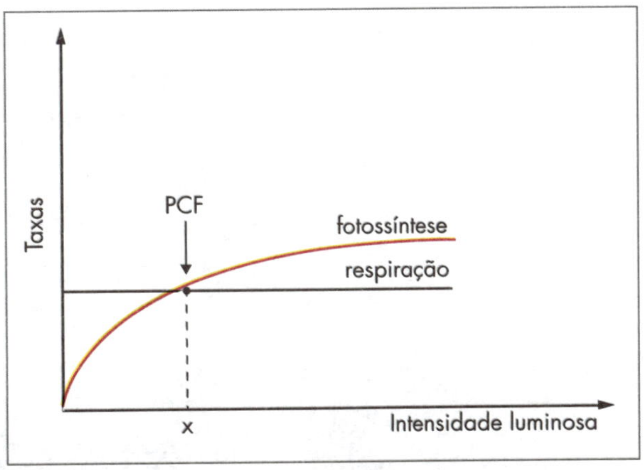

ACERVO DA EDITORA

Gráfico 12.2 Curva fotossíntese x respiração, em função do aumento da intensidade luminosa.

O aumento da intensidade luminosa, quando o dia amanhece, por exemplo, é acompanhado do aumento da atividade fotossintética. A partir de certo ponto de luminosidade, a planta produz tanto açúcar e oxigênio quanto os consome na respiração celular. Este ponto é denominado ponto de compensação fótico (PCF), ou ponto de compensação luminoso (PCL). Se a planta for mantida experimentalmente neste ponto de intensidade luminosa, por um tempo indefinido, não haverá crescimento ou reprodução.

Com o aumento da intensidade luminosa, a planta ultrapassa esse ponto e acumula excedentes, de modo que poderá crescer e se reproduzir.

REPRODUÇÃO/CIÊNCIA NA ESCOLA

Figura 12.35 Plântulas de tomateiro foram iluminadas a partir do lado esquerdo por diversos dias. Em seguida, o vaso foi girado em 180° (foto de cima), de modo que as plântulas ficaram curvadas para o lado oposto em relação à fonte de luz. Em apenas sete horas elas já tinham se curvado em busca de luz (foto de baixo, experimento real).

3 Fitormônios

A germinação da planta, como vimos, induz o aparecimento de células especializadas, que formam tecidos. Esse desenvolvimento coordenado é induzido por substâncias que são os hormônios vegetais ou *fitormônios*.

Fitormônios estimuladores

Plantas pequenas são particularmente sensíveis a fitormônios, os quais exercem sua ação em questão de poucas horas.

Observe na **Figura 12.35** o que ocorreu com as pequenas plantas de tomateiro: em pouco mais de sete horas elas mudaram a curvatura de seus caules. Isso foi feito não pela multiplicação de células, mas pela variação de seu tamanho, em um processo denominado *elongação* (**Figura 12.36**).

ACERVO DA EDITORA

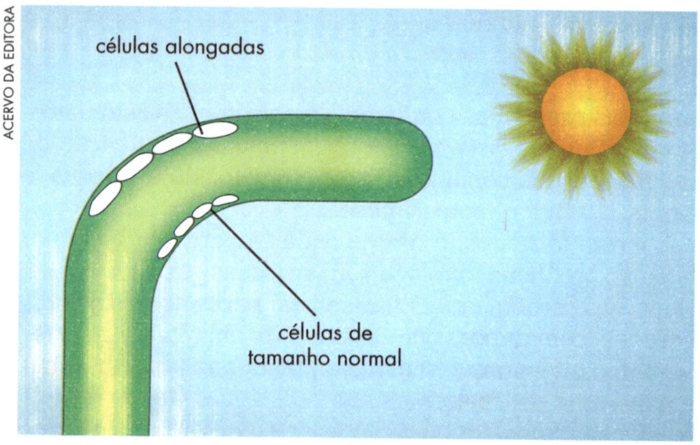

Figura 12.36 A curvatura aparece como resultado do aumento do tamanho das células do caule.

A luz afeta, portanto, além da fotossíntese, também a produção dos hormônios que alteram a atividade celular, os fitormônios. Alguns dos mais importantes fitormônios são as auxinas, produzidas nas partes mais jovens das plantas, em tecidos em crescimento. Um dos principais efeitos desses fitormônios é estimular o alongamento e o aumento de volume das células. A principal auxina é o *ácido indolil acético* (AIA).

THOMAZ VITA NETO/PULSAR IMAGENS

Figura 12.37 Plantação de caquis em Jales, SP.

Existem muitos fitormônios que provocam o crescimento das plantas. Um deles foi isolado do fungo *Gibberella fujikuroi*, que causava uma curiosa doença no arroz. As plantas doentes se alongavam de maneira anormal. Ao isolar o fungo e cultivá-lo, cientistas japoneses produziram uma substância capaz de estimular o alongamento das células vegetais, que denominaram *giberelina*, de efeito similar ao das auxinas. Verificou-se mais tarde que essa substância era muito parecida com certos hormônios produzidos normalmente pelas plantas; daí falar-se no plural: giberelinas.

Pulverizada sobre flores de árvores frutíferas, como caquizeiros (**Figura 12.37**) e macieiras, a giberelina provoca o crescimento dos ovários mesmo que não tenha ocorrido a fecundação, ou seja, formam-se frutos sem sementes.

Na década de 1960 isolou-se um outro fitormônio, uma substância derivada da adenina, a base nitrogenada que faz parte dos ácidos nucleicos, que provou ser um hormônio de ação diferente das giberelinas e das auxinas. Trata-se das *citocininas* (ou citoquininas), fitormônios que promovem a divisão celular.

Fitormônios inibidores

Em pesquisas, as auxinas, as giberelinas e as citocininas provaram ser capazes de estimular muitos processos, como germinação, floração, frutificação etc.

No entanto, se admitia que certos fenômenos, como a queda das folhas de plantas decíduas, a parada de crescimento, a queda dos frutos etc., deveriam ser provocados por algum tipo de hormônio. Ainda na década de 1960, descobriu-se uma substância responsável pela queda prematura (abscisão) de frutos. Como se tratava de substância ácida, ela foi denominada ácido *abscísico*. De certa forma, ele atua como antagonista de outros hormônios, sendo responsável por fenômenos como a **dormência** de sementes, entre outros.

O aumento da pesquisa sobre hormônios vegetais permitiu testar antigas hipóteses, em especial sobre um gás. Ficou confirmado que o etileno, que é um gás em condições normais de temperatura e pressão, afeta o metabolismo das plantas: em concentrações mais elevadas, promove o amadurecimento de frutos, inibe o crescimento vertical de raízes e promove o aparecimento de raízes laterais. Curiosamente, inibe a floração de certas plantas, porém estimula a floração do abacaxi.

Gravitropismo e fitormônios

O crescimento de caules, raízes e, por vezes, ramos é orientado pela gravidade. As plantas, mesmo se estiverem crescendo em uma superfície inclinada, manterão o prumo. Isso é importante para a estabilidade da planta, em especial para as espécies arbóreas (**Figura 12.38**).

Dormência: processo ou período no qual uma atividade é suspensa. A dormência de sementes é importante para a sobrevivência da planta em regiões com estações bem demarcadas. Se a germinação ocorre logo antes do início de uma estação seca, por exemplo, a plântula tem reduzida chance de sobrevivência.

TONIFLAP/ISTOCKPHOTO

Figura 12.38 Pinheiros crescendo em forte declive, no Parque Malalcahuello (Chile). Mesmo as pequenas plantas, em primeiro plano, crescem mantendo o prumo, demonstrando gravitropismo.

MARTIN SHIELDS/LATINSTOCK

Figura 12.39
Gravitropismo negativo do caule, que se expressa mesmo com a planta na posição horizontal após um espaço de tempo entre 24 e 36 horas.

Observe o interessante experimento da **Figura 12.39**; ao ter a base do caule (que crescia na vertical) inclinada, acabou por inclinar o crescimento. Suas raízes, embora não apareçam na foto, também devem ter alterado a direção de seu crescimento.

A explicação para o gravitropismo é, à primeira vista, simples: novamente, são as auxinas que determinam o fenômeno. As células da parte de baixo do caule se alongam, e as de cima se encurtam. As auxinas têm maior efeito nas partes mais baixas do caule.

Ação dos fitormônios

A explicação do modo de ação dos fitormônios foi alvo de muita controvérsia. Uma primeira hipótese dizia que o lado da planta com menos luz receberia mais auxinas; uma variação dessa hipótese afirmava que no lado iluminado haveria destruição das auxinas. Uma segunda hipótese defendia que um inibidor de crescimento seria produzido do lado iluminado.

Mais recentemente foi demonstrado que as auxinas se distribuem de maneira regular, a despeito de iluminação, gravidade etc. Sua produção ocorre nos meristemas apicais, na ponta superior da planta, e a difusão, ao contrário de outros hormônios, ocorre de maneira polar, isto é, sempre no sentido do ápice para a base, célula por célula. A entrada da auxina na célula depende de receptores específicos, que são proteínas que carregam a auxina. São esses receptores que se distribuem desigualmente, o que explica ou determina os tropismos.

Fitormônios e herbicidas

Substâncias sintéticas parecidas com fitormônios têm sido utilizadas para controle de ervas daninhas na agricultura: são os *herbicidas*. Conhecem-se certas substâncias que têm efeito tóxico sobre as plantas, contudo, não são bem conhecidos os mecanismos de atuação envolvidos.

Quando aplicadas sobre um conjunto de plantas diferentes, por exemplo, plantas de folhas estreitas e plantas de folhas largas, uma dose que seja inofensiva para as primeiras pode ser letal para as últimas, que têm maior área foliar, portanto, maior área de absorção da toxina.

Essa diferença de letalidade faz essas substâncias serem usadas no cultivo de certas monocotiledôneas de interesse econômico, como trigo e arroz, que têm folhas estreitas. Quando se cultivam essas plantas, um dos problemas a ser enfrentado é o combate às ervas daninhas, geralmente plantas dicotiledôneas que têm folhas largas. O uso desses herbicidas intoxica e mata as dicotiledôneas sem matar as monocotiledôneas, que absorvem menor quantidade da substância.

Figura 12.40 Avião da força aérea norte-americana sobrevoa o sul do Vietnã lançando sobre a floresta o herbicida conhecido como "agente laranja".

UNITED STATES ARMY

Entretanto, os mecanismos de atuação dessas substâncias não são bem conhecidos e, se mal utilizadas, elas podem causar outros problemas. É conhecido um exemplo histórico: durante a guerra do Vietnã, as tropas norte-americanas lançaram herbicidas sobre as florestas (**Figura 12.40**), a fim de destruir a camuflagem das tropas vietnamitas. O produto era estocado em latas com uma tarja laranja, o que gerou o nome popular de "agente laranja".

A utilização do agente laranja foi cercada de grande polêmica e gerou protestos no mundo inteiro, mas principalmente nos EUA (**Figura 12.41**), país responsável pela utilização do produto tóxico. Não apenas pelas questões ambientais envolvidas, mas sobretudo pela presença de substâncias altamente cancerígenas na solução. O processo de produção não separava a dioxina, substância que causou grande número de mortes, deformações e doenças, tanto na população vietnamita da área de aspersão do produto como nas tropas norte-americanas que o manipularam.

ARCHIVE PHOTOS/GETTY IMAGES

Figura 12.41 Em 1969, estudantes de universidade na Califórnia, EUA, fazem protesto contra a guerra do Vietnã. (Os textos em inglês nos cartazes dizem: "Parem a guerra agora!" e "O povo americano está farto da guerra".)

EM POUCAS PALAVRAS

1

- A semente é a estrutura que protege e nutre o embrião de angiospermas e gimnospermas. O embrião dá origem a uma plântula.
- Nas angiospermas a formação da plântula decorre da fecundação da oosfera, gameta feminino localizado no interior do óvulo.
- Quando o grão de pólen chega ao estigma, começa a se desenvolver o tubo polínico, por onde passarão as duas células espermáticas (gametas masculinos haploides).
- A oosfera (n) é o gameta feminino, que se funde com um dos gametas masculinos; o outro se funde com duas células haploides (núcleos polares) e forma o endosperma, que é triploide.

2

- A plântula desenvolve suas partes em: raiz, caule e folha. Cada estrutura é responsável por diferentes funções, e todas possuem tecidos condutores no grupo das plantas com sementes.
- A raiz é a responsável pela sustentação e absorção de nutrientes do solo e tem papel importante na condução de seiva xilemática de maneira ascendente.
- O caule é responsável pela sustentação e condução de nutrientes e tem papel importante na condução de seiva.
- A maioria das plantas sintetiza lignina, polímero que dá grande rigidez às plantas e reforça as paredes celulares das células condutoras de seiva xilemática.
- O xilema é um tecido vegetal composto de diversos tipos celulares, havendo células especializadas no transporte de seiva.
- O floema é um tecido vegetal especializado no transporte de seiva das partes que geram seiva floemática em direção às partes que a recebem.
- As monocotiledôneas não possuem um tecido vegetal que produz xilema e floema, que permite que a planta cresça em diâmetro, o que explica o porte herbáceo da maioria delas.

3

- Os tecidos são sensíveis a hormônios, que podem provocar alongamento e alargamento da célula, ou mesmo induzir a divisão celular.
- A produção das auxinas ocorre nos meristemas apicais e sua difusão não ocorre pelo floema, mas pelo parênquima do caule, célula a célula, do topo em direção à base.
- Os herbicidas são substâncias tóxicas para as plantas e que são utilizadas na agricultura, principalmente em culturas de monocotiledôneas.

BIOCHAT

? As sementes germinam no escuro? Isso não é arriscado para elas? (Elas não podem fazer fotossíntese.)

BC Há sementes cuja germinação depende de luz, as chamadas fotoblásticas positivas, e há aquelas cuja germinação é inibida pela luz, as chamadas fotoblásticas negativas, e há ainda espécies cujas sementes são indiferentes. Não se esqueça que as sementes têm reserva de nutrientes para alimentar o embrião nos estágios iniciais de seu desenvolvimento.

? Por que as flores são, em geral, coloridas?

BC As flores coloridas atraem mais agentes polinizadores e isso parece ter aumentado o sucesso reprodutivo das plantas que as possuíam.

? Onde são produzidos os hormônios das plantas?

BC Os hormônios vegetais são produzidos em diversas partes da planta. As plantas não possuem órgãos grandes especializados em produção de hormônios, como os animais. Os meristemas apicais ficam no ápice da planta e produzem auxinas, por exemplo.

? E por que se cortam as pontas das plantas de jardim? Elas ficam sem auxinas?

BC Sem as pontas, as plantas não produzem auxinas. Isso faz crescer os brotos que ficam nas axilas das folhas. A chamada poda da planta tem por objetivo despertar as gemas axilares, que normalmente são inibidas pelas auxinas. É a chamada dominância apical: acabando com ela, as plantas ficam mais cheias de galhos, o que é considerado bonito nos jardins. Nas árvores frutíferas isso ajuda na colheita, pois os frutos se posicionam em locais mais baixos e acessíveis, além de proporcionar melhor insolação da planta.

? A seiva da planta é como o sangue dos animais?

BC De certa forma sim, mas repare nas diferenças entre eles. As plantas produzem o próprio alimento e a seiva xilemática apenas leva alguns dos ingredientes. A seiva não transporta gases respiratórios e alguns hormônios, ao contrário do sangue.

ATIVIDADES DE REVISÃO

I Classifique as afirmações seguintes como Verdadeiras ou Falsas, justificando, em seu caderno, sua resposta:

1 **1.** Um tomate é um fruto que se desenvolveu a partir do ovário da flor, a qual possuía muitos óvulos.

1 **2.** O ovário da flor se localiza na base do pistilo.

1 **3.** O pericarpo é uma estrutura do fruto.

1 **4.** O cajueiro tem um fruto muito carnoso.

1 **5.** Uma infrutescência se origina de um conjunto de flores (inflorescência).

1 **6.** A oosfera é o óvulo das angiospermas.

1 **7.** O pólen é o gameta masculino das angiospermas.

1 **8.** A fecundação das angiospermas envolve a oosfera e dois núcleos polares, do lado feminino, e dois gametas masculinos haploides, formando um zigoto diploide e uma célula triploide.

1 **9.** As angiospermas se diferenciam das gimnospermas, pois apenas na semente das primeiras há tecido com células de ploidia diferente da do embrião.

2 **10.** Em uma raiz de angiosperma o floema fica na parte externa e o xilema na parte central.

2 **11.** Uma explicação para o porte herbáceo de muitas monocotiledôneas reside na perda do câmbio, um tecido que produz vasos condutores e é responsável pelo crescimento em diâmetro.

2 **12.** Ao observar um corte de um caule de monocotiledônea é impossível distingui-lo de um corte de caule de dicotiledônea.

2 **13.** Os estômatos recebem diretamente a luz do Sol, e quando isso acontece se fecham.

2 **14.** O ponto de compensação fótico da planta corresponde ao ponto de equilíbrio entre respiração celular e fotossíntese.

3 **15.** As auxinas são produzidas pelos meristemas apicais da planta e são conduzidas para a parte inferior da planta pelo floema.

3 **16.** Todas as substâncias produzidas a partir de pesquisas científicas ligadas a hormônios vegetais são benéficas para os seres humanos e para o meio ambiente.

II Identifique a alternativa correta em seu caderno.

1 **17.** A maçã e o caju são popularmente chamadas frutas, mas na verdade não são frutos verdadeiros, pois:

a) sua parte carnosa não se origina do ovário.
b) o ovário não envolve nenhuma semente.
c) não existem óvulos para serem fecundados.
d) os estames não produzem pólen verdadeiro.
e) na verdade são originários de inflorescências.

18. O início do desenvolvimento do óvulo, nas angiospermas, corresponde a:

a) formação do microgametófito, uma estrutura fértil e haploide.
b) formação de um grande esporo, dentro do qual se localiza a oosfera.
c) fase na qual finda a meiose e tem início o desenvolvimento do embrião.
d) fase final do desenvolvimento do fruto, dentro do qual ocorre a fecundação.
e) formação do tubo polínico, dentro do qual terminará a meiose masculina.

19. Observando um grão de pólen ao microscópio é possível ter uma ideia do tipo de planta que se observa. Isso se deve ao fato de:

a) os gametas das angiospermas serem diploides, o que explica a ocorrência de endosperma triploide.
b) os gametas de gimnospermas serem diploides, o que os distingue das angiospermas.
c) de haver um tubo polínico no interior dos grãos de pólen das angiospermas com dois gametas.
d) ele ser recoberto por uma estrutura especial, típica para cada espécie ou grupo de espécies.
e) haver exina em seu exterior, que se rompe facilmente para a formação do tubo polínico.

20. A presença da flor, da semente e do fruto nas angiospermas, está relacionada, respectivamente:

a) à dispersão, à nutrição do embrião e à fecundação.
b) à fecundação, à nutrição do embrião e à dispersão.
c) à nutrição do embrião, à fecundação e à dispersão.
d) à fecundação, à dispersão e à nutrição do embrião.
e) à nutrição do embrião, à dispersão e à fecundação.

21. Em uma raiz jovem o meristema origina tecidos condutores que conduzem água e nutrientes para as partes altas da planta. Esse líquido corresponde à(ao/às):

a) seiva xilemática.
b) seiva floemática.
c) seiva elaborada.
d) néctar açucarado.
e) auxinas e giberelinas.

22. O cerne do tronco é uma região muito importante para a sobrevivência das espécies arbóreas. Isso porque ele:

a) conduz seiva com alto teor de água e açúcares, acumulando lignina.
b) conduz seiva com alto teor de sais água e minerais, acumulando celulose.
c) é constituído por xilema, acumulando substâncias que previnem a putrefação.
d) é constituído por floema, constituindo tecido de distribuição de auxinas.
e) é constituído pelo câmbio e produz o alburno por crescimento em diâmetro.

23. O desenvolvimento de formas de lignina muito resistentes possibilitou:

a) o desenvolvimento de grandes animais herbívoros, que passaram a ter mais alimento.
b) o aparecimento da vegetação aquática, protegida da ação de fungos e bactérias nocivas.
c) o grande crescimento em altura das espécies arbóreas, aumentando a resistência do tronco.
d) a diversificação dos fungos, que poderiam aproveitar a lignina para sintetizar quitina.
e) o crescimento das plantas e o desenvolvimento de tecidos especializados no transporte de auxinas.

24. O fato de as plantas terem maior concentração de substâncias solúveis em água do que o solo do substrato implica o aparecimento de:

a) pressão negativa da raiz da planta.
b) efeito de capilaridade até as folhas.
c) pressão positiva da raiz da planta.
d) deslocamento da seiva até as folhas.
e) perda de água da planta para o solo.

25. As ligações de hidrogênio entre as moléculas de água são essenciais na explicação da ascensão da seiva contra a gravidade. Elas explicam:

a) a pressão negativa do interior dos vasos condutores do xilema.
b) a pressão positiva da raiz, em especial dos pelos absorventes.
c) a capilaridade dos vasos condutores de seiva floemática.
d) a pressão negativa dos vasos condutores de seiva floemática.
e) a capilaridade dos vasos condutores de seiva xilemática;

26. A diferença básica entre a ação das giberelinas em relação às citocininas é a de que as primeiras:

a) circulam pelo xilema, enquanto as segundas circulam pelo floema.
b) promovem o crescimento das células, e não a meiose, como as segundas.
c) promovem o alongamento do vegetal, e as segundas o encurtam.
d) promovem crescimento celular, inclusive dos ovários sem fecundação.
e) circulam pelo floema, enquanto as segundas estimulam mitoses.

ATIVIDADES DE APROFUNDAMENTO

27. Identifique como falsas ou verdadeiras as seguintes afirmações, justificando-as em seu caderno.

a) O óvulo das plantas não corresponde aos óvulos dos animais.

b) O grão de pólen é o gameta masculino das plantas.

c) As flores das gimnospermas são os cones, ou megastróbilos.

d) A pressão positiva na raiz e a capilaridade são suficientes para que a seiva xilemática chegue até as folhas mais altas das árvores.

e) A seiva que possui produtos da fotossíntese é distribuída pelo floema.

f) Os fitormônios atuam sempre na estimulação do crescimento da planta.

g) Nem todas as frutas são frutos verdadeiros.

h) As auxinas apenas estimulam o crescimento das células.

i) Dentro das plantas existem glândulas hormonais, tal qual as glândulas humanas.

j) A capacidade de sintetizar lignina apareceu em um período remoto da história da Terra, quando havia pouco oxigênio no ar atmosférico.

28. Qual a ação geral dos hormônios vegetais em plantas? Explique.

29. Suponha que uma pequena planta de eucalipto tenha nascido com uma mutação que a impeça de produzir lignina. Identifique a alternativa que indica o que se pode esperar que ocorra com ela ao se desenvolver:

a) A planta deverá crescer normalmente.

b) A germinação no escuro será inviável.

c) A planta não conseguirá se manter ereta.

d) A floração na primavera não deverá ocorrer.

30. Identifique a alternativa correta:

a) Os polinizadores são agentes biológicos que garantem a fecundação da oosfera.

b) Todas as gimnospermas são plantas que dependem exclusivamente do vento para a polinização.

c) As aves atuam apenas como dispersores de sementes, que são expelidas com as fezes.

d) A grande maioria das plantas com flores é polinizada por seres vivos.

BIOLOGIA NO CONTEXTO

31. As gimnospermas e as angiospermas são autótrofas em boa parte de sua vida, mas não sempre. Explique.

32. No estudo sobre fitormônios e gravitometria, vimos um experimento muito interessante no qual uma planta corrigiu sua curvatura (foto ao lado).

MARTIN SHIELDS/LATINSTOCK

Pergunta-se: esse experimento poderia ter sido realizado no escuro? Justifique sua opinião.

33. A colocação de uma colmeia de abelhas na divisa de uma fazenda de milho e outra de café trouxe resultados bastante diferentes para as duas culturas. A produção de café aumentou, mas a de milho não se alterou. Como explicar esses resultados?

34. O cientista inglês Charles Darwin e seu filho, Francis, fizeram experimentos nos quais faziam germinar grãos de alpiste e estudavam os movimentos das pequenas plantas. Perceberam que, ao cobrir a ponta das plântulas com um pequeno capuz metálico totalmente opaco, elas não se curvavam em direção à luz, ao contrário de outras sem o capuz. Como você explica esses resultados? E o que deveria ocorrer caso a parte coberta fosse cortada?

35. Ao ver que um grupo de plantas em seu jardim tem apenas as folhas novas amareladas, você pensaria:

a) em adubá-las com nitrogênio e fósforo.

b) em adubá-las com sais de ferro e cálcio.

c) em tratar as folhas com substâncias fungicidas.

d) em tratar as plantas com antibióticos foliares.

e) que estão sendo atacadas por algum vírus.

36. A diversificação das espécies só pode ser mantida por longos períodos de tempo geológico se a fecundação for um evento muito provável. Isso explicaria o fato de as gimnospermas só prosperarem em formações vegetais com grande número de indivíduos e poucas espécies, ao contrário das angiospermas. Nesse sentido, é possível afirmar que:

a) a presença de semente garante a ocorrência de fecundação ao longo das gerações.

b) a dependência de água faz da fecundação um evento de ocorrência garantida.

c) a formação de fruto é fundamental para que os ambos os gametas se encontrem.

d) a presença do pólen constitui a garantia de que haverá a formação de um embrião.

e) as flores se especializaram em promover o encontro de gametas e a fecundação.

37. Estima-se que uma árvore de grande porte, em um dia quente, possa perder, por evaporação, cerca de 200 litros de água. Isso é essencial para a sobrevivência da planta pois:

a) sem a transpiração haveria acúmulo de substâncias tóxicas na árvore.

b) caso não ocorresse transpiração a temperatura da planta subiria muito.

c) isso garante que o solo não fique encharcado, permitindo a respiração da raiz.

d) permite a movimentação de seiva fazendo circular compostos de ferro e cálcio.

e) sem a transpiração não seria possível a ascensão da seiva xilemática até as folhas.

EXERCÍCIOS DE VESTIBULAR E ENEM

38. (Fuvest, modificada). Nos mamíferos o óvulo é uma célula que constitui o gameta feminino. Nas fanerógamas (gimnospermas e angiospermas) denomina-se óvulo a estrutura multicelular que contém o gamenta feminino. Em mamíferos e fanerógamas, o resultado da fecundação normal, quanto ao número de conjuntos cromossômicos é:

	Mamíferos	Fanerógamas
a)	Embrião haploide	Embrião diploide + tecido de reserva diploide ou triploide
b)	Embrião diploide	Embrião diploide + tecido de reserva haploide ou triploide
c)	Embrião diploide	Embrião triploide + tecido de reserva diploide
d)	Embrião triploide	Embrião diploide + tecido de reserva haploide ou diploide
e)	Embrião triploide	Embrião diploide + tecido de reserva haploide ou triploide

39. (UFTM-MG) Para determinada planta, o ponto de compensação fótica é atingido com intensidade luminosa de 1 000 lux, enquanto o ponto de saturação luminosa dá-se com 1 500 lux. Essa planta foi encerrada por 4 horas no interior de um tubo de vidro e exposta, nas duas primeiras horas, a uma intensidade luminosa de 800 lux e, nas duas últimas horas, a uma intensidade luminosa de 1 700 lux. Durante o período em que esteve iluminada, sensores registraram, a intervalos regulares, a concentração de CO_2 e O_2 no interior do tubo. Pode-se dizer que, no interior do tubo, durante as duas primeiras horas, a concentração de CO_2:

a) diminuiu e a concentração de O_2 aumentou. Nas duas últimas horas, a concentração de CO_2 aumentou e a concentração de O_2 diminuiu.

b) aumentou e a concentração de O_2 diminuiu. Nas duas últimas horas, a concentração de CO_2 e a concentração de O_2 aumentaram.

c) e a concentração de O_2 diminuíram. Nas duas últimas horas a concentração de CO_2 e a concentração de O_2 aumentaram.

d) e a concentração de O_2 não se alteraram. Nas duas últimas horas, a concentração de CO_2 diminuiu a concentração de O_2 aumentou.

40. (UFMG) A fotossíntese e a respiração são processos fundamentais para a manutenção da biodiversidade na Terra.

Considerando-se esses dois processos, é correto afirmar que ambos:

a) ocorrem em seres heterotróficos.

b) participam do ciclo do carbono.

c) produzem diferentes formas de energia.

d) se realizam alternadamente durante o dia.

41. (PUC-MG) Câncer em plantas?

Muitos não imaginam que as plantas também têm uma forma de câncer. O surgimento de tumores acomete quase todos os organismos multicelulares conhecidos, inclusive os vegetais. Os tecidos tumorais em plantas são conhecidos como galhas e parecem ter significado evolutivo.

(FONTE: *CIÊNCIA HOJE ONLINE*, 14 DE JULHO DE 2006.)

Leia as afirmativas a seguir.

I. Os tecidos tumorais em plantas, conhecidos como galhas, são causados pela ação de diversos organismos como bactérias, fungos, nematoides, insetos e ácaros.

II. Parasitas penetram nos vegetais, sobrepujam suas defesas mecânicas e químicas e liberam compostos que estimulam células totipotentes a proliferarem e se diferenciarem.

III. Assim como nos vegetais, o câncer em animais também pode ser acarretado por vírus.

IV. Nódulos gerados por infecções bacterianas nas raízes de determinados vegetais podem ser benéficos para a planta.

Estão corretas as afirmativas:

a) I, II, III e IV.

b) I, II e III apenas.

c) II, III e IV apenas.

d) I e IV apenas.

42. (Unifesp) Ao comermos um pinhão e uma castanha-do-pará, ingerimos o tecido de reserva do embrião de uma gimnosperma (araucária) e de uma angiosperma (castanheira), respectivamente. Pinhão e castanha-do-pará são sementes.

a) A estrutura que deu origem ao pinhão e à castanha-do-pará, na araucária e na castanheira, é a mesma? Justifique.

b) A origem dos tecidos de reserva do embrião do pinhão e da castanha-do-pará é a mesma? Justifique.

43. (UFC-CE) Qualquer célula vegetal viva, que possua núcleo, adequadamente manipulada, poderá originar embriões, semelhantes aos embriões zigóticos, denominados de embriões somáticos. Entre as várias possibilidades de utilização desses embriões somáticos está a produção de sementes artificiais. A técnica consiste na produção de cápsulas de gelatina que contenham o embrião e um hidrogel com substâncias orgânicas e inorgânicas. A principal função desse hidrogel seria:

a) induzir mutações e inibir a germinação daquelas plantas com características indesejáveis.

b) possibilitar a formação de um embrião com estrutura bipolar, ou seja, com parte aérea e raiz.

c) hidratar o embrião somático, simulando as condições reais de umidade elevada de uma semente verdadeira.

d) evitar que as plantas oriundas de embriões transgênicos polinizem outras plantas no ambiente onde as "sementes" serão lançadas.

e) compensar a ausência de reservas nutritivas, que são acumuladas nos processos normais de desenvolvimento das sementes.

44. (Unicamp-SP) Uma das formas de comunicação entre as várias partes do corpo dos animais e dos vegetais é realizada por um fluido circulante. No corpo humano, esse fluido é denominado sangue, enquanto nos vegetais é genericamente denominado seiva. Diferencie o sangue humano da seiva quanto à constituição.

45. (Vunesp-SP) Na casa de Pedrinho, a caixa-d'água mantinha-se suspensa por quatro grandes pilares. Ao lado da caixa-d'água, um abacateiro tinha a mesma altura, o que fez Pedrinho pensar: "Se, para abastecer as torneiras da casa, a caixa tinha que ficar a certa altura, de tal modo que a água fluísse pela ação da gravidade, como o abacateiro resolvia o problema de transportar a água do solo para as folhas, contra a ação da gravidade?" Explique como a água do solo pode chegar às partes mais altas da planta.

46. (Enem) Na transpiração, as plantas perdem água na forma de vapor através dos estômatos. Quando os estômatos estão fechados, a transpiração torna-se desprezível. Por essa razão, a abertura dos estômatos pode funcionar como indicador do tipo de ecossistema e da estação do ano em que as plantas estão sendo observadas. A tabela a seguir mostra como se comportam os estômatos de uma planta da Caatinga em diferentes condições climáticas e horas do dia.

Considerando a mesma legenda dessa tabela, assinale a opção que melhor representa o comportamento dos estômatos de uma planta típica da mata Atlântica.

Condição climática	Horas do dia					
	8h	10h	12h	14h	16h	17h
Tempo chuvoso	2	2	2	0	2	2
Seca	1	1	0	0	0	0
Seca intensa	0	0	0	0	0	0

Legenda: 0 = estômatos completamente fechados
1 = estômatos parcialmente abertos
2 = estômatos completamente abertos

a)

Condição climática	Horas do dia					
	8h	10h	12h	14h	16h	17h
Tempo chuvoso	2	2	2	0	2	2
Seca	1	1	0	0	1	1
Seca intensa	1	1	0	0	0	0

b)

Condição climática	Horas do dia					
	8h	10h	12h	14h	16h	17h
Tempo chuvoso	1	1	1	1	1	1
Seca	1	1	0	0	1	1
Seca intensa	0	0	0	0	0	0

c)

Condição climática	Horas do dia					
	8h	10h	12h	14h	16h	17h
Tempo chuvoso	1	1	0	0	0	0
Seca	1	1	0	0	0	0

d)

Condição climática	Horas do dia					
	8h	10h	12h	14h	16h	17h
Seca	1	1	0	0	0	0
Seca intensa	0	0	0	0	0	0

e)

Condição climática	Horas do dia					
	8h	10h	12h	14h	16h	17h
Tempo chuvoso	2	2	2	0	2	2
Seca	2	2	2	0	2	2

47. (Fuvest-SP) O gráfico a seguir indica a transpiração de uma árvore, em um ambiente em que a temperatura permaneceu em torno dos 20 °C, em um ciclo de 24 horas.

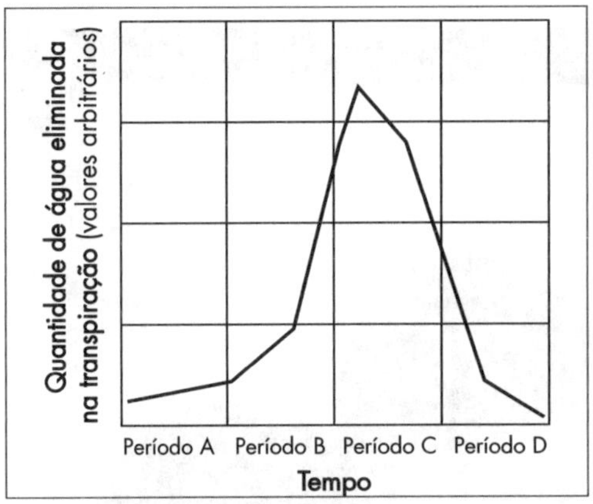

a) Em que período (A, B, C ou D) a absorção de água, pela planta, é a menor?

b) Em que período ocorre a abertura máxima dos estômatos?

c) Como a concentração de gás carbônico afeta a abertura dos estômatos?

d) Como a luminosidade afeta a abertura dos estômatos?

48. (Fuvest-SP) Existe um produto que, aplicado nas folhas das plantas, promove o fechamento dos estômatos, diminuindo a perda de água.

Como consequência imediata do fechamento dos estômatos,

I. o transporte de seiva bruta é prejudicado.

II. a planta deixa de absorver a luz.

III. a entrada de ar atmosférico e a saída de CO_2 são prejudicadas.

IV. a planta deixa de respirar e de fazer fotossíntese.

Estão corretas apenas as afirmativas:

a) I e II.
b) I e III.
c) I e IV.
d) II e III.
e) III e IV.

49. (Vunesp) A figura reproduz um experimento em que uma planta colocada em um vaso transparente recebe luz lateralmente, no caule e nas raízes, conforme indicam as setas. Após alguns dias, o caule apresenta-se voltado para a fonte de luz e as raízes encontram-se orientadas em sentido oposto. Isso se deve à ação das auxinas, hormônio vegetal que atua no controle do crescimento de caules e raízes, promovendo o alongamento das células.

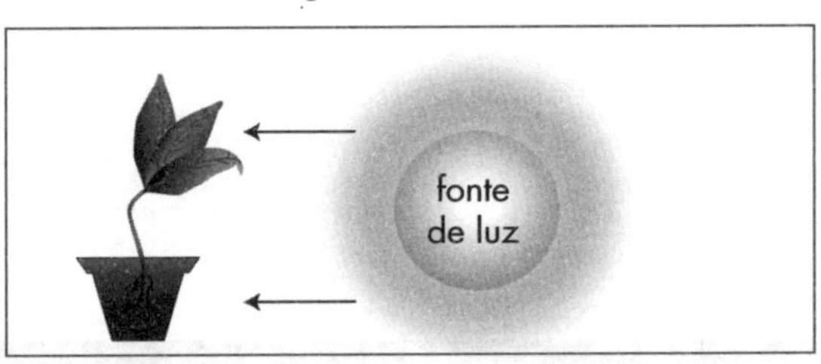

Podemos afirmar corretamente que, no caule, as auxinas promoveram o crescimento do lado

a) não iluminado da planta, enquanto nas raízes promoveram o crescimento do lado iluminado. A inclinação do caule e da raiz deve-se à maior atuação da auxina no lado não iluminado da planta.

b) iluminado da planta, enquanto nas raízes promoveram o crescimento do lado não iluminado. A inclinação do caule e da raiz deve-se à maior concentração de auxina no lado iluminado da planta.

c) não iluminado da planta, assim como o fizeram nas raízes. A inclinação do caule e da raiz deve-se à maior concentração de auxina no lado iluminado da planta.

d) iluminado da planta, assim como o fizeram nas raízes. A inclinação do caule e da raiz deve-se à maior concentração de auxina no lado iluminado da planta.

e) não iluminado da planta, enquanto nas raízes promoveram o crescimento do lado iluminado. A inclinação do caule deve-se à maior concentração de auxina no lado iluminado, enquanto a inclinação da raiz se deve à maior concentração de auxina no lado não iluminado.

50. (Fatec-SP) Observe o gráfico a seguir, que representa o Ponto de Compensação Fótico (PCF) de duas plantas, A e B, de espécies diferentes, que se encontram no mesmo ambiente.

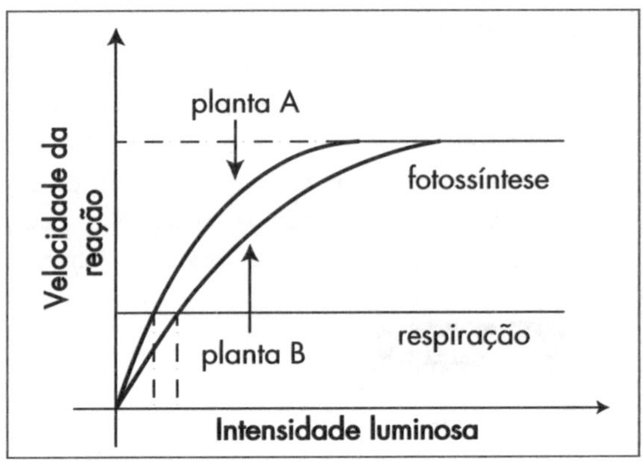

É correto afirmar que:

a) o PCF é o mesmo para as plantas A e B.

b) a taxa respiratória varia para as plantas A e B.

c) a planta A, para poder crescer, precisa receber luz em intensidade abaixo do seu PCF.

d) a planta B é provavelmente uma planta de sol (heliófila) e para poder crescer precisa receber luz em intensidade igual à do seu PCF.

e) as plantas A e B para poderem crescer precisam receber luz em intensidade superior aos seus PCF.

PONTO FINAL

E A SUA OPINIÃO?

CHRISTOPHER FUTCHER/ISTOCKPHOTO

A pesquisa sobre hormônios vegetais tem tido desdobramentos muito importantes. De um lado, eles têm sido largamente utilizados na agricultura e até mesmo em guerras, como foi o caso da Guerra do Vietnã.

A Organização Mundial da Saúde (OMS) consulta regularmente cientistas de todo o mundo para avaliar o risco de substâncias para o ser humano, que podem ser classificadas como "cancerígenas", "provavelmente cancerígenas" e "possivelmente cancerígenas". Em 2015 o glifosato, o mais utilizado herbicida na agricultura do Brasil (e do mundo), foi declarado agente "provavelmente cancerígeno" pelos especialistas de referência da OMS. Eles se basearam, sobretudo, em estudos que revelaram aumento da incidência de casos de câncer em agricultores da Suécia, dos Estados Unidos e do Canadá, que utilizam os produtos agrícolas com essa substância.

QUESTÕES

A Deveria haver algum tipo de controle sobre a atividade de pesquisa científica, de modo que os cientistas pudessem decidir qual o uso das descobertas que eventualmente realizam, por exemplo, proibindo a utilização de substâncias que inventam?

B O fato de uma substância ser declarada "provavelmente cancerígena" deveria levar à proibição de seu uso pelas autoridades sanitárias?

CONECTANDO OUTRAS ÁREAS

Fleming, Florey e Chain: bolor e guerra

O cientista britânico Alexander Fleming (1881-1955) realizou diversas pesquisas para compreender o crescimento bacteriano. Em 1921, ele descobriu uma substância que destruía bactérias, que ele chamou lisozima. Ela está presente em nossa saliva, por exemplo. Em 1928, ao estudar uma bactéria patogênica, ele notou que as placas nas quais ela deveria ter crescido tinham começado a desenvolver bolor, o que o obrigaria a descartar todo o material.

Observando atentamente, no entanto, Fleming percebeu que, ao redor de cada ponto de bolor, as bactérias haviam sido destruídas. Como o fungo era do gênero *Penicilium*, ele chamou o princípio bactericida de penicilina. Ele publicou sua observação no ano seguinte, sem ter ideia de sua importância, talvez pensando que pudesse substituir o álcool para desinfetar ferimentos. Ele não tinha isolado a substância, e se sabia que o extrato do fungo não tinha qualquer efeito ao ser ingerida, pois, além de Fleming, outros cientistas já tinham descrito a ação antibacteriana de fungos, inclusive do *Penicilium*.

Em 1939, dois cientistas iniciaram pesquisas em um laboratório na Inglaterra visando produzir formas de combater infecções bacterianas. O chefe do laboratório era o australiano Howard Florey (1898-1968) e seu assistente era o jovem alemão Ernst Chain (1906-1979). Eles começaram a testar substâncias antibacterianas e conseguiram isolar e purificar a substância responsável pela ação bactericida do fungo descrito por Fleming, denominando-a penicilina, injetando-a diretamente no sangue de camundongos.

Com resultados promissores, realizaram imenso esforço para purificar ainda mais a substância e realizar testes em seis pacientes com infecções graves no ano seguinte, em 1940. Apenas então Fleming começou a suspeitar que a penicilina poderia, de fato ter maior importância médica. Assim foi "descoberto" o primeiro antibiótico, que passou a ficar disponível em larga escala em 1941.

Os fungos produzem muitas substâncias antibacterianas que continuam a ser estudadas pela indústria farmacêutica. Fleming, Florey e Chain ganharam o Prêmio Nobel de Medicina e Fisiologia em 1945, quando a penicilina já havia salvado muitas vidas, em especial durante a Segunda Guerra Mundial.

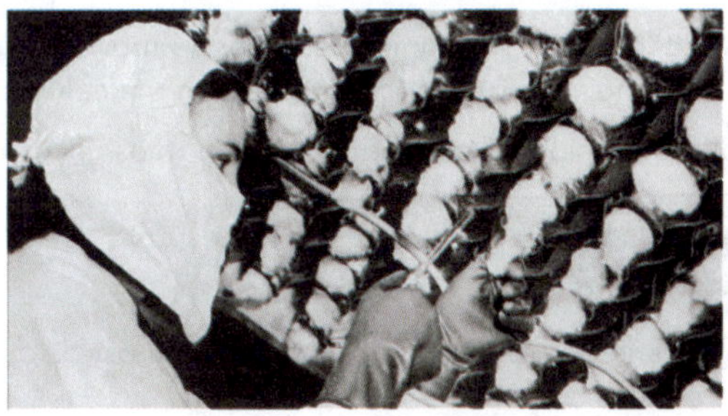

BETTMANN/CORBIS/LATINSTOCK

Uma pesquisadora cultiva o fungo produtor da penicilina em 1944, como parte do esforço de guerra para salvar os feridos.

ALLCHIN, Douglas. *Teaching the Nature of Science*. Saint Paul: SHiPS Educational Press, 2013.

EXERCÍCIOS

A Com a ajuda de seu professor de História, procure mais informações sobre a Primeira Grande Guerra Mundial e sobre a fase chamada "Guerra de Trincheiras". Estima-se que cerca de dois milhões de soldados tenham morrido da chamada "febre das trincheiras", uma doença causada por uma bactéria Gram-Negativa (*Bartonella quintana*), transmitida por piolhos. Caso a penicilina estivesse disponível, ela teria sido útil para remediar os doentes? Qual teria sido a forma mais adequada de evitar o contágio?

B No início da Segunda Grande Guerra Mundial (1939-1945) os alemães tinham desenvolvido um remédio útil contra infecções (sulfonamida), que pretendia ser um grande aliado nos campos de batalha. Com a ajuda de seu professor de História, obtenha mais informações sobre esse conflito mundial e escreva um texto com o título "A guerra dos remédios".

C Em sua opinião, Alexander Fleming deveria ter recebido o Prêmio Nobel sozinho, ou acredita que foi justo conferir o prêmio aos três cientistas? A penicilina foi "descoberta" ou "inventada"?

EXPERIMENTAÇÃO

UNIDADE 1

Experimento com protozoários

Material necessário:

- Um recipiente para cultura de protozoários (pode ser uma garrafa PET cortada ao meio)
- Meia folha de alface
- Um conta-gotas (pode-se reaproveitar um utilizado em remédios, após ser bem lavado)
- Microscópio óptico (com poder de ampliação de 400x)
- Lâmina e lamínula
- Floco de algodão

Procedimento:

1. Coloque água de aquário ou de um riacho não poluído no recipiente e coloque a folha de alface cortada em vários pedaços. Deixe a cultura à sombra por três dias.
2. A partir desse dia colete água de diferentes alturas da cultura, sem agitar o recipiente, e pingue uma ou duas gotas no centro da lâmina.
3. Desfie um pequeno pedaço de algodão por sobre a gota e cubra com a lamínula. Observe ao microscópio, começando com a objetiva de menor aumento (em torno de 100x).
4. Procure localizar seres microscópicos se movimentando. Ao encontrar algum deles, procure maior aumento e faça um desenho. Se possível, fotografe com um celular.
5. Repita a montagem com água de diferentes níveis da cultura e em diferentes dias.

QUESTÕES

1. Há diferença entre os protozoários das amostras da parte mais profunda da cultura e da parte mais superficial? E entre os dias de cultura?
2. Procure identificar, a partir de seus desenhos e fotos, alguns grandes grupos de protozoários. Pesquise o filo, a classe, a ordem e a família de pelo menos três exemplares.
3. Faça um relatório com seus procedimentos, desenhos realizados e fotos eventualmente conseguidas, com suas conclusões sobre a distribuição dos microrganismos no espaço (da cultura) e no tempo. Onde deve haver mais protozoários: em uma cultura nova ou velha?

UNIDADE 2

Uma visita à peixaria

Com o auxílio de seu professor, programe uma visita a uma peixaria. Prepare algumas questões para pesquisar durante a visita, cujas respostas deverão ajudar a confeccionar um trabalho escrito. Elas podem ser:

- De onde vêm os peixes vendidos aqui?
- Quais cuidados são tomados na peixaria para manter os peixes em condições de consumo?
- Há peixes que não são originados de criação em cativeiro à venda ali? (Ou seja, peixes que são pescados com anzóis ou com redes em lugares abertos).

Leve alguns frascos pequenos com álcool (70%), rotulados, e peça ao peixeiro que separe o estômago de alguns peixes pescados em ambientes naturais, colocando cada um deles em um dos frascos. Etiquete o frasco e anote o nome do peixe do qual foi retirado o estômago. Se possível fotografe o peixe, registrando com detalhes a boca do animal. Em casa, ou na escola, examine o estômago de cada peixe, procurando identificar o conteúdo estomacal com auxílio de uma lente de aumento. Determine se o peixe é predador ou não. Imagine que um colega tenha feito a fotografia a seguir.

ATENÇÃO: OS EXPERIMENTOS SUGERIDOS SÓ DEVEM SER REALIZADOS COM A SUPERVISÃO DO PROFESSOR

CIÊNCIA NA ESCOLA

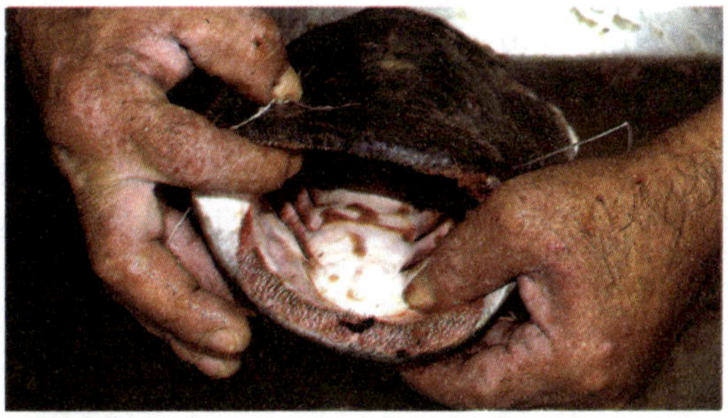

Bagre conhecido como piramutaba, fotografado no mercado Ver-o-peso, em Belém (PA).

QUESTÕES

1. O que você esperaria encontrar no estômago de um peixe como este? Deve ser um peixe predador ou um peixe que se alimenta de plantas subquáticas?
2. Se essa pesquisa for realizada com peixes criados em cativeiro, o que pode acontecer?
3. Faça um relatório dos seus achados. Pesquise na internet sobre esses peixes, inclusive sobre a piramutaba.

UNIDADE 3

Explorando corações de mamíferos e aves

Com o auxílio de seu professor, programe uma visita a um açougue para encomendar um coração de porco. Por vezes é possível encontrá-lo à venda, mas pode ser encomendado e em poucos dias estará disponível. Da mesma forma, encomende pelo menos três corações de frango, pedindo para que não sejam fracionados, ficando, se possível com as artérias e veias ligadas. Uma vez com o material, observe-o com cuidado, iniciando pelo lado externo, identificando o lado direito e o esquerdo. Em seguida, com o auxílio de uma seringa, procure injetar água pela veia que chega pelo lado direito e observe qual seu destino. Depois, repita o procedimento na veia que chega pelo lado esquerdo e veja qual o resultado. Se possível, fotografe todos os passos. Em seguida, com cuidado, usando uma faca, seccione um dos corações de frango pelo plano sagital, outro pelo plano transversal, e outro ainda pelo plano longitudinal, conforme a figura ao lado.

Procure identificar as quatro câmaras cardíacas. Em seguida, seccione o coração de porco pelo plano sagital, e repita a operação de identificação das quatro câmaras. Se possível, fotografe cada etapa do trabalho e produza um relatório, descrevendo o trabalho realizado e, ao final dele, responda as questões que seguem:

ACERVO DA EDITORA

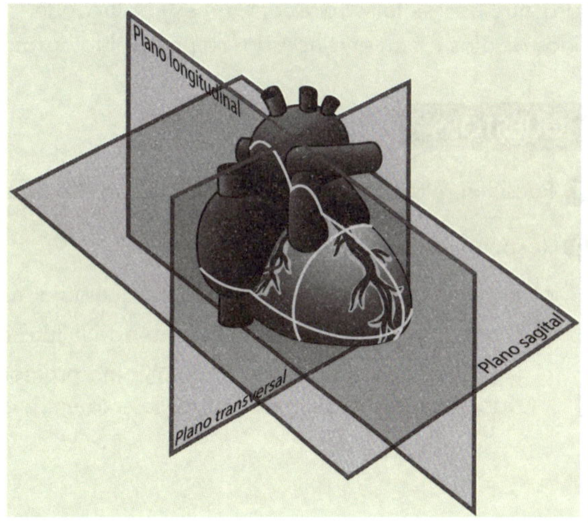

Planos de corte do coração.

QUESTÕES

1. Como você tem certeza que identificou corretamente as quatro câmaras do coração?
2. Compare as paredes do ventrículo esquerdo do coração do frango e do porco. Quais as semelhanças que você percebe? Como explica a diferença de espessura das paredes do ventrículo direito e esquerdo?
3. Descreva a diferença de textura que encontrou entre as artérias e as veias ligadas ao coração. Como você explica essas diferenças?

ATENÇÃO: OS EXPERIMENTOS SUGERIDOS SÓ DEVEM SER REALIZADOS COM A SUPERVISÃO DO PROFESSOR

Evidenciando a ação de hormônios vegetais

Pesquisas recentes indicam que as bactérias fixadoras de nitrogênio, os rizóbios, conhecidas pela sua atuação em raízes de leguminosas, também se mostram capazes de promover o crescimento de plantas de outros grupos, especialmente por induzirem a produção do fitormônio chamado ácido indolacético (AIA).

Neste experimento, você vai testar a possibilidade de aumentar o índice de germinação de sementes de alface utilizando bactérias, comparando a capacidade das bactérias àquela do fitormônio sintético usado na agricultura (giberelina sintética) e comparando o resultado com um lote de sementes que germinarão em substrato estéril.

Material necessário:

- 3 sementeiras
- 1 envelope de sementes de alface (qualquer tipo)
- Substrato para germinação (pode ser terra comum misturada com areia, na proporção de 1:1)
- Inoculante para sementes de leguminosas (rizóbio), encontrado em lojas de produtos para agricultura.
- Hormônio para germinação (encontrado em casas de produtos para agricultura e conhecido como AG3, ou ácido giberélico).

Procedimento:

1. Leve o substrato ao forno, deixando cinco minutos em temperatura alta. Este será o substrato para os três lotes de sementes.
2. Prepare inicialmente um lote de sementes apenas com o substrato e coloque uma etiqueta no conjunto (lote-padrão, ou lote de controle).
3. Prepare outro lote de acordo com as instruções que constam da embalagem do rizóbio, utilizando o mesmo substrato, etiquetando-o (lote do rizóbio).
4. Prepare outro lote de sementes de acordo com as instruções que constam da embalagem do fitormônio sintético, com o mesmo substrato, etiquetando-o (lote AG3).

Deixe os três lotes de sementes no mesmo local, que deve ser iluminado por luz natural, sem sol direto. Preste atenção para que os três lotes recebam a mesma umidade, sem permitir que o substrato fique encharcado. Anote os resultados todos os dias no mesmo horário, se possível fotografando as sementeiras, de maneira que a etiqueta esteja visível.

QUESTÕES

1. Faça um relatório do experimento, desde a busca pelos insumos até os resultados obtidos.
2. Responda às seguintes questões:
   a) Em qual dos três lotes você espera que haja maior germinação? Justifique sua resposta.
   b) Qual a vantagem de se utilizar na agricultura uma substância que acelera a germinação das hortaliças?
   c) De que maneira o uso do rizóbio como promotor de germinação poderia ser mais interessante para os agricultores que alternam o uso do solo entre leguminosas e não leguminosas?

LIVROS E SÍTIOS ELETRÔNICOS

LEIA OS LIVROS:

CARVALHO, Omar dos Santos; COELHO, Paulo Marcos Zech; LENZI, Henrique Leonel (Orgs.). *Schistosoma mansoni & esquistossomose*: uma visão multidisciplinar. Rio de Janeiro: Fiocruz, 2008.

KINGSLEY, Rebeca. *Aranhas*: guia prático. Trad. Marylene Pinto Michael. São Paulo: Nobel, 1999.

LEIA OS ARTIGOS:

Pesquise perguntas e respostas sobre gripe A (H1N1) e esclarecimentos sobre a diferença entre gripe e resfriado no *site* da *Agência Nacional de Vigilância Sanitária.* Disponível em: <http//portal.anvisa.gov.br>. Acesso em: 3 abr. 2016.

BORGES, Jerry Carvalho. Colunista mostra como regeneração de planárias pode ajudar a combater o câncer e outras doenças. Revista *Ciência Hoje On-line.* Disponível em: <http://cienciahoje.uol.com.br/por-dentro-das-celulas/meu-animal-de-estimacao?searchterm=regeneracao%20da%20planaria>. Acesso em: 2 abr. 2016.

FONTOURA, Renata. Caramujos africanos: invasores indesejados. Disponível em: <www.fiocruz.br/ioc/cgi/cgilua.exe/sys/start.htm?infoid=605&sid=32&tpl=printerview>. Acesso em: 3 abr. 2016.

GOMES, Leonardo; VON ZUBEN, Cláudio José. Insetos ajudam a desvendar crimes. *Revista Ciência Hoje.* Edição 265, ano 2004. Disponível em: <http://cienciahoje.uol.com.br/revista-ch/revista-ch-2004/208/ch-208-insetos-ajudam-a-desvendar-crimes>. Acesso em: 28 abr. 2016.

VITOLA, Giovana. Cirurgiões usam sanguessugas em operação para reimplante de mão. *BBC Brasil.* Disponível em: <www.bbc.co.uk/portuguese/ciencia/2009/02/090225_australiatubarao_gv_gd.shtml>. Acesso em: 4 abr. 2016.

VISITE OS *SITES*:

ABC da Saúde. Disponível em: <www.abcdasaude.com.br>. Acesso em: 2 abr. 2016.

Sociedade Brasileira de Malacologia. Disponível em: <www.sbma.uerj.br/_recursos/pages/ebram_1995.php>. Acesso em: 3 abr. 2016.

Aranhas.info – A aracnologia em Portugal. Disponível em: <www.aranhas.info>. Acesso em: 6 abr. 2016.

Conchas Brasil. Disponível em:<www.conchasbrasil.org.br>. Acesso em: 3 abr. 2016.

Insetos – Material da Fiocruz. Disponível em: <www.fiocruz.br/biosseguranca/Bis/infantil/insetos.htm>. Acesso em: 6 abr. 2016.

Insetos que visitam flores – Material didático Webbee. Disponível em: <www.webbee.org.br/didatico/index.html>. Acesso em: 6 abr. 2016.

Ministério Público Federal: *site* com alertas sobre o gastrópode invasor africano e as espécies nativas brasileiras. Disponível em: <www.prse.mpf.gov.br/arquivospdf/cartaz%20achatina.pdf>. Acesso em: 3 abr. 2016.

Portal da Minhoca. Disponível em: <www.minhobox.com.br/index.html>. Acesso em: 4 abr. 2016.

ASSISTA AO VÍDEO:

Expedição Brasil Oceânico. *Oásis do Atlântico e O Atol Esquecido.* Diretor: Lawrence Wahba. Distribuição: Fox.

UNIDADE 2

LEIA OS LIVROS:

BERTOLUCI, Jaime. *Anfíbios*. São Paulo: Ática, 2002. (Coleção Investigando os Seres Vivos).

PRADO, Cynthia A.; TOLEDO, Luis Felipe; HADDAD, Celio. *Anfíbios da Mata Atlântica*. São Paulo: Neotropica, 2008.

SANTOS, Eurico. *Anfíbios e répteis do Brasil* – vida e costumes. Belo Horizonte: Villa Rica, 1994. (Coleção Zoologia Brasílica).

LEIA OS ARTIGOS:

AGÊNCIA FAPESP. Sapo sem pulmão é descoberto. Disponível em: <www.agencia.fapesp.br/materia/8679/divulgacao-cientifica/sapo-sem-pulmao-e-descoberto.htm>. Acesso em: 28 abr. 2016.

CABRAL, Nara Lya. Sapo não esguicha veneno de propósito, diz cientista. *Folha On-line*. Caderno Ciência e Saúde. Disponível em: <www1.folha.uol.com.br/folha/ciencia/ult306u588407.shtml>. Acesso em: 3 abr. 2016.

KELLNER, Alexander. A origem dos vertebrados. *Revista Ciência Hoje On-line*. Disponível em: <http://cienciahoje.uol.com.br/colunas/cacadores-de-fosseis/a-origem-dos-vertebrados-revista>.Acesso em: 4 abr. 2016.

_____. Explosão de biodiversidade explicada: microfósseis de conodontes revelam variações da temperatura do mar há quase 500 milhões de anos. Coluna Caçadores de fósseis. *Revista Ciência Hoje On-line*. Disponível em: <http://cienciahoje.uol.com.br/colunas/cacadores-de-fosseis/explosao-de-biodiversidade-explicada>. Acesso em: 3 abr. 2016.

SCIENTIFIC AMERICAN BRASIL. Anfíbio mexicano sob ameaça. Notícia publicada em 3 set. 2009. Disponível em: <www2.uol.com.br/sciam/noticias/anfibio_mexicano_sob_ameaca.html>. Acesso em: 3 abr. 2016.

VISITE O *SITE*:

Ranicultura. Disponível em <www.aquicultura.br/informacoes_tecnicas.htm>. Acesso em: 3 abr. 2016.

ASSISTA AOS VÍDEOS:

Axolotles albinos adultos. Disponível em: <http://www.youtube.com/watch?v=mRpxvJ2ZYtw>. Acesso em: 28 abr. 2016.

Axolotles albinos filhotes. Disponível em: <http://www.youtube.com/watch?NR=1&v=NYaadCzhfz0&feature=endscreen>. Acesso em: abril, 2016.

Celacantos vivos e movimento típico das nadadeiras lobadas. Disponível em: <www.arkive.org/coelacanth/latimeria-chalumnae/video-06.html> e<www.arkive.org/coelacanth/latimeria-chalumnae/video-00.html>. Acesso em: abr. 2016.

UNIDADE 3

LEIA OS LIVROS:

SANTOS, Eurico. *Anfíbios e répteis do Brasil*: vida e costumes. Villa Rica, 1994. (Coleção Zoologia Brasílica).

REIS, Nelio; PERACHI, Adriano; PEDRO, Wagner; LIMA, Isaac. *Mamíferos do Brasil*. 2. ed. Londrina: Universidade Estadual de Londrina, 2011.

SOUZA, Deodato. *Todas as aves do Brasil*: guia de campo para identificação. 2. ed. Feira de Santana: Dall, 2004.

LEIA OS ARTIGOS:

CASTRO, Fábio de. Especiação sem barreiras. *Agência Fapesp*. Disponível em: <http://agencia.fapesp.br/10772>. Acesso em: 6 abr. 2016.

MIOTO, Ricardo. Espécies que começaram a colonização da terra firme travaram corrida evolutiva. *Folha Online*. Disponível em: <www1.folha.uol.com.br/folha/ciencia/ult306u592806.shtml>. Acesso em: 6 abr. 2016.

UNIDADE 3

ASSISTA AO VÍDEO:

Aves Migratórias no Brasil. *Repórter Eco*, 2012. Disponível em: <www.youtube.com/watch?v=X2kx3xf62CQ>. Acesso em: 6 abr. 2016.

VISITE UM SERPENTÁRIO:

INSTITUTO BUTANTÃ. Aberto à visitação na cidade de São Paulo ou pela internet. Disponível em: <www.butantan.gov.br>. Acesso em: 6 abr. 2016.

UNIDADE 4

LEIA OS ARTIGOS:

ANGELI, A. *Araucaria angustifolia* (Araucaria). Disponível em: <www.ipef.br/identificacao/araucaria.angustifolia.asp>. Acesso em: 5 abr. 2016.

BORGES, Jerry Carvalho. Câncer em plantas? Colunista mostra como surgem os tecidos tumorais em vegetais, também chamados de galhas. Disponível em: <http://cienciahoje.uol.com.br/colunas/por-dentro-das-celulas/cancer-em-plantas>. Acesso em: 6 abr. 2016.

Embrapa publica catálogo de fungos com potencial para controle biológico de insetos. Disponível em: <http://ecoviagem.uol.com.br/noticias/ambiente/embrapa-publica-catalogo-de-fungos-com-potencial-para-controle-biologico-de-insetos-1906.asp>. Acesso em: 6 abr. 2016.

ESCOBAR, H. Receita do passado para os biocombustíveis do futuro. Disponível em: <http://cienciaestadao.com.br/blogs/herton-escobar/?s=biocombistiveis+do+futuro+>. Acesso em: 5 abr. 2013.

SCHLINDWEIN, Gilson et alii. Influência da inoculação de rizóbios sobre a germinação e o vigor de plântulas de alface. *Ciência Rural* 38(3): 658-664 (2008). Disponível *on-line* na plataforma SciELO.

BIBLIOGRAFIA

BIZZO, N. *Metodologia do ensino de Biologia e estágio supervisionado*. São Paulo: Ática, 2012.

BUZZI, Z. J. *Entomologia didática*. 4. ed. Curitiba: Ed. da UFPR, 2005.

CAMILLO, E. *Polinização do maracujá*. Ribeirão Preto: Holos, 2003.

CRUZ, L. C. de T. A. et al. Natural Transovarial Transmission of Dengue Virus 4 in *Aedes aegypti* from Cuiabá, State of Mato Grosso, Brazil. *Rev. Soc. Bras. Med. Trop.*, Uberaba, v. 48, n. 1, p. 18-25, fev. 2015.

DEVELEY, P. F.; ENDRIGO, E. *Aves da Grande São Paulo*. São Paulo: Aves e Fotos, 2004.

ETEROVIC, R. C.; SAZIMA, I. *Anfíbios da Serra do Cipó*. Belo Horizonte: Editora da PUC-MG, 2004.

GUARNERI, A. A. et al. Biological Potential of *Triatoma brasiliensis*. *Cadernos de Saúde Pública*, Rio de Janeiro, v. 16, n. 2, p. 101-104, 2000.

HADDAD JR., V. *Animais aquáticos potencialmente perigosos do Brasil*: guia médico e biológico. São Paulo: Roca, 2008.

HICKMAN, R. C.; ROBERTS, L. S.; LARSON, A. *Princípios integrados de zoologia*. Rio de Janeiro: Guanabara Koogan, 2004.

ILTIS, H. *Life of Mendel*. New York: Hafner Publishing Company, 1966.

KERBAUY, G. B. *Fisiologia vegetal*. Rio de Janeiro: Guanabara Koogan, 2004.

KRASILCHIK, M. *Prática de ensino de Biologia*. São Paulo: Edusp, 2004.

LEVAI, F. L. *Direito dos animais*. Campos do Jordão: Mantiqueira, 2004.

LEWINSOHN, T. M.; PRADO, R. I. *Biodiversidade brasileira*: síntese do estado atual do conhecimento. São Paulo: Contexto, 2004.

MARQUES, O. A. V.; ETEROVIC, A.; SAZIMA, I. *Serpentes da Mata Atlântica*. Ribeirão Preto: Holos, 2001.

MASSARA, C. L.; FERREIRA, R. S.; ANDRADE, L. D. Atividade de detergentes e desinfetantes sobre a evolução dos ovos de *Ascaris lumbricoides*. *Cadernos de Saúde Pública*, Rio de Janeiro, v. 19, n. 1, p. 335-340, 2003.

OLIVEIRA FILHO, E. C. *Biologia vegetal*. 2. ed. São Paulo: Edusp, 2008.

POUGH, F. H.; HEISER, J. B.; JANIS, C. M. *A vida dos vertebrados*. São Paulo: Atheneu, 2003.

RAVEN, P. H.; EVERT, R. F.; EICHHORN, S. E. *Biologia vegetal*. 6. ed. Rio de Janeiro: Guanabara Koogan, 2001.

SELLES, S. et al. *Ensino de Biologia*: histórias, saberes e práticas formativas. Uberlândia: Ed. da UFU, 2009.

SHUBIN, N. *A história de quando éramos peixes*. Rio de Janeiro: Campus, 2008.

SICK, H. *Ornitologia brasileira*. Rio de Janeiro: Nova Fronteira, 1997.

SZPILMAN, M. *Peixes marinhos do Brasil*. São Paulo: Aqualung, 2000.

UIEDA, W. (Org.). *Flora e fauna*: um dossiê ambiental. São Paulo: Editora da Unesp, 2004.